电工与电子技术实验

姚有峰　主编

中国科学技术大学出版社

内 容 简 介

本书是与“电路分析”、“电工技术”、“模拟电路”和“数字电路”等课程相配套的实验教材。全书共分为三个部分：第一部分介绍电类基础课程实验的目的、意义、误差处理和减少测量误差的方法；第二部分介绍电路、电工、模拟和数字电路实验，共50个实验项目；第三部分介绍电工测量仪表、常用电子仪器的基本知识和 Multisim 10 软件的基本操作。实验项目涵盖了电类基础课程中的所有实验，既有基础实验，也有综合性、设计性实验。特别是综合性、设计性实验可以深入锻炼学生的实践动手能力、设计能力和解决问题能力。在“电路电工”、“模电”和“数电”实验项目中增加了仿真实验，学生在软件环境中设计、利用虚拟仪器测量，在现实环境中搭接电路进行验证，提高学生的综合能力和创新能力。

本书可作为高等院校工科电子、通信、自动化、电气类各专业的电类基础课程实验的教材，也可供从事电子技术工作的工程技术人员参考。

图书在版编目(CIP)数据

电工与电子技术实验/姚有峰主编. —合肥：中国科学技术大学出版社，2013. 8 (2024. 7 重印)

ISBN 978-7-312-03263-9

Ⅰ. 电…　Ⅱ. 姚…　Ⅲ. ①电工技术—实验—高等学校—教材　②电子技术—实验—高等学校—教材　Ⅳ. ①TM-33　②TN-33

中国版本图书馆 CIP 数据核字(2013)第 176904 号

出版　中国科学技术大学出版社
安徽省合肥市金寨路 96 号，230026
http://press. ustc. edu. cn
https://zgkxjsdxcbs. tmall. com

印刷　安徽国文彩印有限公司

发行　中国科学技术大学出版社

经销　全国新华书店

开本　710 mm×960 mm　1/16

印张　23. 5

字数　461 千

版次　2013 年 8 月第 1 版

印次　2024 年 7 月第 7 次印刷

定价　40. 00 元

前　言

本书是与“电路分析”、“电工技术”、“模拟电路”和“数字电路”等课程相配套的实验教材，本着满足当代大学生的知识结构、实践能力、综合能力、创新能力和工程运用能力等方面的需求而编写，可作为一门独立的实践课程。

本书的编写宗旨是根据“教学基本要求”，结合目前各学校实践教学的实际需要，做到适应性强、便于学生阅读、有利于学生的能力培养和因材施教。本书的编写具有如下特点：第一，介绍了电类实验的误差分析、处理和减少测量误差的方法以及电路中典型参数的测量技术；详细分析了实验中的干扰来源以及干扰的抑制措施。第二，在“电路”、“电工”、“模电”、“数电”实验项目中大大增加了综合性、设计性实验项目的比例，特别是在设计性实验项目中，教会学生如何设计电子电路系统，撰写设计实验报告；同时，在各类项目实验中增加了软件仿真内容，使学生在虚拟环境中设计、利用虚拟仪器测量，在现实环境中搭接电路进行结果的验证，提高学生的综合能力和创新能力。第三，详细介绍了教材中使用的仿真软件Multisim 10，虚拟仪器仪表在电路分析、模拟电路和数字电路中的应用，特别是对电路的多种分析方法，供学生研究电路、分析电路、设计电路时参考。

本书实验内容的安排由浅到深，既有基础性实验，又有综合性、设计性实验；既有单元局部知识点的内容，又有跨单元的综合设计性内容，突出工程性和实践性。在教学中，根据学科专业的特点选择相应的实验项目。

本书由姚有峰策划并担任主编，仿真部分由李泽彬编写，所有项目的实验数据由汪明珠、赵江东、黄济验证，张穗萌教授对书稿进行了认真负责的审查，并提出了许多宝贵的意见。在本书的编写过程中，得到了聂丽教授的支持以及其他同仁的帮助，在此一并表示感谢。

由于编者水平有限，书中难免会有许多不足之处，恳请各位老师和读者提出批评和改进意见。

编　者

2013年4月16日

前言

目　次

第1部分　电类实验基础知识

第2部分　电类基础实验

第3部分　附　　录

第1部分

电类实验基础知识

第1章　实验的目的、意义和要求

实验是将事物置于特定的条件下加以观测，对事物发展规律进行科学认识的必要环节，是科学理论的源泉、自然科学的根本、工程技术的基础，任何科学技术的发展都离不开实验。电工电子技术实验的任务是使学生获得电工电子技术方面的基础理论、基础知识和基本技能。加强实验训练特别是技能的训练，对提高学生分析问题和解决问题的能力，具有十分重要的意义。

1.1　实验的目的和意义

基础实验教学在培养学生的思维能力、观测能力、表达能力、动手能力、查阅文献资料的能力等综合素质方面有着不可替代的作用。在实验过程中，通过分析、验证器件和电路的工作原理及功能，对电路进行分析、调试、故障排除和性能指标的测量，自行设计、制作各种功能的实际电路等多方面的系统训练，可以使学生的各种实验技能得到提高，实际工作能力得到锻炼。同时，通过实验培养学生勤奋进取、严肃认真、理论联系实际的务实作风和为科学事业奋斗的精神，为市场经济需求培养具有一定实际工作能力的复合型人才。

电类基础实验包括电路分析实验、电工技术实验、模拟电路实验和数字电路实验等，按性质可分为基础训练性实验、综合性实验和设计性实验。

基础训练性实验是针对电工电子技术基础理论而设置的，通过实验获得感性认识，验证和巩固重要的基础理论，同时使学生掌握常用电工仪表、测量仪器的工作原理和规范使用，熟悉常用元器件的原理和性能，掌握其参数的测量方法和元器件的使用方法，掌握基本实验知识、基本实验方法和基本实验技能。同时，培养学生一定的安装、调试、分析、寻找故障等技能。

综合性实验侧重于对多学科知识点的综合应用和实验的综合分析，其目的是培养学生综合应用理论知识能力和解决较复杂的实际问题能力，包括实验理论的系统性，实验方案的完整性、可行性，元器件及测量仪器的综合应用等。

设计性实验对于学生来说，既有综合性又有探索性。它主要侧重于某些理论知识的灵活应用，要求学生在教师的指导下独立完成查阅资料、设计方案与组装实验等工作，实验中借助于计算机仿真，可以使设计方案更加完善、合理。

1.2 实验的一般要求

尽管每个实验项目的目的和内容不同，但为了培养良好的学风，充分发挥学生的主动精神，促使其独立思考、独立完成实验并有所创新，对基础电子实验的预习阶段、进行阶段、完成阶段和实验报告分别提出下列基本要求。

1.2.1 实验预习

为了避免盲目性，参加实验者应对实验内容进行预习。通过预习，明确实验目的和要求，掌握实验的基本原理，熟悉实验电路，查阅有关资料，拟出实验方法和步骤，设计实验数据记录表格，对思考题进行思考，并初步估算(或分析)实验结果，完成规定的预习报告。

1.2.2 实验进行

(1) 参加实验者要自觉遵守《实验室安全管理制度》、《学生实验守则》等管理制度。

(2) 根据实验内容合理安排实验，仪器设备和实验装置安放要适当。检查所用器件和仪器是否完好，然后按实验方案连接实验电路，认真检查，确保无误后方可通电测试。

(3) 认真记录实验条件和所得数据、波形，并进行分析以判断数据、波形是否正确。发生故障应迅速切断电源，报告指导教师和实验室有关人员，并独立思考分析，耐心寻找故障原因，排除故障，记录排除故障的过程和方法。

(4) 仔细领会实验内容及要求，确保实验内容完整，测量结果准确、合理。

1.2.3 实验完成

实验完成后，将记录送给指导教师审阅签字，经教师同意后方能拆除线路，清理实验现场。

1.2.4　实验报告

实验报告是对实验工作的全面总结。作为一名工程技术人员必须具有撰写实验报告这种技术文件的能力,做完实验后将实验结果和实验情况完整、真实地表达出来。

1. 实验报告的内容

实验报告应包括以下几个部分:

(1) 实验目的;

(2) 实验测试电路和实验原理;

(3) 实验使用的仪器型号、主要工具;

(4) 实验的具体步骤、实验原始数据及实验过程的详细情况记录;

(5) 实验结果和分析,必要时,应对实验结果进行误差分析;

(6) 实验心得,总结实验完成情况,对实验中遇到的问题进行讨论,简单叙述实验的心得和体会。

2. 实验报告的基本要求

实验报告要求结论正确、分析合理、讨论深入、文理通顺、简明扼要、符合标准、字迹端正、图表清晰。在实验报告上还应注明项目名称、实验者、实验日期、使用仪器型号等内容。

1.3　误差分析与测量结果的处理

在实验过程中,由于各种原因,测量结果和待测量的客观真值之间总会存在一定差别,即测量误差。因此,分析误差产生的原因,如何减少误差,使测量结果更加准确,对于实验人员和科技工作者来说是必须了解和掌握的。

1.3.1　误差的分类与来源

1. 测量误差的分类

测量误差按性质和特点分类,可分为系统误差、随机误差和疏失误差三大类。

(1) 系统误差　系统误差是指在相同条件下重复测量同一量时,误差的大小和符号保持不变,或按照一定的规律变化的误差。系统误差一般通过实验或分析方法，查明其变化规律及产生原因后，可以减少或消除。基础电子实验中的系统误差常来源于测量仪器的调整不当和使用方法不当。

(2) 随机误差　随机误差也叫偶然误差。在相同条件下多次重复测量同一量时，误差大小和符号呈无规律变化的误差称为随机误差。随机误差不能用实验方法消除，但从随机误差的统计规律中可了解它的分布特性，并能对其大小及测量结果的可靠性做出估计，或通过多次重复测量，然后取其算术平均值来达到目的。

(3) 疏失误差　疏失误差也叫过失误差。这种误差是由于测量者对仪器不了解、粗心，导致读数不正确而引起的，测量条件的突然变化也会引起误差。含有疏失误差的测量值称为坏值或异常值，必须根据统计检验方法的某些准则去判断哪个测量值是坏值，然后去除之。

2. 测量误差的来源

测量误差的来源主要有以下几个方面：

(1) 仪器误差　仪器误差是指由于测量仪器本身的电气或机械等性能不完善所造成的误差。显然，消除仪器误差的方法是配备性能优良的仪器并定时对测量仪器进行校准。

(2) 使用误差　使用误差也叫操作误差，是指测量过程中因操作不当而引起的误差。减小使用误差的办法是测量前详细阅读仪器的使用说明书，严格遵守操作规程，提高实验技巧和对各种仪器的操作能力。

例如，仪表盘上的符号⊥、Π、$\angle_{60°}$分别表示仪表垂直位置使用、水平位置使用、与水平面倾斜成60°使用。使用时应按规定放置仪表，否则会带来误差。

(3) 方法误差　方法误差也叫理论误差，是指由于使用的测量方法不完善、理论依据不严密、对某些经典测量方法作了不适当的修改简化所产生的，即凡是在测量结果的表达式中没有得到反映的因素，而实际上这些因素在测量过程中又起到一定的作用所引起的误差。

例如，用伏安法测电阻时，若直接以电压表示值与电流表示值之比作为测量结果，而不计电表本身内阻的影响，就会引起误差。

1.3.2 误差的表示方法

误差可以用绝对误差和相对误差来表示。

1. 绝对误差

设被测量的真值为 A_0，测量仪器的示值为 X，则绝对误差值为

$$\Delta X = X - A_0$$

在某一时间及空间条件下，被测量的真值虽然是客观存在的，但一般无法测得，只能尽量逼近它。故常用高一级标准测量仪器的测量值 A 代替真值 A_0，则

$$\Delta X = X - A$$

在测量前，测量仪器应由高一级标准仪器进行校正，校正量常用修正值 C 表示。高一级标准仪器的示值减去测量仪器的示值所得的差值，就是修正值。实际上，修正值就是绝对误差，只是符号相反：

$$C = -\Delta X = A - X$$

利用修正值便可得该仪器所测量的实际值

$$A = X + C$$

例如，用电压表测量电压时，电压表的示值为 1.1 V，通过鉴定得出其修正值为 −0.01 V。则被测电压的真值

$$A = 1.1 + (-0.01) = 1.09\ (\text{V})$$

修正值给出的方式可以是曲线、公式或数表。对于自动测量仪器，修正值则预先编制好，存在仪器中，测量时对误差进行自动修正，所得结果便是实际值。

2. 相对误差

绝对误差值的大小往往不能确切地反映出被测量的准确程度。例如，测100 V 电压时，$\Delta X_1 = +2$ V，测 10 V 电压时，$\Delta X_2 = 0.5$ V，虽然 $\Delta X_1 > \Delta X_2$，可实际上 ΔX_1只占被测量值的 2%，而 ΔX_2却占被测量值的 5%。显然，后者的误差对测量结果的影响相对较大。因此，工程上常采用相对误差来比较测量结果的准确程度。

相对误差又分为实际相对误差、示值相对误差和引用(或满度)相对误差。

(1) 实际相对误差　实际相对误差用绝对误差 ΔX 与被测量的实际值 A 的比值的百分数来表示：

$$\gamma_A = \frac{\Delta X}{A} \times 100\%$$

(2) 示值相对误差　示值相对误差用绝对误差 ΔX 与仪器给出值 X 之比的百分数来表示：

$$\gamma_X = \frac{\Delta X}{X} \times 100\%$$

(3) 引用(或满度)相对误差　引用(或满度)相对误差用绝对误差 ΔX 与仪器的满刻度值 X_m 之比的百分数来表示：

$$\gamma_m = \frac{\Delta X}{X_m} \times 100\%$$

电工仪表的准确度等级就是由 γ_m 决定的，如 1.5 级的电表，表明 $\gamma_m \leqslant \pm 1.5\%$。我国电工仪表按 γ_m 值共分七级：0.1，0.2，0.5，1.0，1.5，2.5，5.0。若某仪表的等级是 S 级，它的满刻度值为 X_m，则测量的绝对误差

$$\Delta X \leqslant X_m \times S\%$$

其示值相对误差

$$\gamma_m \leqslant \frac{X_m}{X} \times S\%$$

在上式中，总有 $X \leqslant X_m$，可见当仪表等级 S 选定后，X 愈接近 X_m，γ_m 的上限值愈小，测量愈准确。**因此，当我们使用这类仪表进行测量时，一般应使被测量的值尽可能在仪表满刻度值的二分之一以上。**

1.3.3　测量结果的处理

测量结果通常用数字或图形表示，下面分别进行讨论。

1. 测量结果的数字表示法

(1) 有效数字　由于存在误差，所以测量数据总是近似值，它通常由可靠数字和欠准数字两部分组成。例如，由电流表测得电流为 12.6 mA，这是个近似数，12 是可靠数字，而末位 6 为欠准数字，即 12.6 为三位有效数字，有效数字对测量结果的科学表述极为重要。

对有效数字的正确表示，应注意以下几点：

① 与计量单位有关的"0"不是有效数字，例如，0.054 A 与 54 mA 这两种写法均为两位有效数字。

② 小数点后面的"0"不能随意省略，例如，18 mA 与 18.00 mA 是有区别的，前者为两位有效数字，后者则是四位有效数字。

③ 对后面带"0"的大数目数字，不同的写法有效数字位数是不同的。例如，3 000如写成 30×10^2，则成为两位有效数字；若写成 3×10^3，则成为一位有效数字；如写成 $3\ 000\pm1$，就是四位有效数字。

④ 如已知误差，则有效数字的位数应与误差所在位相一致，即有效数字的最后一位数应与误差所在位对齐。例如，仪表误差为 ±0.02 V，测得数为 3.283 2 V，其结果应写作 3.28 V。因为小数点后面第二位"8"所在位已经产生了误差，所以从小数点后面第三位开始后面的"32"已经没有意义了，结果中应舍去。

⑤ 当给出的误差有单位时，测量数据的写法应与其一致。例如，频率计的测量误差为 ± 数 kHz，其测得某信号的频率为 7 100 kHz，可写成 7.100 MHz 和 $7\ 100\times10^3$ Hz，若写成 7 100 000 Hz 或 7.1 MHz 是不行的，因为后者的有效数字与仪器的测量误差不一致。

(2) 数据舍入规则　为了使正、负舍入误差出现的概率大致相等，现已广泛采用"小于 5 舍，大于 5 入，等于 5 时取偶数"的舍入规则，即：

① 若保留 n 位有效数字，当后面的数值小于第 n 位的 0.5 单位就舍去。

② 若保留 n 位有效数字，当后面的数值大于第 n 位的 0.5 单位就在第 n 位数字上加 1。

③ 若保留 n 位有效数字，当后面的数值恰为第 n 位的 0.5 单位，则当第 n 位

数字为偶数(0,2,4,6,8)时应舍去后面的数字(即末位不变),当第 n 位数字为奇数(1,3,5,7,9)时,第 n 位数字应加1(即将末位凑成偶数)。这样,由于舍入概率相同,当舍入次数足够多时,舍入的误差就会抵消。同时,这种舍入规则,使有效数字的尾数为偶数的概率增大,能被除尽的机会比奇数多,有利于准确计算。

(3) 有效数字的运算规则　当测量结果需要进行中间运算时,有效数字的取舍,原则上取决于参与运算的各数中精度最差的那一项。一般应遵循以下规则:

① 当几个近似值进行加、减运算时,在各数中(采用同一计量单位),以小数点后位数最少的那一个数(如无小数点,则为有效位数最少者)为准,其余各数均舍入至比该数多一位后再进行加减运算,结果所保留的小数点后的位数,应与各数中小数点后位数最少者的位数相同。

② 进行乘、除运算时,在各数中,以有效数字位数最少的那一个数为准,其余各数及积(或商)均舍入至比该因子多一位后进行运算,而与小数点位置无关。运算结果的有效数字的位数应取舍成与运算前有效数字位数最少的因子相同。

③ 将数平方或开方后,结果可比原数多保留一位。

④ 用对数进行运算时,n 位有效数字的数应该用 n 位对数表示。

⑤ 当计算式中出现如 e,π,$\sqrt{3}$ 等常数时,可根据具体情况来决定它们应取的位数。

2. 测量结果的曲线表示法

在分析两个(或多个)物理量之间的关系时,用曲线比用数字、公式表示常常更形象和直观,因此,测量结果常要用曲线来表示。在实际测量过程中,由于各种误差的影响,测量数据将出现离散现象,如将测量点直接连接起来,将不是一条光滑的曲线,而是呈折线状,如图1.3.1所示。但我们应用有关误差理论,可以把各种随机因素引起的曲线波动抹平,使其成为一条光滑均匀的曲线,这个过程称为曲线的修匀。

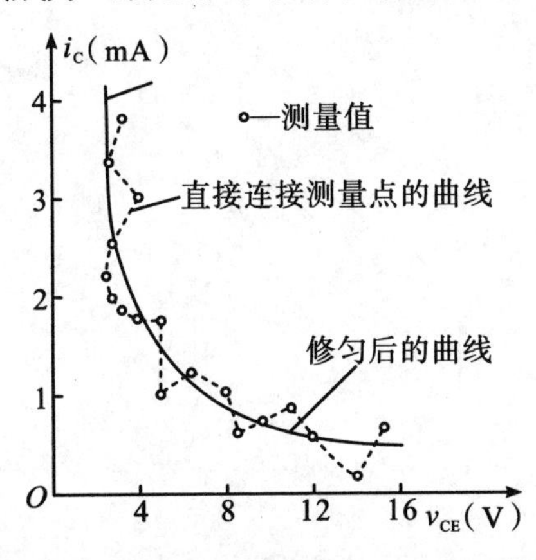

图1.3.1　直线连接测量点时曲线的波动情况

在要求不太高的测量中，常采用一种简便、可行的工程方法——分组平均法来修匀曲线。这种方法是将各测量点分成若干组，每组含2～4个数据点，然后分别估取各组的几何重心，再将这些重心连接起来。图1.3.2就是每组取2～4个数据点进行平均后的修正曲线。由于进行了测量点的平均，在一定程度上减少了偶然误差的影响，使这条曲线较为符合实际情况。

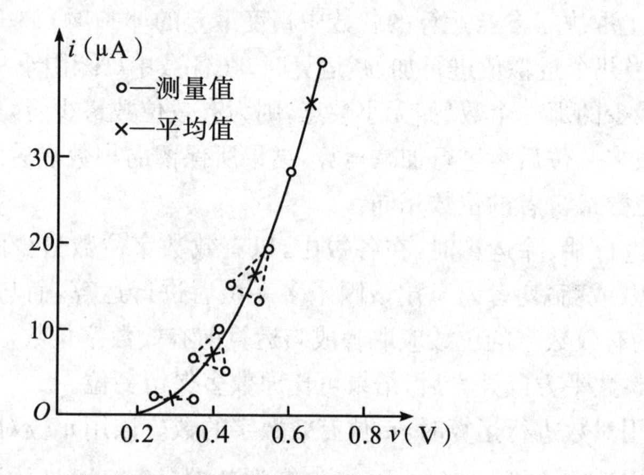

图1.3.2　分组平均法修正曲线

第 2 章　基本测量技术

在基础电子实验中，对电压、阻抗、增益等参数进行测量时，要减小其他因素的干扰，提高测量的准确度，就必须考虑选择正确的测量方法，掌握必要的基本测量技术。

2.1　直接法和间接法

1. 直接测量

在基础电子实验中，用仪器仪表直接对电路的被测参数和电量进行测量的方法称为直接测量。例如，用电压表测量稳压电源的工作电压等。

2. 间接测量

与直接测量不同，间接测量是利用直接测量的量与被测量的量之间已知的函数关系，得到被测量值的测量方法。例如测量放大器的电压增益 A_u，一般是分别测量输出电压 U_o 与输入电压 U_i 后再算出 $A_u = U_o/U_i$。这种方法常用于被测量不便于直接测量，或者间接测量的结果比直接测量更为准确的场合。

3. 组合测量

这是一种兼用直接测量和间接测量的方法，将被测量和另外几个量组成联立方程，最后通过求解联立方程来得出被测量的大小。这种方法用计算机求解比较方便。

2.2　选择测量方法的原则

在选择测量方法时，应首先研究被测量本身的特性和所需要的精确程度、环境条件及所具有的测量设备等因素，综合考虑后，再确定采用哪种测量方法和选择哪些测量设备。用一个正确的测量方法，可以得到好的结果，否则，不仅测量结果不可信，还有可能损坏测量仪器、仪表和被测设备或元器件。例如，用万用表的 $R\times1$ 挡测试半导体三极管的发射结电阻或用图示仪显示输入特性曲线时，由于限流电阻较小，而基极电流过大，结果可能使三极管在测试过程中被损坏。

2.3 电类实验中典型参数的测量

2.3.1 电压测量

在电子测量领域中，电压是基本参数之一。许多电参数，如增益、幅频特性、功率、调制系数等都可以视为电压的派生量。各种电路工作状态，如饱和、截止等，通常都以电压的形式反映出来，不少测量仪器也都用电压来表示。因此，电压的测量是许多电参数测量的基础。无论是测量交流电压，还是测量直流电压，测量时总是将电压表并联在被测电路上。

一般来说，任何一个被测电路都可以等效成一个电压源 U_S 和一个阻抗 Z_S 相串联。当接入电压表时，相当于将电压表的输入阻抗 Z_g 并联在被测电路上，如图2.3.1所示。由图可见，电压表的指示值大小不是 U_S，而是由电压表内阻和被测电路等效阻抗的分压值，即

$$U_x=\frac{Z_g}{Z_g+Z_S}U_S$$

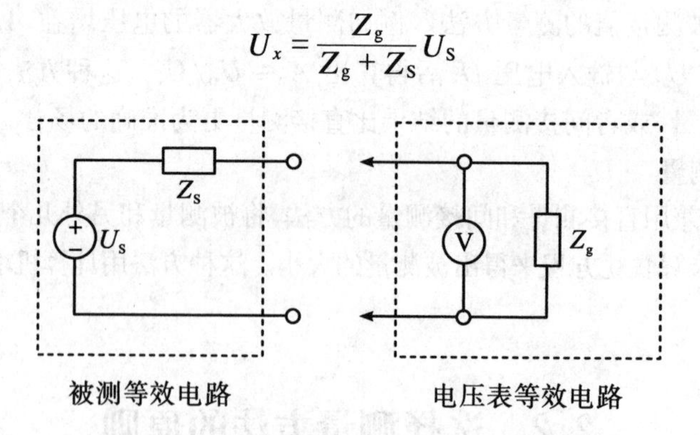

图2.3.1 电压表输入电阻对被测电路的影响

造成的绝对误差

$$\Delta U=U_x-U_S$$

相对误差

$$\gamma=\frac{\Delta U}{U_S}=\frac{U_x-U_S}{U_S}=\frac{Z_g}{Z_S+Z_g}-1=-\frac{Z_S}{Z_S+Z_g}$$

显然,要减小测量误差,就必须选择电压表的输入电阻 Z_g 远大于 Z_S。

2.3.2　阻抗测量

模拟电路和数字电路都是由有源器件组成的,一般用间接法来测量电路的阻抗。一个电路无论复杂程度如何,都可以用图 2.3.2 所示的等效动态模型来测量电路的输入和输出阻抗,在电路通频带范围内,其输入和输出阻抗近似为纯电阻。

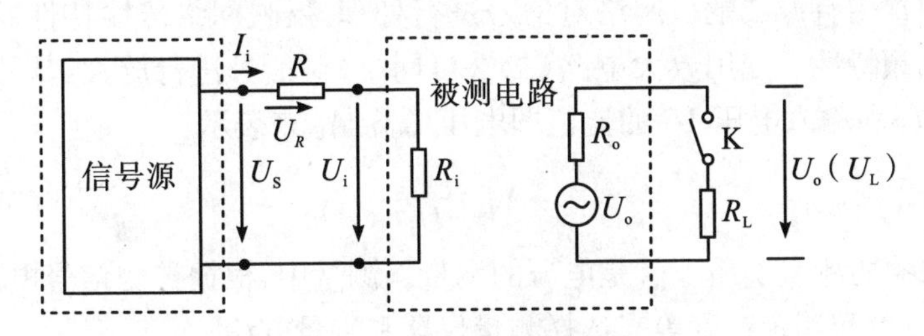

图 2.3.2　R_i,R_o 测量电路

(1) 输入阻抗 R_i 的测量　输入阻抗 R_i就是从电路的输入端向右看过去的等效电阻,输入阻抗的大小反映电路从信号源或前级电路那里获取电流的多少以及影响的程度,一般可用串联电阻法来测量。在被测电路的输入端与信号源 U_S之间串入已知电阻 R,在电路正常工作的情况下,用交流毫伏表分别测出 U_i和 U_S,则输入电阻

$$R_i=\frac{U_i}{I_i}=\frac{U_i}{\dfrac{U_S-U_i}{R}}=\frac{U_i}{U_S-U_i}R$$

测量时应注意:

① 由于电阻 R 的两端没有电路公共接地点,测量 R 的两端电压 U_R($U_R=U_S-U_i$)时必须分别测出 U_i 和 U_S。

② 电阻 R 的取值不宜过大或过小,以免产生较大的测量误差,通常取与理论 R_i 值同数量级电阻。

(2) 输出阻抗 R_o 的测量　输出阻抗是从电路输出端向左看过去的等效电阻,输出阻抗 R_o的大小体现了电路的带负载能力,其值越小,等效电路越接近恒压源,带负载能力越强。在电路正常工作条件下,分别测出输出端不接负载和接入负载的输出电压 U_o和 U_{oL},由图 2.3.2 可得

$$U_{oL}=\frac{R_L}{R_o+R_L}U_o$$

即可间接测出

$$R_o = \left(\frac{U_o}{U_{oL}} - 1\right) R_L$$

测量时应注意：

① 必须保持 R_L接入前、后输入信号的大小不变。

② R_L大小与理论的 R_o同数量级。

2.3.3 电压增益及幅频特性测量

1. 电压增益测量

电路中常用有源二端口网络对信号进行处理，反映网络传输特性的主要参数有增益和幅频特性。如用放大电路（二端口网络）对信号进行放大，其放大能力用输出电压 U_o 和输入电压 U_i 的比值即电压增益 A_u 来表示：

$$A_u = \frac{U_o}{U_i}$$

电压增益的测量实质上就是电压的测量。测量中，根据被测信号电压的性质、工作频率、波形和测量精度等来选择测量仪器和测量方法。

2. 幅频特性测量

二端口网络的幅频特性，是一个与频率有关的量，其电压增益随输入信号频率的变化而变化，其变化曲线称为幅频特性曲线，如放大电路的幅频特性曲线如图2.3.3所示。

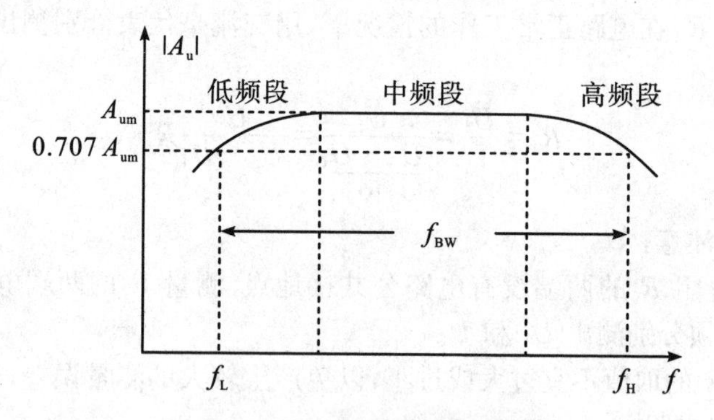

图 2.3.3 放大器的幅频特性曲线

当信号频率下降到一定程度时，放大倍数的数值明显下降，使放大倍数的数值等于 $0.707A_{um}$的频率值称为下限截止频率 f_L；当信号频率上升到一定程度时，放大倍数的数值也将减小，使放大倍数的数值等于 $0.707A_{um}$的频率值称为上限截止频率 f_H。f 小于f_L的部分称为放大电路的低频段，f 大于f_H的部分称为放大电路的高频段，而 f_L与 f_H之间形成的频带称为中频段，也称为放大电路的通频带 BW

(Band Width)，即 $f_{BW}=f_H-f_L$。

幅频特性的测试方法通常有以下两种：

(1) 逐点法　通常用毫伏表和示波器监视输入信号电压和输出信号波形，在保持输入信号电压不变的情况下，改变输入信号频率，逐点测出不失真的输出电压，计算输出电压增益 $A_u=U_o/U_i$，测试电路如图2.3.4所示。根据所测数据逐点描绘出幅频频率特性曲线，并找出 f_L 与 f_H，计算通频带 f_{BW}。用逐点法测出的幅频特性又叫静态幅频特性。

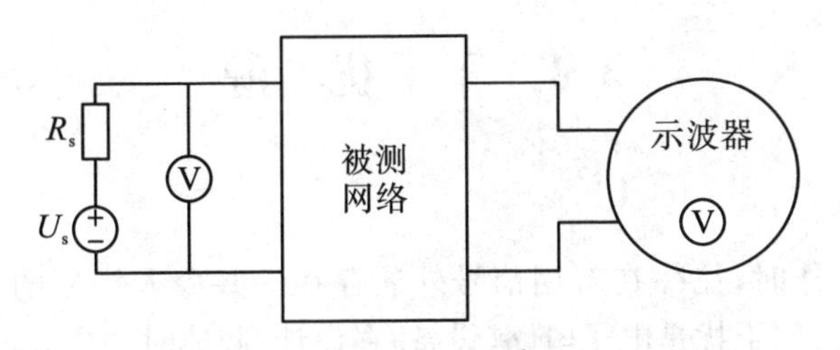

图2.3.4　逐点法测试幅频特性

(2) 扫频法　扫频法就是用扫频仪测量二端口网络幅频特性的方法，是目前广泛应用的方法，测量电路如图2.3.5所示。将一个扫频信号送入网络端口的输入端，其输出端口的电压经检波后送入示波管的Y轴，与扫频信号的频率同步变化的扫描电压送入示波管的X轴，这样示波管屏幕上就动态地显示出二端口网络的幅频特性曲线，可以直接测出通频带 f_{BW}。

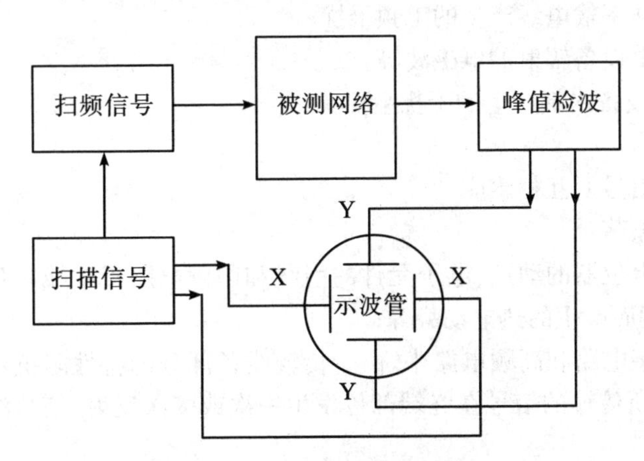

图2.3.5　扫频法测幅频特性

第3章 电路测量中干扰的抑制

3.1 干 扰 源

电子电路工作时,往往在有用信号外还存在一些令人头痛的干扰电压(或电流)。如何克服这些干扰是电子电路(设备)在设计、制造时的主要问题之一。干扰产生于干扰源,干扰源有的在电子电路(设备)外部,也有的在电子电路(设备)内部。

电子电路设备外部干扰源主要有:

(1) 电弧灯、日光灯、弧光灯、辉光放电管、火花点火装置灯产生的干扰;

(2) 直流发电机及电动机,交流整流子电动机等旋转设备,以及继电器、开关等产生的干扰;

(3) 由大功率输电线产生的工频干扰;

(4) 无线电设备辐射的电磁波等。

电子电路设备内部产生的干扰主要有:

(1) 交流声;

(2) 不同信号的互相感应;

(3) 寄生振荡;

(4) 绕线电位器的动点、电子元件的引线和印刷电路板布线等各种金属的接点间,由于温度而产生的热电动势等;

(5) 在数字电路和高频电路中,由于传输线各部分的特性阻抗不同或与负载阻抗不匹配时所传输的信号在终端部位发生一次或多次反射,信号波形产生畸变或产生振荡等。

3.2　干扰的抑制方法

为了抑制干扰,正确接地在实验中至关重要。接地包括两方面的内容:保证实验者人身安全的安全接地和保证正常实验、抑制干扰的技术接地。

1. 安全接地

绝大多数实验室所用的测量仪器和设备都由 50 Hz,220 V 的交流电网供电,供电线路的中线(零线)已经在发电厂用良导体接大地,另一根为相线(又称为火线)。如果仪器或设备长期处于湿度较高的环境或长期受潮、变压器质量低劣等,变压器的绝缘电阻就会明显下降。通电后,如人体接触机壳就有可能触电。为了防止因漏电使仪器外壳带电,造成人身事故,应将仪器外壳接大地。

为了避免触电事故的发生,可在通电后用试电笔检查机壳是否明显带电。一般情况下,电源变压器初级线圈两端的漏电阻是不相同的,因此,往往把单相电源插头换个方向插入电源插座中,可削弱甚至消除漏电现象。比较安全的办法是采用三芯插头座,如图 3.2.1 所示,三芯插座中的中间插孔与本实验室的地线(实验室的大地)相接,另外两个插孔,一个接 220 V 相线,另一个接电网零线,由于实验室的地线与电网中线的实际节点不同,二者之间存在一定的大地电阻 R_d(这个电阻还随地区、距离、季节等变化,一般是不稳定的),如图 3.2.2 所示。

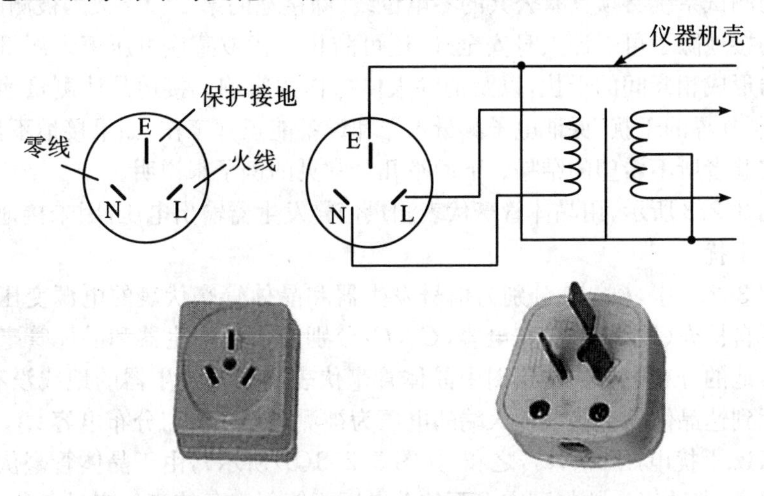

图 3.2.1　三孔安全插头、插座

电网零线与实验室大地之间由于存在沿线分布的大地电阻，因此不允许把电网中线与实验室地线相连。否则，零线电流会在大地电阻 R_d 上形成一个电位差。同理，也不能用电网零线代替实验室地线。实验室地线是将大的金属板或金属棒深埋在实验室附近的地下并用撒食盐等办法来减小接地电阻，然后用粗导线与之焊牢再引入实验室，分别接入各电源插座的相应位置。

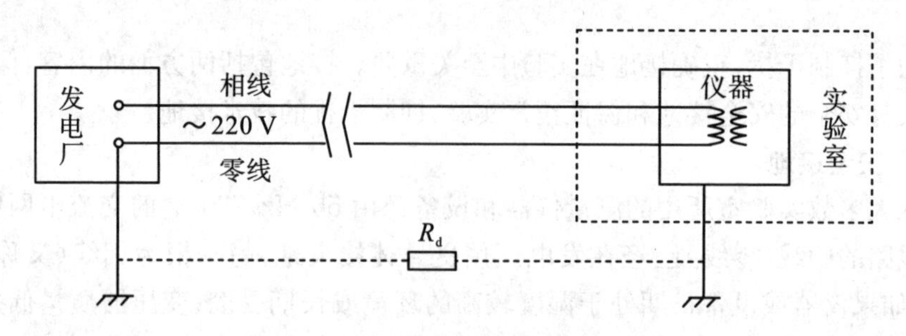

图 3.2.2 实验室的地线与电网间的电阻

三芯插头中较长的一根插头应与仪器或设备的机壳相连，另外两根插头分别与仪器或设备的电源变压器的初级线圈的两端相连。利用如图 3.2.1 所示的电源插接方式，就可以保证仪器或设备的机壳始终与实验室大地处于同电位，从而避免触电事故。如果电子仪器或设备没有三芯插头，也可以用导线将仪器或设备的机壳与实验室大地相连。

2. 技术接地

(1) 接地不良引入干扰　在基础电子实验中，由信号源、被测电路和测试仪器所构成的测试系统必须具有公共的零电位线(即接地的第二种含义)，被测电路、测量仪器的接地除了可保证人身安全外，还可防止干扰或感应电压窜入测量系统或测量仪器形成相互间的干扰，以及消除人体操作的影响。接地是使测量稳定所必需的，抑制外界的干扰，保证电子测量仪器和设备能正常工作，如果接地不当，可能会产生实验者所不希望的结果。下面举几个常见的例子来说明。

如图 3.2.3 所示，用晶体管毫伏表测量信号发生器输出电压，因未接地或接地不良引入干扰。

在图 3.2.3 中，C_1，C_2分别为信号发生器和晶体管毫伏表的电源变压器初级线圈对各自机壳(地线)的分布电容，C_3，C_4分别为信号发生器和晶体管毫伏表的机壳对大地的分布电容。由于图中晶体管毫伏表和信号发生器的地线没有相连，因此实际到达晶体管毫伏表输入端的电压为被测电压 U_x 与分布电容 C_3，C_4所引入的 50 Hz 干扰电压 e_{C3}，e_{C4}之和(如图 3.2.3(b)所示)，由于晶体管毫伏表的输入阻抗很高(兆欧级)，故加到它上面的总电压可能很大而使毫伏表过负荷，表现为在小量程挡表头指针超量程而打表。如果将图 3.2.3 中的晶体管毫伏表改为示波器，则会在示波器的荧光屏上看到如图3.2.4(a)所示的干扰电压波形，将示波器的灵敏度降低可观察到如图3.2.4(b)所示的一个低频信号叠加一个高频信号的信号波形，并可测出低频信号的频率为50 Hz。

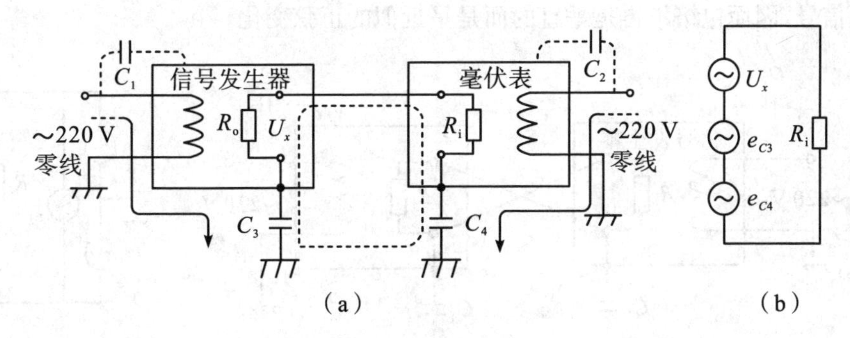

图3.2.3　接地不良引入干扰

如果将图3.2.3中信号发生器和晶体管毫伏表的地线相连(机壳)或两地线(机壳)分别接大地，干扰就可消除。因此，对高灵敏度、高输入阻抗的电子测量仪器应养成先接好地线再进行测量的习惯。

在实验过程中，如果测量方法正确、被测电路和测量仪器的工作状态也正常，而得到的仪器读数却比预计值大得多或在示波器上看到如图3.2.4所示的信号波形，那么，这种现象很可能就是由于地线接触不良造成的。

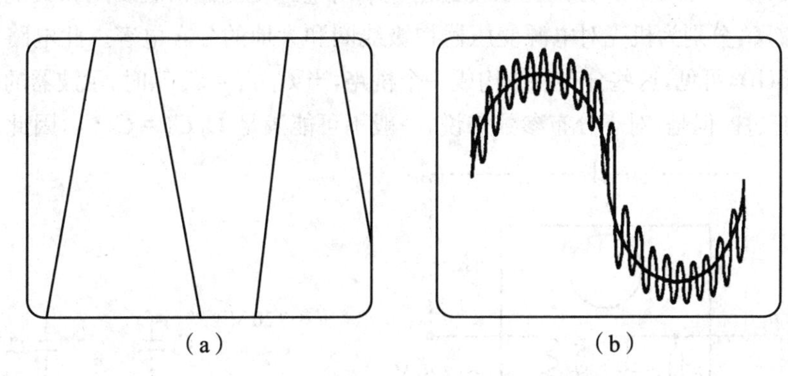

图3.2.4　示波器观测50 Hz干扰信号波形

(2) 仪器信号线与地线接反引入干扰　有的实验者认为，信号发生器输出的是交流信号，而交流信号可以不分正负，所以信号线与地线可以互换使用，其实不然。

如图3.2.5 (a)所示，用示波器观测信号发生器的输出信号，将两个仪器的信号线分别与对方的地线(机壳)相连，即两仪器不共地。C_1，C_2分别为两仪器的电源变压器的初级线圈对各自机壳的分布电容，C_3，C_4分别为两仪器的机壳对大地的分布电容，那么图3.2.5(a)可以用图3.2.5(b)来表示，图中e_{C3}，e_{C4}为分布电容C_3，C_4所引入的50 Hz干扰，在示波器荧光屏上所看到的信号波形叠加有50 Hz干扰信号，因而包络不再是平直的而是呈近似的正弦变化。

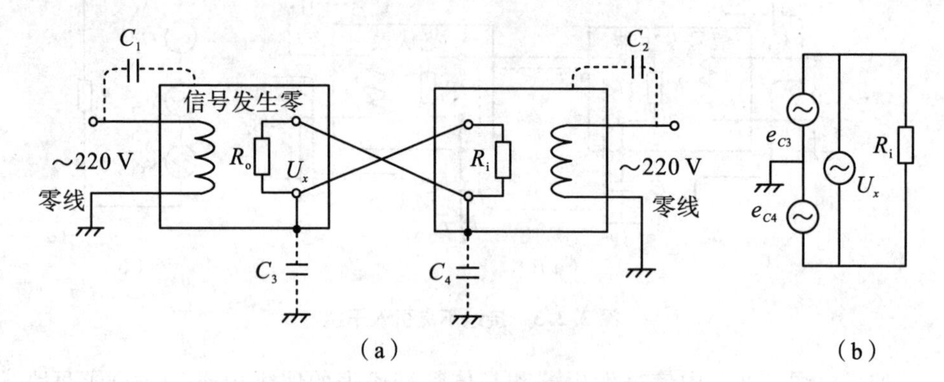

图3.2.5　信号线与地线接反引入干扰

如果将信号发生器输出和示波器的地线(机壳)相连，在示波器的荧光屏上就观测不到任何信号波形，信号发生器的输出端短路。

(3) 高输入阻抗仪表输入端开路引入干扰　以示波器为例来说明这个问题。如图3.2.6(a)所示，C_1，C_2分别为示波器输入端对电源变压器初级线圈和大地的分布电容，C_3，C_4分别为机壳对电源变压器初级线圈和大地的分布电容。此电路等效为图3.2.6(b)，可见，这些分布参数构成一个桥路，当$C_1C_4=C_2C_3$时，示波器的输入端无电流流过。但是，对于分布参数来说，一般不可能满足$C_1C_4=C_2C_3$，因此示波器

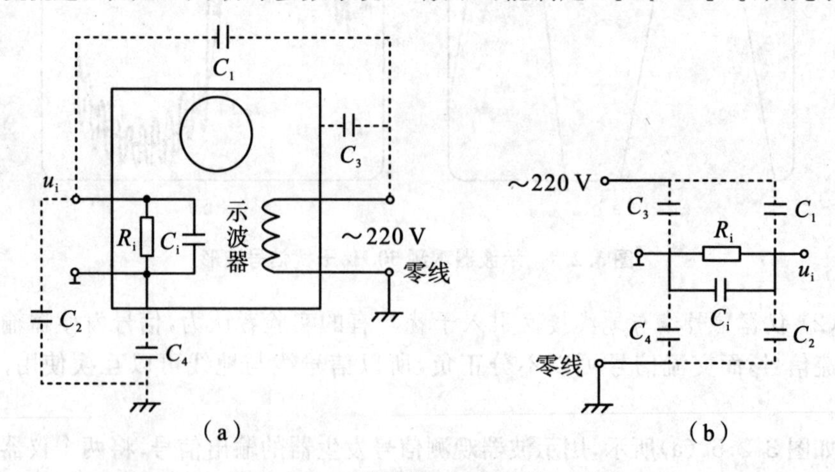

图3.2.6　示波器输入端开路引入干扰

的输入端就有50 Hz的市电电流流过，荧光屏上就有50 Hz的交流电压信号显示。如果将示波器换成晶体管毫伏表，毫伏表的指针就会指示出干扰电压的大小。正是由于这个原因，毫伏表在使用完毕后，必须将其量程旋钮置3 V以上挡位，并使输入端短路，否则，一开机，毫伏表的指针就会出现超量程现象。

（4）接地不当将被测电路短路　这个问题在使用双踪示波器时尤其应注意。如图3.2.7所示，由于双踪示波器两路输入端的地线都是与机壳相连的，因此，在图3.2.7(a)中，示波器的第一路(CH1)观测被测电路的输入信号，连接方式是正确的，而示波器的第二路(CH2)观测被测电路的输出信号，连接方式是错误的，导致了被测电路的输出端短路。在图3.2.7(b)中，示波器的第二路(CH2)观测被测电路的输出信号，连接方式是正确的，而示波器的第一路(CH1)，观测被测电路的输入信号，连接方式是错误的，导致了被测电路的输入端短路。

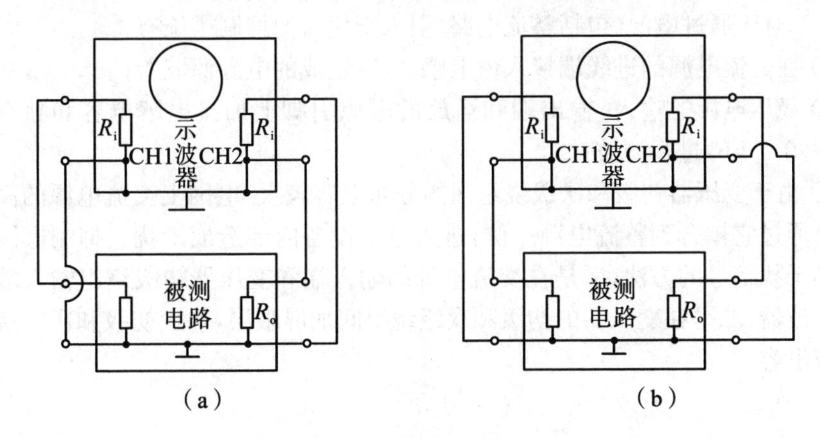

图3.2.7　接地不当情况

此外，接地时应避免多点接地，而采取一点接地方法，以排除对测量结果的干扰而产生测量误差，尤其当多个测量仪器间有两点以上接地时更需注意。如果实验室电源有地线，此项干扰可以排除，否则，由于两处接地，工作电流在各接地点间产生电压降或在接地点间产生电磁感应电压，这些也会造成测量上的误差。为此，必须采取一些接地措施。

在测量放大器的放大倍数或观察其输入、输出波形关系时，也要强调放大器、信号发生器、晶体管毫伏表以及示波器实行共地测量，以此来减小测量误差与干扰。

为减少电路本身产生的干扰，电路设计和测试时应注意以下几点：

（1）元、器件布置不可过密。

（2）改善电子电路的散热条件。

（3）分散供电电源，避免通过电源内阻引进干扰。

(4) 在配线和安装时,尽量减少不必要的电磁耦合。

(5) 尽量减少公共阻抗的阻值。

(6) 低频信号采用一点接地。

对于外部干扰源,应该根据干扰的性质采取不同的有效措施,削弱(或消除)干扰:

(1) 对于以电场或磁场形式进入放大电路的干扰,可利用屏蔽将电子电路放在金属罩(用导电性好的材料做成罩并接地,必要时加上高导磁材料屏蔽)里,使干扰削弱。

(2) 对于通过电子电路输入线引入的干扰可通过加入不同的滤波器来削弱。例如,信号频率较低,可在输入端加低通滤波器;如果干扰源的频率基本不变(例如50 Hz),可加带通滤波器等等。

(3) 对于通过电源(包括整流电路)引入干扰后的抑制措施有:

① 在交流电源的进线端接入由电感、电容组成的电源滤波器;

② 稳压电源的输入、输出端和运放的电源引脚上加接电解电容和独石电容(0.01~0.1 μF)进行滤波;

③ 由于变压器初级和次级绕组间的分布电容较大,电网上交流电源的高频噪声就会通过它耦合到整流电源一侧,进入电子设备内部造成干扰。抑制电网带来的高频干扰信号的方法,一是在交流电源的输入端和变压器初级绕组输入端加上低通滤波器,二是在变压器的初级和次级绕组间加屏蔽层,减少初级和次级绕组间的分布电容。

第2部分

电类基础实验

第4章　电路、电工实验

实验4.1　电路基本测量

【实验目的】

(1) 掌握电流表、电压表、稳压电源等的使用方法。

(2) 学习电流、电压的测量及误差的分析。

(3) 掌握电位的测量及电位正负的判定,学习绘制电位图。

(4) 根据实验电路参数,合理选择仪表量程,掌握挡位的选择及正确读数的方法。

【实验仪器与设备】

序号	名称	型号规格	数量	备　注
1	可调直流稳压电源	0~30 V	2	操作台
2	直流数字电压表	0~200 V	1	操作台
3	直流数字电流表	0~5 A	1	操作台
4	直流数字毫安表	0~200 mA	1	操作台
5	基尔霍夫定律实验线路板	DGJ-03	1	挂件

【实验原理】

1. 滑线变阻器的使用

滑线变阻器是一种常用的电工元件,可作为可变电阻,用以调节电路中的电流，使负载得到大小合适的电流；也可作为电位器使用，改变电路的端电压，使负载得到所需要的电压。它的额定值有最大电阻 R_N 和额定电流 I_N。在各种使用场合，不论滑动触头处于哪个位置，流过它的电流均不允许超过额定电流，否则会烧坏滑线变阻器。

2. 电位的测量及电位正负的判定

电路中某点的电位等于该点与参考点之间的电压。电位的参考点选择不同，各节点的电位也相应改变，但任意两点间的电位差不变，即任意两点间的电压与参考点电位的选择无关。测量电位就像测量电压一样，要使用电压表或万用电表电压挡。如果将仪表接"－"的黑表笔放在电路的正方向（参考方向）的低电位点上，接"＋"的红表笔放在正方向的高电位点上，表针正偏转，则读数应取正值；若表针反偏，则应将表笔对调后再测量，读数取负值。

3. 电位图的绘制

若以电路中的电位值作为纵坐标，电路中各点的位置（电阻或电源）作为横坐标，将测量到的各点电位在该坐标平面中标出，并把标出点按顺序用直线条依次连接，就得到电路的电位变化图。每一段直线段即表示该两点间电位的变化情况，而且任意两点的电位变化，即为该两点之间的电压。

在电路中，电位参考点可任意选定，对于不同参考点，所绘出的电位图形不同，但其各点电位变化规律是一样的。

4. 电压和电流的测量与读数

在电路测量中，**电流表要与被测电路串联，电压表要与被测电路并联。**在直流电路中，要注意仪表正极端必须与电路高电位点连接，否则，仪表会出现反偏，甚至会损坏仪表。接线前，应根据电路参数估算后，正确选择仪表的量程。量程选择太小，若电参数超过量程会损坏仪表；量程选择太大会增加测量误差。根据误差理论分析，一般应当使其读数在满刻度的1/2～2/3之间。一定准确度的仪表，所选量程越接近被测值，测量结果的误差就越小。

5. 电流插座和插头的设置

为了用同一电流表来测量多个支路电流，电流表并不直接串入电路，而是用几个电流插座来代表。将电流插座接入被测电流支路，电流插头两接线端与一个电流表两接线端相接，将电流插头插入电流插座的两接触铜片间，电流就流经电流表而测得所需支路电流。

6. 电路故障分析与排除

(1) 实验中常见故障

① 连线：连线错误、接触不良、短路或断路。

② 元件：元件错误或元件值错误，包括电源输出错误。

③ 参考点：电源、实验电路、测试仪器之间公共参考点连接错误等等。

(2) 故障检查　故障检查方法有很多，一般是根据故障类型，确定部位、缩小范围，在小范围内逐点检查，最后找出故障点并排除。简单实用的方法是用万用电表（电压挡或电阻挡）在通电或断电状态下检查电路故障。

① 通电检查法：用万用电表电压挡或电压表，在接通电源的情况下，根据实验原理，电路某两点应该有电压，万用电表测不出电压；某两点不应该有电压，而万用电表测出了电压，或所测电压值与电路原理不符，则故障即在此两点间。

② 断电检查法：实验过程中，可能经常会遇到接触不良或连接导线内部断开的隐性故障，利用万用电表可以较方便地寻找到这类故障点。首先，在测量过程中发现某点或某部分电路在数值上与理论值相差甚远或时有时无，可以大致推断出故障区域，然后，切断电源，用万用电表欧姆挡测量故障区域内的端钮、接线、焊点或元件，当发现某处应当是接通的而阻值较大时，此处即为故障点。

【实验内容】

1. 实验线路的安装

实验线路如图 4.1.1 所示，实验前先任意设定三条支路的电流参考方向，如图中 I_1，I_2，I_3所示。

(1) 分别将两路直流稳压电源接入电路，按表 4.1.1 所列数据调节稳压电源输出电压。

(2) 熟悉电流插头的结构，将电流插头的两接线端接至直流数字毫安表的“+”、“-”两端。将电流插头分别插入三条支路的三个电流插座中，记录电流值，填入表 4.1.1 中。

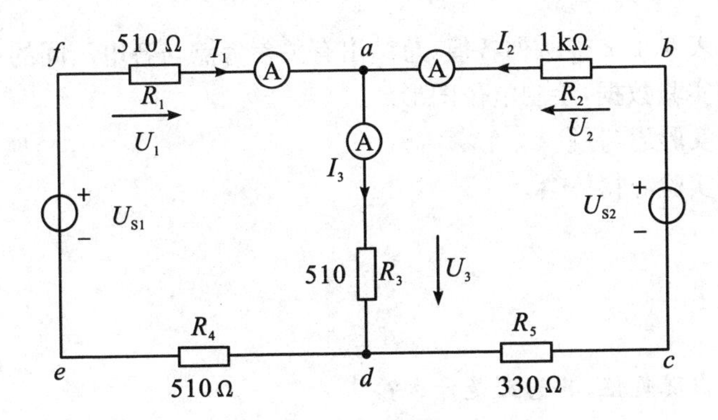

图 4.1.1　实验电路

表 4.1.1 电路测量数据

	U_{S1}	U_{S2}	U_1	U_2	U_3	I_1	I_2	I_3
$U_{S1}=15$ V, $U_{S2}=10$ V								
$U_{S1}=6$ V, $U_{S2}=12$ V								
$U_{S1}=12$ V, $U_{S2}=10$ V								

(3) 用直流数字电压表分别测量两路稳压电源输出电压及电阻元件上的电压值,将测量结果记入表 4.1.1 中。

2. 实验结果的处理

分别以 c,e 为参考节点,测量图 4.1.1 中各节点电位及相邻两点之间的电压值,将测量结果记入表 4.1.2 中,通过计算验证电路中任意两节点间的电压与参考点的选择无关,并根据实验数据绘制电路-电位图。

表 4.1.2 不同参考点电位与电压($U_{S1}=6$ V,$U_{S2}=12$ V)

参考点	V,U	V_a	V_b	V_c	V_d	V_e	V_f	U_{ab}	U_{bc}	U_{cd}	U_{da}	U_{af}	U_{fe}	U_{de}
c 节点	计算值													
	测量值													
	相对误差													
e 节点	计算值													
	测量值													
	相对误差													

【实验报告】

(1) 计算表 4.1.2 中所列各值,总结出有关参考点与各电压间的关系。

(2) 根据实验数据,绘制电位图形。

(3) 回答实验思考题。

(4) 撰写实验心得体会。

【思考题】

(1) 电位出现负值,其意义是什么?

(2) 电路中同时需要±15 V 电源供电,现有两台 0~30 V 可调稳压电源,问怎样连接才能满足其要求?试画出电路图。

实验 4.2　叠加原理和基尔霍夫定律的验证

【实验目的】

(1) 验证线性电路叠加原理、基尔霍夫电流定律(KCL)和电压定律(KVL)的正确性。

(2) 通过实验加深对叠加原理、基尔霍夫定律的内容和适用范围的理解。

(3) 学习测量误差的分析方法。

【实验仪器与设备】

序号	名称	型号规格	数量	备注
1	可调直流稳压电源	0～30 V	1	操作台
2	直流数字电压表	0～200 V	1	操作台
3	直流数字毫安表	0～200 mA	1	操作台
4	万用电表	500	1	测量交直流参数
5	叠加原理实验线路板	DGJ-03	1	挂件
6	基尔霍夫定律实验线路板	DGJ-03	1	挂件

【实验原理】

1. 叠加原理

叠加原理是分析线性电路时非常有用的网络定理,它反映了线性电路的一个重要规律:在含有多个独立电源的线性电路中,任意支路的电流或电压等于各个独立电源分别单独激励时,在该支路所产生的电流或电压的代数和。电路中某一电源单独激励时,其余不激励的理想电压源用短路线来代替,不激励的电流源用开路线来代替。含有受控源的电路应用叠加原理时,在各独立电源单独激励的过程中,一定要保留所有的受控源。

叠加原理只适用于线性电路，而在非线性电路中，因为功率与电压、电流不是线性关系，所以计算功率时不能应用叠加原理。

2. 基尔霍夫定律

基尔霍夫定律是电路理论中最基本也是最重要的定律之一，它概括了集总电路中电流和电压分别应遵循的基本规律。

基尔霍夫电流定律：在集总电路中，任何时刻，对于任一节点，所有支路的电流代数和恒等于零，即$\sum i = 0$。

基尔霍夫电压定律：在集总电路中，任何时刻，沿任一回路，所有支路的电压代数和恒等于零，即$\sum u = 0$。

在电路理论中，参考方向是一个重要的概念，它具有重要的意义。电路中，我们往往不知道某一个元件两端电压的真实极性或流过其电流的真实流向，只有预先假定一个方向，这个方向就是参考方向。在测量或计算中，如果得出某个元件两端电压的极性或电流的流向与参考方向相同，则把该电压值或电流值取为正值，否则，把该电压值或电流值取为负值，以表示电压的极性或电流的流向与参考方向相反。

【实验内容】

(1) 按图4.2.1中的电路接线，U_S取自可调直流稳压电源，U_{S1}取12 V，U_{S2}取10 V。

(2) 令U_{S1}电源单独作用，（将开关S_1投向U_{S1}侧，开关S_2投向短路侧），用直流数字电压表和毫安表（使用电流插头）测量各支路电流及各电阻元件两端电压。数据记入表4.2.1中。

表4.2.1 线性电路测量数据

测量项目	U_{S1}	U_{S2}	I_1	I_2	I_3	U_{ab}	U_{cd}	U_{ad}	U_{de}	U_{fa}
U_{S1}单独作用										
U_{S2}单独作用										
U_{S1}，U_{S2}共同作用										

(3) 令U_{S2}电源单独作用（将开关S_2投向U_{S2}侧，开关S_1投向短路侧），用直流数字电压表和毫安表（使用电流插头）测量各支路及各电阻元件两端电压。

(4) 令U_{S1}和U_{S2}共同作用（将开关S_1和S_2分别投向U_{S1}和U_{S2}侧），重复实验步骤(2)。

(5) 将图 4.2.1 所示电路中的 R_5 换为二极管 N4007(将开关 S_3 投向二极管侧),其余同上述实验步骤,验证非线性电路不满足叠加原理,将数据记入表4.2.2中。

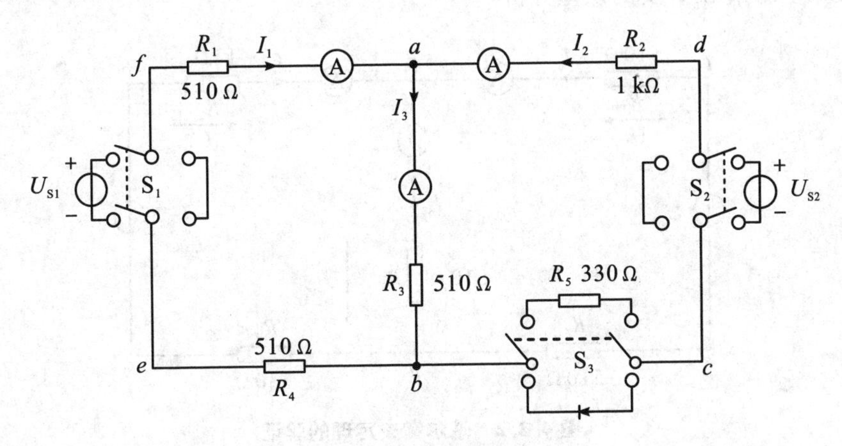

图 4.2.1　叠加原理实验电路

表 4.2.2　非线性电路测量数据

测量项目	U_{S1}	U_{S2}	I_1	I_2	I_3	U_{ab}	U_{cd}	U_{ad}	U_{de}	U_{fa}
U_{S1}单独作用										
U_{S2}单独作用										
U_{S1},U_{S2}共同作用										

(6) 基尔霍夫定理验证电路如图 4.2.2 所示,三条支路的电流参考方向如图中的 I_1,I_2,I_3。

(7) 分别将两路直流稳压电源接入电路,令 $U_{S1}=6\ \text{V}$,$U_{S2}=12\ \text{V}$。

(8) 将电流插头分别插入三条支路的三个电流插座中,将电流插头的红接线端接电流表"+",电流插头的黑接线端接电流表"-"。选择合适的电流表挡位测量,并记录电流值。

(9) 用直流数字电压表分别测量两路电源输出电压及电阻元件上的电压值,记入表 4.2.3 中。

表 4.2.3　基尔霍夫定理实验数据

被测量	I_1(mA)	I_2(mA)	I_3(mA)	U_{S1}	U_{S2}	U_{fa}	U_{ab}	U_{cd}	U_{ad}	U_{de}
计算值										
测量值										
相对误差										

(10) 将测得的各电流、电压值分别代入$\sum i=0$和$\sum u=0$中，计算并验证基尔霍夫定律，作出必要的误差分析。

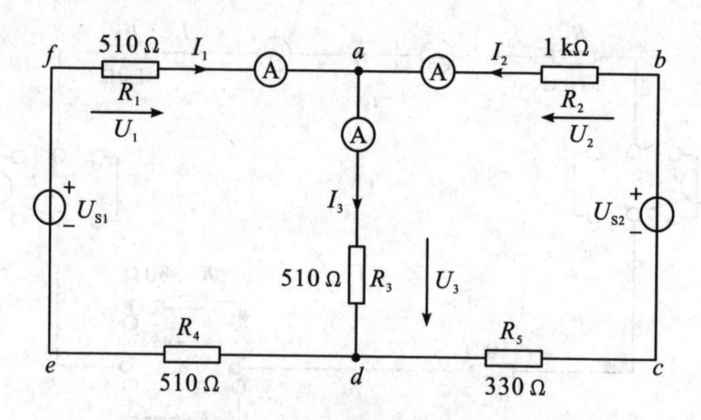

图 4.2.2　基尔霍夫定理的验证

【实验报告】

(1) 根据实验数据验证线性电路的叠加原理。

(2) 选定实验电路中的任一个节点和任一个闭合回路，验证 KCL 和 KVL 的正确性。

(3) 将理论值与实测值相比较，分析误差产生的原因。

(4) 回答思考题。

【思考题】

(1) 用电流实测值及电阻标称值计算 R_1，R_2，R_3 上消耗的功率，以实例说明功率能否叠加。

(2) 实验中，若用指针式万用表直流毫安挡测量各支路电流，什么情况下可能出现毫安表指针反偏，应如何处理，在记录数据时应注意什么？若用直流数字毫安表测量，则会有什么显示呢？

实验 4.3 戴维南定理与诺顿定理

【实验目的】

(1) 通过验证戴维南定理与诺顿定理,加深对等效概念的理解。
(2) 学习测量有源二端网络的开路电压和等效电阻的方法。

【实验仪器与设备】

序号	名称	型号规格	数量	备注
1	可调直流稳压电源	0~30 V	1	操作台
2	可调直流恒流源	0~200 mA	1	操作台
3	直流数字电压表	0~200 V	1	操作台
4	直流数字毫安表	0~200 mA	1	操作台
5	可调电阻箱	0~99 999 Ω	1	自备
6	戴维南定理实验线路板	DGJ-03	1	挂件

【实验原理】

1. 戴维南定理

任何一个线性有源二端网络,对于外电路来说,总可以用一个理想电压源和电阻相串联的有源支路代替,如图 4.3.1 所示。其理想电压源的电压等于原网络端

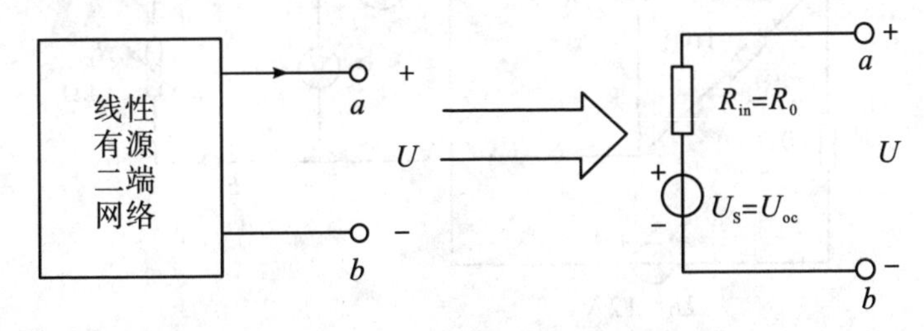

图 4.3.1 戴维南等效电路

口的开路电压 U_{oc}，其内阻等于原网络中所有独立电源为零值时的等效电阻 R_0。

2. 诺顿定理

诺顿定理是戴维南定理的对偶形式，它指出任何一个线性有源二端网络，对于外电路而言，总可以用一个理想电流源和电导并联的有源支路来代替，如图 4.3.2 所示。其电流源的电流等于原网络端口的短路电流 I_{sc}，电导等于原网络中所有独立电源为零时的等效电导 G_0。应用戴维南定理和诺顿定理时，被变换的二端网络必须是线性的，可以包含独立电源或受控电源，但是与外部电路之间除直接相连外，不允许存在任何耦合。

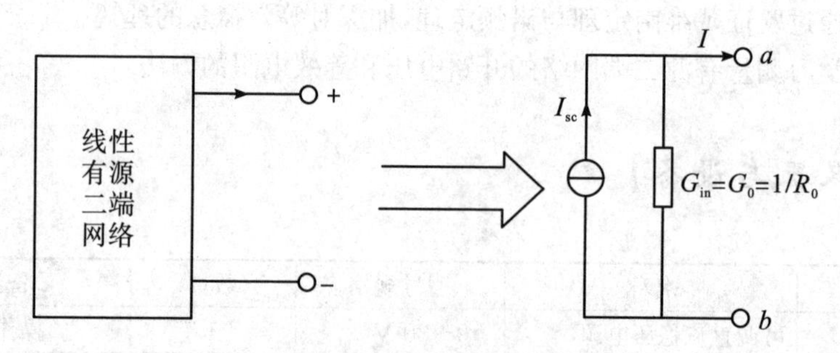

图 4.3.2 诺顿等效电路

【实验内容】

1. 利用戴维南定理估算开路电压 U'_{oc}、等效电阻 R'_0、短路电流 I'_{sc}

按图 4.3.3 所示的实验电路接线，设 $U_S = 12$ V，$I_S = 10$ mA，利用戴维南定理估算开路电压 U'_{oc}、等效电阻 R'_0、短路电流 I'_{sc}，将计算值填入表 4.3.1 中。

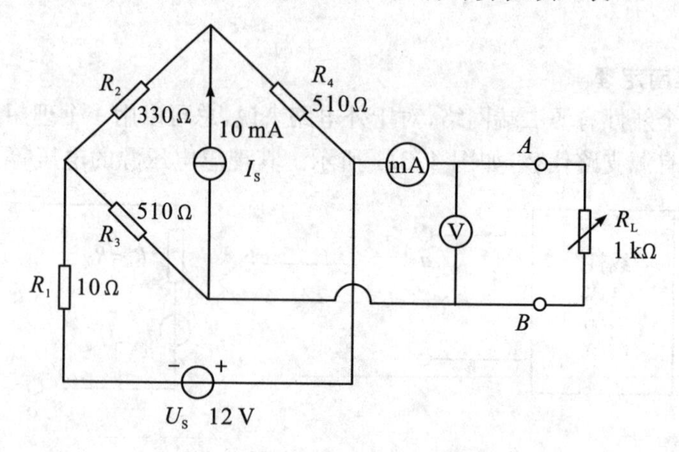

图 4.3.3 戴维南定理实验电路

表 4.3.1　实验数据表

U'_{oc}	R'_0	I'_{sc}

2. 测量开路电压 U_{oc}

将负载开路,用电压表测量 A,B 之间的电压,即为开路电压 U_{oc},填入表 4.3.2 中。

3. 测量短路电流 I_{sc} 和等效电阻 R_0

将负载 R_L 短路,测量短路电流 I_{sc},利用 $R_0=U_{oc}/I_{sc}$,可得等效电阻 R_0,填入表 4.3.2 中。

表 4.3.2　实验数据表

U_{oc}(V)	I_{sc}(mA)	R_0(Ω)	
		U_{oc}/I_{sc}(Ω)	实测值

4. 测量有源二端网络的外特性

将可变电阻 R_L(可调电阻箱)接入电路 A,B 之间,测量有源二端网络的外特性,按表 4.3.3 中所列电阻调 R_L,记录电压表、电流表读数,填入表 4.3.3 中。

表 4.3.3　有源二端网络外特性测量数据

R_L(Ω)	0	70	200	300	450	1 000
U(V)						
I(mA)						

5. 测量等效电压源的外特性

实验线路如图 4.3.4 所示,首先将直流稳压电源输出电压调为 $U_S=U_{oc}$,串入等效内阻 R_0,按步骤 4 测量之,将测量结果填入表 4.3.4 中。

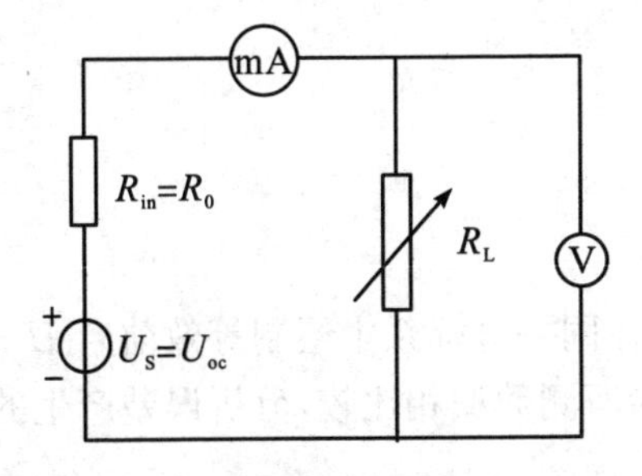

图 4.3.4　测量等效电压源的外特性

表 4.3.4 等效电压源外特性测量数据

$R_L(\Omega)$	0	70	200	300	450	1 000
U(V)						
I(mA)						

6. 测量等效电流源的外特性

实验线路如图 4.3.5 所示，首先将恒流源输出电流调为 $I_S = I_{sc}$，并联等效电导 $G_0 = 1/R_0$，按照步骤 4 测量之，将测量结果填入表 4.3.5 中。

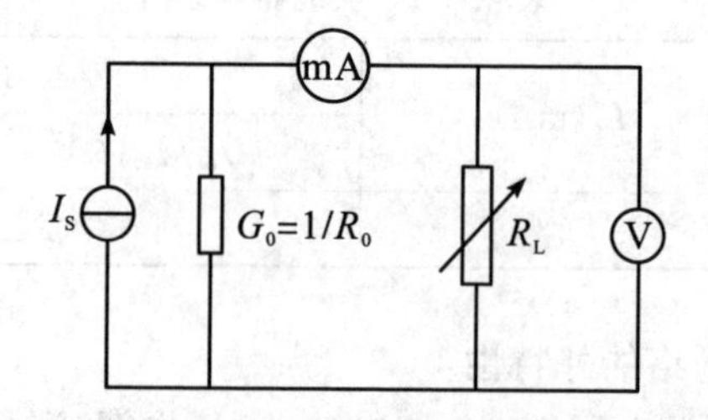

图 4.3.5 测量等效电流源外特性

表 4.3.5 等效电流源外特性测量数据

$R_L(\Omega)$	0	70	200	300	450	1 000
U(V)						
I(mA)						

7. 测量有源二端网络等效电阻(又称输入电阻)的其他方法

将被测有源二端网络内的所有独立电源置零(将电流源 I_S断开，去掉电压源，并在原电压源两端所接的两点用一根短路导线相连)，然后用伏安法或直接用万用电表的欧姆挡去测 A，B 两点之间的电阻，此即为被测网络的等效内阻 R_0或称为网络的输入电阻 R_i。

【实验报告】

(1) 根据测量数据，在同一坐标系中绘制等效前后 $U-I$ 曲线。

(2) 将理论值与实验所测数据相比较，分析误差产生的原因。

(3) 回答思考题。

【思考题】

(1) 在求有源二端网络等效电阻时，如何理解“原网络中所有独立电源为零值”?

(2) 说明测有源二端网络开路电压及等效内阻的几种方法，并比较其优缺点。

【开路电压和等效内阻的测量方法】

1. 开路电压 U_{oc} 的测量

方法1　直接测量法

当有源二端网络的等效电阻 R_0 远小于电压表内阻 R_V 时，可直接用电压表测量有源二端网络的开路电压，如图4.3.6(a)所示。一般电压表内阻并不是很大，最好选用数字电压表，数字电压表的突出特点就是灵敏度高、输入电阻大。通常其输入电阻在10 MΩ以上，有的高达数百兆欧姆，对被测电路影响很小，从工程角度来说，用其所得的电压即是有源二端网络的开路电压。

方法2　零示法

在测量具有高内阻有源二端网络的开路电压时，用电压表进行直接测量会造成较大的误差，为了消除电压表内阻的影响，往往采用零示法，如图4.3.6(b)所示。

零示法测量原理是用一低内阻的稳压电源与被测有源二端网络进行比较，当稳压电源的输出电压 E_S 与有源二端网络的开路电压 U_{oc} 相等时，电压表的读数将为零，然后将电路断开，测量此时稳压源的输出电压，即为被测有源二端网络的开路电压。

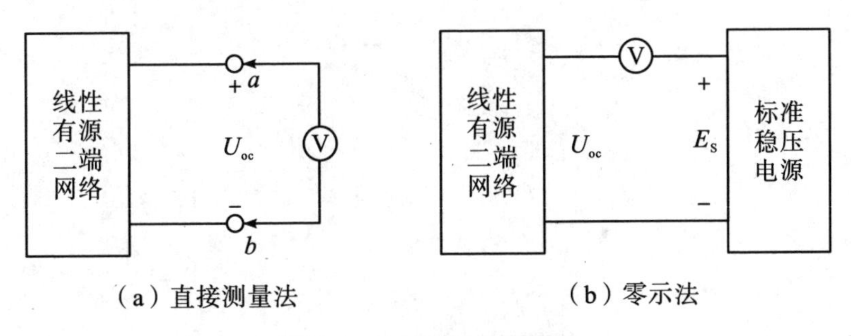

图4.3.6　开路电压的测量

2. 等效电阻 R_0 的测量

方法1 直接测量法

用数字万用电表的电阻挡直接测量，测量时首先让有源二端网络中所有独立电源为零，即理想电压源用短路线代替，理想电流源用开路线代替。这时电路变为无源二端网络，用万用电表欧姆挡直接测量 a,b 间的电阻即可。

方法2 加压求流法

让有源二端网络中所有独立电源为零，在 a,b 端施加一已知直流电压 U，测量流入二端网络的电流 I，则等效电阻 $R_0=U/I$。以上两种方法适用于电压源内阻很小和电流源内阻很大的场合。

方法3 直线延长法

当有源二端网络不允许短路时，先测开路电压 U_{oc}，然后测出有源二端网络的负载电阻上的电压和电流。在电压、电流坐标系中标出 $(U_{oc},0)$，(U_1,I_1) 两点，过两点作直线，与横轴交点为 $(0,I_{sc})$，则 $I_{sc}=\frac{U_{oc}}{U_{oc}-U_1}$，所以 $R_0=\frac{U_{oc}-U_1}{I_1}$。

方法4 两次求压法

测量时先测量一次有源二端网络的开路电压 U_{oc}，然后在 a,b 端接入一个已知电阻 R_L，再测出电阻 R_L 两端的电压 U_L，则等效电阻 $R_0=\left(\frac{U_{oc}}{U_L}-1\right)\times R_L$。

以上两种方法与有源二端网络的内部结构无关，或者说对网络内电路结构可以不去考虑，这正是戴维南定理和诺顿定理在电路分析与实验测试技术中得到广泛应用的原因所在。

实验4.4　复杂直流电路仿真实验

【实验目的】

(1) 学会使用仿真软件分析复杂直流电路。
(2) 初步掌握利用 Multisim 10 软件的基本分析方法分析电路。
(3) 通过电路仿真,加深对 KCL、KVL 和叠加原理的理解。

【实验仪器与设备】

序号	名称	型号规格	数量	备注
1	计算机	PC	1	仿真设计
2	软件	Multisim 10		

【实验原理】

Multisim 10 软件为电路仿真提供了直流工作点分析、交流分析、瞬态分析、傅里叶分析、失真分析、噪声分析和直流扫描分析等方法。利用这些分析方法,可以了解电路的基本状况、测量和分析电路的各种响应,且比用实际仪器测量的分析精度高、测量范围宽。

在进行直流分析时,假设交流源为零且电路处于稳定状态,即电容开路、电感短路、电路中的数字器件看作高阻接地。直流分析的结果常常作为以后分析的基础,如直流分析所得的直流工作点作为交流分析时小信号非线性器件的线性工作区,直流工作点作为暂态分析的初始条件等。在 Multisim 10 软件环境下,建立复杂直流电路如图 4.4.1 所示。

直流工作点分析对话框有 3 个分页菜单"Output"、"Analysis Options"和"Summary",在对图 4.4.1 所示电路进行直流分析时,首先需要对菜单"Options/Sheet Preference"进行参数设置,将"Net Names"中的"Show All"选中,电路中会显示数字节点。单击“Simulate/Analysis/DC Operating Point Analysis”，弹出如

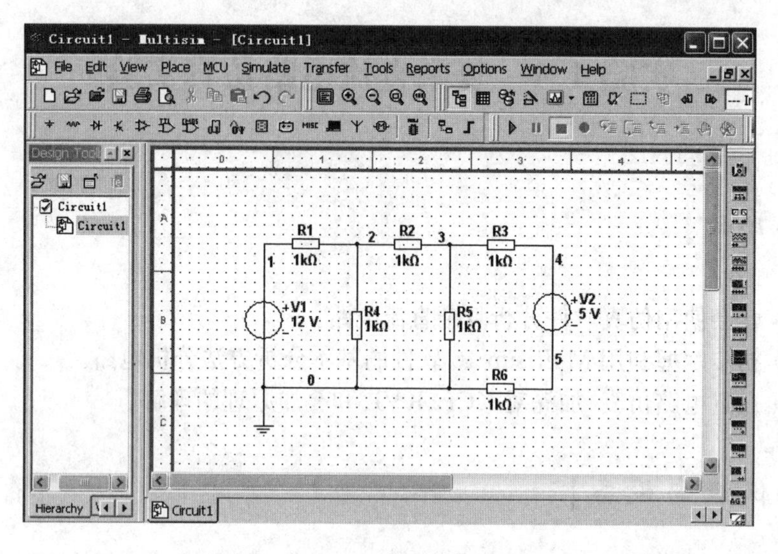

图 4.4.1　复杂直流电路仿真界面

图4.4.2所示的对话框，在“Output”标签中，“Variables in circuit”栏列出电路中所有的节点和可以分析的变量，其变量类型可在下拉列表中选择，“Selected variables for analysis”栏显示将要分析的节点和变量，默认状态为空，“Add”按钮是将选中的节点、变量加载到“Selected variables for analysis”栏中，“Remove”用于删除已选中的某个变量，可先选中该变量，然后单击该按钮，就将它移回到“Selected variables for analysis”栏中，“Filter Unselect Variables”过滤一些分析变量，如模型内部节点等，“Add Expression”用于添加运算表达式，“Edit Expression”用于编辑运算表达式。

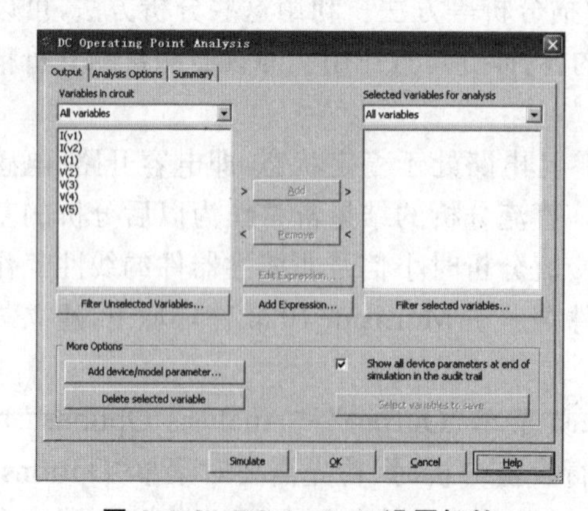

图 4.4.2　DC Analysis 设置标签

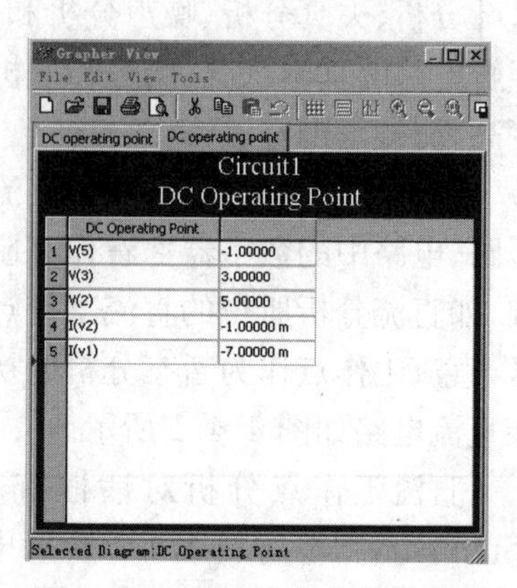

	DC Operating Point	
1	V(5)	-1.00000
2	V(3)	3.00000
3	V(2)	5.00000
4	I(v2)	-1.00000 m
5	I(v1)	-7.00000 m

图 4.4.3　直流工作点分析结果

在对图 4.4.1 所示复杂直流电路进行直流工作点分析时，选取 I（V1）、I（V2）、V(2)、V(3)和 V(5)为输出节点。参数设置完成后，单击"Simulate"仿真按钮，其仿真结果如图 4.4.3 所示。除工作状态分析方法之外，还可以通过虚拟仪表直接测量，如图 4.4.1 所示仿真界面中右侧虚拟仪器列表，选取数字万用表拖放到工作区，测量节点的电压和回路的电流，图 4.4.4 中测量节点 3 的电压与图 4.4.3 中 V(3)的值一致。

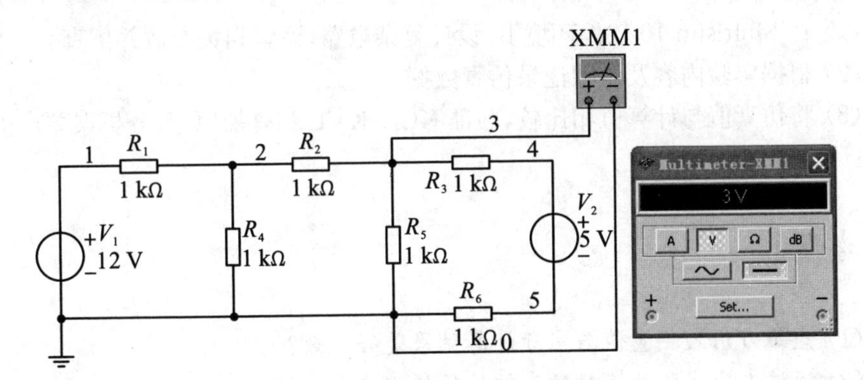

图 4.4.4　节点 3 直流电压测量结果

【实验内容】

(1) 在 Multisim 10 环境中创建图 4.4.5 所示复杂电路，设置相关参数，进行直流静态分析，记录各回路电流和节点电压的仿真结果，并与理论计算结果相比较。

(2) 在图 4.4.5 所示复杂电路中，分别改变 V_1，V_2和 V_3参数进行仿真，记录仿真结果。

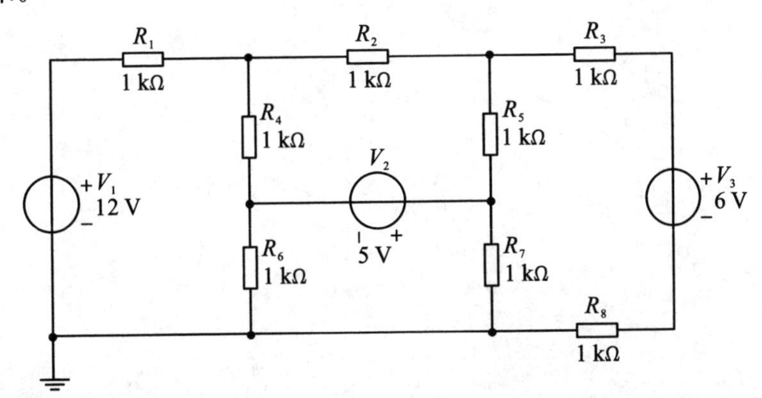

图 4.4.5　复杂电路

(3) 在图4.4.5所示复杂电路中，分别改变 R_1，R_2和 R_3参数，采用工作状态分析法和虚拟数字万用表测量法进行仿真，记录仿真结果。

【实验报告】

(1) 在 Multisim 10 软件环境下，设计复杂电路，设置相关参数并仿真。

(2) 根据实验内容及步骤记录仿真数据。

(3) 将仿真值与计算值相比较，验证 KCL、KVL 和叠加原理，分析误差产生的原因。

【思考题】

(1) 虚拟万用表测量值与实际计算结果是否一致？

(2) 通过本次实验谈谈对仿真软件的使用体会。

实验4.5 电压源与电流源等效变换及最大功率传输定理

【实验目的】

(1) 掌握电流源和电压源等效变换的条件。

(2) 验证最大功率传输定理,掌握直流电路中功率匹配条件。

【实验仪器与设备】

序号	名称	型号规格	数量	备注
1	可调直流稳压电源	0~30 V	1	操作台
2	直流数字电压表	0~200 V	1	操作台
3	直流数字毫安表	0~200 mA	1	操作台
4	电压等效变换实验线路板	DGJ-03	1	挂件
5	最大功率传输定理实验线路板	DGJ-03	1	挂件

【实验原理】

1. 电源等效变换

一个实际的电源,就其外部特性而言,可以看成一个电压源,也可以看成一个电流源。由于实际电压源存在一定的内电阻 R_S,在正常(或称线性)工作区域内,随着输出电流的增加,输出电压大致按线性规律下降。当电流增大超过额定值后,电压可能会急剧下降直至为零,此时电压源工作在非正常区。在正常工作区域内,其端口特性方程 $U=U_S-R_SI$,可以等效为戴维南电路,如图4.5.1(a)所示。

同理,实际电流源存在一定的内电导 G_S,在正常工作区域内,随着输出电压的增加,输出电流大致按线性规律下降。当电压增大超过额定值后,电流可能会急剧下降直至为零,此时电流源工作在非正常区。在正常工作区域内,其端口特征方程

$I = I_S - G_S U$，可以等效为诺顿电路，如图4.5.1(b)所示。

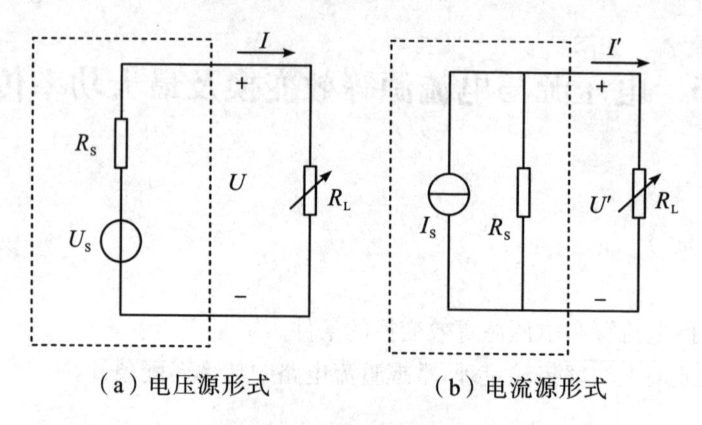

(a) 电压源形式　　(b) 电流源形式

图4.5.1　电源等效变换

设有一个电压源和一个电流源分别与相同的外电阻连接，只要满足以下关系：$I_S = U_S/R_S$，$R_S = 1/G_S$，就有 $I = I'$，$U = U'$。由此可见，两种电源形式对于外电路是完全等效的，因此两种电源可以互相替换而对外电路没有任何影响。利用电源等效变换条件，可以很方便地把一个串联内阻为 R_S 的电压源 U_S 变换成一个并联内阻为 R_S 的电流源 U_S/R_S，反之，也可以很容易地把一个电流源变换成一个等效的电压源。

电压源和电流源对于外电路而言，相互之间是等效的；但对于电源内部来讲，是不等效的。理想电压源和理想电流源本身之间没有等效的关系，因为对于理想电压源($R_S = 0$)来讲，其短路电流 I_S 为无穷大，对于理想电流源($R_0 = \infty$)来讲，其开路电压 U_o 为无穷大，都不能得到有限的数值，故两者之间不存在等效变换的条件。

2. 最大功率传输定理

一个实际电源或一个线性含源一端口网络，不管它内部具体电路如何，都可以等效化简为理想电压源 U_S 和一个电阻 R_S 的串联支路，如图4.5.2所示。当负载 R_L 与电源内阻 R_S 相等时，负载 R_L 可获得最大功率，即 $P_{max} = I^2 R_L = \frac{U_S^2 R_L}{(R_S + R_L)^2} = \frac{U_S^2}{4R_S}$，电路的效率为 $\eta = \frac{I^2 R_L}{I^2 (R_S + R_L)} \times 100\% = 50\%$。

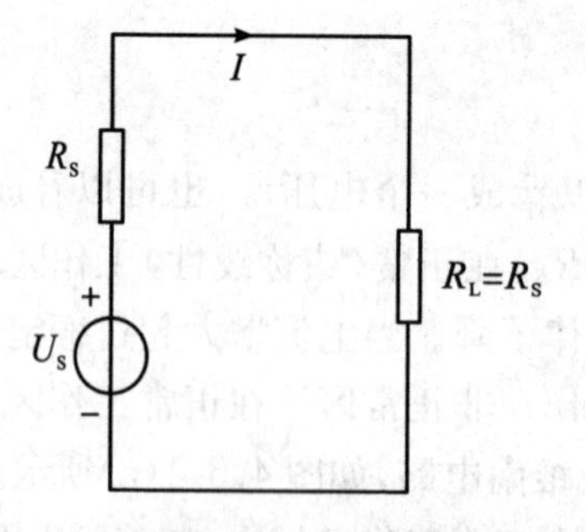

图4.5.2　负载从给定电源获得功率电路

【实验内容】

1. 测定理想电压源、实际电压源外特性

按图4.5.3(a)接线，U_S 为6 V直流稳压电源，视为理想电压源，R_L为可调电阻，调节 R_L电阻值，记录电压表和电流表读数，填入表4.5.1中。按图4.5.3(b)接线，虚线框可模拟为一个实际的电压源，$U_S = 6$ V，$R_S = 150\ \Omega$，调节 R_L值，记录两表读数，填入表4.5.2中。

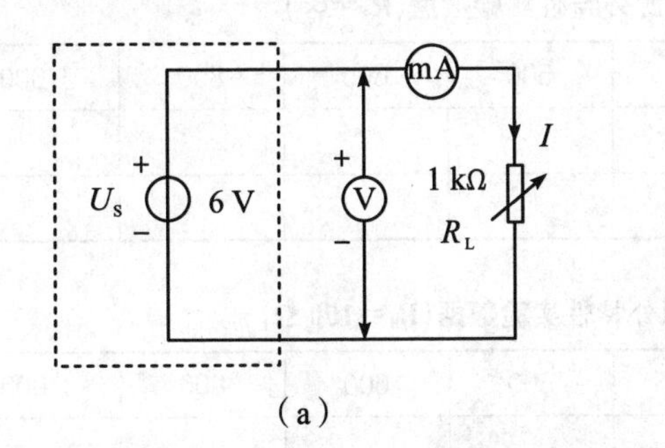

(a)

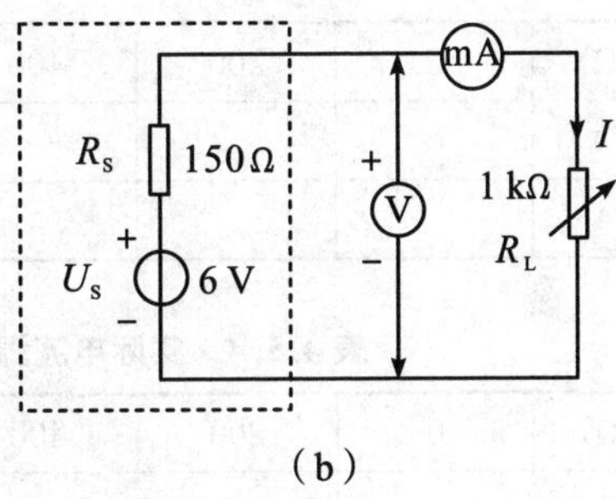

(b)

图4.5.3　测定电压源的外特性

表4.5.1　理想电压源外特性实验数据

R_L(Ω)	200	300	400	500	800	1 000	∞
U(V)							
I(mA)							

表4.5.2　实际电压源外特性实验数据

R_L(Ω)	200	300	400	500	800	1 000	∞
U(V)							
I(mA)							

2. 测定理想电流源、实际电流源外特性

按图4.5.4接线，I_S为直流电流源，视为理想电流源，调节其输出为 $I_S = 5$ mA，$G_S = 1/R_S$，令 R_S 分别为150 Ω和∞，调节 R_L值(用电阻箱作为负载)，记录这两种情况下的电压表和电流表的读数。将数据填入表4.5.3和表4.5.4中。

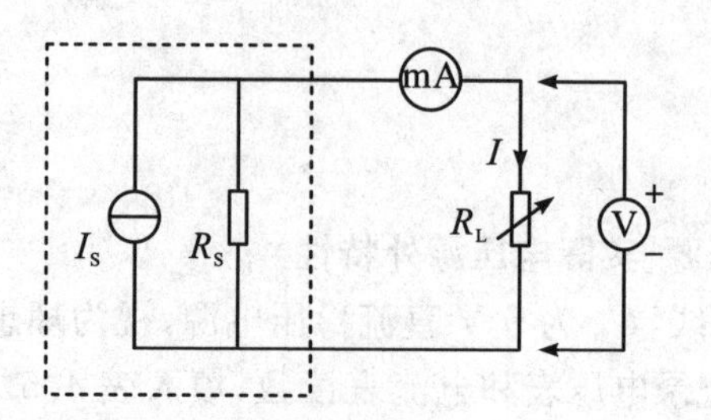

图 4.5.4　测定电流源的外特性

表 4.5.3　理想电流源外特性实验数据($R_S=\infty$)

R_L(Ω)	0	200	400	500	600	800	1 000
U(V)							
I(mA)							

表 4.5.4　实际电流源外特性实验数据($R_S=150\ \Omega$)

R_L(Ω)	0	200	400	500	600	800	1 000
U(V)							
I(mA)							

3. 测定电源等效变换条件

分别按图 4.5.5(a)、(b)所示线路接线，负载电阻 R_L阻值相同，首先读取图 4.5.5(a)线路中两表的读数，然后调节图 4.5.5(b)线路中恒流源 I_S，令两表的读数与图 4.5.5(a)中的读数相等，记录 I_S的值。验证等效变换条件的正确性。

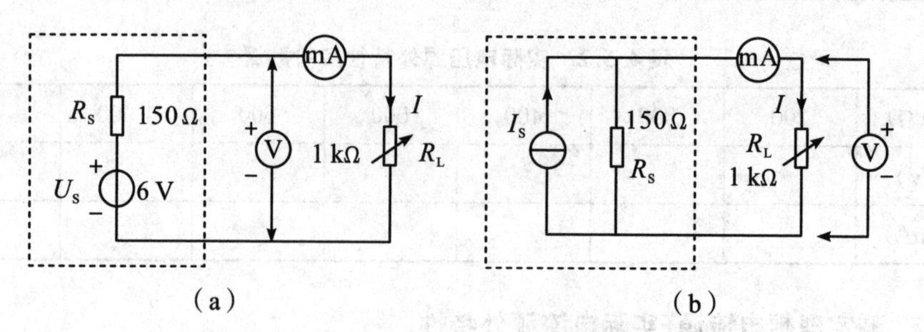

图 4.5.5　电源等效变换实验电路

4. 验证最大功率传输定理

实验电路如图 4.5.6 所示，取 $R_1=200\ \Omega$，调节电位器 R_L值，使得 $U_L=\frac{1}{2}U_S$，记

录电阻 R_L、电流 I、电压 U_L 的值，计算电源功率 $P(P=U_SI)$，负载获得功率 $P_1(P_1=I^2R_L)$ 并填入表4.5.5中。

增大和减小 R_L 值，记录电阻 R_L，测量端口电压 U_L、端口电流 I，计算电源功率 P 值 $(P=U_SI)$，负载获得功率 $P_1(P_1=I^2R_L)$，填入表4.5.5中。

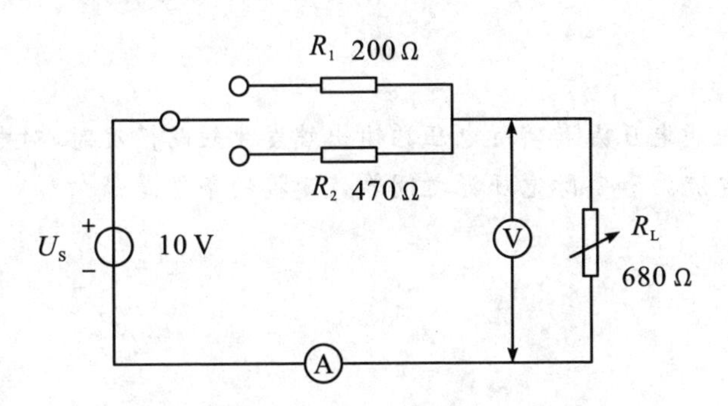

图4.5.6 验证最大功率传输定理实验电路

取 $R_2=470\ \Omega$，按照上述步骤测量，记录数据于表4.5.6中。

表4.5.5 验证最大功率传输定理数据(内阻取 $R_1=200\ \Omega$)

$R_L(\Omega)$										
测量值	I(mA)									
	U_L(V)									
计算值	P(W)									
	P_1(W)									

表4.5.6 验证最大功率传输定理数据(内阻取 $R_2=470\ \Omega$)

$R_L(\Omega)$										
测量值	I(mA)									
	U_L(V)									
计算值	P(W)									
	P_1(W)									

【实验报告】

(1) 根据实验数据绘制出电源的外特性曲线，并总结、归纳各电源的特性。

(2) 从实验结果,总结电源等效变换条件。

(3) 根据电路参数计算 P_{max},与实测值 P 进行比较,计算相对误差。

(4) 计算最大传输功率 P 时电路的效率。

【思考题】

(1) 分析理想电压源和实际电压源输出端发生短路情况时,对电源的影响。

(2) 实际电流源和实际电压源之间等效变换的条件是什么?

实验4.6　受控源特性研究

【实验目的】

(1) 测试受控源的外特性及其转移参数，加深对受控源的理解。

(2) 熟悉由运算放大器组成受控源电路的分析方法，了解运算放大器的应用。

【实验仪器与设备】

序号	名称	型号规格	数量	备注
1	可调直流稳压电源	0～30 V	1	操作台
2	可调直流恒流源	0～200 mA	1	操作台
3	直流数字电压表	0～200 V	1	操作台
4	直流数字毫安表	0～200 mA	1	操作台
5	可调电阻箱	0～99 999 Ω	1	自备
6	受控源、回转器、负阻抗变换器模块	DGJ－03	1	挂件

【实验原理】

(1) 电源有独立电源(如电池、发电机等)与非独立电源(受控源)之分。独立源的电势或电流是某一个固定的值或是某一时间的函数，它不与电路的其余部分的状态有关，是独立的；而受控源的电势或电流的值是电路的另一支路电压或电流的函数，是非独立的。

(2) 受控源是双端口元件，一个为控制端口，另一个为受控端口。受控端口的电流或电压受到控制端口的电流或电压的控制。根据控制变量与受控变量的不同组合，受控源可以分为四类：电压控制电压源(VCVS)，其特性为 $U_2=\mu U_1, I_1=0$；电压控制电流源(VCCS)，其特性为 $I_S=g_m U_1, I_1=0$；电流控制电压源(CCVS)，其特性为 $U_2=r_m I_1, U_1=0$；电流控制电流源(CCCS)，其特性为 $I_2=\alpha I_1, U_1=0$。

(3) 用运算放大器与电阻元件组成不同的电路，可以实现上述四种类型的受控源。受控源的电压或电流受电路中其他电压或电流的控制，当这些控制电压或电流为零时，受控源的电压或电流也为零。因此，它反映的是电路中某处的电压或电流能控制另一处的电压或电流这一现象，其本身不直接起激励作用。

（4）运算放大器的"+"端和"-"端之间等电位，通常称为"虚短"。运算放大器的输入端电流等于零，通常称为"虚断"。运算放大器的理想电路模型为一受控源，在它的外部接入不同的电路元件，可以实现信号的模拟运算或模拟变换。若放大器电路的输入与输出有公共接地端，这种连接方式称为共地连接。若电路的输入、输出无公共接地点，这种接地方式称为浮地连接。

（5）用运放构成四种基本受控源。

① 电压控制电压源（电路如图4.6.1所示）。

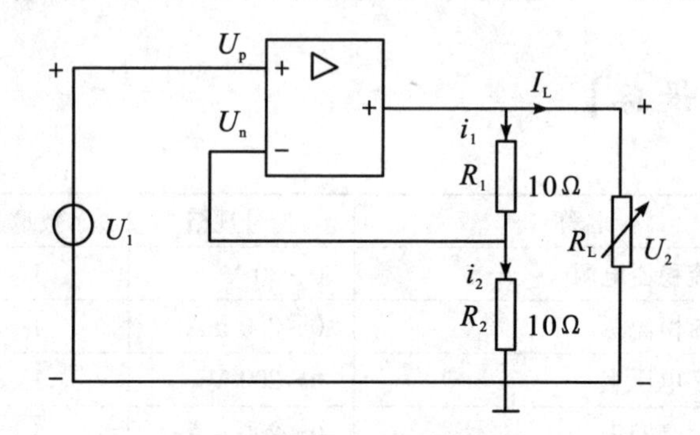

图4.6.1　VCVS电路

由于运放的虚短路特性，有

$$U_p = U_n = U_1$$

故

$$i_2 = \frac{U_n}{R_2} = \frac{U_1}{R_2}$$

又因为

$$i_1 = i_2$$

所以

$$U_2 = i_1 R_1 + i_2 R_2 = i_2(R_1 + R_2) = \frac{U_1}{R_2}(R_1 + R_2) = \left(1 + \frac{R_1}{R_2}\right) U_1$$

即运放的输出电压 U_2 只受输入电压的控制，与负载 R_L 大小无关。

转移电压比

$$\mu = \frac{U_2}{U_1} = 1 + \frac{R_1}{R_2}$$

μ 为无量纲，称为电压放大系数。

这里的输入输出有公共接地点，故这种连接方式称为共地连接。

② 电压控制电流源。

将图 4.6.1 中的 R_1 看成一个负载电阻 R_L，如图4.6.2所示，即成为电压控制电流源。

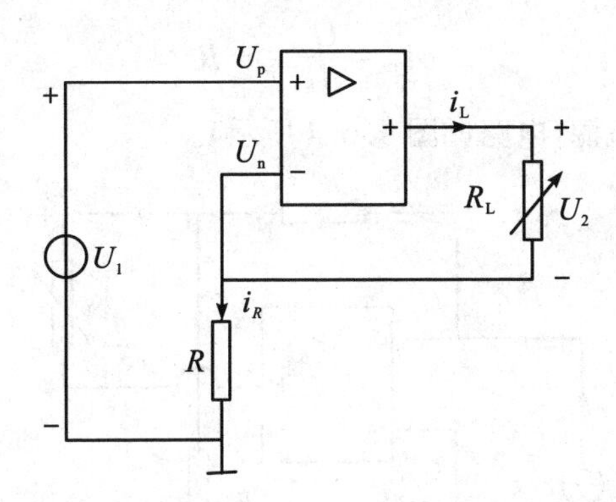

图 4.6.2　VCCS 电路

运算放大器的输出电流

$$i_L = i_R = \frac{U_n}{R} = \frac{U_1}{R}$$

即运放的输出电流 i_L 只受输入电压 U_1 的控制，与负载 R_L 大小无关。

转移电导

$$g_m = \frac{i_L}{U_1} = \frac{1}{R}$$

这里的输入、输出无公共接地点，这种连接方式称为浮地连接。

③ 电流控制电压源(电路如图 4.6.3 所示)。

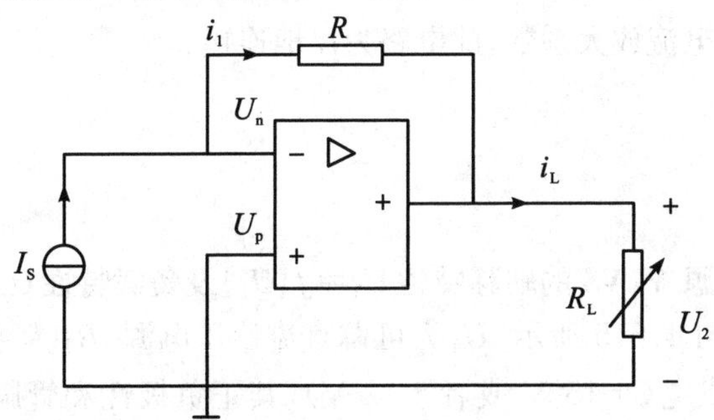

图 4.6.3　CCVS 电路

由于运放的"+"端接地，所以 $U_p = 0$，"−"端电压 U_n 也为零，此时运放的"−"端称为虚地点。显然，流过电阻 R 的电流 i_1 就等于网络的输入电流 I_S。

此时运放的输出电压

$$U_2 = -i_1 R = -i_S R$$

即输出电压 U_2 只受输入电流 i_S 的控制，与负载 R_L 大小无关。

转移电阻

$$r_m = \frac{U_2}{I_S} = -R$$

④ 电流控制电流源(电路如图 4.6.4 所示)。

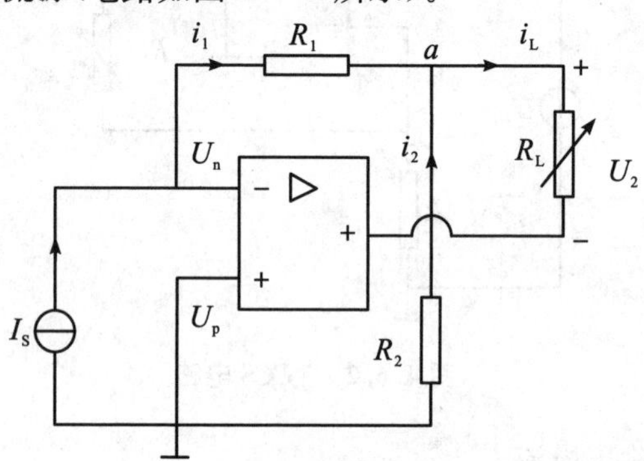

图 4.6.4　CCCS 电路

$$U_a = -i_2 R_2 = -i_1 R_1$$

$$i_L = i_1 + i_2 = i_1 + \frac{R_1}{R_2} i_1 = \left(1 + \frac{R_1}{R_2}\right) i_1 = \left(1 + \frac{R_1}{R_2}\right) I_S$$

即输出电流只受输入电流 I_S 的控制，与负载 R_L 大小无关。

转移电流比

$$\alpha = \frac{i_L}{i_S} = \left(1 + \frac{R_1}{R_2}\right)$$

α 为无量纲，称作电流放大系数，此电路为浮地连接。

【实验内容】

1. 测量受控源 VCVS 的转移特性 $U_2 = f(U_1)$ 及负载特性 $U_2 = f(I_L)$

实验线路如图 4.6.5 所示，U_1 为可调直流稳压电源，R_L 为可调电阻箱。运算放大器应有电源供电(±15 V 或者 ±12 V)，其正负极性和管脚不能接错。实验前，将固定直流电源部分的 ±15 V、GND 接入模块上方的 ±15 V、GND 插座。

(1) 固定 $R_L = 2\ \text{k}\Omega$，调节直流稳压电源输出电压 U_1，使其在 0～6 V 范围内取值，测量 U_1 及相应的 U_2 值记入表 4.6.1 中，绘制 $U_2 = f(U_1)$ 曲线，并由其线性部分求出转移电压比 μ，记入表 4.6.1 中。

表 4.6.1　转移电压比 μ 的测量

测量值	U_1(V)	
	U_2(V)	
实验计算值	$\mu_{实}$	
理论计算值	$\mu_{理}$	

(2) 保持 $U_1 = 2$ V，令 R_L阻值从 1 kΩ 增至∞，测量 U_2及 I_L值并记入表4.6.2中，绘制 $U_2 = f(I_1)$曲线。

表 4.6.2　U_2及 I_L的测量

R_L(kΩ)	
U_2(V)	
I_L(mA)	

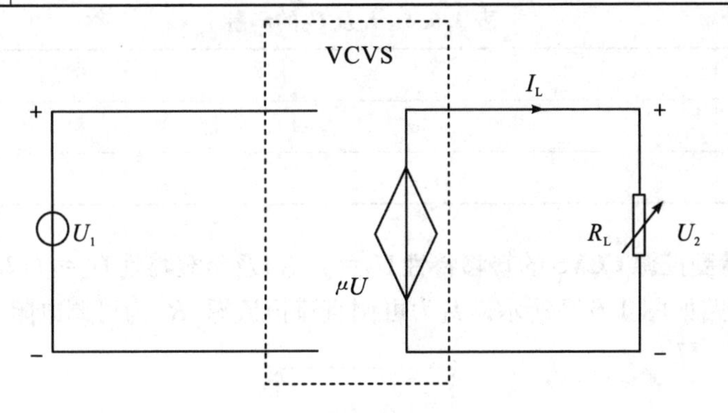

图 4.6.5　VCVS 实验电路

2. 测量受控源 VCCS 的转移特性 $I_L = f(U_1)$及负载特性 $I_L = f(U_2)$

实验线路如图 4.6.6 所示。

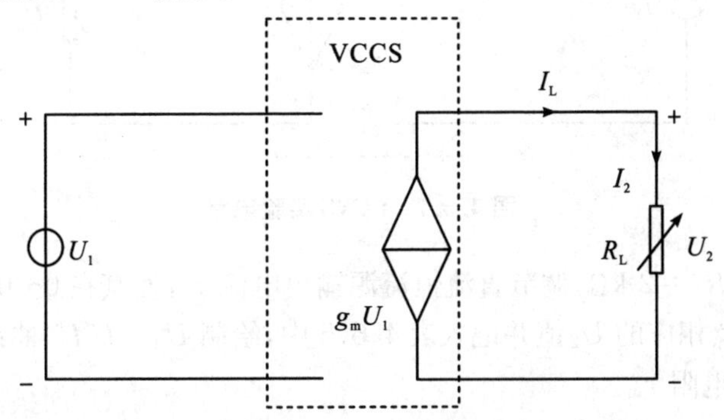

图 4.6.6　VCCS 实验电路

(1) 固定 $R_L = 2\ k\Omega$,调节直流稳压源输出电压 U_1,使其在0～5 V范围内取值。测量 U_1 及相应的 I_L 值并记入表4.6.3中,绘制 $I_L = f(U_1)$ 曲线,并由其线性部分求出转移电导 g_m。

表4.6.3 转移电导 g_m 的测量

测量值	U_1(V)	
	I_L(mA)	
实验计算值	g_m(S)	
理论计算值	g_m(S)	

(2) 保持 $U_1 = 2$ V,令 R_L 从0增至3 kΩ,测量相应的 I_L 及 U_2 值并记入表4.6.4中,绘制 $I_L = f(U_2)$ 曲线。

表4.6.4 I_L 及 U_2 的测量

R_L(kΩ)	
I_L(mA)	
U_2(V)	

3. 测量受控源CCVS的转移特性 $U_2 = f(I_1)$ 及负载特性 $U_2 = f(I_L)$

实验线路如图4.6.7所示。I_1 为可调直流恒流源,R_L 为可调电阻箱。

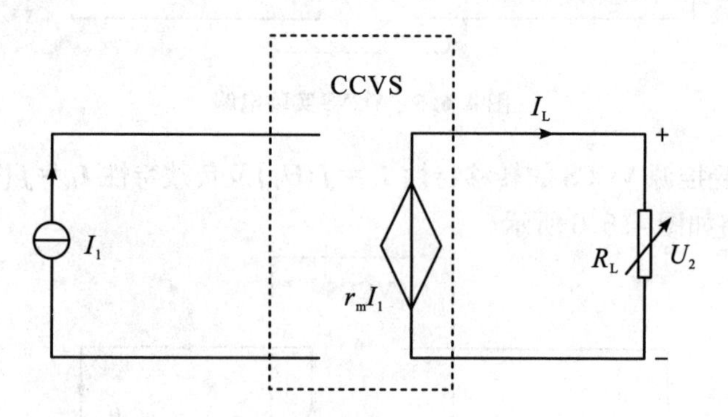

图4.6.7 CCVS实验电路

(1) 固定 $R_L = 2\ k\Omega$,调节直流恒流源输出电流 I_1,使其在0～0.8 mA范围内取值,测量 I_1 及相应的 U_2 值并记入表4.6.5中,绘制 $U_2 = f(I_1)$ 曲线,并由其线性部分求出转移电阻 r_m。

表 4.6.5　I_1及U_2的测量

测量值	I_1(mA)	
	U_2(V)	
实验计算值	r_m(kΩ)	
理论计算值	r_m(kΩ)	

(2) 保持 $I_1=0.3$ mA,令 R_L从 1 kΩ 增至∞,测量 U_2及相应的 I_L值并记入表 4.6.6 中,绘制负载特性曲线 $U_2=f(I_L)$。

表 4.6.6　U_2及 I_L的测量

R_L(kΩ)	
U_2(V)	
I_L(mA)	

4. 测量受控源 CCCS 的转移特性 $I_L=f(I_1)$及负载特性 $I_L=f(U_2)$

实验线路如图 4.6.8 所示。I_1为可调直流恒流源,R_L为可调电阻箱。

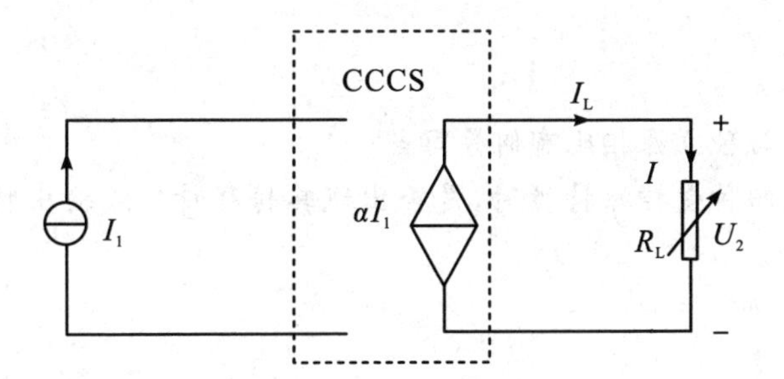

图 4.6.8　CCCS 实验电路

(1) 固定 $R_L=2$ kΩ,调节直流恒流源输出电流 I_1,使其在 0～0.8 mA 范围内取值,测量 I_1及相应的 I_L值并记入表 4.6.7 中,绘制 $I_L=f(I_1)$曲线,并由其线性部分求出转移电流比 α。

表 4.6.7　转移电流比 α 的测量

测量值	I_1(mA)	
	I_L(mA)	
实验计算值	$\alpha_{实}$	
理论计算值	$\alpha_{理}$	

(2) 保持 $I_1 = 0.3$ mA，令 R_L 从 0 增至 10 kΩ，测量 I_L 及 U_2 的值并记入表4.6.8中，绘制负载特性曲线 $I_L = f(U_2)$ 曲线。

表 4.6.8　测量负载特性曲线

R_L(kΩ)	
I_L(mA)	
U_2(V)	

【实验报告】

(1) 简述实验原理，画出各实验电路图。

(2) 整理实验数据，用所测数据计算各种受控源系数，并与理论值进行比较，分析误差原因。

(3) 总结运算放大器的特点，以及你对实验的体会。

【思考题】

(1) 受控源与独立源相比有何异同点？

(2) 在测试四种受控源特性时，是否出现其转移特性或输出特性与理论值不符现象？请解释。

实验 4.7　*RC* 一阶电路的响应及其应用

【实验目的】

(1) 研究一阶 *RC* 电路的零输入响应、零状态响应和全响应的变化规律和特点。

(2) 了解 *RC* 电路在零输入、阶跃激励和方波激励情况下，响应的基本规律和特点。

(3) 掌握积分电路和微分电路的基本概念，了解电路参数对一阶电路时间常数的影响。

(4) 学习用示波器观察和分析电路的响应。

【实验仪器与设备】

序号	名称	型号规格	数量	备注
1	函数信号发生器	多功能数控信号源	1	操作台
2	双踪示波器	20 MHz	1	测量波形
3	一阶实验线路板	DGJ - 03	1	挂件

【实验原理】

1. *RC* 电路时域响应

从一种稳定状态转到另一种稳定状态往往不能跃变，而是需要一定过程(时间)，这个物理过程称为过渡过程。所谓稳态，就是电路中的电流和电压在给定的条件下已达到某一稳定值(对于交流来讲是指它的幅值达到稳定)。电路的过渡过程往往短暂，所以电路在过渡过程中的工作状态常称为暂态。暂态过程是由于物质所具有的能量不能跃变而造成的。

含有 L，C 储能元件(动态元件)的电路，其响应可以由微分方程求解。凡是可用一阶微分方程描述的电路，称为一阶电路，一阶电路通常由一个储能元件和若干

个电阻元件组成。对于一阶电路，可用一种简单的方法——三要素法直接求出电压及电流的响应。即

$$f(t)=f(\infty)+[f(0_+)-f(\infty)]e^{-\frac{t}{\tau}}$$

式中：$f(t)$为电路中任一元件的电压和电流；$f(\infty)$为稳态值；$f(0_+)$为初始值；τ为时间常数。对于 RC 电路，$\tau=RC$；对于 RL 电路，$\tau=\frac{L}{R}$。

所有储能元件初始值为零的电路对激励的响应称为零状态响应。电路在无激励情况下，由储能元件的初始状态引起的响应称为零输入响应。电路在输入激励和初始状态共同作用下引起的响应为全响应。全响应是零输入响应和零状态响应之和，它体现了线性电路的可加性。全响应也可看成是稳态响应和暂态响应之和，暂态响应的起始值与初态和输入有关，而随时间变化的规律仅仅决定于电路的 R，C 参数。稳态响应仅与输入有关。当 $t\to\infty$时，暂态过程趋于零，过渡过程结束，电路进入稳态。

2. *RC* 电路的时间常数 τ

图 4.7.1 所示电路为一阶 RC 电路，RC 电路充放电的时间常数 τ 可以从示波器观察的响应波形中估算出来。设时间坐标单位 t 确定，对于充电曲线来说，幅值上升到终值的 63.2%所对应的时间即为一个 τ，见图 4.7.2(a)。对于放电曲线来说，幅值下降到初值的 36.8%所需的时间即为一个 τ，如图 4.7.2(b)所示。时间常数 τ 越大，衰减越慢。

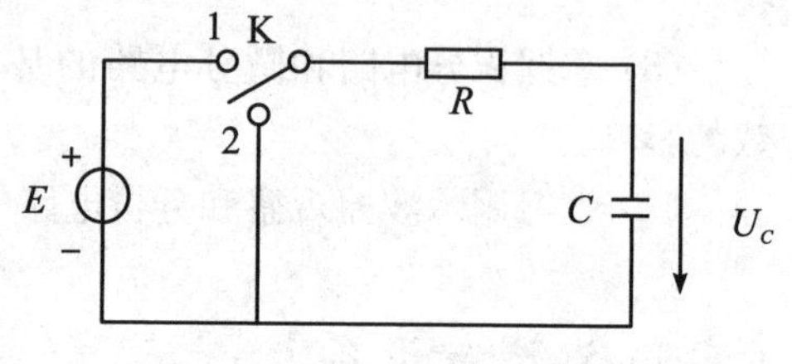

图 4.7.1 一阶 *RC* 电路

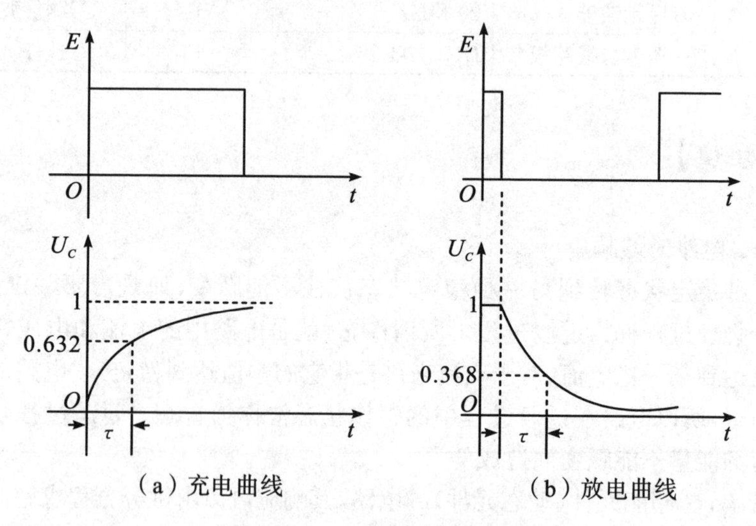

(a) 充电曲线 (b) 放电曲线

图 4.7.2 *RC* 电路充放电曲线

3. 微分电路

微分电路和积分电路是 RC 一阶电路中比较典型的电路，它对电路元件参数和输入信号的周期有着特定的要求。微分电路必须满足两个条件：一是输出电压必须从电阻两端取出；二是 R 值很小，因而 $\tau = RC \ll t_p$，t_p为输入矩形方波 u_i的1/2周期。如图4.7.3所示构成了一个微分电路，因为此时电路的输出信号电压近似与输入信号电压的导数成正比，故为微分电路。

只有当时间常数远小于脉宽时，才能使输出迅速地反映出输入的跃变部分。而当输入跃变进入恒定区域时，输出也近似为零，形成一个尖峰脉冲波，故微分电路可以将矩形波转变成尖脉冲波，且脉冲宽度越窄，输入与输出越接近微分关系。

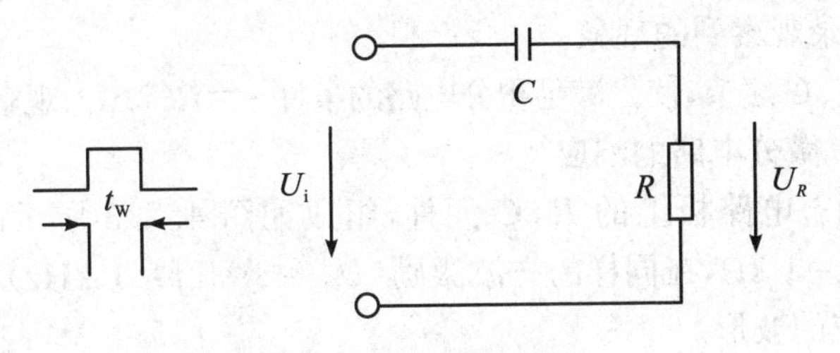

图4.7.3　*RC*微分电路

4. 积分电路

积分电路必须满足两个条件：一是输出电压必须从电容两端取出；二是 $\tau = RC \gg t_p$，t_p为输入矩形方波 u_i的1/2周期。如图4.7.4所示即构成一个积分电路。因为此时电路的输出信号电压近似与输入信号电压对时间的积分成正比，故为积分电路。

由于 $\tau = RC \gg t_p$，充放电很缓慢，充电时 $U_o = U_C \ll U_R$，因此 $U_i = U_R + U_o \approx U_R$。积分电路能把矩形波转换为三角波、锯齿波。为了得到线性度好，且具有一定幅度的三角波，一定要掌握时间常数 τ 与输入脉冲宽度的关系。方波的脉宽越小，三角波的幅度越小，但与其时间的关系越接近直线，即电路的时间常数 τ 越大，充放电越缓慢，所得三角波的线性越好，但其幅度亦随之下降。

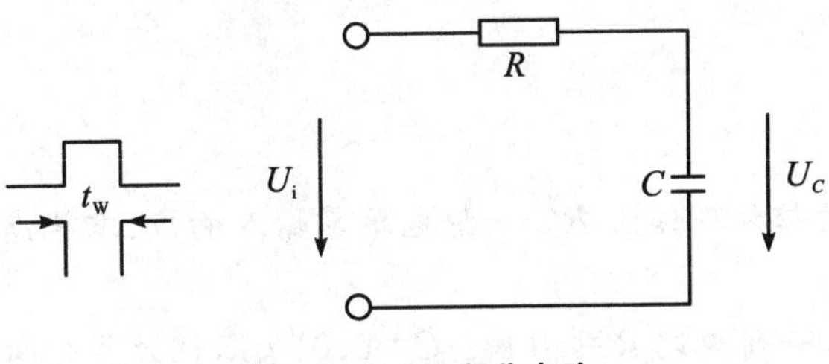

图4.7.4　*RC*积分电路

【实验内容】

1. 观测 *RC* 电路的矩形响应和 *RC* 积分电路的响应

(1) 选择动态电路板上的 R，C 元件，$R=30\ \text{k}\Omega$，$C=1\ 000\ \text{pF}$(即 $0.001\ \mu\text{F}$)，组成如图4.7.1所示的 RC 充放电电路，E 为函数信号发生器输出，取 $U_{\text{max}}=3\ \text{V}$，$f=1\ \text{kHz}$ 的方波电压信号，并通过两根同轴电缆线，将激励源 U_{i} 和响应 U_C 的信号分别连至示波器的两个输入口 Y_A 和 Y_B，这时可在示波器的屏幕上观察到激励与响应的变化规律。

(2) 令 $R=30\ \text{k}\Omega$，$C=0.01\ \mu\text{F}$，观察并描绘响应的波形，根据电路参数求出时间常数，并记录观察到的现象。

(3) 增大 R，C 之值，使之满足积分电路的条件 $\tau=RC\gg t_{\text{p}}$，观察对响应的影响。

2. 观测 *RC* 微分电路的响应

(1) 选择动态电路板上的 R，C 元件，组成如图4.7.3所示的微分电路，令 $C=0.01\ \mu\text{F}$，$R=1\ \text{k}\Omega$，在同样的方波激励($U_{\text{m}}=3\ \text{V}$，$f=1\ \text{kHz}$)作用下，观察并描绘激励与响应的波形。

(2) 微调 R，定性地观察对响应的影响，并作记录，描绘响应的波形。

(3) 令 $C=0.01\ \mu\text{F}$，$R=100\ \text{k}\Omega$(元件箱)，计算 τ 值。在同样的方波激励($U_{\text{max}}=3\ \text{V}$，$f=1\ \text{kHz}$)作用下，观察并描绘激励与响应的波形。分析并观察当 R 增至 $1\ \text{M}\Omega$，输入输出波形有何本质上的区别。

【实验报告】

(1) 根据实验观测的结果，在坐标纸上绘出 RC 一阶电路充放电时 U_C 的变化曲线，由曲线测得的参数值与计算结果作比较，分析误差原因。

(2) 根据实验结果，归纳总结积分电路和微分电路的形成条件，阐明波形变换的特征。

【思考题】

(1) 什么样的信号可作为 RC 一阶电路零输入响应、零状态响应和完全响应的激励信号？

(2) 已知 RC 一阶电路 $R=30\ \text{k}\Omega$，$C=0.01\ \mu\text{F}$，试计算时间常数 τ，并根据 τ 值的物理意义，拟订测量 τ 的方案。

实验 4.8　二阶动态电路的响应及其测试

【实验目的】

(1) 研究 *RLC* 串联电路的电路参数与其暂态过程的关系。

(2) 观察二阶电路在过阻尼、临界阻尼和欠阻尼三种情况下的响应波形,加深对二阶电路响应的认识和理解。

(3) 观察动态电路的响应波形,计算二阶电路暂态过程的有关参数。

【实验仪器与设备】

序号	名称	型号规格	数量	备注
1	函数信号发生器	多功能数控信号源	1	操作台
2	双踪示波器	20 MHz	1	测量波形
3	二阶动态电路实验线路板	DGJ - 03	1	挂件
4	电位器	10 K	1	自备

【实验原理】

用二阶微分方程描述的动态电路,称为二阶电路,是一个 *RLC* 串联电路,如图 4.8.1 所示。一个二阶电路在方波正、负阶跃信号的激励下,可获得零状态与零输

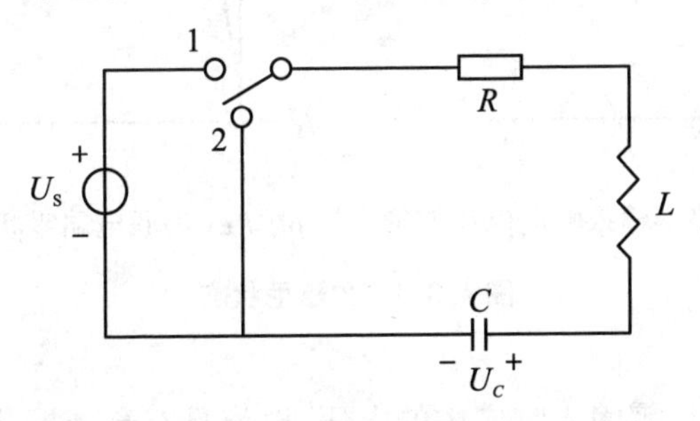

图 4.8.1　RLC 串联电路

入响应，其响应的变化轨迹决定于电路的固有频率。

简单而典型的二阶电路是一个 *RLC* 串联电路和 *GCL* 并联电路，二者之间存在着对偶关系。

1. *RLC* 串联电路

(1) 图4.8.1所示 *RLC* 串联电路是典型的二阶电路，电路的零输入响应只与电路的参数有关，对应不同的电路参数，其响应有不同的特点：

当 $R>2\sqrt{\frac{L}{C}}$ 时，响应是非振荡性的，称为过阻尼情况，零输入响应为非振荡性的放电过程，零状态响应为非振荡性的充电过程。响应电压波形如图4.8.2所示。

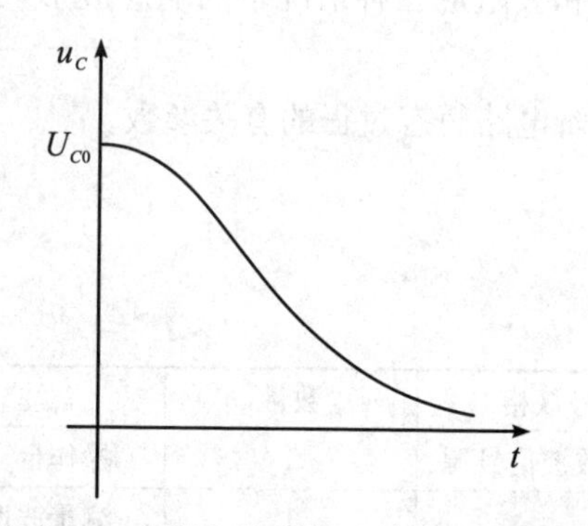

(a) *RLC*串联电路零输入响应电压波形

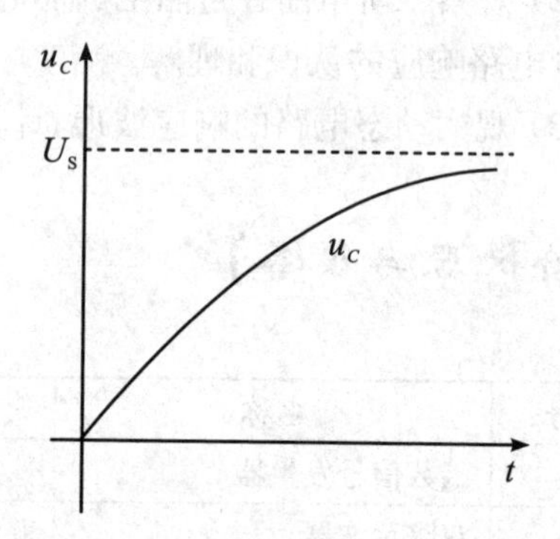

(b) *RLC*串联电路零状态响应电压波形

图4.8.2 过阻尼状态

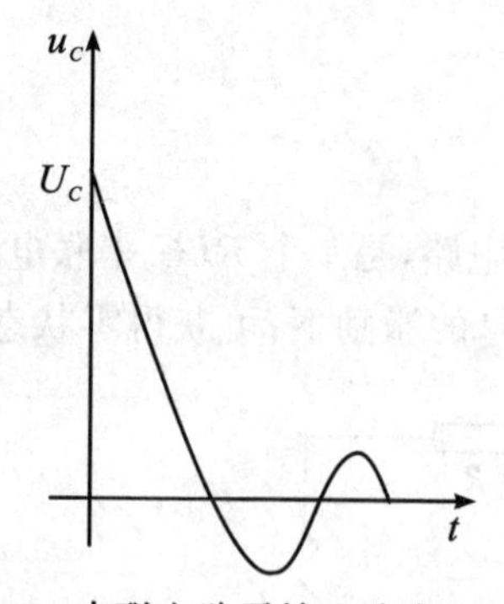

(a) *RLC*串联电路零输入响应电压波形

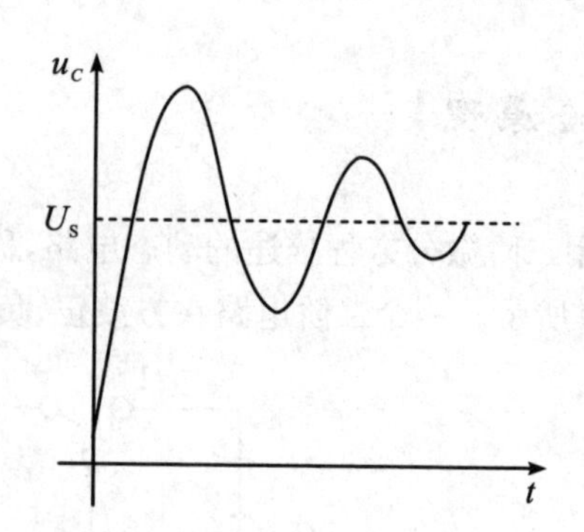

(b) *RLC*串联电路零状态响应电压波形

图4.8.3 欠阻尼状态

当 $R<2\sqrt{\frac{L}{C}}$ 时，零输入响应中的电压、电流具有衰减振荡的特点，称为欠阻

尼状态。此时衰减系数 $\delta=\dfrac{R}{2L}$。$\Omega_0=\dfrac{1}{\sqrt{LC}}$是在$R=0$情况下的振荡角频率，称为无阻尼振荡电路的固有角频率。在 $R\neq 0$ 时，RLC 串联电路的固有振荡角频率 $\omega_{\mathrm{d}}=\sqrt{\omega_0^2-\delta^2}$将随 $\delta=\dfrac{R}{2L}$的增加而下降。欠阻尼状态时，零输入响应的过渡过程为振荡性的放电过程，零状态响应的过渡过程为振荡充电过程。其响应电压波形如图 4.8.3 所示。

当 $R=2\sqrt{\dfrac{L}{C}}$时，有 $\delta=\omega_0$，$\omega_{\mathrm{d}}=\sqrt{\omega_0^2-\delta^2}=0$。暂态过程界于非周期与振荡之间，响应临近振荡，称为临界状态，其本质属于非周期暂态过程。在临界情况下，放电过程是单调衰减过程，仍然属于非振荡性质。

(2) 欠阻尼状态下的衰减系数 δ 和振荡角频率 ω_{d}，可以通过示波器观测电容电压的波形求得。

图 4.8.4 所示为 RLC 串联电路接至方波激励时，呈现衰减振荡暂态过程的波形。相邻两个最大值的间距为振荡周期 T_{d}，$\omega_{\mathrm{d}}=2\pi/T_{\mathrm{d}}$，对于零输入响应，相邻两个最大值的比值为$\dfrac{U_{1\mathrm{m}}}{U_{2\mathrm{m}}}=\mathrm{e}^{\delta T_{\mathrm{d}}}$，所以衰减系数 $\delta=\dfrac{1}{T_{\mathrm{d}}}\ln\dfrac{U_{1\mathrm{m}}}{U_{2\mathrm{m}}}$。

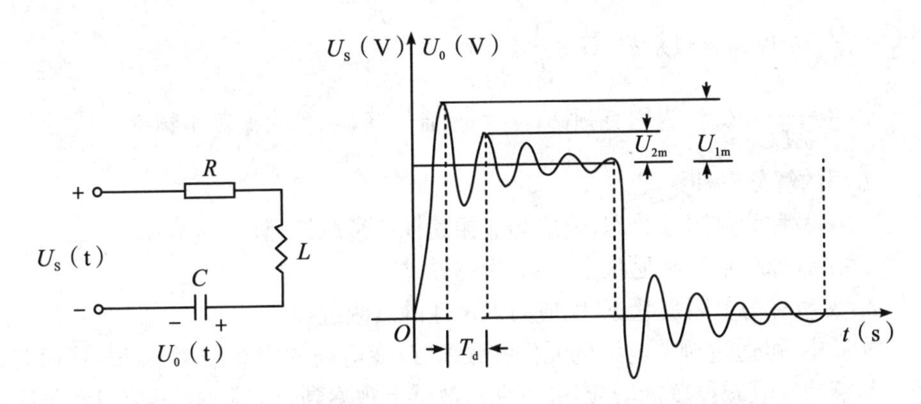

图 4.8.4　*RLC* 串联电路接至方波激励及衰减振荡的波形

除了在以上各图所表示的 $u-t$ 或$i-t$ 坐标系上研究动态电路暂态过程以外，还可以在相平面作同样的研究工作。相平面也是直角坐标系，其横轴表示被研究的物理量 x，纵轴表示对时间的变化率 $\mathrm{d}x/\mathrm{d}t$。由电路理论可知，对于 RLC 串联电路，可取电容电压 u_C、电感电流 i_L为两个状态变量。因为 $i_L=i_C=C\dfrac{\mathrm{d}u_C}{\mathrm{d}t}$，所以 u_C取横坐标，i_L取纵坐标，构成研究该电路的状态平面。每一时刻的 u_C，i_L，可用相平面上的某点表示，这个点称为相迹点。u_C，i_L随时间变化的每一个状态可用相平面上的一系列相迹点表示。一系列相迹点相连得到的曲线，称为状态轨迹（或相轨迹）。用示波器显示动态电路状态轨迹的原理与显示李萨如图形完全一样，本实验将 *RLC* 串联电路的 u_C，i_L分别送入示波器的 *X* 轴输入和 *Y* 轴输入，便可得到状态轨迹。

2. *GCL* 并联电路

图 4.8.5 所示电路为 *GCL* 并联电路，根据 KCL，电路的微分方程为

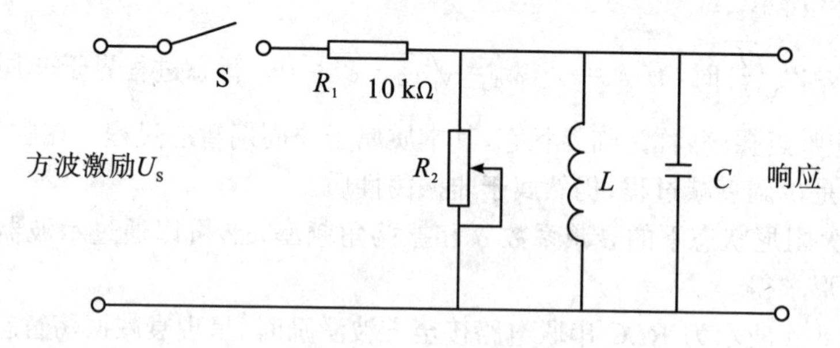

图 4.8.5 *GCL* 并联电路

$$LC\frac{\mathrm{d}^2 i_L}{\mathrm{d}t^2} + GL\frac{\mathrm{d}i_L}{\mathrm{d}t} + i_L = \frac{U_S}{R_1} \quad (t \geqslant 0)$$

令 $\delta = \dfrac{G}{2C}$，δ 称为衰减系数，$G = \dfrac{1}{R}$。

$\omega_0 = \dfrac{1}{\sqrt{LC}}$，$\omega_0$称为固有频率；$\omega_d = \sqrt{\omega_0^2 - \delta^2}$，$\omega_d$称为振荡角频率。

方程的解分三种情况：

$\delta > \omega_0$，称为过阻尼状态，响应为非振荡性的衰减过程；

$\delta = \omega_0$，称为临界阻尼状态，响应为临界过程；

$\delta < \omega_0$，称为欠阻尼状态，响应为振荡性的衰减过程。

实验中，可通过调节电路的元件参数值，改变电路的固有频率 ω_0值，从而获得单调地衰减和衰减振荡的响应，并可在示波器上观察到过阻尼、临界阻尼和欠阻尼这三种响应的波形，如图 4.8.6 和 4.8.7 所示。

【实验内容】

1. *RLC* 串联电路的研究

(1)利用动态线路板中的元件与开关的配合作用，组成如图 4.8.8 所示的 *RLC* 串联电路。令 $r = 100\ \Omega$，为取样电阻，$L = 10$ mH，$C = 1\,000$ pF，R_L为 10 kΩ 可调电阻器（元件箱），令函数信号发生器的输出为 $U_m = 3$ V，$f = 1$ kHz 的方波脉

冲信号,通过同轴电缆线接至激励端,同时用同轴电缆线将激励端和响应输出端接至双踪示波器的 Y_A 和 Y_B 两个输入口。

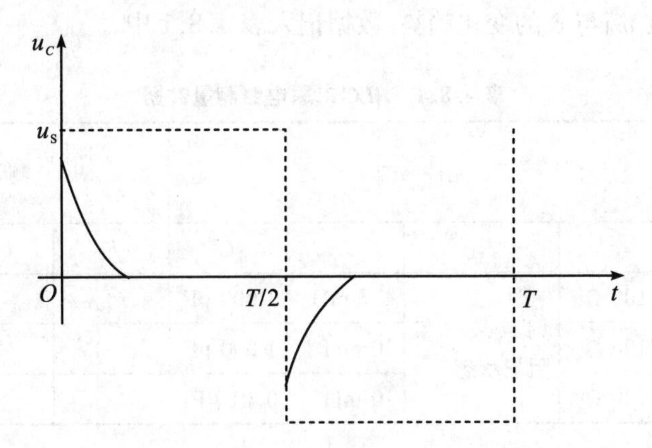

图 4.8.6 *GCL* 并联电路的过阻尼响应

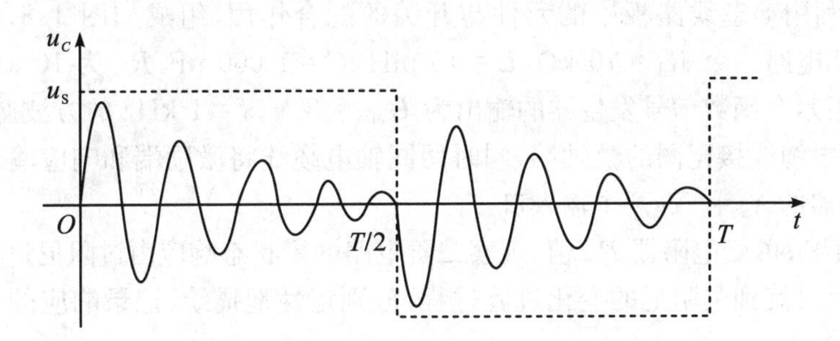

图 4.8.7 *GCL* 并联电路的欠阻尼响应

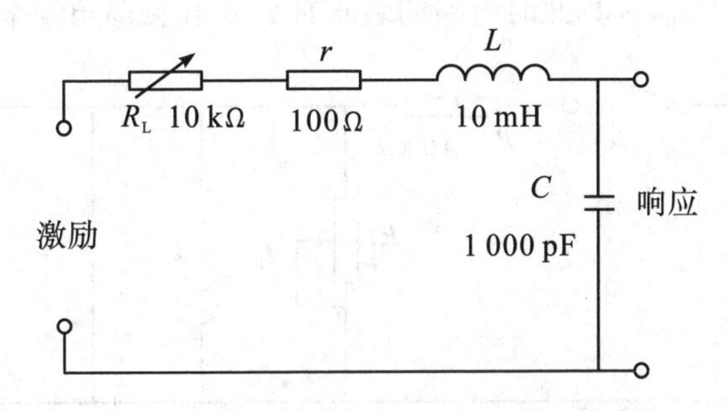

图 4.8.8 *RLC* 串联电路

(2) 调节可变电阻器 R_L 之值,观察二阶电路的零状态响应由过阻尼过渡到临界阻尼,最后过渡到欠阻尼的变化过程,分别定性地描绘、记录响应的变化波形。

(3) 调节 R_L 使示波器上呈现稳定的欠阻尼响应波形,测出振荡周期 T_d,相邻

两个最大值 U_{1m}，U_{2m}，计算出此时电路的衰减常数 δ 和振荡角频率 ω_d。

(4) 改变一组电路常数：增减 L 或 C 值，重复步骤2的测量，并作记录，改变电路参数时，观察 ω_d 与 δ 的变化趋势，数据记入表4.8.1中。

表 4.8.1 *RLC* 串联电路测量数据

电路参数	元件参数				测量值		
实验次数	r	R_L	L	C	T_d	U_{1m}	U_{2m}
1	100 Ω	调至某一欠阻尼状态	4.7 mH	1 000 pF			
2	100 Ω		10 mH	1 000 pF			
3	100 Ω		10 mH	0.01 μF			

2. *GCL* 并联电路的研究

(1) 利用动态线路板中的元件与开关的配合作用，组成如图4.8.9所示的 *GCL* 并联电路。令 $R_1=10\ \text{k}\Omega$，$L=10\ \text{mH}$，$C=1\ 000\ \text{pF}$，R_2 为 10 kΩ 电位器(可调电阻)，令函数信号发生器的输出为 $U_{max}=3\ \text{V}$，$f=1\ \text{kHz}$ 的方波脉冲信号，通过同轴电缆线接至图的激励端，同时用同轴电缆线将激励端和响应输出端接至双踪示波器的 Y_A 和 Y_B 两个输入口。

(2) 调节可变电阻器 R_2 值，观察二阶电路的零状态响应由过阻尼过渡到临界阻尼，最后过渡到欠阻尼的变化过渡过程，分别定性地描绘、记录响应的典型变化波形。

(3) 调节 R_2 使示波器上呈现稳定的欠阻尼响应波形，测出振荡周期 T_d，相邻两个最大值 U_{1m}，U_{2m}，计算此时电路的衰减常数 δ 和振荡角频率 ω_d。

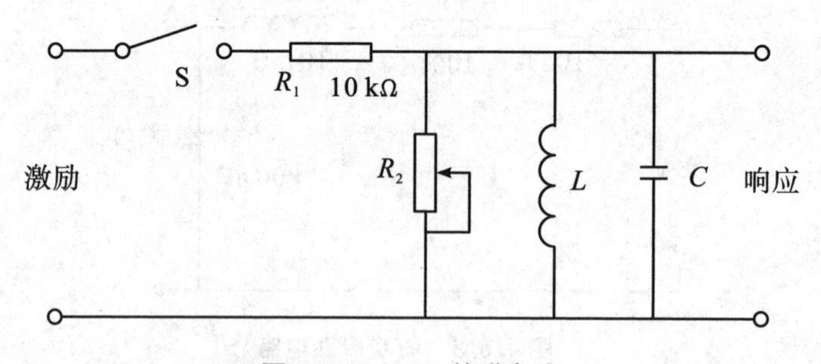

图 4.8.9 *GCL* 并联电路

(4) 改变一组电路常数：增减 L 或 C 值，重复步骤2的测量，数据记入表4.8.2中，改变电路参数时，观察 ω_d 与 δ 的变化趋势。

表 4.8.2　*GCL* 并联电路测量数据

电路参数	元件参数				测量值		
实验次数	R_1	R_2	L	C	T_d	U_{1m}	U_{2m}
1	10 kΩ	调至某一欠阻尼状态	4.7 mH	1 000 pF			
2	10 kΩ		10 mH	1 000 pF			
3	10 kΩ		10 mH	0.01 μF			
4	30 kΩ		10 mH	0.01 μF			

【实验报告】

(1) 根据观测结果，在坐标纸上描绘二阶电路过阻尼、临界阻尼和欠阻尼的响应波形。

(2) 测量和计算欠阻尼振荡曲线上的衰减常数 δ 和振荡角频率 ω_d。

(3) 归纳、总结电路元件参数的改变对响应变化趋势的影响。

【思考题】

(1) 根据二阶电路实验线路板元件的参数，计算处于临界阻尼状态的 R_2 值。

(2) 如何用示波器测量二阶电路零输入响应欠阻尼状态的衰减常数 δ 和振荡角频率 ω_d？

实验4.9 交流电路等效参数的测定

【实验目的】

(1) 熟练掌握功率表的连接和使用方法。

(2) 掌握用交流电压表、电流表和功率表测定交流电路等效参数的方法。

【实验仪器与设备】

序号	名称	型号规格	数量	备注
1	三相自耦调压器		1	操作台
2	单相功率表、功率因数表	DGJ-07	1	操作台
3	万用电表	500型	1	自备
4	交流电压表	0～500 V	1	操作台
5	交流电流表	0～5 A	1	操作台
6	日光灯镇流器	30 W日光灯配用	1	自备
7	电容器	1 μF、2.2 μF、4.7 μF	若干	自备
8	白炽灯	25 W/220 V	1	自备

【实验原理】

(1) 交流电路中常用的实际无源器件有电阻器、电感器(互感器)和电容器。在工频情况下,需要测定电阻器的电阻参数、电容器的电容参数和电感器的电阻参数与电感参数。

(2) 测量交流电路参数的方法主要分两类:一类是应用电压表、电流表和功率表等测量有关的电压、电流和功率,根据测得的值计算出待测电路参数,属于仪表间接测量法;另一类是应用专用仪表如各种类型的电桥直接测量电阻、电感和电容等。

(3) 三表(电压、电流和功率表)法是间接测量交流参数方法中最常见的一种。由电路理论可知,一端口网络的端口电压 U、端口电流 I 及其有功功率 P 有以下关系:

阻抗的模

$$|Z| = \frac{U}{I} \tag{4.9.1}$$

功率因数

$$\cos\varphi = \frac{P}{UI} \tag{4.9.2}$$

等效电阻

$$R = \frac{P}{I^2} = |Z|\cos\varphi \tag{4.9.3}$$

等效电抗

$$X = \pm\sqrt{|Z|^2 - R^2} = |Z|\sin\varphi \tag{4.9.4}$$

阻抗

$$Z = R + \mathrm{j}X \tag{4.9.5}$$

感抗

$$X_L = \omega L \tag{4.9.6}$$

容抗

$$X_C = \frac{1}{\omega C} \tag{4.9.7}$$

三表法测定交流参数的电路如图 4.9.1 所示。当被测元件分别是电阻器、电感器和电容器时,根据三表测得的电压、电流和功率,应用以上有关的公式,即可算得对应的电阻参数、电感参数和电容参数。以上所述交流参数的计算公式是在忽略测量仪表内阻抗的前提下推导出来的。

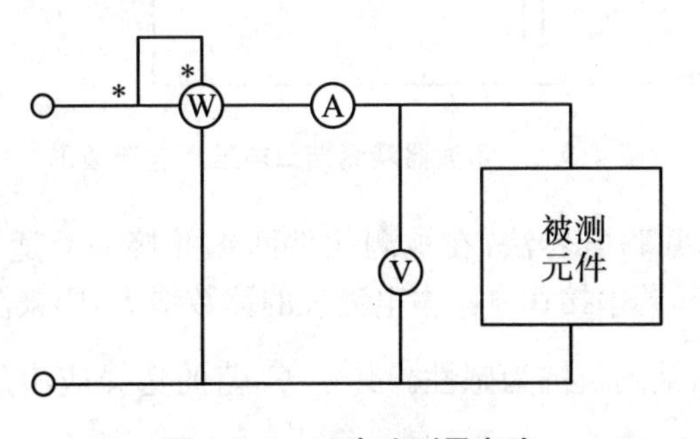

图 4.9.1　三表法测量电路

若考虑测量仪表内阻抗,需对以上公式加以修正,修正后的参数为

$$R_0 = R - R_1 = \frac{P}{I^2} - R_1 \tag{4.9.8}$$

$$X_0 = \pm \sqrt{|Z|^2 - R_0^2} \tag{4.9.9}$$

式中：R 为修正前根据测量计算得出的电阻值；R_1 为电流表线圈及功率表电流线圈的总电阻值；R_0 为修正后的参数。

(4) 如果被测对象不是一个元件，而是一个未知的无源一端口网络，只根据三表测得的端口电压、端口电流和该网络所吸收的有功功率，不能确定式(4.9.4)的正负号，即不能确定网络的等效复阻抗是容性还是感性。因此，也不能确定是根据式(4.9.6)求其等效电感，还是根据式(4.9.7)求其等效电容。判断被测复阻抗性质可以用下述方法。

① 示波器法：应用示波器观察被测一端口网络的端口电压及端口电流的波形，比较其相位差。电流超前为容性复阻抗，电压超前为感性复阻抗。用示波器观察电流波形，可通过观察流过电阻上的电压来实现。当被测一端口网络不存在端口电流的电阻支路时，需在电路中串联一个小电阻，如图4.9.2所示。

② 与被测电路串联电容法：首先记录串联电容前的电压、电流和功率，计算其电抗 X，把电容值为 C_0 的电容器与被测阻抗串联，其中 C_0 值的选择应满足 $C_0 > \frac{1}{2\omega|X|}$，式中 $|X|$ 为被测阻抗的电抗值。在保证测量电压不变的情况下测量电流，如果串联电容后电流增加，被测阻抗是感性，否则被测阻抗是容性。

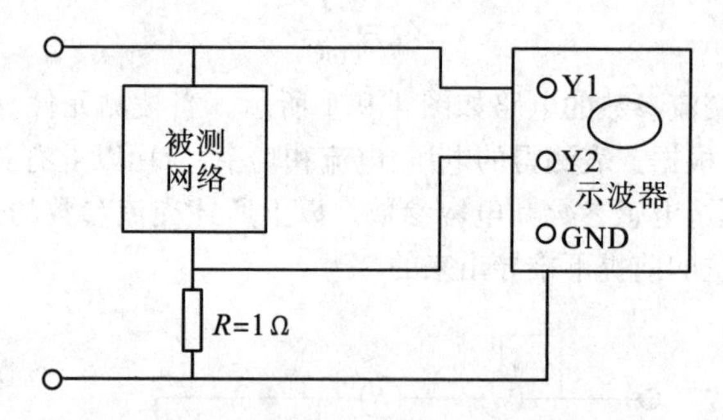

图4.9.2 示波器观测端口电压和电流波形

③ 与被测电路并联电容法：在被测元件两端并接一只适当容量的实验电容器，保持端电压不变，若串接在电路中电流表的读数增大，则被测阻抗为容性，若电流表的读数减小，则被测阻抗为感性。其中 C_0 值的选择应满足 $C_0 < \left|\frac{2B}{\omega}\right|$，式中 B 为待测阻抗 Z 的电纳。

(5) 工业供电电压一般都是220 V，而在实验中因所用某些元件(电感、电阻等)的额定电压有限制，如果将220 V电压直接加在这些元件上，所产生的电流可能超过它们的额定值，为此我们常用调压器（自耦变压器）来调节电压。

使用调压器要注意以下几点：① 输入、输出端切勿接反；② 实验前调节手柄应在零位；③ 调节电压时应缓慢增加；④ 用后即将调节手柄旋至零位，再拉断电源；⑤ 负载电流不能超过其额定值。

（6）功率表的结构、接线与使用。

功率表又称瓦特表，是一种电动式仪表，其电流线圈与负载串联，电压线圈与负载并联。为了不使功率表的指针反向偏转，功率表电流线圈和电压线圈的一个端钮上标有“ * ”标记。正确的连接方法是：电流线圈和电压线圈的同名端（标有 * 号标记的两个端钮）必须连在一起，均应连在电源的同一端。本实验使用数字功率表，连接方法与电动式功率表相同。

如图 4.9.3(a)所示连接，称并联电压线圈前接法，功率表读数中包括了电流线圈的功耗，它适用于负载阻抗远大于电流线圈阻抗的情况。

如图 4.9.3(b)所示为功率表在电路中的连接线路和测试端钮的外部连接示意图。

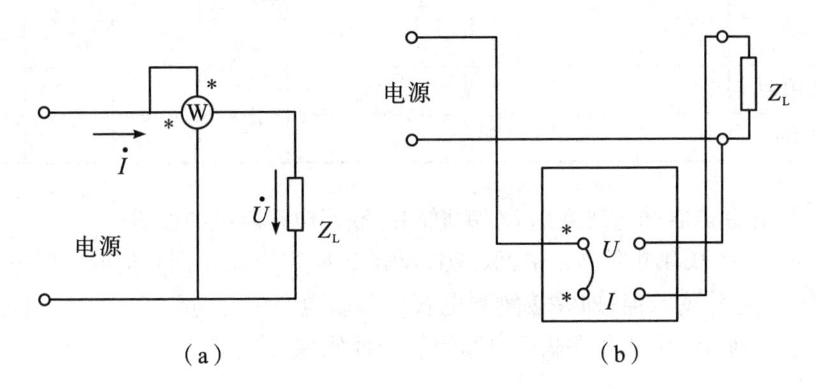

图 4.9.3　功率表的连接

【实验内容】

1. 三表法测量 *R*、*L*、*C* 元件的等效参数

（1）实验线路如图 4.9.1 所示。电源电压取自实验装置电源控制屏上的可调电压输出端，逆时针旋转调压手柄，使调压器指零，并经指导教师检查后，方可接通市电电源。

（2）将 25 W 白炽灯（R）接入电路，用交流电压表监测，将电源电压调到 220 V，读出电流表和功率表的读数，数据记入表 4.9.1 中。

（3）断开电源，将 4.7 μF 电容器（C）接入电路，接通电源，用交流电压表监测，读出电流表和功率表的读数，数据记入表4.9.1中。

(4) 将调压器调回到零，断开电源，将30 W日光灯镇流器(L)接入电路，将电源电压从零调到电流表的示数为额定电流0.36 A时为止，读出电压表和功率表的读数，记入表4.9.1中。（注意：L中流过的电流不得超过其额定电流0.36 A!）

2. 测量L、C串联与并联后的等效参数

分别将元件L、C串联和并联后接入电路，在电感支路中串入电流表，将电源电压从零调到电流表的示数为额定电流0.36 A时为止，并将电压表和功率表的读数记入表4.9.1中。（注意：L中流过的电流不得超过其额定电流0.36 A!）

表4.9.1 数据记录表

被测阻抗	测量值				计算值		电路等效参数		
	C(μF)	U(V)	I(A)	P(W)	$\cos\varphi$	Z(Ω)	$\cos\varphi$	R(Ω)	L(mH)
25 W白炽灯									
电容器C									
电感线圈L									
L与C串联									
L与C并联									

3. 用并联电容的方法判别LC串联和并联后电路阻抗的性质

在L、C串联和并联电路中，保持输入电压不变，并接不同数值的实验电容，测量电路中总电流的数值(即并接实验电容后并联电路的总电流值)，根据电流的变化情况来判别LC串联和并联后电路阻抗的性质，数据记入表4.9.2中。

表4.9.2 数据记录表

测量电路	并联电容 / 电路电流	0 μF	1 μF	2.2 μF	3.2 μF	4.7 μF	5.7 μF	6.9 μF	电路性质
L与C串联	I(A)								
L与C并联	I(A)								

【实验报告】

(1) 根据实验数据，完成实验中的各项计算。

(2) 分析功率表并联电压线圈前后接法对测量结果的影响。

(3) 总结功率表与自耦调压器的使用方法。

【思考题】

(1) 在50 Hz的交流电路中,测得一只铁芯线圈的P,I和U,如何计算阻值及电感量?

(2) 如何用串联电容的方法来判别阻抗的性质?

实验 4.10 日光灯电路及功率因数的研究

【实验目的】

(1) 设计研究日光灯两种电路的工作原理。
(2) 了解提高功率因数在工程上的意义。
(3) 熟练掌握功率表、功率因数表的使用方法。

【实验仪器与设备】

序号	名称	型号规格	数量	备注
1	单相交流电源	0～220 V		操作台
2	交流电压表	0～550 V	1	操作台
3	交流电流表	0～5 A	1	操作台
4	单相功率表	DGJ - 07	1	操作台
5	万用电表	500	1	自备
6	镇流器	电感镇流器/电子镇流器	1/1	自备
7	启辉器	与 30 W 灯管配用	1	自备
8	日光灯管	220 V/30 W	1	自备
9	电容器	1 μF,2.2 μF,4.7 μF/630 V	若干	自备
10	电流插座		若干	自备
11	功率因数提高实验线路板			自制

【实验原理】

1. 日光灯电路工作原理

日光灯电路由灯管、镇流器及启辉器三部分组成,其原理如图 4.10.1 所示。灯管在工作时可认为是一个电阻负载 R,镇流器是一个交流铁芯线圈,可等效为一个电感很大的感性负载(r,L 串联)。灯亮后,启辉器就不起作用了,故实际上是一

个 R,L 串联电路，等效电路如图4.10.2所示。其工作原理如下。

当接通220 V交流电源时，电源电压通过镇流器施加于启辉器两电极上，使极间气体导电，可动电极（双金属片）与固定电极接触，由于两电极接触不再产生热量，双金属片冷却复原使电路突然断开，此时镇流器产生一较高的自感电动势经回路施加于灯管两端，而使灯管迅速起燃，电流经镇流器、灯管构成回路。灯管起燃后，两端压降较低，启辉器不工作，进入正常工作状态。

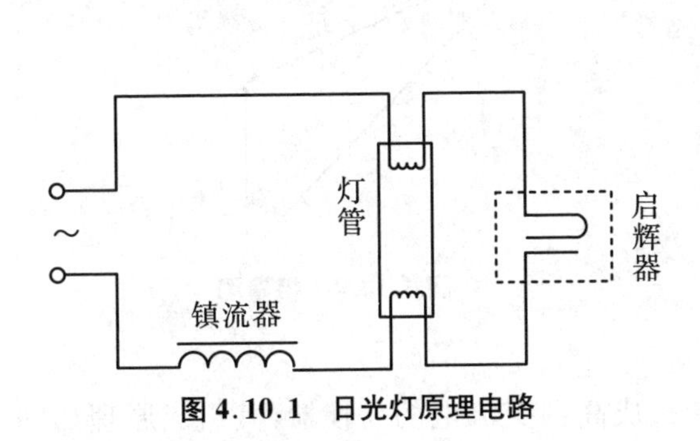

图4.10.1 日光灯原理电路

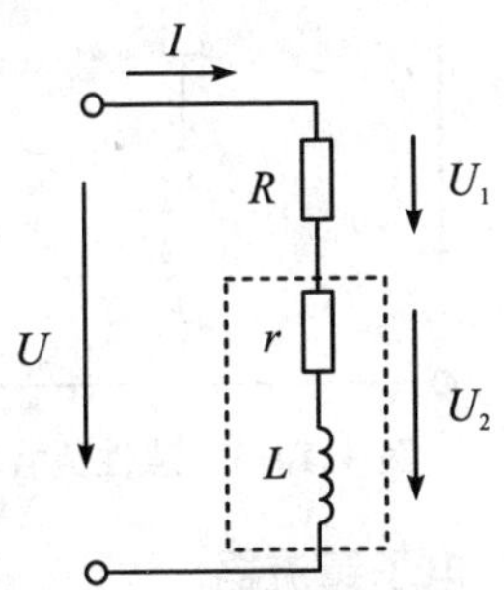

图4.10.2 日光灯等效电路

2. 功率因数的提高

电力系统中的大多数负载，如异步电动机、日光灯等都是感性负载，功率因数较低，对电力系统的运行不利：一是使电源设备的利用率减低，二是降低了输电线路的输电功率。也就是说，负载的有功功率一定时，有关系式 $I=P/U\cos\varphi$，可见，功率因数低，线路电流就大，输电线路上的功率消耗 I^2r 也就增大（r 为线路等值电阻），使输电功率降低。因此提高负载的功率因数有着重要的经济意义。

提高功率因数即在不改变原负载工作状态的条件下，设法减小线路电流。常用的方法是感性负载并联电容补偿，容性负载并联电感补偿，如图4.10.3所示。

在感性负载两端并联电容后的相量图如图4.10.4所示。若忽略线路阻抗，并联电容后并不改变原负载的工作状况，但却通过容性电流对感性电流的补偿，提高了功率因数，降低了对电源输出电流的要求，可增加一定容量电源的带负载能力。

根据图4.10.4所示的相量图，可确定将功率因数从 $\lambda_0=\cos\varphi_0$ 提高到 $\lambda=\cos\varphi$ 时所需并联的电容，参考以下公式计算：

$$P=UI\lambda=UI_0\lambda_0$$

$$I_0=\frac{P}{U\lambda_0}$$

$$I=\frac{I_0\lambda_0}{\lambda}$$

$$I_C=I_0\sin\varphi_0-I\sin\varphi$$

$$C=\frac{I_C}{\omega U}$$

负载消耗的电能是供电部门或用户的一个重要指标。电能用电度表测量。

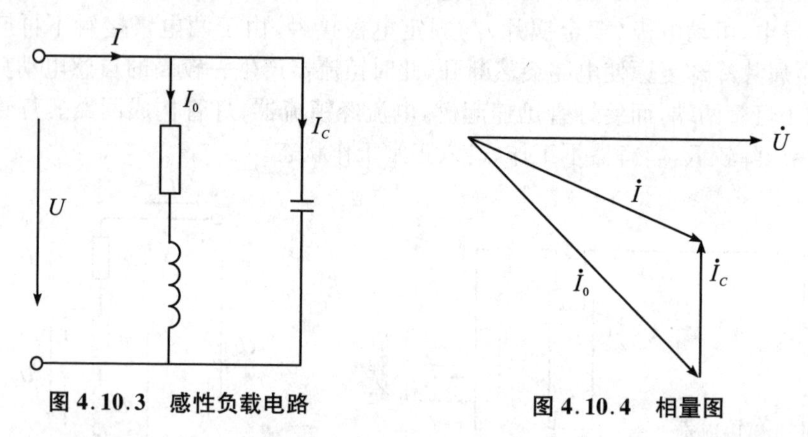

图 4.10.3 感性负载电路　　图 4.10.4 相量图

3. 电子镇流器

电子镇流器是将工频交流电转换成高频交流电的变换器，其组成原理如图 4.10.5所示。220 V工频交流电经过低通滤波器、全波整流变为直流电，再通过DC/AC高频功率变换器，输出20～100 kHz的高频交流电，加到与灯连接的*LC*串联谐振电路加热灯丝，同时在电容器上产生谐振高压，加在灯管两端，当灯管放电变成导通发光状态时，此时高频电感（灯镇流器）起限制电流增大的作用，保证灯管获得正常工作所需的灯电压和灯电流。为了提高可靠性，常增设各种保护电路，如异常保护，浪涌电压和电流保护，温度保护等等。

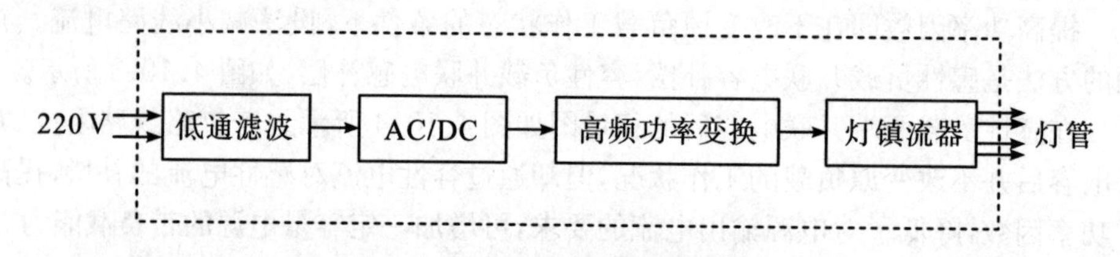

图 4.10.5 电子镇流器组成框图

电子镇流器与电感镇流器相比较具有如下特点：

① 自身消耗的功率小；② 电网负荷和电网损耗小；③ 温度低至－25 ℃时亦能正常启辉；④ 电网电压为100 V时能正常启辉；⑤ 无论是在低温或低电压情况下，都是经过灯丝预热后一次启辉，无需启辉器；⑥ 工作电压在135～250 V的电网电压范围内灯电流不变，使荧光灯始终工作于最佳状态，从而大幅度地提高灯管的使用寿命；⑦ 无频闪、噪声小等。

【设计30 W日光灯供电电路，并测量电路的性能】

(1) 设计由镇流器组成的日光灯电路，研究改善功率因数的方法。

(2) 设计由电子镇流器组成的日光灯电路，测量功率、功率因数等参数。

注意：实验用交流市电220 V，务必注意用电和人身安全！

参考电路如图4.10.6所示。

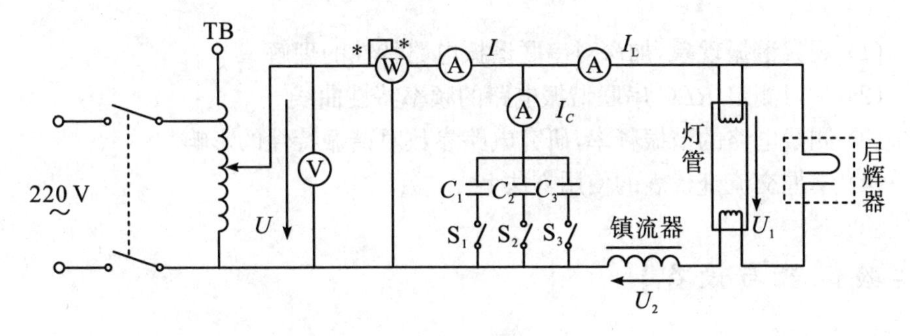

图4.10.6　实验参考电路

【实验报告】

(1) 撰写设计报告：课题要求，绘出设计电路，分析工作原理，所用器件清单(包含元器件参数)。

(2) 记录测试数据，根据计算结果，分析电路设计的合理性，说明电感镇流器和电子镇流器构成的日光灯电路优缺点。

(3) 写出心得体会。

【思考题】

(1) 在日常生活中，当日光灯上缺少启辉器时，人们常用一根导线将启辉器的两端短接一下，然后迅速断开，使日光灯点亮，或用一只启辉器去点亮多只同类型的日光灯，这是为什么？

(2) 并联电容后，总电流和功率因数有何变化？以此说明提高功率因数的实际意义。

实验4.11　RLC串联谐振电路

【实验目的】

(1) 观察谐振现象,加深对串联谐振电路特性的理解。
(2) 学习测定 *RLC* 串联谐振电路的频率特性曲线。
(3) 测量电路的谐振频率,研究电路参数对谐振特性的影响。
(4) 掌握交流毫伏表的使用方法。

【实验仪器与设备】

序号	名称	型号与规格	数量	备注
1	函数信号发生器	多功能数控信号源	1	操作台
2	交流毫伏表	TC1931D	1	操作台
3	双踪示波器	20 MHz	1	自备
4	频率计	HC-F2600	1	自备
5	谐振电路实验线路板	DGJ-03	1	挂件
6	电阻	$R=510\ \Omega, 2\ \text{k}\Omega$	若干	自备
7	电感	$L=30\ \text{mH}$	1	自备
8	电容	$C=0.1\ \mu\text{F}, 0.01\ \mu\text{F}$	若干	自备

【实验原理】

1. *RLC* 串联谐振的条件

在如图4.11.1所示的 *RLC* 串联电路上,施加一正弦电压,则该电路的阻抗是电流角频率的函数,即

$$Z = R + \mathrm{j}\left(\omega L - \frac{1}{\omega C}\right) = |Z| \angle\varphi$$

当 $\omega L-\frac{1}{\omega C}=0$ 时，电路处于串联谐振状态，谐振角频率和谐振频率分别为

$$\omega_0=\frac{1}{\sqrt{LC}}$$

$$f_0=\frac{1}{2\pi\sqrt{LC}}$$

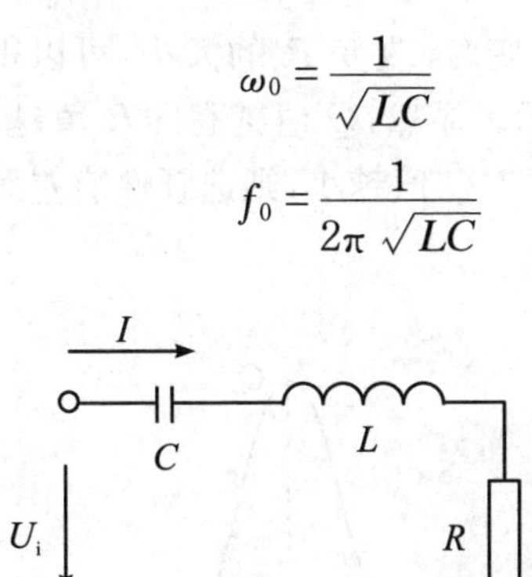

图 4.11.1　RLC 串联电路

显然，谐振频率仅与元件 L、C 的数值有关，而与电阻 R 和激励电源的角频率 ω 无关。f_0 反映了串联电路的一个固有性质，而且对于每一个 RLC 串联电路，总有一个对应的谐振频率 f_0。

2. 电路处于谐振状态时的特性

(1) 由于谐振时回路总电抗 $X_0=\omega_0 L-\frac{1}{\omega_0 C}=0$，因此，回路阻抗 Z_0 为最小值，整个电路相当于一个纯电阻回路，激励电源的电压与回路电流同相位。

(2) 由于感抗 $\omega_0 L$ 与容抗 $\frac{1}{\omega_0 C}$ 相等，所以，电感上的电压 U_L 与电容上的电压 U_C 数值相等，相位相差 180°，电感上的电压(或电容上的电压)与激励电压之比称为品质因数 Q，即

$$Q=\frac{U_L}{U_S}=\frac{U_C}{U_S}=\frac{\omega_0 L}{R}=\frac{1}{\omega_0 CR}=\frac{1}{R}\sqrt{\frac{L}{C}}$$

在 L 和 C 为定值的条件下，Q 值仅仅决定于回路电阻 R 的大小。若 $Q>1$，则谐振时 $U_L=U_C>U_S$。

(3) 在激励电压值(有效值)不变的情况下，回路中的电流 $I=\frac{U_S}{R}$ 为最大值。

3. 串联谐振电路的频率特性

回路的响应电流与激励电源角频率的关系称为电流的幅频特性(表明其关系的图形为串联谐振曲线)，其表达式为

$$I(\omega)=\frac{U_S}{\sqrt{R^2+\left(\omega L-\frac{1}{\omega C}\right)^2}}=\frac{U_S}{R\sqrt{1+Q^2\left(\eta-\frac{1}{\eta}\right)^2}}=\frac{I_0}{\sqrt{1+Q^2\left(\eta-\frac{1}{\eta}\right)^2}}$$

式中：$I_0=\frac{U_S}{R}$，$\eta=\frac{\omega}{\omega_0}$。

当电路中的 L、C 保持不变时，改变 R 的大小，可以得到不同 Q 值电流的幅频特性曲线，如图 4.11.2 所示。显然，Q 值越高即 R 值越小，曲线越尖锐，其选频性能提高，而通频带变窄。反之 Q 值越小，则选频性能差而通频带加宽。

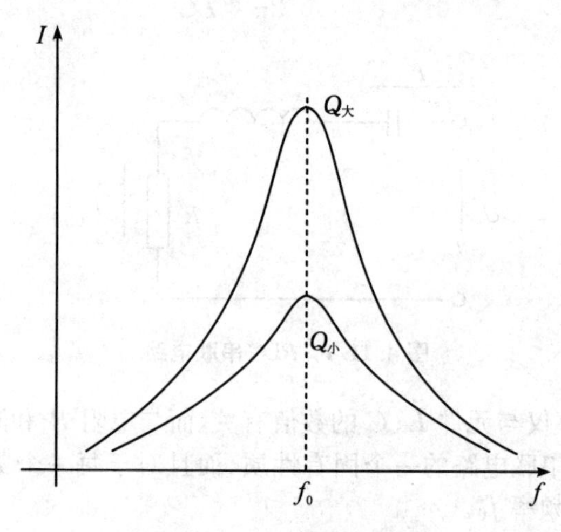

图 4.11.2　幅频特性曲线

为了便于比较，而把上式归一化，通过研究电流比 I/I_0 与角频率比 ω/ω_0 之间的函数关系，即所谓通用幅频特性，其表达式为

$$\frac{I}{I_0}=\frac{1}{\sqrt{1+Q^2\left(\eta-\frac{1}{\eta}\right)^2}}$$

式中：I_0 为谐振时的回路响应电流。显然 Q 值越大，在一定的频率偏移下，电流比下降得越厉害。

取电路电流 I 作为响应，当输入电压 U_i 维持不变时，在不同信号频率的激励下，测出电阻 R 两端电压 U_0 的值，则 $I=U_0/R$，然后以 f 为横坐标，以 I 为纵坐标，绘出光滑的曲线，此即为幅频特性，亦称电流谐振曲线，如图 4.11.3 所示。幅频特性曲线可以计算得出，或用实验方法测定。

【实验内容】

(1) 按图 4.11.1 所示电路接线，$R=510\ \Omega$，$L=30\ \text{mH}$，$C=0.1\ \mu\text{F}$，调整函数信号发生器，使其波形为正弦波，输出电压有效值为 3 V，用交流毫伏表监测电阻

R 两端的电压 U_R，调节函数信号发生器的输出频率（注意：要维持信号源的输出幅度不变），当 U_R 的读数为最大值时，频率计上的频率值即为谐振频率 f_0。

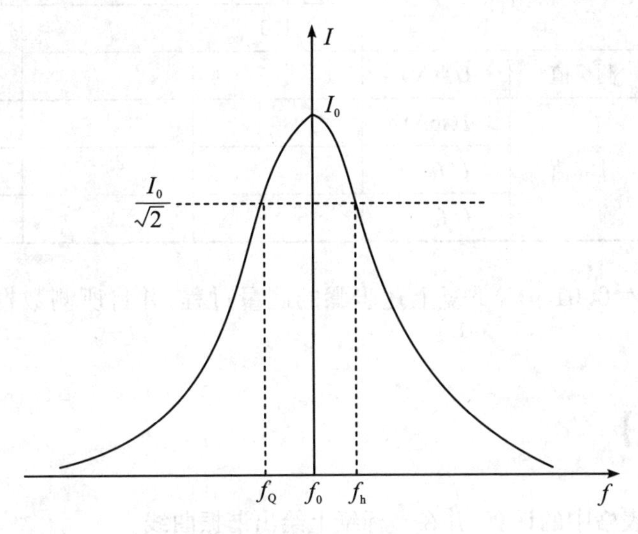

图 4.11.3　谐振曲线

（2）用交流毫伏表分别测量电路发生谐振时的 U_i，U_R，U_L，U_C 电压，记入表4.11.1中。如果用双踪示波器测量，则应注意共地问题。

表 4.11.1　谐振电压记录表

条件	U_i(V)	U_R(V)	U_L(V)	U_C(V)
$R=510\ \Omega$				
$R=2\ \text{k}\Omega$				

（3）调节函数信号发生器的频率输出，在 f_0 附近分别选几个测量点，测量不同频率时的 U_R 值，记入表4.11.2中，并根据计算结果，绘制谐振曲线（标出 Q 值）。

表 4.11.2　谐振频率记录表

负载	项目		频率 f(kHz)		
			1.0	f_0	4.0
$R=510\ \Omega$ $L=30\ \text{mH}$ $C=0.1\ \mu\text{F}$	测量值	U_R(V)			
	计算值	I(mA)			
		I/I_0			
		f/f_0			

(续表)

负载	项目		频率 f(kHz)		
			1.0	f_0	4.0
$R=2\ k\Omega$ $L=30\ mH$ $C=0.1\ \mu F$	测量值	U_R(V)			
	计算值	I(mA)			
		I/I_0			
		f/f_0			

(4) 取 $C=0.01\ \mu F$,重复上述步骤的测量过程,并将所测数据记入自拟表格中。

【实验报告】

(1) 完成表格中的计算,并在坐标纸上绘出谐振曲线。

(2) 计算实验电路的通频带、谐振频率 ω_0 和品质因数 Q,并与测量值相比较,分析产生误差的原因。

(3) 总结实验体会。

【思考题】

(1) 怎样判断串联电路已经处于谐振状态?

(2) 电路谐振时,电感和电容的端电压比信号源的输出电压要高,为什么?

实验4.12　交流电路的功率和功率因数测试仿真实验

【实验目的】

(1) 测定 *RC* 串联电路的有功功率、无功功率、视在功率和功率因数。
(2) 测定 *RL* 串联电路的有功功率、无功功率、视在功率和功率因数。
(3) 测定 *RLC* 串联电路的有功功率、无功功率、视在功率和功率因数。

【实验仪器与设备】

序号	名称	型号与规格	数量	备注
1	计算机	PC	1	仿真设计
2	软件	Multisim 10		

【实验原理】

工程上对交流电路常用电压表、电流表和功率表(或功率因数表)相配合测量电压 U、电流 I 和有功功率 P(或功率因数 $\cos\varphi$)值，Multisim 软件提供的功率表既可以测量有功功率，也可以测量功率因数 $\cos\varphi$。

在 *RL*、*RC* 或 *RLC* 交流电路中只有电阻才消耗有功功率 P，电感或电容是不消耗功率的，电感和电容中的功率为无功功率 Q。

RL 串联测量功率实验电路如图4.12.1所示；*RC* 串联测量功率实验电路如图4.12.2所示；*RLC* 串联测量功率实验电路如图4.12.3所示；功率因数校正实验电路如图4.12.4所示。

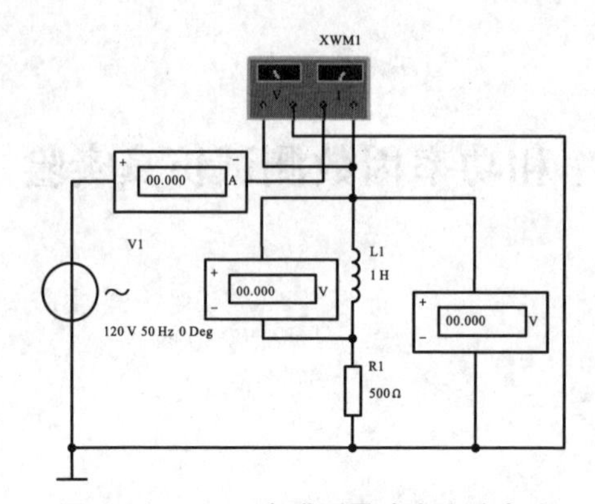

图 4.12.1　*RL* 串联测量功率实验电路

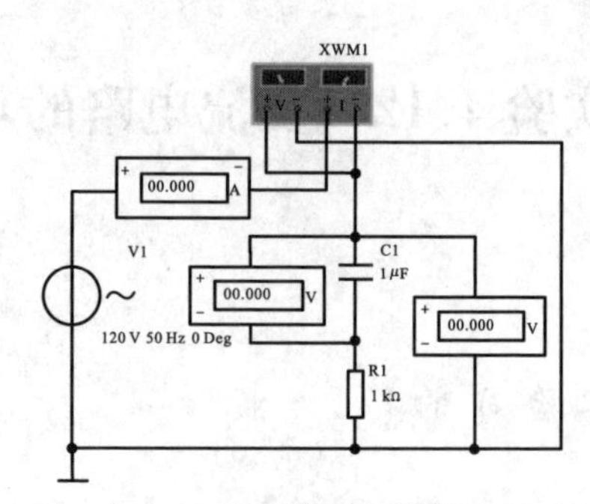

图 4.12.2　*RC* 串联测量功率实验电路

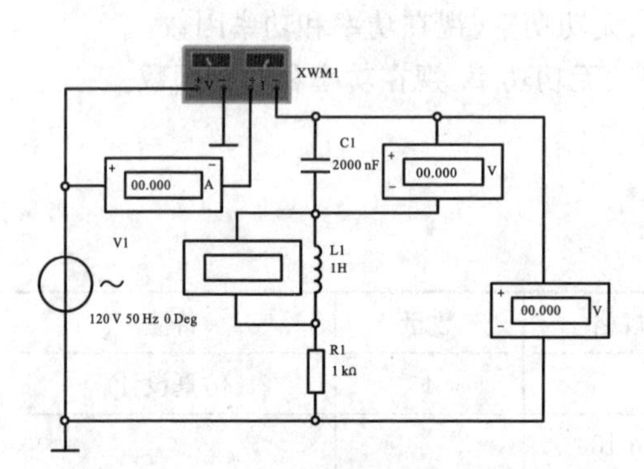

图 4.12.3　*RLC* 串联测量功率实验电路

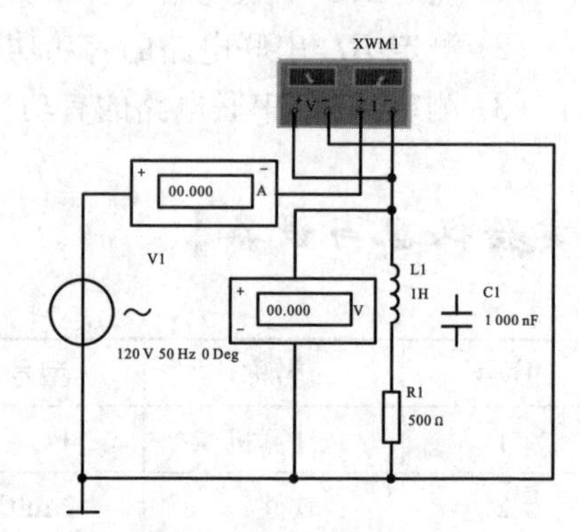

图 4.12.4　功率因数校正实验电路

RL 或 *RC* 串联电路的无功功率等于动态元件两端的电压有效值 U_C 或 U_L 乘以动态元件的电流有效值 I。

电容器无功功率为

$$Q = U_C I$$

电感器无功功率为

$$Q = U_L I$$

RLC 电路的无功功率 Q 等于总阻抗两端的电压有效值 U_X 乘以总阻抗的电流有效值 I。总阻抗电压有效值等于电容电压 U_C 与电感电压 U_L 之差，这是因为这两个电压之间有 180°的相位差。因此，无功功率为

$$Q = U_X I$$

式中：$U_X = U_C - U_L$。

在图 4.12.1～图 4.12.3 中，电路的视在功率 S 等于总电路两端的电压有效值 U_X 乘以电路电流有效值 I，即视在功率为

$$S = UI$$

功率因数 $\cos\varphi$ 为有功功率 P 与视在功率 S 之比，即

$$\cos\varphi=\frac{P}{S}=\frac{P}{UI}$$

式中：φ 为 U 与 I 之间的相位差。

当功率因数为正小数时，表示负载为感性，电路中电流落后于电压；当功率因数为负小数时，表示负载为容性，电流超前于电压；当功率因数为1时，表示负载为纯电阻性，电流与电压同相。交流电路的有功功率等于视在功率与功率因数的乘积，即

$$P=S\cos\varphi$$

因为大多数电动机属于电感性负载，为了提高电网运行的经济效益，应当对电路的功率因数进行调整，使有功功率尽量接近视在功率 S。图4.12.4所示为调整功率因数实验电路，首先确定 RL 原电路的无功功率。方法为由有功功率 P、视在功率 S 和功率因数角 φ 求出无功功率 Q。原 RL 电路的无功功率 Q 一旦确定以后，调整功率因数所需要的容抗便可由下式求出：

$$X_C=\frac{U^2}{Q}$$

式中：U 为 RL 电路两端的电压。

则调整功率因数所需要的电容为

$$C=\frac{1}{2\pi fX_C}$$

校正电容 C 选定后，可将 C 并联在 RL 负载的两端，这时功率因数接近于1（电压 U 与电流 I 同相），这样，便可以使有功功率接近于视在功率。

【实验内容】

(1) 建立如图4.12.1所示的 RL 串联测试功率实验电路。单击仿真开关，进行动态分析。记录总电流有效值 I，电感两端的电压有效值 U_L 及 RL 网络两端的总电压有效值 U。计算 RL 电路的有功功率 P、无功功率 Q 和视在功率 S，并确定 RL 网络的功率因数 $\cos\varphi$。

(2) 建立图4.12.2所示 RC 串联测试功率实验电路。单击仿真开关，进行动态分析。记录总电流有效值 I、电容两端的电压有效值 U_C 及 RC 网络两端的总电压有效值 U。计算 RC 电路的有功功率 P、无功功率 Q 和视在功率 S。作出功率三角形，并确定 RC 网络的功率因数 $\cos\varphi$。

(3) 建立如图4.12.3所示 RLC 串联测试功率实验电路。单击仿真开关，进行动态分析。记录总电流有效值 I，电容电压有效值 U_C，电感电压有效值 U_L 及

RLC 网络两端的总电压有效值 U。计算 *RLC* 电路的有功功率 P、无功功率 Q 和视在功率 S，确定 *RLC* 网络的功率因数 $\cos\varphi$。

(4) 建立如图 4.12.4 所示的功率因数调整实验电路。单击仿真开关，进行动态分析。记录总电流有效值 I，电感两端的电压有效值 U_L 及 *RL* 网络两端的总电压有效值 U，以及功率表的有功功率值和功率因数 $\cos\varphi$ 读数。计算 *RL* 电路的有功功率 P、无功功率 Q 和视在功率 S。计算使功率因数接近于 1 所需要的电容 C。然后将电路中的电容 C 改成计算值，把 C 并联到电路里。再次运行动态分析，观察功率表的有功功率值和功率因数 $\cos\varphi$ 读数，调整 C 直至满足功率因数 $\cos\varphi=1$ 应达到的要求。

【实验报告】

(1) 在 Multisim 10 环境下，完成电路和仪器连接并仿真。

(2) 根据实验内容及步骤记录各被测量的值，功率表显示的有功功率值和功率因数 $\cos\varphi$ 与计算值进行比较，并进行相关的数据处理。

(3) 总结有功功率、无功功率、视在功率之间的区别。

【思考题】

(1) 比较功率表显示值与计算值，并说明 *RL* 电路的电流比电压超前还是落后。为什么？

(2) 将计算功率因数接近于 1 所需要的电容 C 值与功率表显示功率因数 $\cos\varphi=1$ 时的电容值进行比较，情况如何？

实验 4.13　二端口网络测试

【实验目的】

(1) 加深理解二端口网络的基本理论。

(2) 掌握直流二端口网络传输参数的测量技术。

【实验仪器与设备】

序号	名称	型号与规格	数量	备注
1	可调直流稳压电源	0～30 V	1	操作台
2	数字直流电压表	0～200 V	1	操作台
3	数字直流毫安表	0～200 mA	1	操作台
4	二端口网络实验电路板	DGJ - 03	1	挂件

【实验原理】

对于任何一个线性网络，我们所关心的往往只是输入端口和输出端口的电压与电流之间的相互关系，并通过实验测定方法求取一个极其简单的等值二端口电路来替代原网络，此即为“黑盒理论”的基本内容。

(1) 一个二端口网络两端口的电压和电流四个变量之间的关系，可以用多种形式的参数方程来表示。本实验采用以输出口的电压 U_2 和电流 I_2 作为自变量，以输入口的电压 U_1 和电流 I_1 作为因变量，所得的方程称为二端口网络的传输方程，如图 4.13.1 所示的无源线性二端口网络(又称为四端网络)的传输方程为

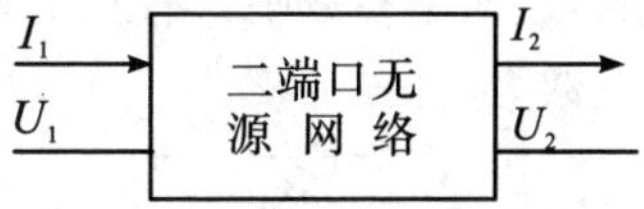

图 4.13.1　二端口网络

$$U_1 = AU_2 + BI_2$$
$$I_1 = CU_2 + DI_2$$

式中的 A,B,C,D 为二端口网络的传输参数，其值完全决定于网络的拓扑结构及各支路元件的参数值。这四个参数表征了该二端口网络的基本特性，它们的含义分别是

$$A=-\frac{U_{1O}}{U_{2O}}\quad（令\ I_2=0，即输出口开路时）$$

$$B=\frac{U_{1S}}{U_{2S}}\quad（令\ U_2=0，即输出口短路时）$$

$$C=\frac{U_{1O}}{U_{2O}}\quad（令\ I_2=0，即输出口开路时）$$

$$D=\frac{I_{1S}}{I_{2S}}\quad（令\ U_2=0，即输出口短路时）$$

由上可知，只要在网络的输入口加上电压，在两个端口同时测量其电压和电流值，即可求出 A,B,C,D 四个参数，此即为双端口同时测量法。

(2) 若要测量一条远距离输电线构成的二端口网络，采用同时测量法就很不方便。这时可采用分别测量法，即先在输入口加电压，而将输出口开路和短路，在输入口测量电压和电流，由传输方程可得

$$R_{1O}=\frac{U_{1O}}{I_{1O}}=\frac{A}{C}\quad（令\ I_2=0，即输出口开路时）$$

$$R_{1S}=\frac{U_{1S}}{I_{1S}}=\frac{B}{D}\quad（令\ U_2=0，即输出口短路时）$$

然后在输出口加电压，而将输入口开路和短路，测量输出口的电压和电流，此时可得

$$R_{2O}=\frac{U_{2O}}{I_{2O}}=\frac{D}{C}\quad（令\ I_1=0，即输入口开路时）$$

$$R_{2S}=\frac{U_{2S}}{I_{2S}}=\frac{B}{A}\quad（令\ U_1=0，即输入口短路时）$$

$R_{1O},R_{1S},R_{2O},R_{2S}$ 分别表示一个端口开路和短路时另一端口的等效输入电阻，这四个参数中只有三个是独立的(因为 $AD-BC=1$)。至此，可求出四个传输参数为

$$A=\sqrt{\frac{R_{1O}}{R_{2O}-R_{2S}}},\quad B=R_{2S}A,\quad C=\frac{A}{R_{1O}},\quad D=R_{2O}C$$

(3) 二端口网络级联后的等效二端口网络的传输参数亦可采用前述的方法之一求得。从理论推得两个二端口网络级联后的传输参数与每一个参加级联的二端口网络的传输参数之间有如下的关系：

$$A=A_1A_2+B_1C_2\qquad B=A_1B_2+B_1D_2$$

$$C=C_1A_2+D_1C_2\qquad D=C_1B_2+D_1D_2$$

【实验内容】

二端口网络实验线路如图4.13.2所示。将直流稳压电源的输出电压调到10 V,作为二端口网络的输入。

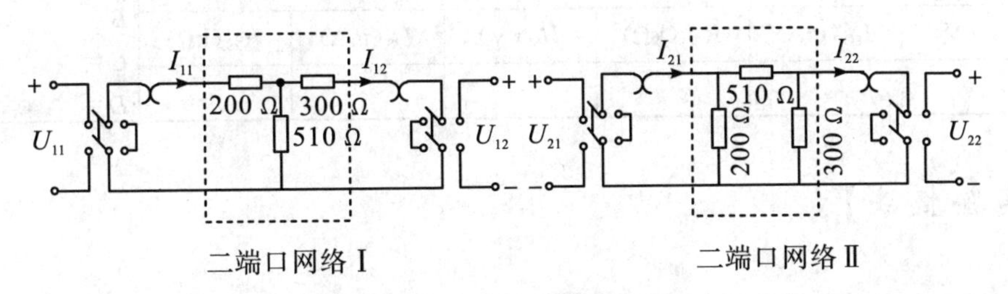

图4.13.2　二端口网络实验电路

(1) 按同时测量法分别测定两个二端口网络的传输参数 A_1,B_1,C_1,D_1 和 A_2,B_2,C_2,D_2,数据记入表4.13.1中,列出它们的传输方程。

表4.13.1　二端口网络测量数据

		测量值			计算值	
二端口网络Ⅰ	输出端开路 $I_{12}=0$	U_{11O}(V)	U_{12O}(V)	I_{11O}(mA)	A_1	B_1
	输出端短路 $U_{12}=0$	U_{11S}(V)	I_{11S}(mA)	I_{12S}(mA)	C_1	D_1
二端口网络Ⅱ		测量值			计算值	
	输出端开路 $I_{22}=0$	U_{21O}(V)	U_{22O}(V)	I_{21O}(mA)	A_2	B_2
	输出端短路 $U_{22}=0$	U_{21S}(V)	I_{21S}(mA)	I_{22S}(mA)	C_2	D_2

(2) 将两个二端口网络级联,即将网络Ⅰ的输出接至网络Ⅱ的输入。用两端口分别测量法测量级联后等效二端口网络的传输参数 A,B,C,D,记入表4.13.2中,验证等效二端口网络传输参数与级联的两个二端口网络传输参数之间的关系。

表 4.13.2　级联后二端口网络数据

<table>
<tr><td colspan="3">输出端开路 $I_2=0$</td><td colspan="3">输出端短路 $U_2=0$</td><td rowspan="3">计算传输参数</td></tr>
<tr><td>U_{1O}(V)</td><td>I_{1O}(mA)</td><td>R_{1O}(kΩ)</td><td>U_{1S}(V)</td><td>I_{1S}(mA)</td><td>R_{1S}(kΩ)</td></tr>
<tr><td></td><td></td><td></td><td></td><td></td><td></td></tr>
<tr><td colspan="3">输入端开路 $I_1=0$</td><td colspan="3">输入端短路 $U_1=0$</td><td rowspan="3">$A=$
$B=$
$C=$
$D=$</td></tr>
<tr><td>U_{2O}(V)</td><td>I_{2O}(mA)</td><td>R_{2O}(kΩ)</td><td>U_{2S}(V)</td><td>I_{2S}(mA)</td><td>R_{2S}(kΩ)</td></tr>
<tr><td></td><td></td><td></td><td></td><td></td><td></td></tr>
</table>

【实验报告】

(1) 完成对数据表格的测量和计算任务。

(2) 列写参数方程。

(3) 验证级联后等效双口网络的传输参数与级联的两个双口网络传输参数之间的关系。

(4) 总结双口网络的测试技术。

【思考题】

(1) 试述双口网络同时测量法与分别测量法的测量步骤、优缺点及其适用情况。

(2) 本实验方法可否用于交流双口网络的测定?

实验 4.14　单相铁芯变压器特性的测试

【实验目的】

(1) 通过测量，计算变压器的各项参数。
(2) 学会测量变压器的空载特性与外特性。

【实验仪器与设备】

序号	名称	型号规格	数量	备注
1	交流电压表	0～500 V	2	操作台
2	交流电流表	0～5 A	2	操作台
3	功率表	DGJ-07	1	操作台
4	实验变压器	36 V/220 V，50 W	1	配件
5	白炽灯	25 W/220 V	3	自备

【实验原理】

1. 变压器各项参数的测量和计算

如图 4.14.1 所示为变压器参数测试电路，由各仪表测得变压器原边（AX，设

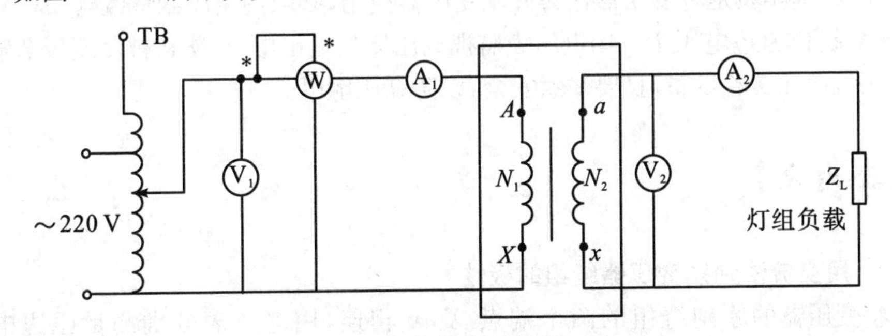

图 4.14.1　变压器参数测试电路

为低压侧)的 U_1,I_1,P_1 及副边(ax,设为高压侧)的 U_2,I_2,并用万用电表 $R\times1$ 挡测出原、副绕组的电阻 R_1 和 R_2,即可算得变压器的各项参数值。

电压比:$K_U=\dfrac{U_1}{U_2}$ 电流比:$K_1=\dfrac{I_2}{I_1}$

原边阻抗:$Z_1=\dfrac{U_1}{I_1}$ 副边阻抗:$Z_2=\dfrac{U_2}{I_2}$

阻抗比:$N_Z=\dfrac{Z_1}{Z_2}$

负载功率:$P_2=U_2I_2$ 损耗功率:$P_0=P_1-P_2$

功率因数:$\cos\varphi_1=\dfrac{P_1}{U_1I_1}$ 原边线圈铜耗:$P_{Cu1}=I_1^2R_1$

副边铜耗:$P_{Cu2}=I_2^2R_2$ 铁耗:$P_{Fe}=P_0-(P_{Cu1}+P_{Cu2})$

2. 变压器空载特性测试

铁芯变压器是一个非线性元件,铁芯中的磁感应强度 B 决定于外加电压的有效值 U,当副边开路(即空载)时,原边的励磁电流 I_{10} 与磁场强度 H 成正比。在变压器中,副边空载时,原边电压与电流的关系称为变压器的空载特性,这与铁芯的磁化曲线($B\times H$ 曲线)是一致的。

空载实验通常是将高压侧开路,由低压侧通电进行测量,因空载时功率因数很低,故测量功率时应采用低功率因数瓦特表,此外因变压器空载时阻抗很大,故电压表应接在电流表外侧。

3. 变压器外特性测试

为了满足实验装置上三组灯泡负载额定电压为 220 V 的要求,故以变压器的低压(36 V)绕组作为原边,220 V 的高压绕组作为副边,即当做一台升压变压器使用。

在保持原边电压 U_1 不变时,逐次增加灯泡负载(每只灯为 25 W),测定 U_1,U_2,I_1 和 I_2,即可绘出变压器的外特性,即负载特性曲线 $U_2=f(I_2)$。

注意:本实验是将变压器作为升压变压器使用,必须用调压器将市电 220 V 调到 36 V 提供原边电压 U_1,用电压表监视调压器的输出电压,防止被测变压器输出高电压而损坏实验设备,且要注意安全,以防高压触电。

【实验内容】

1. 用交流法判别变压器绕组的极性

将变压器的原副绕组的两个端点 X,x 相连,用电压表分别测量原边电压 U_{AX},副边电压 U_{ax},和两绕组间的电压 U_{Aa},根据 U_{Aa} 的大小判别变压器原副绕组的相对极性。

2. 空载实验

(1) 按图 4.14.1 所示线路接线，AX 为低压绕组，ax 为高压绕组，即电源经调压器 TB 接至低压绕组，高压绕组接 220 V/25 W 的灯组负载(用 3 只灯泡并联获得)，I_1用大量程电流表测量，I_2用小量程电流表测量，实验时应注意电流不要超过变压器原、副边最大电流。

(2) 调节调压器，使其输出电压等于变压器低压侧的额定电压 36 V，然后合上电源开关，测试负载开路情况(即副边高压线圈开路)，读取五个仪表的读数并记入自拟的数据表格中，计算相应的变压器变比 $K=U_{1N}/U_{20}$ 和空载时的功率因数 $\cos\varphi=P_0/U_{1N}I_0$。

(3) 将高压线圈(副边)开路，确认调压器处在零位后，合上电源，调节调压器输出电压，使 U_1从零逐次上升到 1.2 倍的额定电压(1.2×36 V)，分别记下各次测得的 U_1，U_{20}和 I_{10}数据，记入自拟的数据表格中，绘制变压器的空载特性曲线。

3. 负载实验

按图 4.14.1 所示线路接线，电源经调压器 TB 接至低压绕组，高压绕组接 220 V/25 W 的灯组负载(用 3 只灯泡并联获得)，经指导教师检查后方可进行实验。

将调压器手柄置于输出电压为零的位置，然后合上电源开关，并调节调压器，使其输出电压等于变压器低压侧的额定电压 36 V，保持原边电压 $U_1=36$ V 不变，逐次增加灯泡负载至额定值(每只灯为 25 W)，测定 U_1，U_2，I_1和 I_2，将五个仪表的读数记入自拟的数据表格中，绘出变压器的外特性，即负载特性曲线 $U_2=f(I_2)$。

实验完毕后将调压器调回零位，关闭电源。

【实验报告】

(1) 根据实验内容，自拟数据表格，绘出变压器的外特性和空载特性曲线。

(2) 根据额定负载时测得的数据，计算变压器的各项参数。

(3) 计算变压器的电压调整率 $\Delta U\%=\dfrac{U_{20}-U_{2N}}{U_{20}}\times100\%$。

【思考题】

(1) 为什么本实验将低压绕组作为原边进行通电实验？此时，在实验过程中应注意什么问题？

(2) 为什么变压器的励磁参数一定要在空载实验加额定电压的情况下求出？

实验4.15 单相电度表的校验

【实验目的】

(1) 掌握电度表的接线方法。

(2) 学会单相电度表的校验方法。

【实验仪器与设备】

序号	名称	型号与规格	数量	备注
1	电度表	1.5(6) A	1	操作台
2	单相功率表	DGJ-07	1	操作台
3	交流电压表	0～500 V	1	操作台
4	交流电流表	0～5 A	1	操作台
5	自耦调压器	DGJ-04	1	操作台
6	白炽灯	220 V,100 W	3	自备
7	灯泡	220 V,15 W	9	自备
8	秒表		1	自备

【实验原理】

(1) 电度表是一种感应式仪表,是根据交变磁场在金属中产生感应电流,从而产生转矩的基本原理而工作的仪表,主要用于测量交流电路中的电能。它的指示器能随着电能的不断增大(也就是随着时间的延续)而连续地转动,从而能随时反映出电能积累的总数值。因此,它的指示器是一个“积算机构”,是将转动部分通过齿轮传动机构折换为被测电能的数值,由数字及刻度直接指示出来。

它的驱动元件是由电压铁芯线圈和电流铁芯线圈在空间上、下排列,中间隔以铝制的圆盘。驱动两个铁芯线圈的交流电,建立起合成的特殊分布的交变磁场,并穿过铝盘，在铝盘上产生出感应电流。该电流与磁场的相互作用结果产生转动力矩驱使铝盘转动。铝盘上方装有一个永久磁铁，其作用是对转动的铝盘产生制动力矩，使铝盘转速与负载功率成正比。因此，在某一段测量时间内，负载所消耗的电能 W 就与铝盘的转数 n 成正比，即 $N=\frac{n}{W}$，比例系数 N 称为电度表常数，常在电度表上标明，其单位是转/千瓦小时。

(2) 电度表的灵敏度是指在额定电压、额定频率及 $\cos\varphi=1$ 的条件下，从零开始调节负载电流，测出铝盘开始转动的最小电流值 $I_{\min}$，则仪表的灵敏度可表示为 $S=\frac{I_{\min}}{I_N}\times 100\%$，式中的 I_N 为电度表的额定电流。$I_{\min}$ 通常较小，约为 I_N 的 0.5%。

(3) 电度表的潜动是指负载电流等于零时，电度表仍出现缓慢转动的现象。按照规定，无负载电流时，在电度表的电压线圈上施加其额定电压的 110%(达 242 V)时，观察其铝盘的转动是否超过一圈。凡超过一圈者，判为潜动不合格。

【实验内容】

1. 用功率表、秒表法校验电度表的准确度

按图 4.15.1 接线，电度表的接线与功率表相同，其电流线圈与负载串联，电压线圈与负载并联。

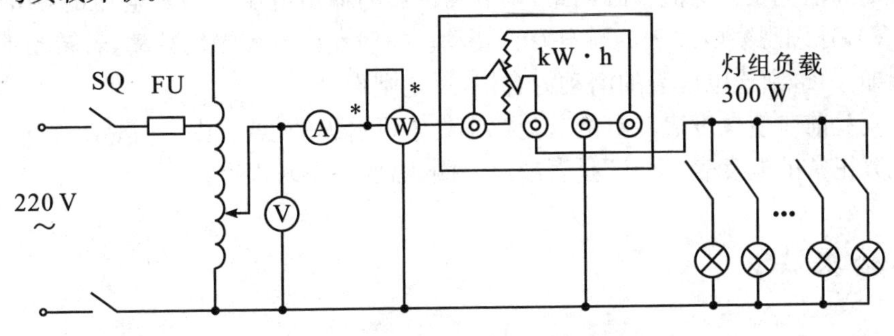

图 4.15.1　电度表测量电路

线路经指导教师检查无误后，接通电源。将调压器的输出电压调到 220 V，按表 4.15.1 的要求接通灯组负载，用秒表定时记录电度表转盘的转数及记录各仪表的读数。

为了准确地计时及计圈数，可将电度表转盘上的一小段着色标记刚出现(或刚结束)时作为秒表计时的开始，并同时读出电度表的起始读数。此外，为了能记录整数转数，可先预定好转数，待电度表转盘刚转完此转数时，作为秒表测定时间的终点，并同时读出电度表的终止读数，数据记入表 4.15.1 中(建议 n 取 24 圈，则

300 W负载时,需时2分钟左右)。

表4.15.1 电度表数据记录

负载情况	测量值						计算值			
	U(V)	I(A)	电表读数(kW·h)			时间(s)	转数 n	计算电能 W'(kW·h)	$\Delta W/W$ (%)	电度表常数 N
			起	止	W					
300 W										
300 W										

2. 电度表灵敏度的测试

电度表灵敏度的测试要用到专用的变阻器。此处可将图4.15.1中的灯组负载改成三组灯组相串联,并全部用220 V,15 W的灯泡。再在电度表与灯组负载之间串接8 W,30～10 kΩ的电阻(取自挂件上的8 W,10 kΩ、20 kΩ电阻)。每组先开通一只灯泡,接通220 V后看电度表转盘是否开始转动,然后逐只增加灯泡或者减少电阻,直到转盘开转。则这时电流表的读数可大致作为其灵敏度。

实验前应使电度表转盘的着色标记处于可看见的位置。由于负载很小,转盘的转动很缓慢,必须耐心观察。

3. 检查电度表的潜动是否合格

断开电度表的电流线圈回路,调节调压器的输出电压为额定电压的110%(即242 V),仔细观察电度表的转盘有否转动。一般允许有缓慢地转动,若转动不超过一圈即停止,则该电度表的潜动为合格,反之则不合格。

实验前应使电度表转盘的着色标记处于可看见的位置,由于“潜动”非常缓慢,要观察正常的电度表“潜动”是否超过一圈,需要一小时以上。

【实验报告】

(1) 整理实验数据,进行相关计算。
(2) 对被校电度表的各项技术指标作出评论。
(3) 对校表工作的体会。

【思考题】

(1) 了解电度表的结构、原理及其检定方法。
(2) 电度表接线有哪些错误接法,会造成什么后果?

实验4.16 三相交流电路的研究及相序的测量

【实验目的】

(1) 掌握三相负载作星形连接、三角形连接的方法,验证这两种接法下线电压、相电压,线电流、相电流之间的关系。

(2) 充分理解三相四线供电系统中中线的作用。

(3) 掌握三相交流电路相序的测量方法。

【实验仪器与设备】

序号	名称	型号与规格	数量	备注
1	三相自耦调压器		1	操作台
2	交流电压表	0～500 V	1	操作台
3	交流电流表	0～5 A	1	操作台
4	三相灯组负载	25 W/220 V白炽灯	9	操作台
5	电流插座		若干	操作台

【实验原理】

(1) 三相负载可接成星形(又称"Y"接)或三角形(又称"△"接),当对称三相负载作Y形连接时,线电压 U_L是相电压 U_P的$\sqrt{3}$倍,线电流 I_L等于相电流 I_P。即

$$U_L = \sqrt{3}U_P, \qquad I_L = I_P$$

当采用三相四线制接法时,流过中线的电流 $I_0 = 0$,所以可以省去中线。当对称三相负载作△形连接时,有

$$I_L = \sqrt{3}I_P, \qquad U_L = U_P$$

(2) 不对称三相负载作Y连接时,必须采用三相四线制接法,即Y_0接法。而且中线必须牢固连接,以保证三相不对称负载的每相电压维持对称不变。

若三相负载不对称而又无中线(即三相三线制Y接),$U_L \neq \sqrt{3} U_P$,负载的三个相电压不再平衡,各相电流也不相等,致使负载轻的那一相的相电压过高,使负载损坏。负载重的一相相电压又过低,使负载不能正常工作。尤其是对于三相照明负载,无条件地一律采用Y_0接法。

(3) 对于不对称负载作△接时,$I_L \neq \sqrt{3} I_P$,但只要电源的线电压U_L对称,加在三相负载上的电压仍是对称的,各相负载工作没有影响。

(4) 为防止三相负载不对称而又无中线时相电压过高而损坏灯泡,本实验采用"三相220 V电源",即线电压为220 V,可以通过三相自耦调压器来实现。

(5) 图4.16.1所示为相序指示器电路,用以测定三相电源的相序U,V,W。它是由一个电容器和两个瓦数相同的白炽灯连接成的星形不对称三相负载电路。如果电容器所接的是U相,则灯光较亮的是W相,较暗的是V相(相序是相对的,任何一相均可作为U相,但U相确定后,V相和W相也就确定了)。

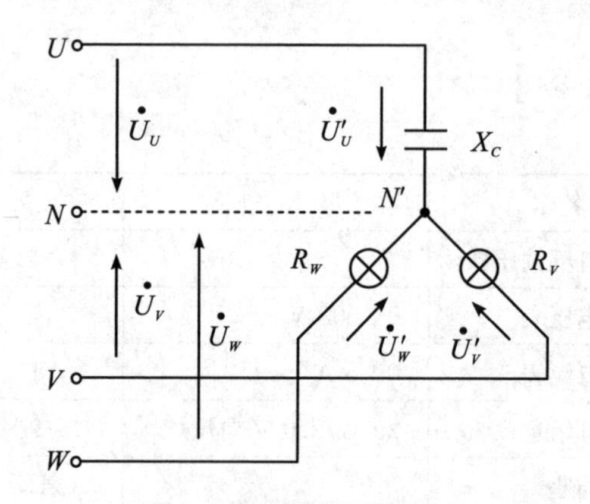

图4.16.1　相序指示器电路

【实验内容】

1. 三相负载星形连接

按图4.16.2所示线路连接实验电路,即三相灯组负载经三相自耦调压器接通三相对称电源,并将三相调压器的旋柄置于三相电压输出为0 V的位置,合上三相电源开关,然后调节调压器的输出,使输出的三相线电压为220 V(即火线与火线之间的线电压为220 V;亦即U,V之间的电压为220 V,V,W之间的电压为220 V,U,W之间的电压为220 V)。

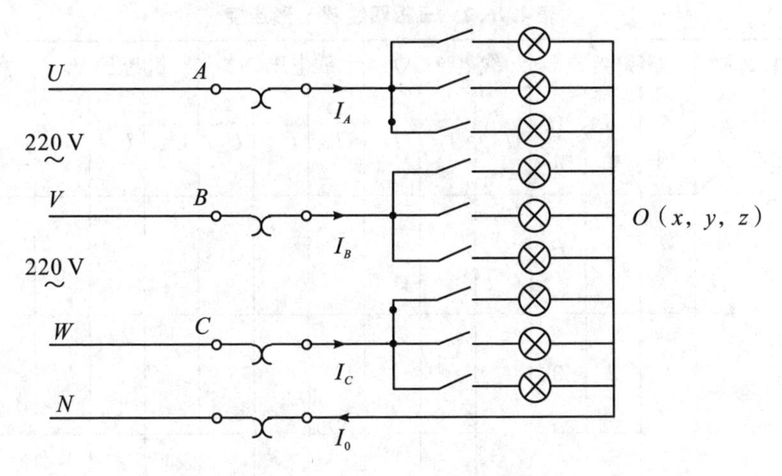

图 4.16.2　三相负载星形连接

(1) 三相四线制 Y_0 形连接(有中线)　按表 4.16.1 中的要求,测量有中线时三相负载对称和不对称情况下的线电压、相电压、线电流(相电流)和中线电流,并观察各相灯组亮暗程度是否一致,特别要注意观察中线的作用。

表 4.16.1　三相四线制 Y_0 形连接

测量数据 / 负载情况	开灯盏数			线电流(A)			线电压(V)			相电压(V)			中线电流 I_0(A)	中点电压 U_{NO}(V)
	A 相	*B* 相	*C* 相	I_A	I_B	I_C	U_{AB}	U_{BC}	U_{CA}	U_{AO}	U_{BO}	U_{CO}		
Y_0 接 平衡负载	3	3	3											
Y_0 接 不平衡负载	1	2	3											
Y_0 接 *B* 相断开	1	断	3											

(2) 三相三线制 Y 形连接(无中线)　将中线断开,测量无中线时三相负载对称和不对称情况下的线电压、相电压、线电流(相电流)、电源与负载中点间的电压,数据记入表 4.16.2 中,并观察各相灯亮暗的变化程度。

表 4.16.2　三相四线制 Y 形连接

测量数据 / 负载情况	开灯盏数			线电流(A)			线电压(V)			相电压(V)			中点电压 U_{NO}(V)
	A 相	*B* 相	*C* 相	I_A	I_B	I_C	U_{AB}	U_{BC}	U_{CA}	U_{AO}	U_{BO}	U_{CO}	
Y 接 平衡负载	3	3	3										
Y 接 不平衡负载	1	2	3										
Y 接 *B* 相断开	1	断	3										
Y 接 *B* 相短路	1	短	3										

(3) 判断三相电源的相序　断开中线,将 *A* 相负载换成 4.7 μF 电容器,*B*,*C* 相负载各为白炽灯一盏,经三相调压器接入线电压为 220 V 的三相交流电源,观察两只灯泡的明亮状态,判断所接三相交流电源的相序。

2. 负载三角形连接(三相三线制供电)

按图 4.16.3 改接线路,经检查后接通三相电源,调节调压器,使其输出线电压为 220 V,按表 4.16.3 中的内容进行测试。

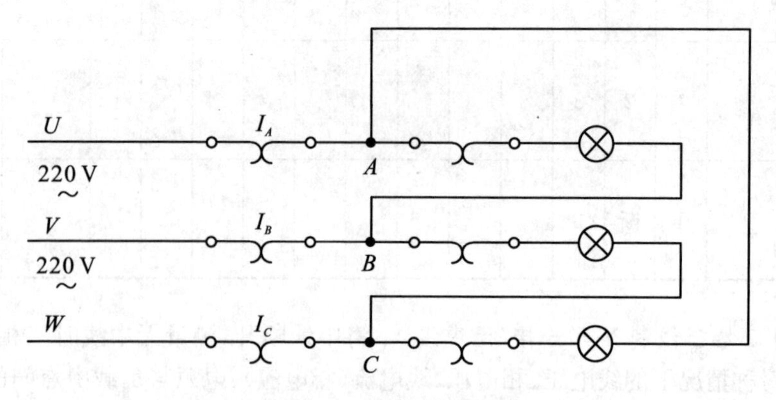

图 4.16.3　负载三角形连接

表 4.16.3 三相三线制连接

测量数据 / 负载情况	开灯盏数			线电流(A)			线电压=相电压(V)			相电流(A)		
	$A-B$ 相	$B-C$ 相	$C-A$ 相	I_A	I_B	I_C	U_{AB}	U_{BC}	U_{CA}	I_{AB}	I_{BC}	I_{CA}
△接三相平衡	3	3	3									
△接三相不平衡	1	2	3									

【实验报告】

(1) 用实验测得的数据验证对称三相电路中的$\sqrt{3}$关系。

(2) 用实验数据和观察到的现象,总结三相四线供电系统中中线的作用。

(3) 根据不对称负载三角形连接的相电流值作相量图,并求出线电流值,然后与实验测得的线电流做比较,并分析。

【思考题】

(1) 三相负载根据什么条件作星形或三角形连接?

(2) 分析三相星形连接不对称负载在无中线情况下,当某相负载开路或短路时会出现什么情况?如果接上中线,情况又如何?

(3) 不对称三角形连接的负载,是否正常工作?实验是否能证明这一点?

实验4.17 三相交流电路仿真实验

【实验目的】

(1) 掌握三相电路负载的Y连接、△连接。

(2) 验证三相对称负载作Y连接时线电压和相电压的关系，作△连接时线电流和相电流的关系。

(3) 了解不对称负载作Y连接时中性线的作用。

(4) 观察不对称负载作△连接时的工作情况。

【实验仪器及设备】

序号	名称	型号与规格	数量	备注
1	交流电压源	0～30 V	3	虚拟设备
2	交流电压表	0～500 V	4	虚拟设备
3	交流电流表	0～5 A	6	虚拟设备
4	元器件	电阻、电感	3	虚拟设备
5	计算机		1	仿真设计
6	软件	Multisim 10		

【实验原理】

1. 三相三线制

当负载对称时，可采用三相三线供电方式。当负载为Y连接时，线电流 I_L 与相电流 I_P 相等，即 $I_L=I_P$；线电压 U_L 与相电压 U_P 的关系式为 $U_L=\sqrt{3}U_P$。通常三相电源的电压值是指线电压的有效值，例如三相380 V电源指的是线电压，相电压则为220 V。当负载不对称时，负载中性点的电位将与电源中性线的电位不同，各相负载的端电压不再保持对称关系。

当负载为△连接时，线电压 U_L 与相电压 U_P 相等，即 $U_L=U_P$；线电流 I_L 与相电流 I_P 的关系式为 $I_L=\sqrt{3}I_P$。图4.17.1所示为三相负载Y连接线电压与相电压测量电路。

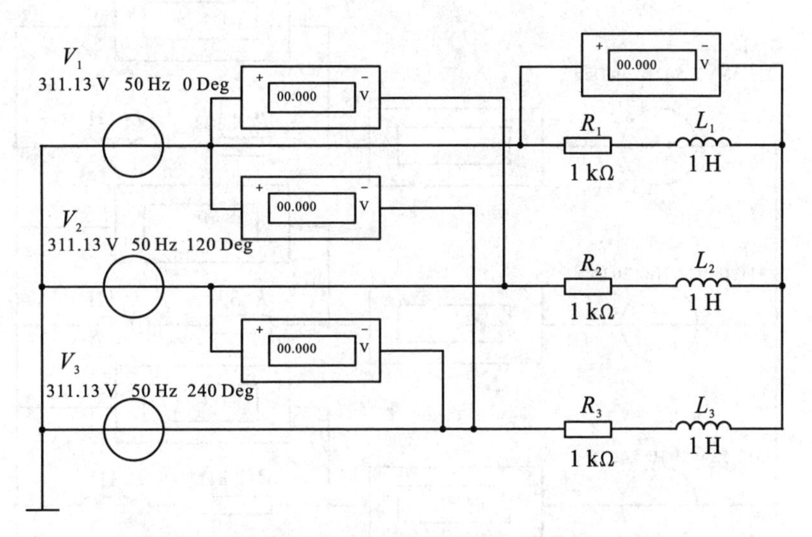

图4.17.1　三相负载Y连接线电压与相电压测量电路

三相负载△连接线电流与相电流测量电路如图4.17.2所示。

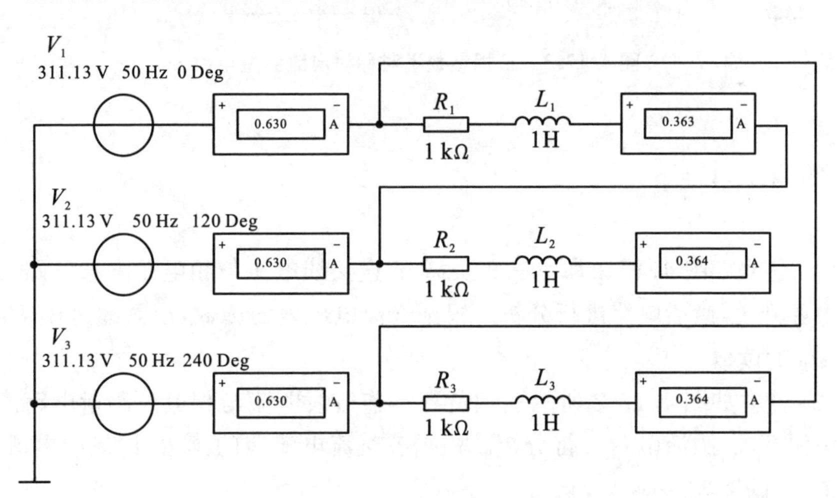

图4.17.2　三相负载△连接线电流与相电流测量电路

2. 三相四线制

不论负载对称与否，均可以采用Y连接，并有 $U_L=\sqrt{3}U_P$，$I_L=I_P$。对称时中性线无电流,不对称时中性线上有电流。图4.17.3为三相负载不对称时电流测量电路。

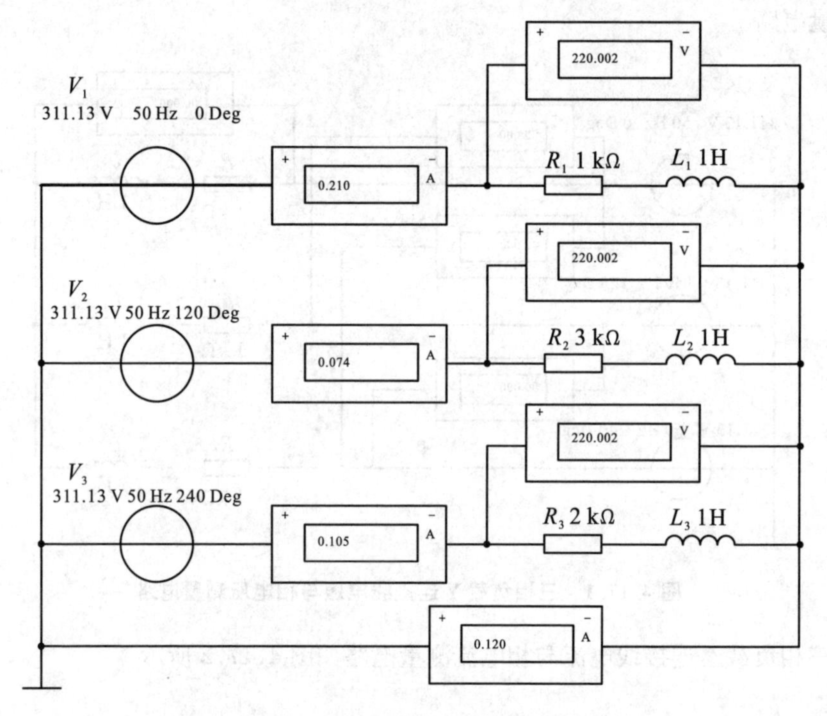

图4.17.3 三相负载不对称时电流测量电路

【实验内容】

(1) 建立如图4.17.1所示三相负载Y连接线电压与相电压测量电路。单击仿真电源开关,激活电路进行分析。根据交流电压表的读数,记录线电压 U_L 和相电压 U_P 的读数。

(2) 建立如图4.17.2所示三相负载△连接线电流与相电流测量电路。单击仿真电源开关,激活电路进行分析。根据各交流电流表的读数,记录线电流 I_L 和相电流 I_P 的读数。

(3) 建立如图4.17.3所示三相负载不对称时电流测量电路。单击仿真电源开关,激活电路进行分析。根据交流电压表和电流表的读数,记录线电流 I_A,I_B,I_C和中性线电流I_0以及相电压 U_P 的读数。

(4) 根据电路给出的数据,计算线电流 I_A,I_B,I_C和中性线电流I_0的数值,并与测量值进行比较。

【实验报告】

(1) 在 Multisim 10 软件环境下，完成电路和仪器连接并仿真。

(2) 根据实验内容及步骤记录各被测量的值，并进行相关的数据处理。

【思考题】

(1) 若三相负载不对称作 Y 连接无中线时，各相电压的分配关系将会如何？说明中性线的作用和实际应用需注意的问题。

(2) 画出三相对称负载 Y 连接时线电压与相电压的相量图，并进行计算，验证实验读数正确与否。

(3) 画出三相对称负载△连接时线电流与相电流的相量图，并进行计算，验证实验读数正确与否。

实验 4.18 三相鼠笼式异步电动机

【实验目的】

(1) 熟悉三相鼠笼式异步电动机的结构和参数值。
(2) 学习检验异步电动机绝缘情况及定子绕组首、末端的判别方法。
(3) 掌握三相鼠笼式异步电动机的启动和反转方法。

【实验仪器与设备】

序号	名称	型号与规格	数量	备注
1	三相鼠笼式异步电动机	DJ24	1	操作台
2	兆欧表		1	操作台
3	交流电压表	0～500 V	1	操作台
4	交流电流表	0～5 A	1	操作台
5	万用电表	500	1	测量交直流参数

【实验原理】

1. 三相鼠笼式异步电动机的结构

异步电动机是基于电磁原理把交流电能转换为机械能的一种旋转电机。三相鼠笼式异步电动机的基本结构有定子和转子两大部分，定子主要由定子铁芯、三相对称定子绕组和机座等组成，是电动机的静止部分。三相定子绕组一般有六根引出线，出线端装在机座外面的接线盒内，如图 4.18.1 所示，根据三相电源电压的不同，三相定子绕组可以接成星形(Y)或三角形(△)，然后与三相交流电源相连。转子主要由转子铁芯、转轴、鼠笼式转子绕组、风扇等组成，是电动机的旋转部分。小容量鼠笼式异步电动机的转子绕组大都采用铝浇铸而成，冷却方式一般都采用风冷式。

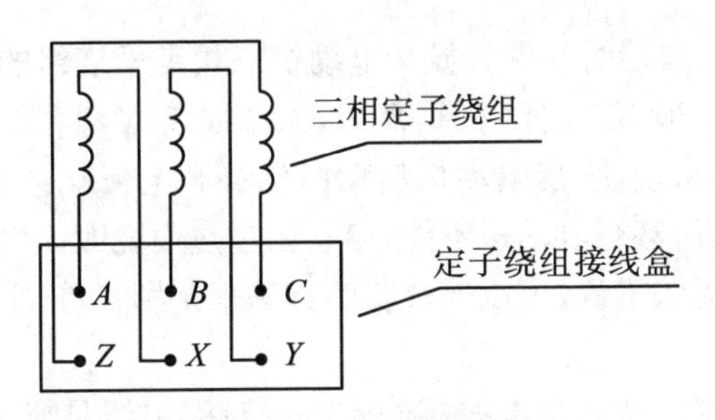

图 4.18.1 机座接线图

2. 三相鼠笼式异步电动机的铭牌

三相鼠笼式异步电动机的额定值标记在电动机的铭牌上，如下所示为本实验装置三相鼠笼式异步电动机铭牌标称值。

型号：A02	电压：380 V/220 V	接法：Y/△
功率：250 W	电流：1.16 A /0.67 A	转速：1 400 转/分

其中：

(1) 功率：额定运行情况下，电动机轴上输出的机械功率。

(2) 电压：额定运行情况下，定子三相绕组应加的电源线电压。

(3) 接法：定子三相绕组接法，当额定电压为 380 V/220 V 时，应为 Y/△接法。

(4) 电流：额定运行情况下，当电动机输出额定功率时，定子电路的线电流值。

3. 三相鼠笼式异步电动机的检查

电动机使用前应做必要的检查。

(1) 机械检查　检查引出线是否齐全、牢靠；转子转动是否灵活、匀称，有否异常声响等。

(2) 电气检查

① 用兆欧表检查电机绕组间及绕组与机壳之间的绝缘性能。电动机的绝缘电阻可以用兆欧表进行测量。对额定电压 1 kV 以下的电动机，其绝缘电阻值最低不得小于 1 000 Ω/V，测量方法如图 4.18.2 所示。一般 500 V 以下的中小型电动机最低应具有 0.5 MΩ 的绝缘电阻。

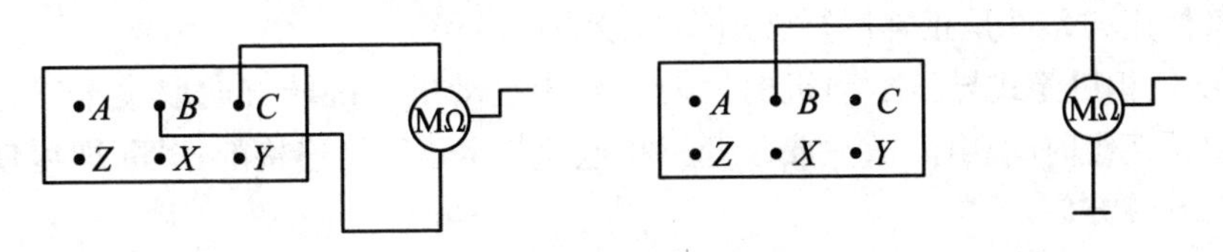

图 4.18.2 绝缘电阻的测量

② 定子绕组首、末端的判别。异步电动机三相定子绕组的六个出线端有三个首端和三个末端。一般，首端标以 A, B, C，末端标以 X, Y, Z，在接线时如果没有按照首、末端的标记来接，则当电动机启动时磁势和电流就会不平衡，因而引起绕组发热、振动、有噪音，甚至电动机不能，启动因过热而烧毁。由于某种原因定子绕组六个出线端标记无法辨认，可以通过实验方法来判别其首、末端(即同名端)。方法如下：

用万用电表欧姆挡从六个出线端确定哪一对引出线是属于同一组的，分别找出三相绕组，并标以符号，如 $A, X; B, Y; C, Z$。将其中的任意两相绕组串联，如图 4.18.3 所示。

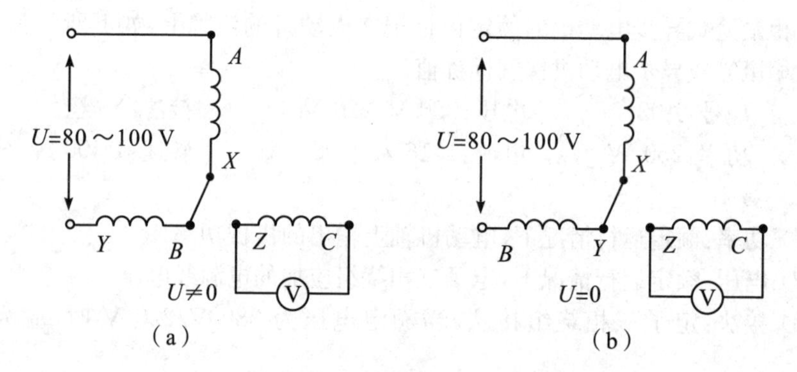

图 4.18.3 绕组首、末端测量

将三相自耦调压器调零，开启电源，调节调压器输出，使串联两相绕组出线端施以单相低电压 $U=80\sim100$ V，测出第三相绕组的电压，如测得的电压值有一定读数，表示两相绕组的末端与首端相连，如图 4.18.3(a)所示。反之，如测得的电压近似为零，则两相绕组的末端与末端(或首端与首端)相连，如图 4.18.3(b)所示。用同样方法可测出第三相绕组的首、末端。

③ 三相鼠笼式异步电动机的启动。鼠笼式异步电动机的直接启动电流可达额定电流的 4～7 倍，但持续时间很短，不致引起电机过热而烧坏。而对容量较大的电机，过大的启动电流会导致电网电压的下降因而影响其他的负载正常运行，通常采用降压启动，最常用的是 Y-△换接启动，可使启动电流减小到直接启动的 1/3，其使用的条件是正常运行必须作△接法。

④ 三相鼠笼式异步电动机的反转。异步电动机的旋转方向取决于三相电源接入定子绕组时的相序，故只要改变三相电源与定子绕组连接的相序，即可使电动机改变旋转方向。

【实验内容】

1. 三相鼠笼式异步电动机的启动检查

(1) 抄录三相鼠笼式异步电动机的铭牌数据,并观察其结构。

(2) 用万用电表判别定子绕组的首、末端。

(3) 用兆欧表测量电动机的绝缘电阻,记入表4.18.1中。

表4.18.1　电动机绝缘电阻测量数据

各绕组之间的绝缘电阻		绕组对地(机座)之间的绝缘电阻	
A 相与 B 相(MΩ)		A 相与地(机座)(MΩ)	
A 相与 C 相(MΩ)		B 相与地(机座)(MΩ)	
B 相与 C 相(MΩ)		C 相与地(机座)(MΩ)	

2. 鼠笼式异步电动机的直接启动

(1) 采用380 V三相交流电源　将三相自耦调压器手柄置于输出电压为零位置;控制屏上三相电压表切换开关置“调压输出”侧;根据电动机的容量选择交流表合适的量程。

开启控制屏上三相电源总开关,按启动按钮,调节调压器输出使 U, V, W 端输出线电压为380 V,三只电压表指示应基本平衡。保持自耦调压器手柄位置不变,按停止按钮,自耦调压器断电。

① 按图4.18.4接线,电动机三相定子绕组接成Y接法、供电线电压为380 V,实验线路中FU为继电器模块的熔断器FU,由 U, V, W 端子接线。

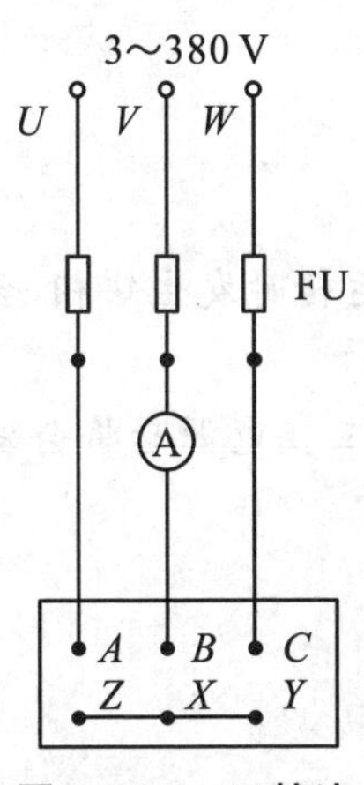

图4.18.4　Y接法

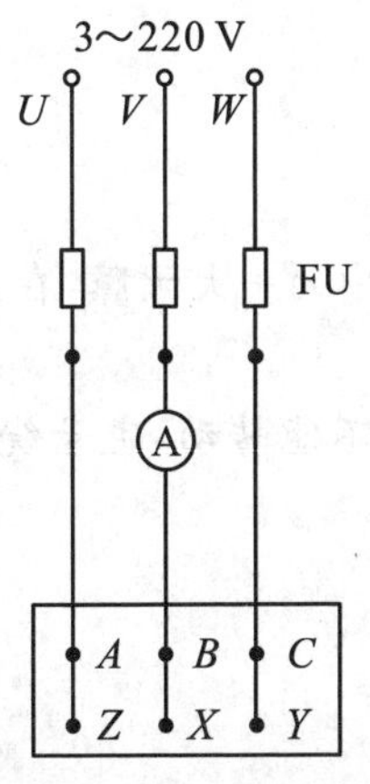

图4.18.5　△接法

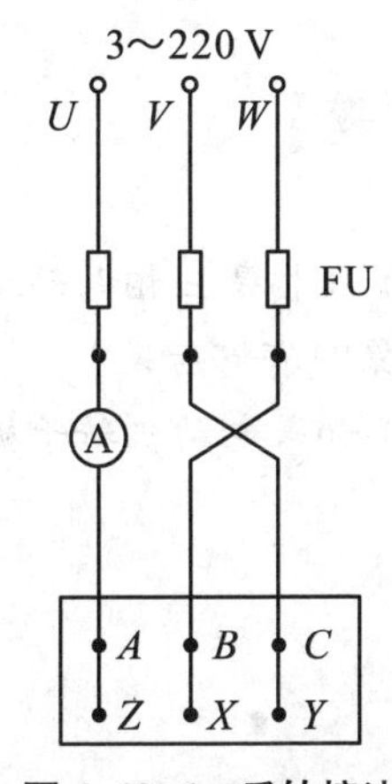

图4.18.6　反转接法

② 直接启动电动机，观察启动瞬时电流冲击情况及电动机旋转方向，记录启动电流。当启动运行稳定后，将电流表量程切换至较小量程挡位上，记录空载电流。

③ 将电动机供电电压调到100 V，待电动机稳定运行后，瞬间拆出 U，V，W 中任一相电源（注意小心操作，以免触电），观测电动机作单相运行（单相运行时间不能太长，以免过大的电流导致电机的损坏）时电流表的读数并记录，仔细倾听电机的运行声音有何变化。

④ 将电动机供电端线电压调到100 V，让电动机启动之前先断开 U，V，W 中的任一相，作缺相启动，观测电流表读数，并记录，观察电动机能否启动，再仔细倾听电动机是否发出异常的声响（缺相运行时间不能太长，以免过大的电流导致电机的损坏）。

⑤ 实验完毕后，切断实验线路三相电源。

(2) 采用220 V三相交流电源　调节调压器使输出线电压为220 V，电动机定子绕组接成△接法。按图4.18.5接线，重复(1)中各项内容，记录实验数据。

3. 异步电动机的反转

调节调压器使输出线电压为220 V，接线如图4.18.6所示，启动电动机，观察启动电流及电动机旋转方向是否反转。

实验完毕后，将自耦调压器调回零位，切断实验线路三相电源。

【实验报告】

(1) 总结对三相鼠笼式电机绝缘性能检查的结果，判断该电机是否正常。

(2) 根据实验结果对三相鼠笼式电机的启动、反转及各种故障情况进行分析。

【思考题】

(1) 缺相是三相电动机运行中的一大故障，在启动或运转时发生缺相，会出现什么现象？有何后果？

(2) 如果电动机转子被卡住不能转动，定子绕组接通三相电源后将会发生什么后果？

实验 4.19　三相鼠笼式异步电动机点动和自锁控制

【实验目的】

(1) 通过对三相鼠笼式电动机点动控制和自锁控制线路的安装，掌握电气原理图变换成安装接线图的技能。

(2) 通过实验进一步加深理解点动控制和自锁控制的特点。

【实验仪器与设备】

序号	名称	型号与规格	数量	备注
1	三相鼠笼式电机	380 V,220 V		配件
2	交流接触器	JZC4 - 40	1	挂件
3	按钮	LAY16	2	挂件
4	热继电器	D9305d	1	挂件
5	交流电压表	0～500 V	1	操作台
6	万用电表	500	1	自备

【实验原理】

(1) 继电-接触控制在各类生产机械中获得了广泛的应用，凡是需要进行前后、上下、左右、进退等运动的生产机械，均采用传统的典型的正、反转继电—接触控制。

交流电动机继电-接触控制电路的主要设备是交流接触器，其主要构造为：

① 电磁系统——铁芯、吸引线圈和短路环；

② 触头系统——主触头和辅助触头，还可按吸引线圈得电前后触头的动作状态，分动合(常开)、动断(常闭)两类；

③ 消弧系统——在切断大电流的触头上装有灭弧罩，以迅速切断电弧；

④ 接线端子，反作用弹簧等。

(2) 在控制回路中常采用接触器的辅助触头来实现自锁和互锁控制，要求接触器线圈得电后能自动保持动作后的状态，这就是自锁，通常用接触器自身的动合触头与启动按钮并联来实现，以达到电动机的长期运行，这一动合触头称为“自锁触头”，使两个电器不能同时得电动作的控制，称为互锁控制，为了避免正反转两个接触器同时得电而造成三相电源短路事故，必须增设互锁控制环节。为操作的方便，也为防止因接触器主触头长期大电流的烧蚀而偶发触头粘连造成三相电源的短路事故，通常在具有正反转控制的线路中采用既有接触器的动断辅助触头的电气互锁，又有复合按钮机械互锁的双重互锁控制环节。

(3) 控制按钮通常用以短时间通、断小电流的控制回路，以实现近、远距离控制电动机等执行部件的起、停或正、反转控制。按钮是专供人工操作使用的。对于复合按钮，其触点的动作规律是：当按下时，其动断触头先断，动合触头后合；当松开时，则动合触头先断，动断触头后合。

(4) 在电动机运行过程中，应对可能出现的故障进行保护。

采用熔断器作短路保护，当电动机或电器发生短路时，及时熔断，达到保护线路、保护电源的目的。熔断时间与流过的电流关系称为熔断器的保护特性，这是选择熔断器的主要依据。

采用热继电器实现过载保护，使电动机免受过载危害，其主要的技术指标是整定电流值，即电流超过此值的20%时，其动断触头应能在一定的时间内断开，切断控制回路，动作后只能由人工进行复位。

(5) 在电气控制线路中，最常见的故障发生在接触器上。接触器线圈的电压等级通常有220 V和380 V等，使用时必须认清，切勿疏忽，否则，电压过高易烧坏线圈，电压过低，吸力不够，不易吸合或吸合频繁，这不但会产生很大的噪声，也因磁路气隙增大，致使电流过大，烧坏线圈。此外，在接触器铁芯的部分端面上嵌有短路铜环，其作用是为了使铁芯吸合牢靠，消除颤动与噪声，若发现短路环脱落或断裂现象，接触器将会产生很大的震动与噪声。

【实验内容】

鼠笼式电机按△接线，实验线路的电源端接三相自耦调压器输出端 U,V,W，供电线电压为220 V。

1. 点动控制

按图4.19.1所示点动控制线路进行安装接线，先接主电路，从220 V三相交

流电源的输出端 U,V,W 开始，经接触器 KM 的主触头，热继电器 FR 的热元件到电动机 M 的三个线端 A,B,C 的电路，用导线按顺序连接起来。主电路连接完整无误后，再连接控制电路，从 220 V 三相交流电源某输出端（如 V）开始，经过常开按钮 SB_1、接触器 KM 的线圈、热继电器 FR 的常闭触头到三相交流电源另一输出端（如 W）。

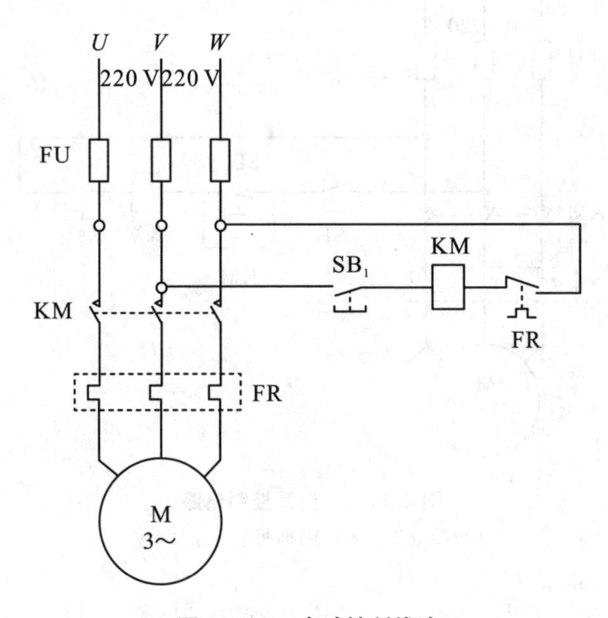

图 4.19.1　点动控制线路

供电线电压为 220 V，即相电压为 127 V

接好线路，检查无误后，方可进行通电操作。

(1) 开启操作台电源总开关，按启动按钮，调节调压器使输出线电压为 220 V。

(2) 按启动按钮，对电动机 M 进行点动操作，比较按下按钮与松开按钮电动机和接触器的运行情况。

(3) 实验完毕后，按操作台停止按钮，切断实验线路三相交流电源。

2. 自锁控制电路

按图 4.19.2 所示自锁线路进行接线，在控制电路中多串联一只常闭按钮 SB_2，同时在 SB_1 上并联一只接触器 KM 的常开触头，起自锁作用。

接好线路，经检查无误后，方可进行通电操作。

(1) 按操作台启动按钮，接通 220 V 三相交流电源。

(2) 按线路启动按钮 SB_1 启动，松开后观察电动机 M 是否继续运转。

(3) 按停止按钮 SB_2，松开后观察电动机 M 是否停止运转。

(4) 按操作台停止按钮，切断实验线路三相电源，拆除控制回路中自锁触头

KM,再接通三相电源,启动电动机,观察电动机及接触器的运转情况,从而验证自锁触头的作用。

实验完毕,将自耦调压器调回零位,按控制屏停止按钮,切断实验线路的三相交流电源。

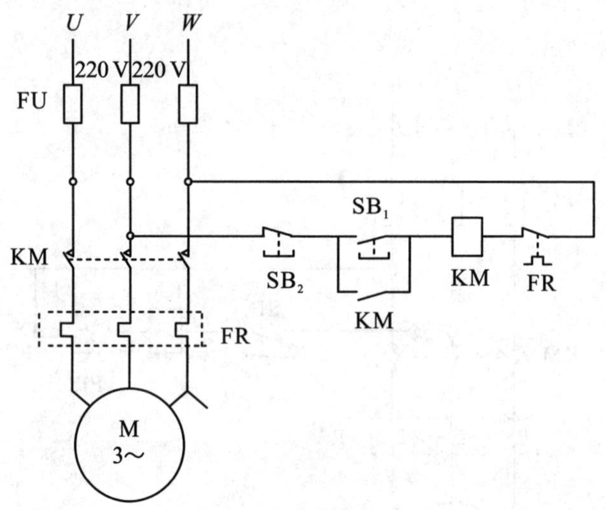

图 4.19.2 自锁控制电路

供电线电压为 220 V,即相电压为 127 V

【实验报告】

(1) 绘制控制线路图,记录并分析点动控制和自锁控制情况。

(2) 自锁控制线路在长期工作后可能出现失去自锁作用,试分析产生的原因。

(3) 分析在主回路中,熔断器和热继电器热元件的作用以及熔断器和热继电器的保护作用。

【思考题】

(1) 试比较点动控制线路与自锁控制线路从结构上看主要区别是什么?从功能上看又有什么区别?

(2) 交流接触器线圈的额定电压为 220 V,若误接到 380 V 电源上会产生什么后果?反之,若接触器线圈电压为 380 V,而电源线电压为 220 V,其后果又如何?

实验4.20　三相鼠笼式异步电动机正反转控制

【实验目的】

(1) 通过对三相鼠笼式异步电动机正反转控制线路的安装接线，掌握由电气原理图接成实际操作电路的方法。

(2) 加深对电气控制系统各种保护、自锁、互锁等环节的理解。

(3) 学会分析、排除继电-接触控制线路故障的方法。

【实验仪器与设备】

序号	名称	型号与规格	数量	备注
1	三相鼠笼式异步电动机	DJ24	1	配件
2	交流接触器	JZC4－40	2	挂件
3	按钮	LAY16	3	挂件
4	热继电器	D9305d	1	挂件
5	交流电压表	0～500 V	1	操作台
6	万用电表	500	1	自备

【实验原理】

在许多机械运动中，要求电动机能够实现正反转，如机床中的主轴、电梯的上下运动等。从电动机原理中得知，改变电动机定子绕组的电源相序，就可以实现电动机转动方向的改变。实际应用中，是通过两个接触器改变电源相序来实现鼠笼式电动机正反转控制的，但在控制电路中必须有保护措施。

1. 电气互锁

为了避免接触器KM_1(正转)、KM_2(反转)同时得电吸合造成三相电源短路，在KM_1(KM_2)线圈支路中串接有KM_1(KM_2)动断触头，它们保证了线路工作时KM_1，KM_2不会同时得电，以达到电气互锁的目的，如图4.20.1所示。

2. 电气和机械双重互锁

除电气互锁外，可再采用由复合按钮 SB_1 与 SB_2 组成的机械互锁环节，以使线路工作更加可靠，如图 4.20.2 所示。

3. 线路具有短路、过载、失(欠)压保护等功能

【实验内容】

认识各电器的结构、图形符号、接线方法，抄录电动机及各电器铭牌数据，并用万用电表欧姆挡检查各电器线圈、触头是否完好。

鼠笼机接成△接法，实验线路电源端接三相自耦调压器输出端 U, V, W，供电线电压为 220 V。

(1) 接触器联锁的正反转控制线路　按图 4.20.1 所示接线，经认真检查后，方可进行通电操作。

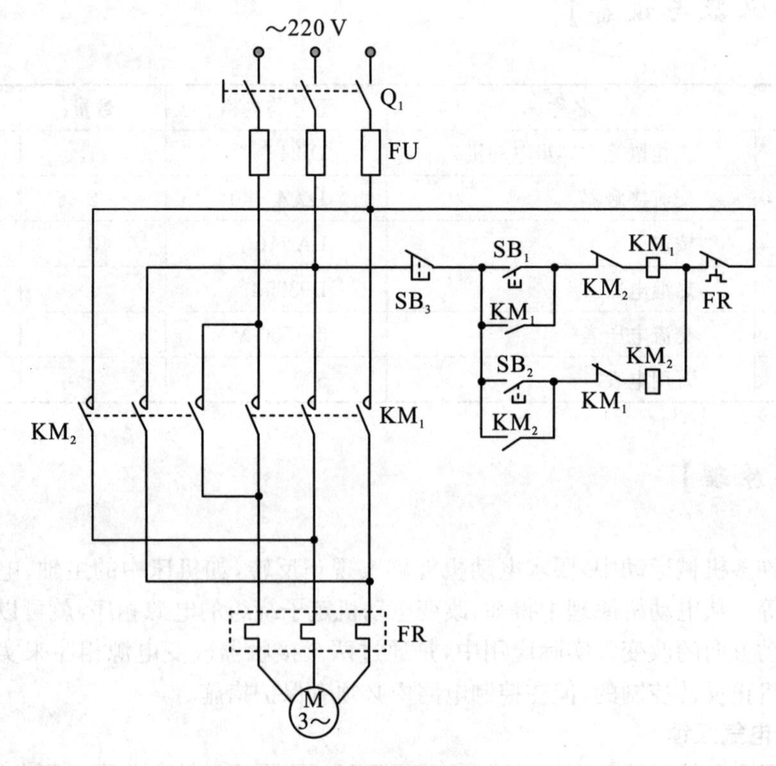

图 4.20.1　接触器联锁的正反转控制

① 开启控制屏电源总开关，按启动按钮，调节调压器输出，使输出线电压为 220 V。

② 按正向启动按钮 SB_1，观察并记录电动机的转向和接触器的运行情况。

③ 按反向启动按钮 SB_2，观察并记录电动机和接触器的运行情况。

④ 按停止按钮 SB_3，观察并记录电动机的转向和接触器的运行情况。

⑤ 再按 SB_2，观察并记录电动机的转向和接触器的运行情况。

⑥ 实验完毕后，按控制屏停止按钮，切断三相交流电源。

(2) 接触器和按钮双重联锁的正反转控制线路　按图 4.20.2 接线，经认真检查后，方可进行通电操作。

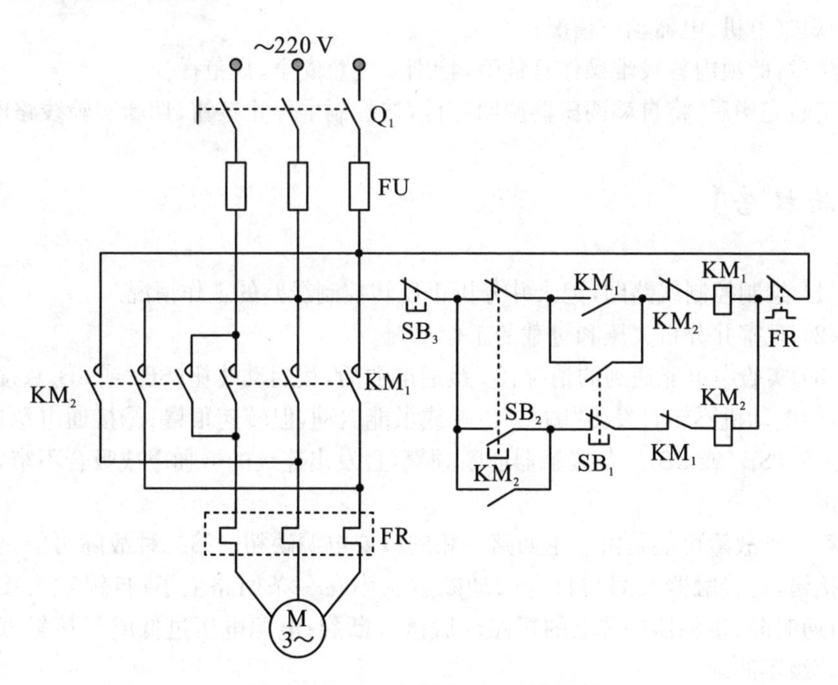

图 4.20.2　双重联锁的正反转控制

① 按控制屏启动按钮，接通 220 V 三相交流电源。

② 按正向启动按钮 SB_1，电动机正向启动，观察电动机的转向及接触器的动作情况。按停止按钮 SB_3，使电动机停转。

③ 按反向启动按钮 SB_2，电动机反向启动，观察电动机的转向及接触器的动作情况。按停止按钮 SB_3，使电动机停转。

④ 按正向(或反向)启动按钮，电动机启动后，再去按反向(或正向)启动按钮，观察有何情况发生。

⑤ 电动机停稳后，同时按正、反向两只启动按钮，观察有何情况发生。

⑥ 失压与欠压保护观察。

a. 按启动按钮 SB_1(或 SB_2)电动机启动后，按控制屏停止按钮，断开实验线路三相电源,模拟电动机失压(或零压)状态,观察电动机与接触器的动作情况。随后,再按控制屏上启动按钮,接通三相电源,但不按 SB_1(或 SB_2),观察电动机能否自行启动。

b. 重新启动电动机后,逐渐减小三相自耦调压器的输出电压,直至接触器释放,观察电动机是否自行停转。

⑦ 过载保护的观察。

打开热继电器的后盖,当电动机启动后,人为地拨动双金属片模拟电动机过载情况,观察电机、电器动作情况。

注意:此项内容较难操作且危险,特别要注意安全,规范操作!

实验完毕后,将自耦调压器调回零位,按控制屏停止按钮,切断实验线路电源。

【实验报告】

(1) 绘制控制线路图,记录并分析正反转控制线路的工作情况。

(2) 观察并分析欠压和过载的工作情况。

(3) 实验中可能遇到的情况:① 接通电源后,按启动按钮(SB_1 或 SB_2),接触器吸合,但电动机不转且发出"嗡嗡"声响或虽能启动,但转速很慢;②接通电源后,按启动按钮(SB_1 或 SB_2),若接触器通断频繁,且发出连续的劈啪声或吸合不牢,发出颤动声。

第一种故障可能是由于主回路一相断线或电源缺相。第二种故障可能是由于线路接错,将接触器线圈与自身的动断触头串在一条回路上了;自锁触头接触不良,时通时断;接触器铁芯上的短路环脱落或断裂;电源电压过低或与接触器线圈电压等级不匹配。

【思考题】

(1) 在电动机正、反转控制线路中,为什么必须保证两个接触器不能同时工作?采用哪些措施可解决此问题,这些方法有何利弊,最佳方案是什么?

(2) 在控制线路中,短路、过载、失(欠)压保护等功能是如何实现的?在实际运行过程中,这几种保护有何意义?

实验 4.21　三相鼠笼式异步电动机 Y -△降压启动控制

【实验目的】

(1) 了解时间继电器的结构、使用方法、延时时间的调整及在控制系统中的应用。

(2) 熟悉异步电动机 Y -△降压启动控制的运行情况和操作方法。

(3) 进一步提高按图接线的能力。

【实验仪器与设备】

序号	名称	型号与规格	数量	备注
1	三相鼠笼式异步电动机	DJ24	1	配件
2	交流接触器	JZC4 - 40	2	挂件
3	时间继电器	ST3PA - B	1	挂件
4	按钮	LAY16	1	挂件
5	热继电器	D9305d	1	挂件
6	万用电表	500	1	自备
7	切换开关	三刀双掷	1	挂件

【实验原理】

(1) 按时间原则控制电路的特点是各个动作之间有一定的时间间隔，使用的元件主要是时间继电器。时间继电器是一种延时动作的继电器，它从接收信号(如线圈带电)到执行动作(如触点动作)具有一定的时间间隔。此时间间隔可按需要预先整定，以协调和控制生产机械的各种动作。

时间继电器的种类通常有电磁式、电动式、空气式和电子式等。其基本功能可分为通电延时式和断电延时式，有的还带有瞬时动作式的触头。时间继电器的延时时间通常可在0.4～80 s范围内调节。

(2) 按时间原则控制鼠笼式电动机Y-△降压自动换接启动的控制线路如图4.21.1所示。

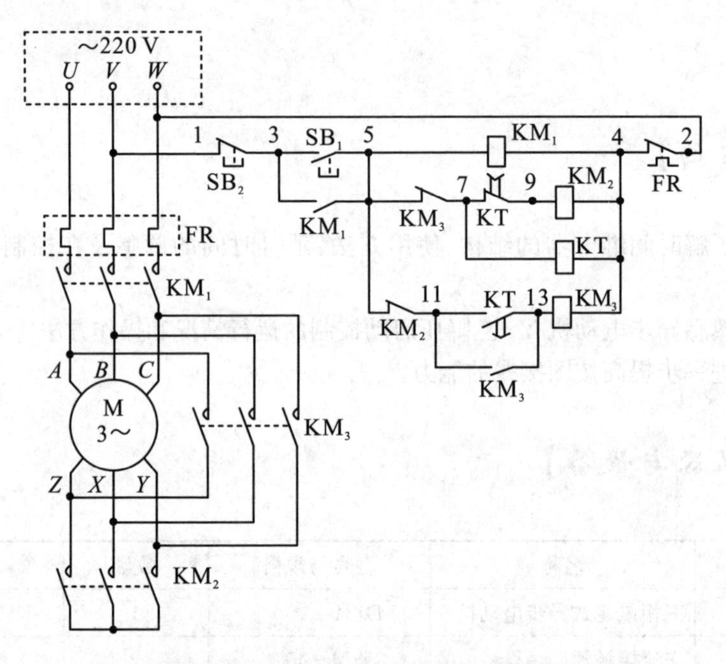

图4.21.1 电动机Y-△降压自动换接启动的控制线路

从主回路看，当接触器KM_1，KM_2主触头闭合，KM_3主触头断开时，电动机三相定子绕组作Y连接；而当接触器KM_1和KM_3主触头闭合，KM_2主触头断开时，电动机三相定子绕组作△连接。因此，所设计的控制线路若能先使KM_1和KM_2得电闭合，经一定时间的延时，使KM_2失电断开，而后使KM_3得电闭合，则电动机就能实现降压启动后自动转换到正常工作运转。图4.21.1的控制线路能够满足上述要求，控制线路具有以下特点：

① 接触器KM_3与KM_2通过动断触头KM_3(5-7)与KM_2(5-11)实现电气互锁，保证KM_3与KM_2不会同时得电，以防止三相电源的短路事故发生。

② 依靠时间继电器KT延时动合触头(11-13)的延时闭合作用，保证在按下SB_1后，使KM_2先得电，并依靠KT(7-9)先断，KT(11-13)后合的动作次序，保证KM_2先断，而后再自动接通KM_3，也避免了换接时电源可能发生的短路事故。

③ 本线路正常运行(△接)时，接触器KM_2及时间继电器KT均处于断电状态。

④ 由于实验装置提供的三相鼠笼式电动机每相绕组额定电压为 220 V，而 Y/△换接启动的使用条件是正常运行时电机必须作△接，故实验时，应将自耦调压器输出端（U，V，W）电压调至 220 V。

【实验内容】

1. 时间继电器控制 Y－△自动降压启动线路

观察空气阻尼式时间继电器的结构，认清其电磁线圈和延时动合、动断触头的接线端子。用手推动时间继电器衔铁模拟继电器通电吸合动作，用万用电表欧姆挡测量触头的通与断，以此来大致判定触头延时动作的时间。通过调节进气孔螺钉，即可整定所需的延时时间。

实验线路电源端接自耦调压器输出端（U，V，W），供电线电压为 220 V。

(1) 按图 4.21.1 线路进行接线，先接主回路后接控制回路。要求按图示的节点编号从左到右、从上到下，逐行连接。

(2) 在不通电的情况下，用万用电表欧姆挡检查线路连接是否正确，特别要注意 KM_2 与 KM_3 两个互锁触头 KM_3(5－7)与 KM_2(5－11)是否正确接入，经认真检查后，方可通电。

(3) 开启操作台电源总开关，按操作台启动按钮，接通 220 V 三相交流电源。

(4) 按启动按钮 SB_1，观察电动机的整个启动过程及各继电器的动作情况，记录 Y－△换接所需时间。

(5) 按停止按钮 SB_2，观察电机及各继电器的动作情况。

(6) 调整时间继电器的整定时间，观察接触器 KM_2、KM_3 的动作时间是否相应地改变。

(7) 实验完毕后，按操作台停止按钮，切断实验线路电源。

2. 接触器控制 Y－△降压启动线路

按图 4.21.2 线路接线，经认真检查后，方可进行通电操作。

(1) 按控制屏启动按钮，接通 220 V 三相交流电源。

(2) 按下按钮 SB_2，电动机作 Y 接法启动，注意观察启动时，电流表最大读数，记录启动电流 $I_{Y启动}$。

(3) 稍后，待电动机转速接近于正常转速时，按下按钮 SB_2，使电动机为△接法正常运行。

(4) 按停止按钮 SB_3，电动机断电停止运行。

(5) 先按按钮 SB_2，再按按钮 SB_1，观察电动机在△接法直接启动时的电流表最大读数，记录△接法时的启动电流 $I_{△启动}$。

(6) 实验完毕后，将三相自耦调压器调回零位，按操作台停止按钮，切断实验线路电源。

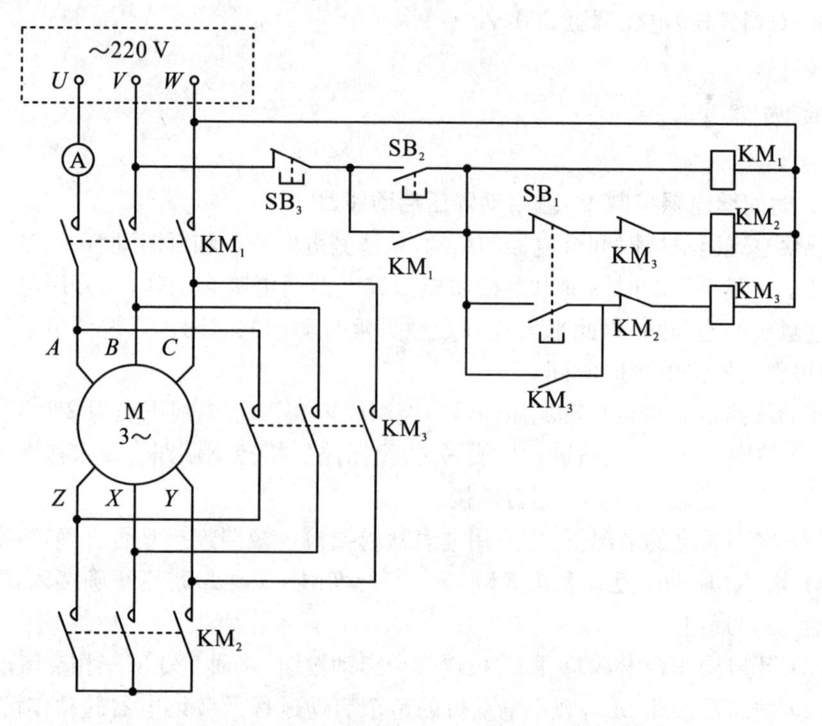

图 4.21.2　接触器控制 Y-△降压启动线路

3. 手动控制 Y-△降压启动控制线路。

(1) 按图 4.21.3 线路接线。开关 Q_2 合向上方，使电动机为△接法。

(2) 按操作台启动按钮，接通 220 V 三相交流电源，观察电动机在△接法直接启动时，电流表最大读数，即△接法的启动电流 $I_{\triangle启动}$。

(3) 按操作台停止按钮，切断三相交流电源，待电动机停稳后，开关 Q_2 合向下方，使电动机为 Y 接法。

(4) 按操作台启动按钮，接通 220 V 三相交流电源，观察电动机在 Y 接法直接启动时，电流表最大读数，即 Y 接法的启动电流 $I_{Y启动}$。

(5) 按操作台停止按钮，切断三相交流电源，待电动机停稳后，操作开关 Q_2，使电动机作 Y-△降压启动。

① 先将 Q_2 合向下方，使电动机 Y 接法，按操作台启动按钮，记录电流表最大读数，即 Y 接法的启动电流 $I_{Y启动}$。

② 待电动机接近正常运转时，将 Q_2 合向上方△运行位置，使电动机正常运行。实验完毕后，按操作台停止按钮，切断实验线路电源，将自耦调压器调

回零位。

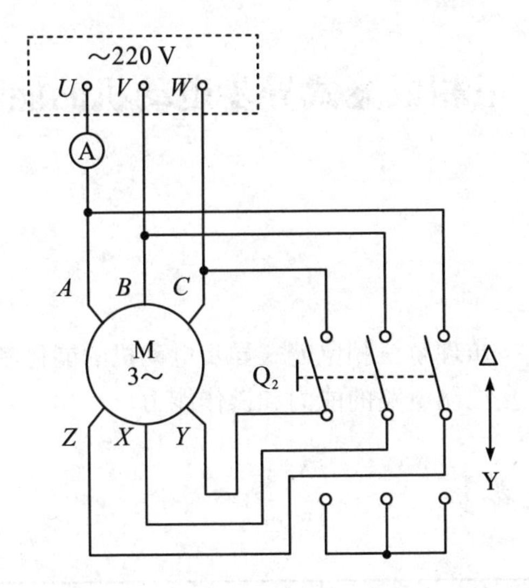

图4.21.3　手动Y-△降压启动控制线路

【实验报告】

(1) 实验中应注意安全,严禁带电操作。

(2) 绘制Y-△降压启动控制线路,记录实验数据并分析。

(3) 比较三种启动控制线路的特点。

【思考题】

(1) 如果要用一只断电延时式时间继电器来设计异步电动机的Y-△降压启动控制线路,试问三个接触器的动作次序应作如何改动?控制回路又应如何设计?

(2) 控制回路中的一对互锁触头有何作用?若取消这对触头对Y-△降压换接启动有何影响,可能会出现什么后果?

实验4.22 三相鼠笼式异步电动机的能耗制动控制

【实验目的】

(1) 通过实验进一步理解三相鼠笼式异步电动机的能耗制动原理。
(2) 增强实际连接控制电路的能力和操作能力。

【实验仪器与设备】

序号	名称	型号与规格	数量	备注
1	三相鼠笼式异步电动机	DJ24	1	配件
2	交流接触器	JZC4-40	2	挂件
3	时间继电器	ST3PA-B	1	挂件
4	整流变压器	220 V/26 V,6.3 V	1	挂件
5	整流桥堆	DGJ-05	1	挂件
6	制动电阻	10 Ω/25 W	3	挂件
7	按钮	LAY16	2	挂件
8	万用电表	500	1	自备

【实验原理】

(1) 三相鼠笼电动机实现能耗制动的方法,是在三相定子绕组断开三相交流电源后,在两相定子绕组中通入直流电,以建立一个恒定的磁场,转子的惯性转动切割这个恒定磁场而感应电流,此电流与恒定磁场作用,产生制动转矩使电动机迅速停车。

(2) 在自动控制系统中,通常采用时间继电器,按时间原则进行制动过程的控制。可根据所需的制动停车时间来调整时间继电器的时延,以使电动机刚一制动停车,就使接触器释放,切断直流电源。

(3) 能耗制动过程的强弱和进程，与通入直流电流大小和电动机转速有关，在同样的转速下，电流越大，制动作用就越强烈，一般直流电流选取空载电流的 3～5 倍为宜。

【实验内容】

(1) 鼠笼电动机接成△接法，实验线路的电源端接三相自耦调压器输出(U，V，W)，供电线电压为 220 V。

初步调整时间继电器的时延，可先设置较长时间(5～10 s)。本实验中，能耗制动电阻 R_T为 10 Ω。

(2) 开启操作台电源总开关，按启动按钮，调节调压器输出，使输出线电压为 220 V，按停止按钮，切断三相交流电源。

(3) 按图 4.22.1 线路接线，用万用电表检查线路连接是否正确。

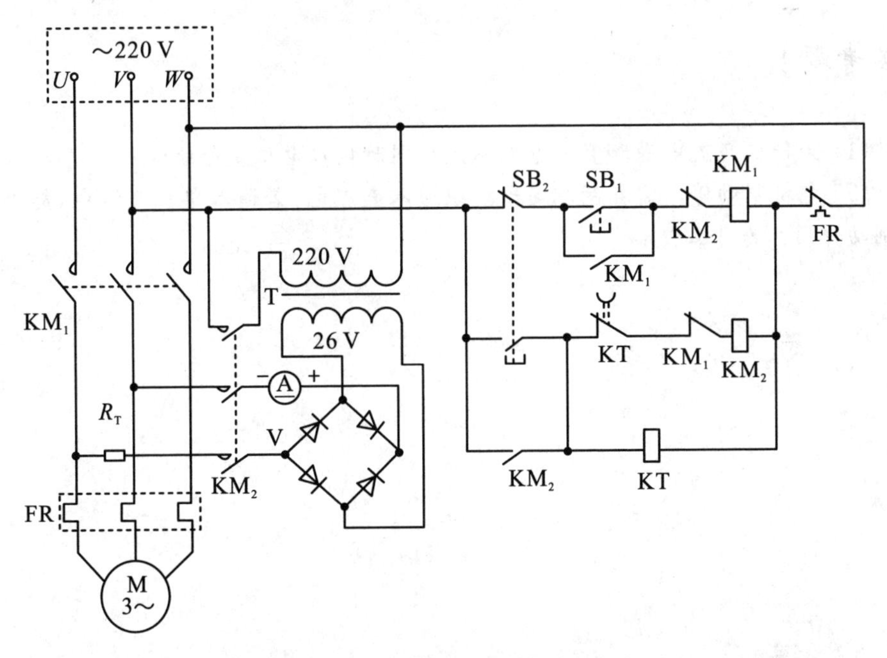

图 4.22.1　电动机能耗制动控制线路

(4) 自由停车操作。先断开整流电源(如拔去接在 V 相上的整流电源线)，按 SB_1，使电动机启动运转，待电动机运转稳定后，按 SB_2，用秒表记录电动机自由停车时间。

(5) 制动停车操作，接上整流电源(即插回接通 V 相的整流电源线)：

① 按 SB_1,使电动机启动运转,待运转稳定后,按 SB_2,观察并记录电动机从按下 SB_2 起至电动机停止运转的能耗制动时间 t_Z及时间继电器延时释放时间 t_F,一般应使 $t_F>t_Z$。

② 重新调整时间继电器的时延,以使 $t_F=t_Z$,即电动机一旦停转便自动切断直流电源,观察制动情况。

【实验报告】

(1) 接好线路后必须经过严格检查,绝不允许同时接通交流和直流两组电源,即 KM_1,KM_2 不能同时得电。调整时间继电器的时延,操作时必须切断电源,不可带电。

(2) 绘制能耗制动控制线路,说明控制原理。

(3) 记录有关数据,总结实验现象和结果。

【思考题】

(1) 为什么交流电源和直流电源不允许同时接入电机定子绕组?

(2) 电机制动停车需在两相定子绕组通入直流电,若通入单相交流电,能否起到制动作用? 为什么?

第5章　模拟电路实验

实验5.1　常用电子仪器的使用

【实验目的】

(1) 学习电子技术实验中常用电子仪器——示波器、函数信号发生器、交流毫伏表、直流稳压电源、万用表等的主要技术指标、性能及正确使用方法。

(2) 初步掌握用双踪示波器观察正弦信号波形和读取波形参数的方法。

【实验仪器与设备】

序号	名称	规格型号	数量	备注
1	示波器	LM4320	1	观察信号波形
2	函数信号发生器	SG1010	1	信号源
3	交流毫伏表	LM2191	1	测交流电压
4	万用表	VC8045	1	测量静态参数

【实验原理】

电子技术实验里，测试和定量分析电路的静态和动态的工作状态时，常用的电子仪器有示波器、信号发生器、直流稳压电源、交流毫伏表、万用表等，测试分析被测网络的系统组成如图5.1.1所示。

示波器：用来观察电路中各点的波形，以监视电路是否正常工作，同时还用于测量波形的周期、幅度、相位差及观察电路的特性曲线等，常使用双踪示波器。

信号发生器:为电路提供各种频率的正弦波、方波、三角波等波形和不同幅度的输入信号,常使用函数信号发生器,使用时应注意输出端不允许短路。

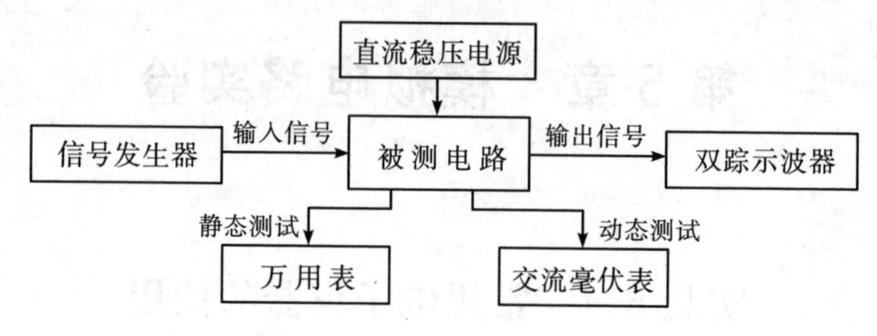

图5.1.1　基本电子技术实验系统

交流毫伏表:用于测量电路的输入、输出正弦波信号的有效值,使用时注意被测信号频率只能在其工作频率范围之内,为了防止过载而损坏,测量前、后一般先把量程开关置于量程较大(1 V以上)的位置,然后在测量中逐挡减小量程。

直流稳压电源:为被测电路提供能源。

万用表:用于测量被测电路的静态工作点和直流信号的值。

使用仪器测量时应注意:

1. 正确选用电子测量仪器

各种电子仪器都具有不同的技术特性,只有在其技术性能允许的范围内使用,才能得到正确的结果,因此使用时必须选择恰当。如仪器所提供的信号频率范围或适用的频率宽度,最大输出电压或功率,允许的输入信号最大幅度以及其输入、输出阻抗等。

2. 正确选择仪器的功能和量程

当使用仪器对电路进行测量前,必须将仪器面板上各种控制旋钮选择到合适的功能和量程挡位,一般选择量程时应先置于高挡位,然后根据指针偏转的角度逐步将挡位降至合适位置,并尽量使指针的偏转在满刻度的2/3以上为好。对于采用数码显示的仪器,其测量数据应在测试仪器接入后5秒以上,数码不再闪烁时再读取数值。测试时应避免在测试表笔与电路接通时改变功能选择开关,因为这样做的后果与错用功能挡位是一样的。

在一般电工测量中,当测量交流电压时,可以任意互换电极而不影响测量读数。但在电子电路中,由于工作频率和电路阻抗较高,为避免干扰信号,大多数仪器采用单端输入、单端输出的形式。仪器的两个测量端总有一个与仪器外壳相连,并与电缆线的外屏蔽层连接在一起,通常这个端点用符号“⊥”表示。将所有的“⊥”连接在一起,能防止可能引入的干扰,避免产生较大的测量误差。

【实验内容】

1. 用校正信号对示波器进行自检

(1) 扫描基线调节　将示波器的显示方式开关置于“单踪”显示(Y_1或Y_2)，输入耦合方式开关置于“GND”，触发方式开关置于“自动”。开启电源开关后，调节“辉度”、“聚焦”、“辅助聚焦”等旋钮，使荧光屏上显示一条细且亮度适中的扫描基线。然后调节“X轴位移”(⇄)和“Y轴位移”(⇅)旋钮，使扫描线位于屏幕中央，并且能上下左右移动自如。

(2) 测试“校正信号”波形的幅度、频率　将示波器的“校正信号”通过电缆线引入选定的Y通道(Y_1或Y_2)，将Y轴输入耦合方式开关置于“AC”或“DC”，触发源选择开关置“内”，内触发源选择开关置“Y_1”或“Y_2”。调节X轴“扫描速率”旋钮(t/div)和Y轴“输入灵敏度”旋钮(V/div)，使示波器显示屏上显示出一个或数个周期稳定的方波波形。

① 校准“校正信号”幅度。

将“Y轴灵敏度微调”旋钮置“校准”位置，“Y轴灵敏度”旋钮置适当位置，读取校正信号幅度，记入表5.1.1中。

表5.1.1　校准信号测量数据

	标准值	实测值
幅度 U_{pp}(V)		
频率 f(kHz)		

② 校准“校正信号”频率。

将“扫速微调”旋钮置“校准”位置，“扫速”旋钮置适当位置，读取校正信号周期，记入表5.1.1中。

③ 测量“校正信号”的上升时间。

调节“Y轴灵敏度”及微调旋钮，并移动波形，使方波波形在垂直方向上正好占据中心轴上，且上、下对称，便于阅读。通过扫速开关逐级提高扫描速度，使波形在X轴方向扩展(必要时可以利用“扫速扩展”开关将波形再扩展10倍)，并同时调节触发电平旋钮，从显示屏上清楚地读出上升时间并记录。

在使用数字示波器测量时，按下“AUTOSET”自动设置键，屏幕得到一个稳定波形，按下“MEASURE”测量键，屏幕下方显示出幅度和频率的测量值。

2. 用示波器和交流毫伏表测量信号参数

调节函数信号发生器有关旋钮，使输出频率分别为 100 Hz、1 kHz、10 kHz、100 kHz，有效值均为 1 V(毫伏表测量值)的正弦波信号。

改变示波器"扫速"及"Y 轴灵敏度"等旋钮，测量信号源输出电压频率及峰峰值，记入表 5.1.2 中。

表 5.1.2　测量信号参数

信号源频率	示波器测量值		信号源电压毫伏表读数(V)	示波器测量值	
	周期(ms)	频率(Hz)		峰峰值(V)	有效值(V)
100 Hz					
1 kHz					
10 kHz					
100 kHz					

使用数字示波器测量有三种方法：自动测量、光标测量和刻度测量，具体测量方法参见附录中数字示波器的使用。

3. 测量两波形间相位差

(1) 观察"交替"与"断续"两种显示方式的特点　Y_1，Y_2均不加输入信号，输入耦合方式置于"GND"，扫速旋钮置于扫速较低挡位(如 0.5 s/div 挡)和扫速较高挡位(如 5 μs/div 挡)，把显示方式开关分别置于"交替"和"断续"位置，观察两条扫描基线的显示特点。

(2) 测量两波形间相位差

① 按图 5.1.2 连接实验电路，将函数信号发生器的输出调至频率为 1 kHz，幅

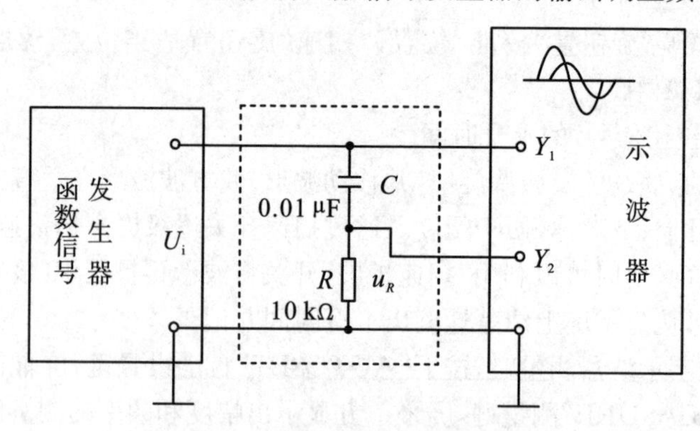

图 5.1.2　两波形间相位差测量电路

值为2 V的正弦波，经 RC 移相网络获得频率相同但相位不同的两路信号 u_i 和 u_R，分别加到双踪示波器的 Y_1 和 Y_2 输入端。

为便于稳定波形，比较两波形相位差，应使内触发信号取自被设定作为测量基准的一路信号。

② 把显示方式开关置于“交替”或“断续”挡位，将 Y_1 和 Y_2 输入耦合方式开关置于“⊥”挡位，调节 Y_1，Y_2 的(↑↓)移位旋钮，使两条扫描基线重合。

③ 将 Y_1，Y_2 输入耦合方式开关置“AC”挡位，调节触发电平、扫速旋钮及 Y_1、Y_2 灵敏度旋钮位置，使在荧屏上显示出易于观察的两个相位不同的正弦波形 u_i 及 u_R，如图5.1.3所示。根据两波形在水平方向差距 X 及信号周期 X_T，则可求得两波形相位差。

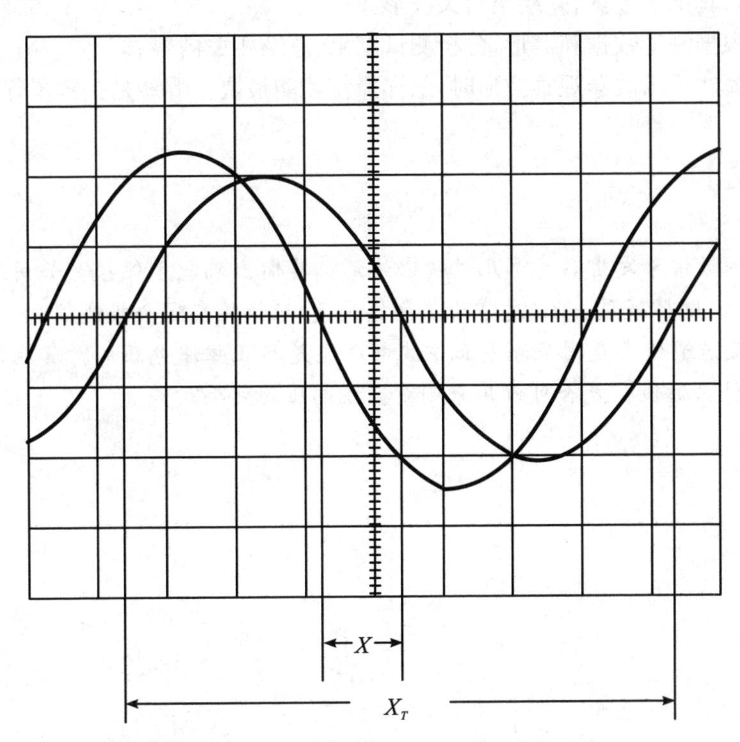

图5.1.3　双踪示波器显示两相位不同的正弦波

$$\theta=\frac{X(\text{div})}{X_T(\text{div})}\times 360^\circ$$

式中：X_T 为一周期所占格数；X 为两波形在 X 轴方向差距格数。

记录两波形相位差于表5.1.3中。

表 5.1.3 相位差测量数据

一周期格数	两波形 X 轴差距格数	相位差	
		实测值	计算值
$X_T=$	$X=$	$\theta=$	$\theta=$

为读数和计算方便,可适当调节扫速及微调旋钮,使波形一周期占整数格。

【实验报告】

(1) 认真记录数据,并绘出有关波形。

(2) 根据测量数据和波形,分析测试结果,总结相关内容。

(3) 简述用示波器观察波形时,怎样操作才能最快?哪些是关键步骤?

【思考题】

(1) 函数信号发生器有哪几种输出波形?其输出端能否短接?如用屏蔽线作为输出引线,则屏蔽层一端(通常为黑色接线夹)应该接在哪个接线端?

(2) 交流毫伏表是用来测量正弦波电压还是非正弦波电压的?其指示值是被测信号的什么数值?是否可以用来测量直流电压的大小?

实验5.2　晶体管共射极单级放大器的研究

【实验目的】

(1) 学习放大器静态工作点的调整方法，分析静态工作点对放大器性能的影响。

(2) 掌握放大器电压放大倍数、输入电阻、输出电阻等参数的测试方法。

(3) 进一步熟悉常用电子仪器的使用方法。

【实验仪器与设备】

序号	名称	规格型号	数量	备注
1	电子技术综合实验箱	WXDZ-02	1	
2	示波器	LM4320	1	观察信号波形
3	函数信号发生器	SG1010	1	信号源
4	交流毫伏表	LM2191	1	测交流电压
5	万用表	VC8045	1	测量直流参数

【实验原理】

图5.2.1为电阻分压式工作点稳定单级共射放大器实验电路图，偏置采用R_{B1}和R_{B2}组成的分压电路，并在发射极中接有电阻R_E，以稳定放大器的静态工作点。当放大器的输入端加入信号u_i后，放大器的输出端便可得到一个与u_i相位相反、幅值被放大了的输出信号u_o，从而实现了电压放大。

在图5.2.1电路中，当流过偏置电阻R_{B1}和R_{B2}的电流远大于晶体管T的基极电流I_B时(一般为5～10倍)，则它的静态工作点可用下式估算：

$$U_B \approx \frac{R_{B1}}{R_{B1}+R_{B2}} U_{CC}$$

$$I_E \approx \frac{U_B - U_{BE}}{R_E} \approx I_C$$

$$U_{CE} = U_{CC} - I_C(R_C + R_E)$$

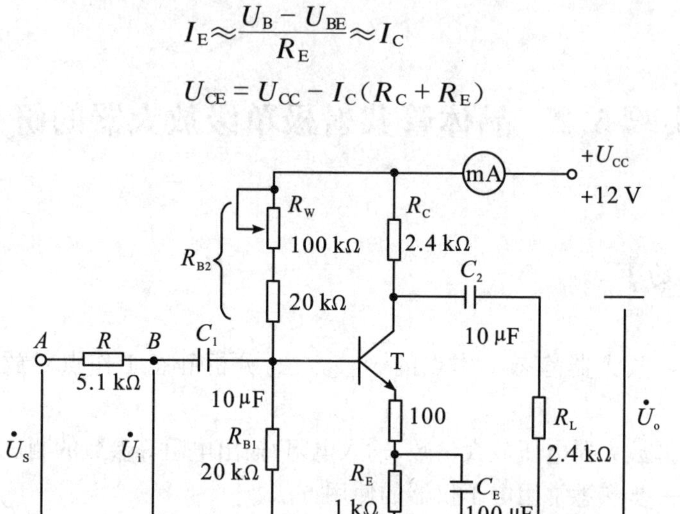

图 5.2.1 共射极单级放大器实验电路

电压放大倍数

$$A_u = -\beta \frac{R_C // R_L}{r_{be}}$$

输入电阻

$$R_i = R_{B1} // R_{B2} // r_{be}$$

输出电阻

$$R_o \approx R_C$$

由于电子器件性能的离散性比较大，因此在设计和制作晶体管放大电路时，离不开测量和调试技术。在设计前应测量所用元器件的参数，为电路设计提供必要的依据，在完成设计和装配以后，还必须测量和调试放大器的静态工作点和各项性能指标。一个优良的放大器，必定是理论设计与实验调整相结合的产物。因此，除了学习放大器的理论知识和设计方法外，还必须掌握必要的测量和调试技术。

放大器的测量和调试一般包括：放大器静态工作点的测量与调试、消除干扰与自激振荡及放大器各项动态参数的测量与调试等。

1. 放大器静态工作点的测量与调试

(1) 静态工作点的测量　测量放大器的静态工作点，应在输入信号 $u_i = 0$ 的情况下进行，即将放大器输入端与地端短接，然后选用量程合适的直流毫安表和直流电压表，分别测量晶体管的集电极电流 I_C 以及各极对地的电位 U_B，U_C 和 U_E。一般实验中，为了避免断开集电极，所以采用测量电压 U_E 或 U_C，然后算出 I_C 的方

法，只要测出 U_E，即可用

$$I_C \approx I_E = \frac{U_E}{R_E}$$

计算 I_C $\left(\text{或根据 } I_C = \frac{U_{CC} - U_C}{R_C}\text{，确定 } I_C\right)$，同时，$U_{BE} = U_B - U_E$，$U_{CE} = U_C - U_E$。

为了减小误差，提高测量精度，应选用内阻较高的直流电压表。

(2) 静态工作点的调试　放大器静态工作点的调试是指对管子集电极电流 I_C（或 U_{CE}）的调整与测试。

静态工作点是否合适，对放大器的性能和输出波形都有很大影响。如工作点偏高，放大器在加入交流信号以后易产生饱和失真，此时 u_o 的负半周将被削底，如图 5.2.2(a)所示；如工作点偏低则易产生截止失真，即 u_o 的正半周被截顶(一般截止失真不如饱和失真明显)，如图 5.2.2(b)所示。这些情况都不符合放大的要求，所以在选定工作点以后还必须进行动态调试。

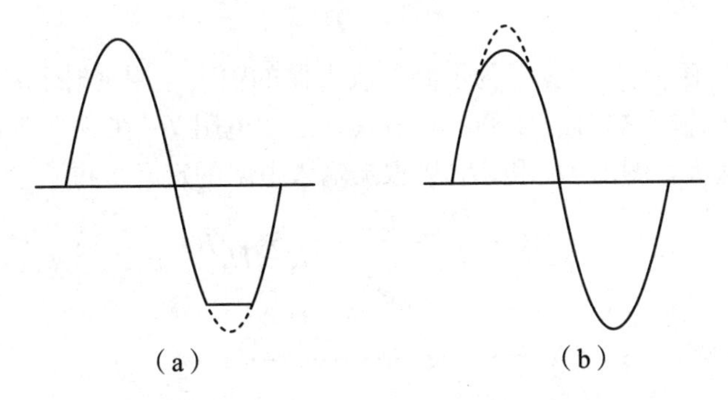

图 5.2.2　静态工作点对 u_o 波形失真的影响

改变电路参数 U_{CC}，R_C，R_B（R_{B1}，R_{B2}）都会引起静态工作点的变化，如图 5.2.3

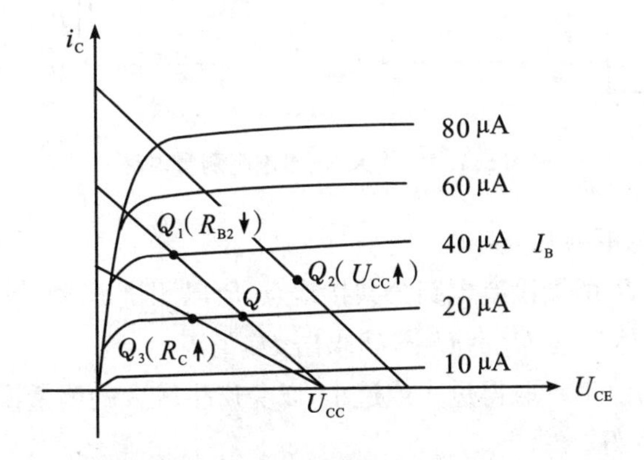

图 5.2.3　电路参数对静态工作点的影响

所示。但通常采用调节偏置电阻 R_{B2}的方法来改变静态工作点,如减小 R_{B2},则可使静态工作点提高等。

但若输入信号幅度很小,即使工作点较高或较低也不一定会出现失真,所以确切地说,产生波形失真是信号幅度与静态工作点设置配合不当所致的。当需满足较大信号幅度的要求,静态工作点最好选择尽量靠近交流负载线的中点,如图5.2.3中的 Q 点。

2. 放大器动态指标测试

放大器动态指标包括电压放大倍数、输入电阻、输出电阻、最大不失真输出电压(动态范围)和通频带等。

(1) 电压放大倍数 A_u的测量　调整放大器到合适的静态工作点,然后加入输入电压 u_i,在输出电压 u_o不失真的情况下,用交流毫伏表测出 u_i和 u_o的有效值 U_i和 U_o,则

$$A_u = \frac{U_o}{U_i}$$

(2) 输入电阻 R_i的测量　为了测量放大器的输入电阻,按图5.2.4所示电路在被测放大器的输入端与信号源之间串入一已知电阻 R,在放大器正常工作的情况下,用交流毫伏表测出 U_S 和 U_i,则根据输入电阻的定义可得

$$R_i = \frac{U_i}{I_i} = \frac{U_i}{\frac{U_R}{R}} = \frac{U_i}{U_S - U_i}R$$

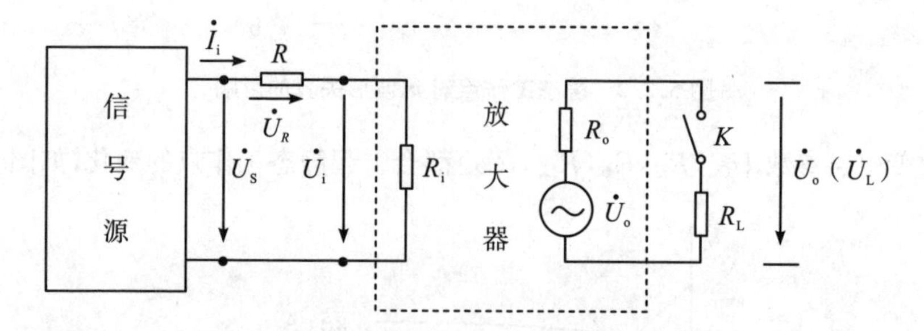

图5.2.4　输入、输出电阻测量电路

测量时应注意下列几点:

① 由于电阻 R 两端没有电路公共接地点,所以测量 R 两端电压 U_R时必须分别测出 U_S 和 U_i,然后按 $U_R = U_S - U_i$求出 U_R 值。

② 电阻 R 的值不宜取得过大或过小,以免产生较大的测量误差,通常取 R 与 R_i为同一数量级为好。

(3) 输出电阻 R_o的测量　按图5.2.4电路,在放大器正常工作条件下,测出

输出端不接负载 R_L 的输出电压 U_o 和接入负载后的输出电压 U_L，根据

$$U_L=\frac{R_L}{R_o+R_L}U_o$$

即可求出

$$R_o=\left(\frac{U_o}{U_L}-1\right)R_L$$

在测试中应注意，必须保持 R_L 接入前、后输入信号的大小不变。

(4) 最大不失真输出电压 U_{opp} 的测量(最大动态范围)　为了得到最大动态范围，应将静态工作点调在交流负载线的中点。为此在放大器正常工作情况下，逐步增大输入信号的幅度，并同时调节 R_W(改变静态工作点)，用示波器观察 u_o，当输出波形同时出现削底和截顶现象(如图5.2.5)时，说明静态工作点已调在交流负载线的中点。然后反复调整输入信号，使波形输出幅度最大，且无明显失真，用交流毫伏表测出 U_o(有效值)，则动态范围等于 $2\sqrt{2}U_o$，或用示波器直接读出 U_{opp} 来。

(5) 放大器幅频特性的测量　放大器的幅频特性是指放大器的电压放大倍数 A_u 与输入信号频率 f 之间的关系曲线。单级阻容耦合放大电路的幅频特性曲线如图5.2.6所示，A_{um} 为中频电压放大倍数，通常规定电压放大倍数随频率变化下降到中频放大倍数的 $1/\sqrt{2}$ 倍，即 $0.707\ A_{um}$ 所对应的频率分别称为下限频率 f_L 和上限频率 f_H，则通频带为 $f_{BW}=f_H-f_L$。

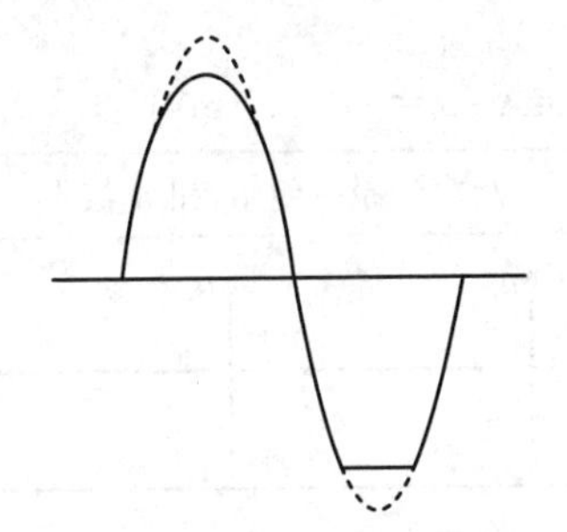

图5.2.5　输入信号太大引起的截幅失真

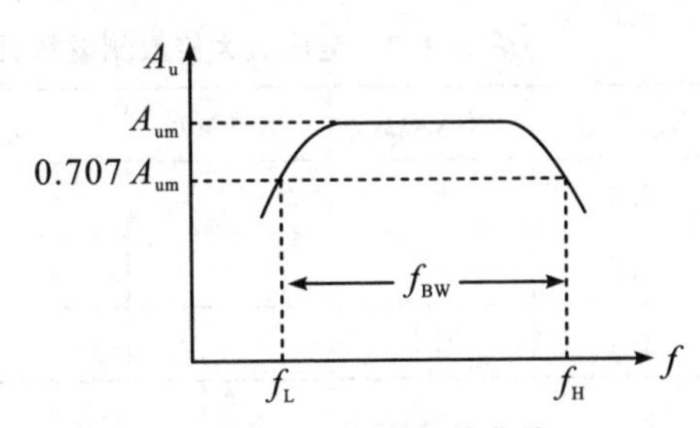

图5.2.6　幅频特性曲线

放大器的幅率特性就是测量不同频率信号时的电压放大倍数 A_u。为此，可采用前述测 A_u 的方法，每改变一个信号频率，测量其相应的电压放大倍数，测量时应注意取点要恰当，在低频段与高频段多测几点，在中频段可以少测几点。此外，在改变频率时，要保持输入信号的幅度不变，且输出波形不失真。

【实验内容】

实验电路如图5.2.1所示，电子仪器可按实验5.1中图5.1.1所示方式连接，

为防止干扰，各仪器的公共端必须连在一起，同时信号源、交流毫伏表和示波器的引线应采用专用电缆线或屏蔽线，如使用屏蔽线，则屏蔽线的外包金属网应接在公共接地端上。

1. 调试静态工作点

接通直流电源前，先将 R_W调至最大，函数信号发生器输出旋钮旋至零。接通 +12 V电源，调节 R_W使 $I_C=2.0$ mA(即 $U_E=2.2$ V)，用万用电表测量 U_B，U_E，U_C及 R_{B2}值，记入表5.2.1中。

表5.2.1 静态测量数据(I_C=2.0 mA)

测量值				计算值		
U_B(V)	U_E(V)	U_C(V)	R_{B2}(kΩ)	U_{BE}(V)	U_{CE}(V)	I_C(mA)

2. 测量电压放大倍数

调节函数信号发生器使输出频率为1 kHz、电压 $u_i\approx10$ mV的正弦信号 u_S加入放大器输入端，同时用示波器观察放大器输出电压 u_o波形，在波形不失真的条件下用交流毫伏表测量下述三种情况下的 u_o值，并用双踪示波器观察 u_o和 u_i的相位关系，记入表5.2.2中。

表5.2.2 电压放大倍数测量数据(I_C=2.0 mA u_i= mV)

R_C(kΩ)	R_L(kΩ)	u_o(V)	A_u	观察记录一组 u_o和 u_i波形
2.4	∞			u_o t u_i t
1.2	∞			
2.4	2.4			

3. 观察静态工作点对电压放大倍数的影响

置 $R_C=2.4$ kΩ，$R_L=\infty$，U_i适量，调节 R_W，用示波器监视输出电压波形，在 u_o不失真的条件下，测量数组 I_C和 u_o值，记入表5.2.3中。

表5.2.3 静态对电压增益的影响(R_C=2.4 kΩ R_L=∞ u_i= mV)

I_C(mA)			2.0		
U_o(V)					
A_u					

测量 I_C 时，要先将信号源输出旋钮旋至零(即使 $u_i=0$)。

4. 观察静态工作点对输出波形的影响

置 $R_C=2.4\ \text{k}\Omega$，$R_L=2.4\ \text{k}\Omega$，$u_i=0$，调节 R_W 使 $I_C=2.0\ \text{mA}$，测出 U_{CE} 值，再逐步加大输入信号，使输出电压 u_o 足够大但不失真。然后保持输入信号不变，分别增大和减小 R_W，使波形出现失真，绘出 u_o 的波形，并测出失真情况下的 I_C 和 U_{CE} 值，记入表5.2.4中。每次测 I_C 和 U_{CE} 值时都要将信号源的输出旋钮旋至零。

表5.2.4 截幅失真情况($R_C=2.4\ \text{k}\Omega$ $R_L=\infty$ $u_i=$ mV)

I_C(mA)	U_{CE}(V)	u_o 波形	失真情况	管子工作状态
		u_o — t		
2.0		u_o — t		
		u_o — t		

5. 测量最大不失真输出电压

置 $R_C=2.4\ \text{k}\Omega$，$R_L=2.4\ \text{k}\Omega$，同时调节输入信号的幅度和电位器 R_W，用示波器和交流毫伏表测量最大输出 u_{opp} 及 u_o 值，记入表5.2.5中。

表5.2.5 动态范围测试($R_C=2.4\ \text{k}\Omega$ $R_L=2.4\ \text{k}\Omega$)

I_C(mA)	u_{im}(mV)	u_{om}(V)	u_{opp}(V)

6. 测量输入电阻和输出电阻

置 $R_C=2.4\ \text{k}\Omega$，$R_L=2.4\ \text{k}\Omega$，$I_C=2.0\ \text{mA}$。输入 $f=1\ \text{kHz}$ 的正弦信号，在输出电压 u_o 不失真的情况下，用交流毫伏表测出 u_S，u_i 和 u_L 并记入表5.2.6中。保持 u_S 不变，断开 R_L，测量输出电压 u_o，记入表5.2.6中。

表 5.2.6 输入、输出电阻测量($I_C=2.0$ mA $R_C=2.4$ kΩ $R_L=2.4$ kΩ)

u_S(mV)	u_i(mV)	R_i(kΩ)		u_L(V)	u_o(V)	R_o(kΩ)	
		测量值	计算值			测量值	计算值

7. 测量幅频特性曲线

取 $I_C=2.0$ mA,$R_C=2.4$ kΩ,$R_L=2.4$ kΩ。保持输入信号 u_i的幅度不变,改变信号源频率 f,逐点测出相应的输出电压 u_o,记入表 5.2.7 中。

表 5.2.7 幅频特性测试($U_i=$ mV)

	f_1	f_o	f_n
f(kHz)			
u_o(V)			
$A_u=u_o/u_i$			

【实验报告】

(1) 列表整理测量结果,并把实测的静态工作点、电压放大倍数、输入电阻、输出电阻之值与理论计算值比较,分析产生误差原因。

(2) 总结 R_C,R_L及静态工作点对放大器性能的影响。

(3) 分析讨论在调试过程中出现的问题。

【思考题】

(1) 测试中,如果将函数信号发生器、交流毫伏表、示波器中任一仪器的两个测试端子接线换位,将会出现什么问题?

(2) 在测试 A_u,R_i和 R_o时怎样选择输入信号的大小和频率?为什么信号频率一般选 1 kHz,而不选 100 kHz 或更高?

实验5.3　场效应管放大器

【实验目的】

(1) 了解结型场效应管的性能和特点。
(2) 学习场效应管的输出特性、转移特性等主要性能指标。
(3) 进一步熟悉放大器动态参数的测试方法。

【实验仪器与设备】

序号	名称	规格型号	数量	备注
1	电子技术综合实验箱	WXDZ-02	1	
2	示波器	LM4320	1	观察信号波形
3	函数信号发生器	SG1010	1	信号源
4	晶体管毫伏表	LM2191	1	测交流电压
5	万用表	VC8045	1	测量直流参数

【实验原理】

场效应管是一种电压控制型器件,按结构可分为结型和绝缘栅型两种类型。由于场效应管栅源之间处于绝缘或反向偏置,所以输入电阻很高(一般可达上百兆欧),又由于场效应管是一种多数载流子控制器件,因此热稳定性好,抗辐射能力强,噪声系数小,加之制造工艺较简单,便于大规模集成,因此得到越来越广泛的应用。

1. 结型场效应管的特性和参数

场效应管的特性主要有输出特性和转移特性。图5.3.1所示为N沟道结型场效应管3DJ6F的输出特性和转移特性曲线。其直流参数主要有饱和漏极电流I_{DSS}、夹断电压U_P等,交流参数主要有低频跨导:

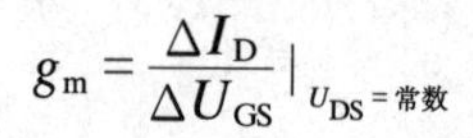

$$g_m = \frac{\Delta I_D}{\Delta U_{GS}}\bigg|_{U_{DS}=\text{常数}}$$

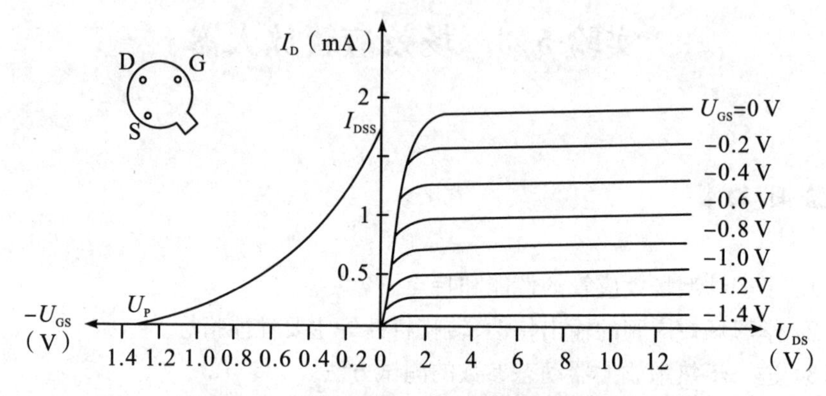

图 5.3.1　3DJ6F 的输出特性和转移特性曲线

表 5.3.1 中列出了 3DJ6F 的典型参数值及测试条件。

表 5.3.1　3DJ6F 的典型参数值

参数名称	饱和漏极电流 I_{DSS}(mA)	夹断电压 U_P(V)	跨导 g_m(μA/V)
测试条件	$U_{DS}=10$ V $U_{GS}=0$ V	$U_{DS}=10$ V $I_{DS}=50\mu$A	$U_{DS}=10$ V $I_{DS}=3$ mA $f=1$ kHz
参数值	1～3.5	$<\lvert-9\rvert$	>100

2. 场效应管放大器性能分析

图 5.3.2 为结型场效应管组成的共源级放大电路。其静态工作点

$$U_{GS} = U_G - U_S = \frac{R_{g1}}{R_{g1}+R_{g2}}U_{DD} - I_D R_S$$

$$I_D = I_{DSS}\left(1-\frac{U_{GS}}{U_P}\right)^2$$

中频电压放大倍数

$$A_u = -g_m R'_L = -g_m R_D /\!/ R_L$$

输入电阻

$$R_i = R_G + R_{g1} /\!/ R_{g2}$$

输出电阻

$$R_o \approx R_D$$

式中：跨导 g_m 可由特性曲线用作图法求得，或用公式

$$g_m = -\frac{2I_{DSS}}{U_P}\left(1-\frac{U_{GS}}{U_P}\right)$$

来计算，计算时 U_{GS} 用静态工作点数值。

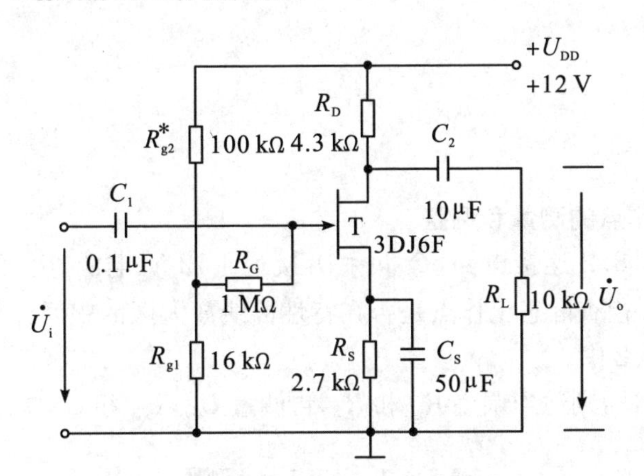

图 5.3.2 结型场效应管共源级放大器

3. 输入电阻的测量方法

场效应管放大器的静态工作点、电压放大倍数和输出电阻的测量方法，与实验二中晶体管放大器的测量方法相同。其输入电阻的测量，从原理上讲，也可采用实验二中所述方法，但由于场效应管的 R_i 比较大，如直接测输入电压 U_S 和 U_i，则限于测量仪器的输入电阻有限，必然会带来较大的误差。因此为了减小误差，常利用被测放大器的隔离作用，通过测量输出电压 U_o 来计算输入电阻。测量电路如图5.3.3所示。

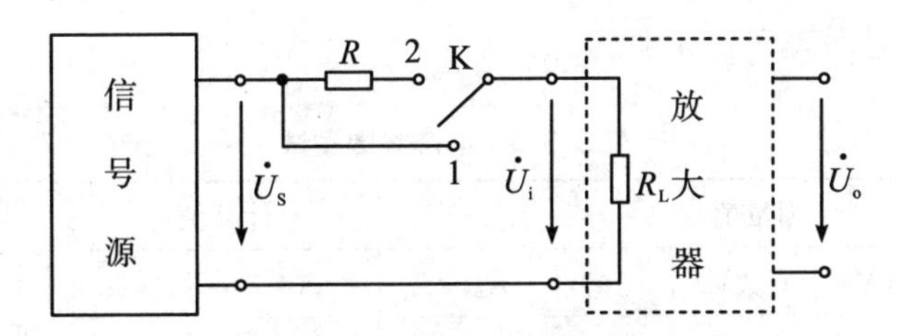

图 5.3.3 输入电阻测量电路

在放大器的输入端串入电阻 R，把开关 K 掷向位置 1(即使 $R=0$)，测量放大器的输出电压 $U_{o1}=A_uU_S$；保持 U_S 不变，再把 K 掷向 2(即接入 R)，测量放大器的输出电压 U_{o2}。由于两次测量中 A_u 和 U_S 保持不变，故

$$U_{o2}=A_u U_i=\frac{R_i}{R+R_i}U_S A_u$$

由此可以求出 $R_i=\frac{U_{o2}}{U_{o1}-U_{o2}}R$，式中的 R 和 R_i 不要相差太大，本实验取 $R=100\sim200\ \text{k}\Omega$。

【实验内容】

1. 静态工作点的测量和调整

(1) 按图 5.3.2 连接电路，令 $u_i=0$，接通 +12 V 电源，用直流电压表测量 U_G，U_S 和 U_D。检查静态工作点是否在特性曲线放大区的中间部分，如合适则把结果记入表 5.3.2 中。

(2) 若不合适，则适当调整 R_{g2} 和 R_S，再测量 U_G，U_S 和 U_D 并记入表5.3.2中。

表 5.3.2 静态工作点测量

测量值						计算值		
U_G(V)	U_S(V)	U_D(V)	U_{DS}(V)	U_{GS}(V)	I_D(mA)	U_{DS}(V)	U_{GS}(V)	I_D(mA)

2. 电压放大倍数 A_u、输入电阻 R_i 和输出电阻 R_o 的测量

(1) A_u 和 R_o 的测量 在放大器的输入端加入 $f=1$ kHz 的正弦信号 U_i（一般 50～100 mV），并用示波器监视输出电压 u_o 的波形。在输出电压 u_o 没有失真的条件下，用交流毫伏表分别测量 $R_L=\infty$ 和 $R_L=10\ \text{k}\Omega$ 时的输出电压 U_o（注意：保持 U_i 幅值不变），记入表 5.3.3 中。

表 5.3.3 动态参数测试

测量值					计算值		u_i 和 u_o 波形
	U_i(V)	U_o(V)	A_u	R_o(kΩ)	A_u	R_o(kΩ)	u_i — t
$R_L=\infty$							
$R_L=10\ \text{k}\Omega$							u_o — t

用示波器同时观察 u_i 和 u_o 的波形，分析它们的相位关系。

(2) R_i 的测量 按图 5.3.3 改接实验电路，选择合适大小的输入电压 U_S（一般 50～100 mV），将开关 K 掷向“1”，测出 $R=0$ 时的输出电压 U_{o1}，然后将开关掷

向“2”(即接入 R),保持 U_S 不变,再测出 U_{o2},根据公式

$$R_i=\frac{U_{o2}}{U_{o1}-U_{o2}}R$$

求出 R_i,记入表5.3.4中。

表5.3.4　输入电阻的测量

测量值			计算值
U_{o1}(V)	U_{o2}(V)	R_i(kΩ)	R_i(kΩ)

【实验报告】

(1) 整理实验数据,将测得的 A_u,R_i,R_o和理论计算值进行比较。

(2) 把场效应管放大器与晶体管放大器进行比较,总结场效应管放大器的特点。

(3) 分析测试中的问题,总结实验体会。

【思考题】

(1) 为什么测量场效应管输入电阻时要用测量输出电压的方法?

(2) 场效应管放大器输入回路的电容 C_1 为什么可以取得小一些(可以取 $C_1=0.1\ \mu F$)?

(3) 在测量场效应管静态工作电压 U_{GS} 时,能否用直流电压表直接并在G,S两端测量?为什么?

实验5.4 单级放大器的仿真研究

【实验目的】

(1) 进一步熟悉单级共射放大器的性能及参数测试方法。
(2) 学习 Multisim 10 仿真软件的使用方法,创建、编辑仿真电路。
(3) 练习虚拟仪器的使用,掌握动态调整电路参数的方法。

【实验仪器与设备】

序号	名称	规格型号	数量	备注
1	计算机	PC	1	仿真设计
2	软件	Multisim 10		
3	电子技术综合实验箱	WXDZ - 02	1	
4	万用表/示波器/信号源/毫伏表	VC8045 等	1套	现场测试

【实验原理】

启动 Multisim 10 软件,在其环境下建立单级共射极放大电路,如图 5.4.1 所示为 Multisim 10 的主窗口,主要由菜单栏、工具栏、元器件库、仿真工具、虚拟仪器及电路设计区等组成。从图中可以看到 Multisim 10 模仿了一个实际的电子工作台,在电路设计区可以进行电路的创建、测试和分析。

Multisim 10 的元器件库提供了非常丰富的元器件,虚拟仪器库中有常用的模拟仪器和先进的数字仪器,设计电路时,只要单击所需元器件库中的图标即可打开该库。

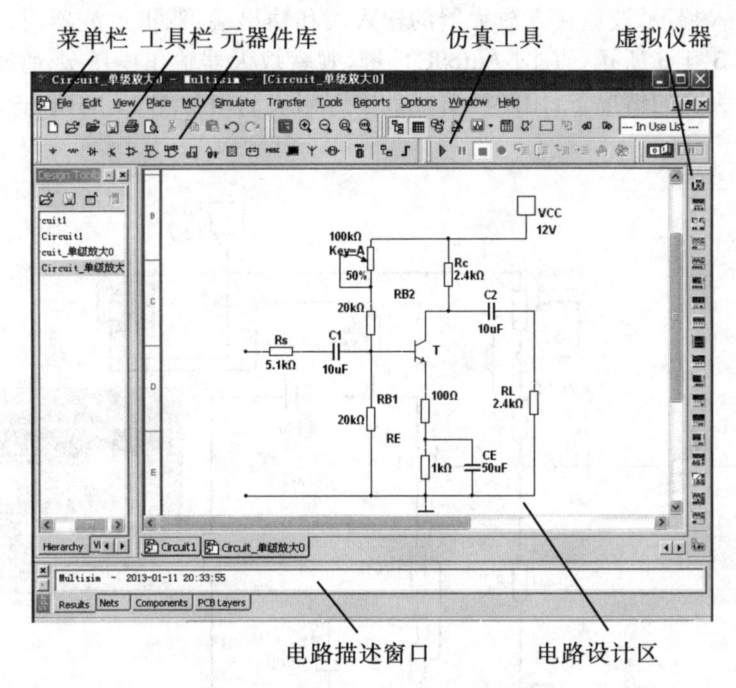

图 5.4.1　Multisim 10 软件工作主界面

【实验内容】

1. 仿真环境下的静态工作点调整与测量

打开 Multisim 10,创建如图 5.4.2 所示的共射极单级放大电路。从虚拟仪器库中选取函数信号发生器、万用表等分别接入放大电路的输入端、电路中和输出端。测量放大器的静态工作点,应在输入信号 $u_i=0$ 的情况下进行,即将函数信号发生器的输出电压调节为零,或断开信号发生器使放大器输入端对地短接,然后选用量程合适的电流表串入 T 的集电极回路测量电流 I_C,调节 R_{B2} 使集电极电流 I_C 达到要求,然后测量 T 的各极对地电位 U_B,U_C 和 U_E,记录在自制的表格中。电位器的调节步距设置为 5%,然后通过增大或减小百分比来达到改变电位器阻值的目的。

2. 放大器动态指标的测量

放大器动态指标包括电压放大倍数、输入电阻、输出电阻、最大不失真输出电压(动态范围)和通频带等。

(1) 电压放大倍数 A_u 的测量　双击函数信号发生器,调节输出电压 u_i 加到放大器输入端，示波器接入放大器的输入端和输出端，双击示波器，打开示波器界面如图 5.4.3 所示，点击[AutoSET]键，观察放大器输出电压 u_o的波形，在输出电压不失真的情况下，用示波器或数字万用表测出 u_i和 u_o的值，记录在自制的表格中。

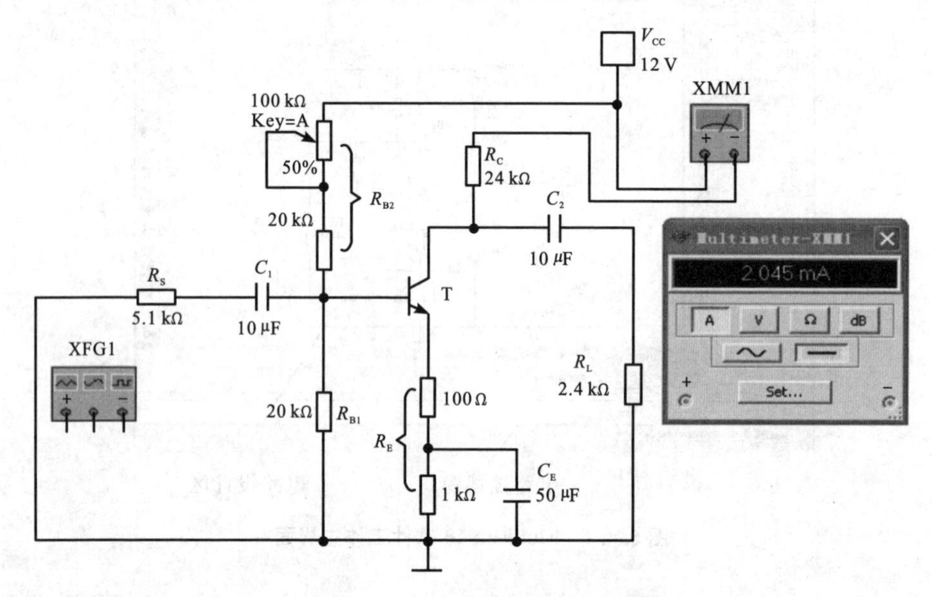

图 5.4.2　静态工作点调整与测量

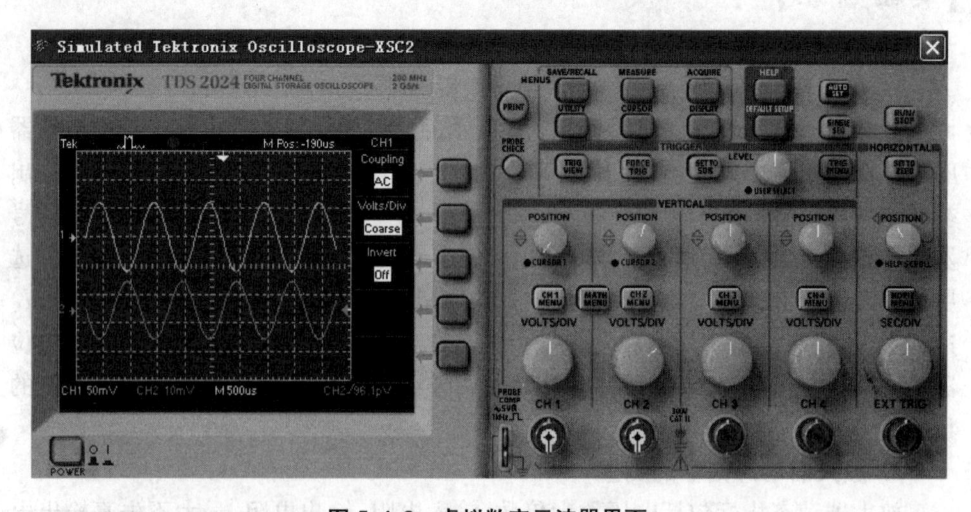

图 5.4.3　虚拟数字示波器界面

(2) 输入/输出电阻 R_i/R_o的测量　放大器输入电阻 R_i的测量值等于输入电

压比上输入电流，在虚拟仿真环境中可以直接用数字万用表测量 u_i 和 i_i，根据 $R_i=u_i/i_i$ 得到。输出电阻 R_o 的测量，用数字万用表测出空载的输出电压 u_o 和有载的输出电压 u_L，根据下式得到：

$$R_o=\left(\frac{u_o}{u_L}-1\right)R_L$$

在测试中应注意，必须保持 R_L 接入前后输入信号 u_i 的大小不变。

(3) 最大不失真输出电压 u_{opp} 的测量（最大动态范围）　为了得到最大动态范围，应将静态工作点调在交流负载线的中点。为此在放大器正常工作情况下，逐步增大输入信号的电压 u_i，并同时调节上偏置电阻 R_{B2}（改变静态工作点），用示波器观察 u_o，当输出波形同时出现削底和截顶现象时，说明静态工作点已调在交流负载线的中点。然后反复调整输入信号，使波形输出幅度最大，且无明显失真，用示波器或数字万用表测出 u_o，得到最大不失真输出电压 u_{opp}。

(4) 放大器幅频特性的测量　放大器的幅频特性是指放大器的电压放大倍数 A_u 与输入信号频率 f 之间的关系特性。因此，测量放大器的幅率特性就是测量不同频率信号时的电压放大倍数 A_u。Multisim 10 的虚拟仪器库中有波特图仪，能够动态地测量、显示出频率特性曲线。将输入端 In 连接到放大器输入端，输出端 Out 连接到放大器输出端，设置完相关参数后，打开仿真开关，双击波特图仪图标，显示界面及特性曲线如图 5.4.4 所示，测量和记录相关参数。

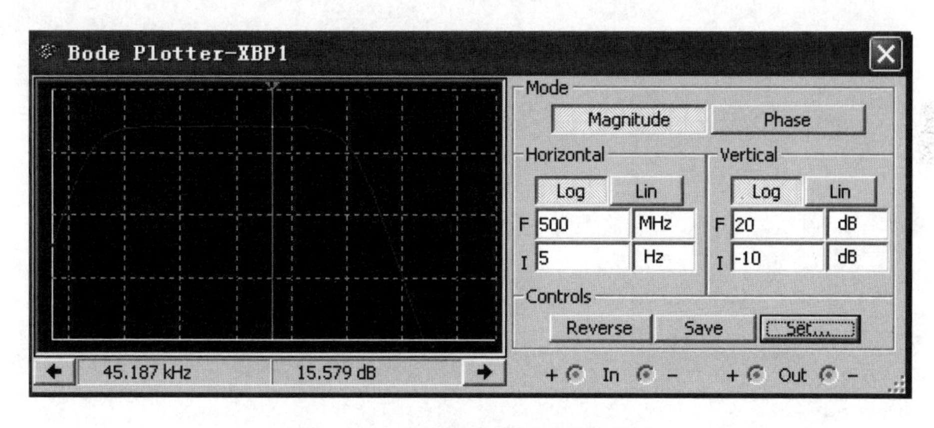

图 5.4.4　波特图仪及幅频特性曲线

【实验报告】

(1) 自拟表格，记录仿真实验数据、波形及曲线。

(2) 在实验室现实环境进行测量，并把实测的静态工作点、电压放大倍数、输入电阻、输出电阻之值与理论计算值比较,分析产生误差原因。

(3) 改变发射极旁路电容 C_E 的容量,动态分析其对幅频特性或通频带的影响。

(4) 分析讨论在调试过程中出现的问题。

【思考题】

(1) 放大器输出波形失真的原因有哪些?应怎样克服?

(2) 如果 R_{B2} 短路,放大器会出现什么故障?

实验 5.5　射极跟随器

【实验目的】

(1) 掌握射极跟随器的特性及测试方法。

(2) 进一步学习放大器各项参数测试方法。

【实验仪器与设备】

序号	名称	规格型号	数量	备注
1	电子技术综合实验箱	WXDZ-02	1	
2	示波器	LM4320	1	观察信号波形
3	函数信号发生器	SG1010	1	信号源
4	晶体管毫伏表	LM2191	1	测交流电压
5	万用表	VC8045	1	测量直流参数

【实验原理】

射极跟随器的原理图如图 5.5.1 所示。它是一个电压串联负反馈放大电路，

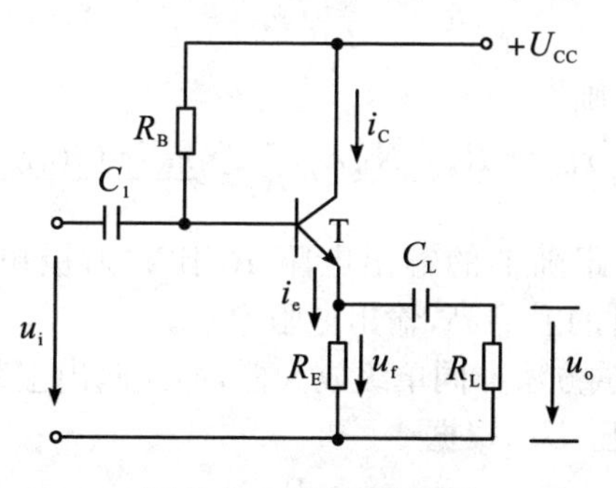

图 5.5.1　射极跟随器

具有输入电阻高、输出电阻低、电压放大倍数接近于1、输出电压能够在较大范围内跟随输入电压作线性变化，以及输入、输出信号同相等特点。

1. 输入电阻 R_i

在图5.5.1电路中，输入电阻 $R_i = r_{be} + (1+\beta)R_E$，如考虑偏置电阻 R_B和负载 R_L的影响，则

$$R_i = R_B // [r_{be} + (1+\beta)(R_E // R_L)]$$

由上式可知，射极跟随器的输入电阻 R_i比共射极单级放大器的输入电阻 $R_i = R_B // r_{be}$要高得多，但由于偏置电阻 R_B的分流作用，输入电阻难以进一步提高。

输入电阻的测试方法同单级放大器，实验线路如图5.5.2所示，则

$$R_i = \frac{U_i}{I_i} = \frac{U_i}{U_S - U_i} R$$

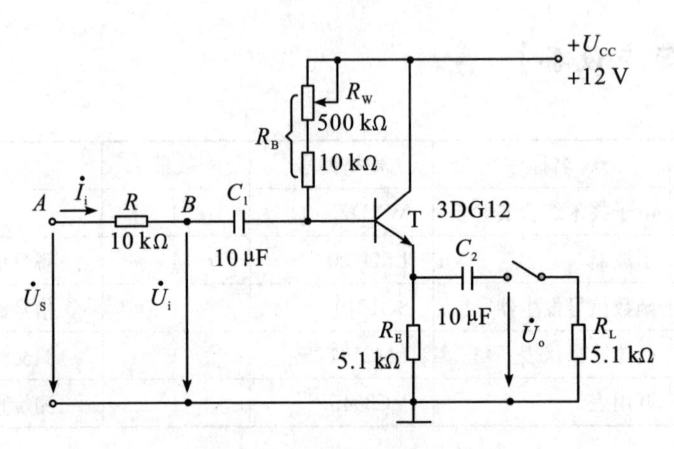

图5.5.2 射极跟随器实验电路

即只要测得 A，B 两点的对地电位便可计算出 R_i。

2. 输出电阻 R_o

$$R_o = \frac{r_{be}}{\beta} // R_E \approx \frac{r_{be}}{\beta}$$

如考虑信号源内阻 R_S，则

$$R_o = \frac{r_{be} + (R_S // R_B)}{\beta} // R_E \approx \frac{r_{be} + (R_S // R_B)}{\beta}$$

由上式可知，射极跟随器的输出电阻 R_o比共射极单级放大器的输出电阻 $R_o \approx R_C$低得多，三极管的 β 愈高，输出电阻愈小。

输出电阻 R_o的测试方法亦同单级放大器，即先测出空载输出电压 U_o，再测接入负载 R_L后的输出电压 U_L，根据

$$U_L = \frac{R_L}{R_o + R_L} U_o$$

即可求出

$$R_o=\left(\frac{U_o}{U_L}-1\right)R_L$$

3. 电压放大倍数

$$A_u=\frac{(1+\beta)(R_E /\!/ R_L)}{r_{be}+(1+\beta)(R_E /\!/ R_L)}\leqslant 1$$

上式说明射极跟随器的电压放大倍数近似小于1，且为正值，这是深度电压负反馈的结果。但它的射极电流仍比基流大$(1+\beta)$倍，所以它具有一定的电流和功率放大作用。

4. 电压跟随范围

电压跟随范围是指射极跟随器输出电压u_o跟随输入电压u_i作线性变化的区域。当u_i超过一定范围时，u_o便不能跟随u_i作线性变化，即u_o波形产生了失真。为了使输出电压u_o正、负半周对称，并充分利用电压跟随范围，静态工作点应选在交流负载线中点，测量时可直接用示波器读取u_o的峰峰值，即电压跟随范围，或用交流毫伏表读取u_o的有效值，则电压跟随范围为

$$U_{opp}=2\sqrt{2}u_o$$

【实验内容】

1. 静态工作点的调整

按图5.5.2组建电路，接通+12 V直流电源，在B点加入$f=1$ kHz正弦信号u_i，输出端用示波器观察输出波形，反复调整R_W及信号源的输出幅度，使在示波器的屏幕上得到一个最大不失真输出波形，然后置$u_i=0$，用直流电压表测量晶体管各电极对地电位，将测得数据记入表5.5.1中。

表5.5.1　静态工作点参数

U_E(V)	U_B(V)	U_C(V)	I_E(mA)

在下面整个测试过程中应保持R_W值不变，即保持静态工作点I_E不变。

2. 测量电压放大倍数A_u

接入负载$R_L=1$ kΩ，在B点输入$f=1$ kHz正弦信号u_i，调节输入信号幅度，用示波器观察输出波形u_o，在输出最大不失真情况下，用交流毫伏表测U_i，U_L值。记入表5.5.2中。

表 5.5.2　电压增益测量

U_i(V)	U_L(V)	A_u

3. 测量输出电阻 R_o

接上负载 $R_L=1\ k\Omega$，在 B 点输入 $f=1$ kHz 正弦信号 u_i，用示波器观察输出波形，测空载输出电压 U_o及有负载时的输出电压 U_L，记入表 5.5.3 中。

表 5.5.3　输出电阻测量

U_o(V)	U_L(V)	R_o(kΩ)

4. 测量输入电阻 R_i

在 A 点输入 $f=1$ kHz 的正弦信号 u_S，用示波器观察输出波形，在不失真情况下，用交流毫伏表分别测出 A，B 点对地的电位 U_S，U_i，记入表 5.5.4 中。

表 5.5.4　输入电阻测量

U_S(V)	U_i(V)	R_i(kΩ)

5. 测试跟随特性

接入负载 $R_L=1\ k\Omega$，在 B 点输入 $f=1$ kHz 的正弦信号 u_i，逐渐增大信号 u_i 幅度，用示波器观察输出波形，直至输出波形达最大不失真，测量对应的 U_L 值，记入表 5.5.5 中。

表 5.5.5　跟随特性研究

U_i(V)	
U_L(V)	

6. 测试频率响应特性

保持输入信号 u_i幅度不变，改变信号源频率，用示波器观察输出波形，在不失真情况下，用交流毫伏表测量不同频率下的输出电压 U_L值，记入表 5.5.6 中。

表 5.5.6　幅频特性测量

f(kHz)	
U_L(V)	

【实验报告】

(1) 整理实验数据,计算跟随器的相关参数。

(2) 求出输出电压跟随范围,并与用作图法求得的跟随范围相比较。

(3) 根据测量结果,分析射极跟随器的性能和特点。

【思考题】

(1) R_B电阻的选择对提高放大器输入电阻有何影响?

(2) 射极跟随器在实际电路中的作用是什么?

实验 5.6 负反馈放大器的研究

【实验目的】

(1) 加深理解负反馈对放大器各项性能指标的影响。

(2) 进一步掌握放大器的放大倍数、输入电阻、输出电阻和频率特性曲线的测量方法。

【实验仪器与设备】

序号	名称	规格型号	数量	备注
1	电子技术综合实验箱	WXDZ-02	1	
2	示波器	LM4320	1	观察信号波形
3	函数信号发生器	SG1010	1	信号源
4	晶体管毫伏表	LM2191	1	测交流电压
5	万用表	VC8045	1	测量直流参数

【实验原理】

负反馈在电子电路中有着非常广泛的应用,虽然它使放大器的放大倍数降低,但能在多方面改善放大器的动态指标,如稳定放大器的放大倍数,改变输入、输出电阻,减小非线性失真和展宽通频带等。因此,几乎所有的实用放大器都带有负反馈电路。

负反馈有四种组态,即电压串联、电压并联、电流串联、电流并联。本实验电路如图 5.6.1 所示为电压串联负反馈放大器,负反馈将使放大器输入电阻增大、输出电阻减小、非线性失真减小、通频带扩展,但这些性能的改善,是以降低放大器的电压增益为代价的。

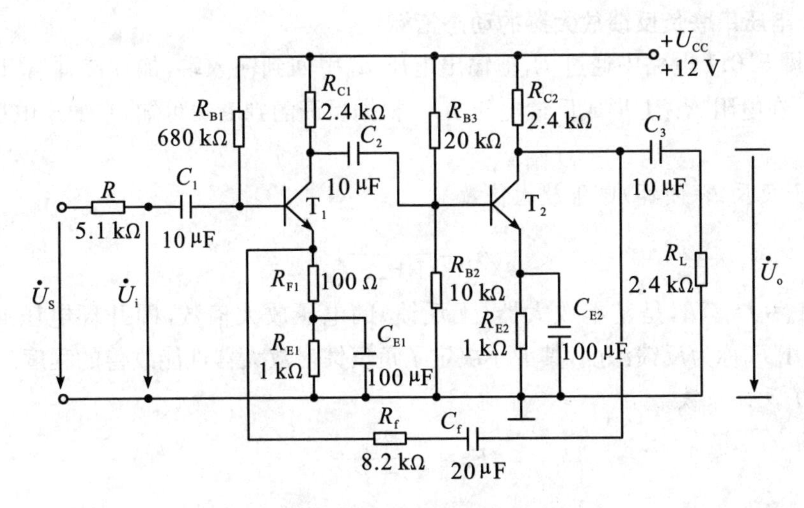

图 5.6.1 电压串联负反馈放大器

1. 负反馈放大器的电路分析

本实验需要测量基本放大器的动态参数,怎样实现无反馈而得到基本放大器呢?不能简单地断开反馈支路,而是要去掉反馈作用,但又要把反馈网络的影响(负载效应)考虑到基本放大器中去。分析负反馈放大器需要对其进行拆环等效。

(1) 在画基本放大器的输入回路时,因为是电压负反馈,所以可将负反馈放大器的输出端交流短路,即令 $u_o=0$,此时 R_f相当于并联在 R_{F1}上。

(2) 在画基本放大器的输出回路时,由于输入端是串联负反馈,因此需将反馈放大器的输入端(T_1管的射极)开路,此时(R_f+R_{F1})相当于并接在输出端。可近似认为 R_f并接在输出端。

根据上述规律,得到所要求的如图 5.6.2 所示的等效电路。

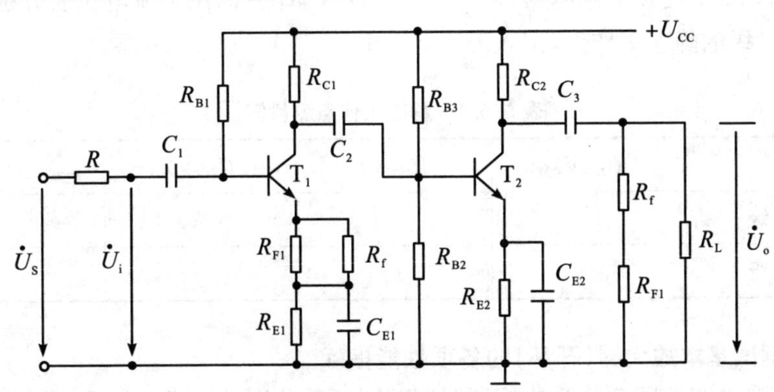

图 5.6.2 电压串联负反馈放大器的等效电路

2. 电压串联负反馈放大器的动态指标

在图5.6.1电路中通过R_f把输出电压u_o引回到输入端，加在晶体管T_1的发射极上，在电阻R_{F1}上形成反馈电压u_f。根据反馈的判断法可知，它属于电压串联负反馈。

(1) 负反馈(闭环)电压放大倍数

$$A_{uf}=\frac{A_u}{1+A_uF_u}$$

式中：$A_u=U_o/U_i$，是基本放大器(无反馈)的电压放大倍数，即开环电压放大倍数；$1+A_uF_u$称为反馈深度，其大小决定了负反馈对放大器性能改善的程度。

(2) 反馈系数

$$F_u=\frac{R_{F1}}{R_f+R_{F1}}$$

(3) 输入电阻

$$R_{if}=(1+A_uF_u)R_i$$

式中：R_i为基本放大器的输入电阻。

(4) 输出电阻

$$R_{of}=\frac{R_o}{1+A_uF_u}$$

式中：R_o为基本放大器的输出电阻；A_u为基本放大器的电压放大倍数。

【实验内容】

1. 测量静态工作点

按图5.6.1连接实验电路，取$U_{CC}=+12$ V，$U_i=0$，用直流电压表分别测量第一级、第二级的静态工作点，记入表5.6.1中。

表5.6.1 静态工作点测量值

	U_B(V)	U_E(V)	U_C(V)	I_C(mA)
第一级				
第二级				

2. 测试基本放大器(开环)的各项性能指标

将实验电路按图5.6.2改接，即把R_f断开后分别并在R_{F1}和R_L上，其他连线不动。

(1) 测量中频电压放大倍数 A_u、输入电阻 R_i和输出电阻 R_o。

① 以 $f=1$ kHz, U_S 约 0.5 V/20 dB 的正弦信号输入放大器,用示波器观测输出波形 u_o,在 u_o不失真的情况下,用交流毫伏表测量 U_S, U_i, U_L,记入表 5.6.2 中。

表 5.6.2 放大器动态参数

基本放大器	U_S(mV)	U_i(mV)	U_L(V)	U_o(V)	A_u	R_i(kΩ)	R_o(kΩ)
负反馈放大器	U_S(mV)	U_i(mV)	U_L(V)	U_o(V)	A_{uf}	R_{if}(kΩ)	R_{of}(kΩ)

② 保持 U_S 不变,断开负载电阻 R_L(注意:R_f不要断开),测量空载时的输出电压 U_o,记入表 5.6.2 中。

(2) 测量通频带 接上 R_L,保持(1)中的 U_S 不变,然后增加和减小输入信号的频率,找出上、下限频率 f_H和 f_L,记入表 5.6.3 中。

3. 测试负反馈放大器(闭环)的各项性能指标

将实验电路恢复为图 5.6.1 的负反馈放大电路。适当加大 U_S(约 1 V/20 dB),在输出波形不失真的条件下,测量负反馈放大器的 A_{uf}, R_{if}和 R_{of},记入表 5.6.2 中,测量 f_{Hf}和 f_{Lf},记入表 5.6.3 中。

表 5.6.3 放大器通频带测量

基本放大器	f_L(kHz)	f_H(kHz)	Δf(kHz)
负反馈放大器	f_{Lf}(kHz)	f_{Hf}(kHz)	Δf_f(kHz)

***4. 观察负反馈对非线性失真的改善**

(1) 将实验电路改接成基本放大器形式,输入 $f=1$ kHz 的正弦信号,输出端接示波器,逐渐增大输入信号的幅度,使输出波形刚刚开始出现失真,记下此时的波形和输出电压的幅度。

(2) 再将实验电路改接成负反馈放大器形式,增大输入信号幅度,使输出电压幅度的大小与(1)相同,比较有负反馈时,输出波形的变化。

【实验报告】

(1) 整理实验数据,分别求取有、无反馈时放大倍数,输入、输出电阻及上、下限频率。

(2) 将基本放大器和负反馈放大器动态参数的实测值和理论估算值列表进行比较,分析误差原因。

(3) 总结电压串联负反馈对放大器性能的影响。

【思考题】

(1) 为提高测量放大器放大倍数的准确度,对毫伏表或示波器的输入阻抗有什么要求?

(2) 如输入信号存在失真,能否用负反馈来改善?

实验 5.7　差动放大器

【实验目的】

(1) 加深对差动放大器性能及特点的理解。
(2) 掌握差动放大器共模抑制比等主要性能指标的测试方法。

【实验仪器与设备】

序号	名称	规格型号	数量	备注
1	电子技术综合实验箱	WXDZ-02	1	
2	示波器	LM4320	1	观察信号波形
3	函数信号发生器	SG1010	1	信号源
4	晶体管毫伏表	LM2191	1	测交流电压
5	万用表	VC8045	1	测量直流参数

【实验原理】

差动放大器电路的基本结构如图 5.7.1 所示，由两级元件参数相同的共射放大电路组成。当开关 K 拨向左边时，构成典型的差动放大器。调零电位器 R_P用来调节 T_1，T_2管的静态工作点，使得输入信号 $u_i=0$ 时，双端输出电压 $u_o=0$。R_E为两管共用的发射极电阻，它对差模信号无负反馈作用，因而不影响差模电压放大倍数，但对共模信号有较强的负反馈，故可以有效地抑制零漂、稳定静态工作点的作用。

当开关 K 拨向右边时，构成具有恒流源的差动放大器。用晶体管恒流源代替发射极电阻 R_E，进一步提高差动放大器抑制共模信号的能力。

1. 静态工作点的估算

典型差动放大器：

$$I_E \approx \frac{|U_{EE}| - U_{BE}}{R_E} \quad (\text{认为 } U_{B1} = U_{B2} \approx 0)$$

$$I_{C1} = I_{C2} = \frac{1}{2} I_E$$

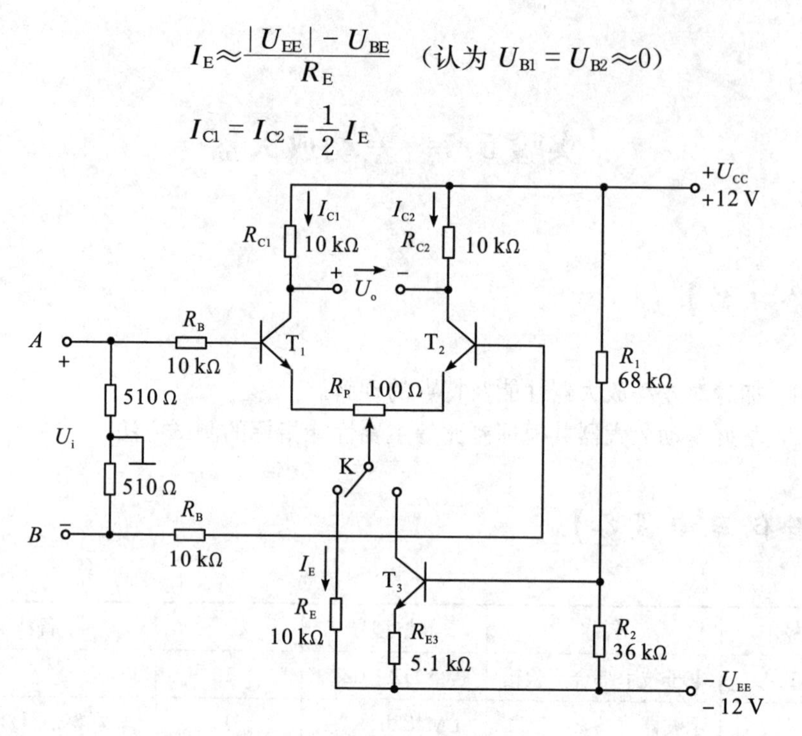

图 5.7.1　差动放大器实验电路

恒流源差动放大器：

$$I_{C3} \approx I_{E3} \approx \frac{\dfrac{R_2}{R_1 + R_2}(U_{CC} + |U_{EE}|) - U_{BE}}{R_{E3}}$$

$$I_{C1} = I_{C1} = \frac{1}{2} I_{C3}$$

2. 差模电压放大倍数和共模电压放大倍数

当差动放大器的射极电阻 R_E 足够大，或采用恒流源电路时，差模电压放大倍数 A_d 由输出端方式决定，而与输入方式无关。

双端输出（$R_E = \infty$，R_P 在中心位置时）：

$$A_d = \frac{\Delta U_o}{\Delta U_i} = -\frac{\beta R_C}{R_B + r_{be} + \dfrac{1}{2}(1+\beta) R_P}$$

单端输出：

$$A_{d1} = \frac{\Delta U_{C1}}{\Delta U_i} = \frac{1}{2} A_d$$

$$A_{d2} = \frac{\Delta U_{C2}}{\Delta U_i} = -\frac{1}{2} A_d$$

当输入共模信号时，若为单端输出，则有

$$A_{c1}=A_{c2}=\frac{\Delta U_{C1}}{\Delta U_i}=\frac{-\beta R_C}{R_B+r_{be}+(1+\beta)\left(\frac{1}{2}R_P+2R_E\right)}\approx-\frac{R_C}{2R_E}$$

若为双端输出，在理想情况下：

$$A_c=\frac{\Delta U_o}{\Delta U_i}=0$$

实际上由于元件不可能完全对称，因此 A_c 也不会绝对等于零。

3. 共模抑制比 CMRR

为了表征差动放大器对有用信号(差模信号)的放大作用和对共模信号的抑制能力，通常用一个综合指标来衡量，即共模抑制比值

$$CMRR=\left|\frac{A_d}{A_c}\right| \quad \text{或} \quad CMRR=20\lg\left|\frac{A_d}{A_c}\right|(\text{dB})$$

差动放大器的输入信号可采用直流信号也可采用交流信号。本实验由函数信号发生器提供频率 $f=1$ kHz 的正弦交流信号作为输入信号。

【实验内容】

1. 典型差动放大器性能测试

按图 5.7.1 连接实验电路，开关 K 拨向左边构成典型差动放大器。

(1) 测量静态工作点

① 调节放大器零点。

不接信号源，将放大器输入端 A，B 与地短接，接通 ±12 V 直流电源，用直流电压表测量输出电压 U_o，若不为零，调节调零电位器 R_P，使 $U_o=0$，调节要仔细，力求准确。

② 测量静态工作点。

零点调好以后，用直流电压表测量 T_1，T_2 管各极电位及射极电阻 R_E 两端电压 U_{RE}，记入表 5.7.1 中。

(2) 测量差模电压放大倍数　断开直流电源，将函数信号发生器的输出端接入放大器 A 端，地端接放大器输入 B 端构成单端输入方式，调节输入信号为频率 $f=1$ kHz 的正弦波，使其输出电压为零，用示波器监视输出端(集电极 C_1 或 C_2 与地之间)。

接通 ±12 V 直流电源，逐渐增大输入电压 u_i(约 100 mV)，在输出波形无失真的情况下，用交流毫伏表测 u_i，u_{C1}，u_{C2}，记入表 5.7.2 中，并观察 u_i，u_{C1}，u_{C2} 之间的相位关系及 u_{RE} 随 u_i 改变而变化的情况。

表 5.7.1　静态参数

<table>
<tr><td rowspan="2">测量值</td><td>U_{C1}(V)</td><td>U_{B1}(V)</td><td>U_{E1}(V)</td><td>U_{C2}(V)</td><td>U_{B2}(V)</td><td>U_{E2}(V)</td><td>U_{RE}(V)</td></tr>
<tr><td></td><td></td><td></td><td></td><td></td><td></td><td></td></tr>
<tr><td rowspan="2">计算值</td><td colspan="2">I_C(mA)</td><td colspan="3">I_B(mA)</td><td colspan="2">U_{CE}(V)</td></tr>
<tr><td colspan="2"></td><td colspan="3"></td><td colspan="2"></td></tr>
</table>

(3) 测量共模电压放大倍数　将放大器 A, B 短接，信号源接 A 端，与地之间构成共模输入方式，调节输入信号 $f=1$ kHz，$u_i=1$ V，在输出电压无失真的情况下，测量 u_{C1}，u_{C2}并记入表 5.7.2 中，并观察 u_i，u_{C1}，u_{C2}之间的相位关系及 u_{RE}随 u_i改变而变化的情况。

表 5.7.2　动态参数

	典型差动放大电路		具有恒流源差动放大电路	
	单端输入	共模输入	单端输入	共模输入
u_i	100 mV	1 V	100 mV	1 V
u_{C1}(V)				
u_{C2}(V)				
$A_{d1}=u_{C1}/u_i$		/		/
$A_d=u_o/u_i$		/		/
$A_{c1}=u_{C1}/u_i$	/		/	
$A_c=u_o/u_i$	/		/	
$CMRR=\|A_{d1}/A_{c1}\|$				

2. 具有恒流源的差动放大器性能测试

将图 5.7.1 电路中的开关 K 拨向右边，构成具有恒流源的差动放大器，重复内容 1 中的(2)、(3)步骤，结果记入表 5.7.2 中。

【实验报告】

(1) 整理实验数据，列表比较实验结果和理论估算值，分析误差原因。

① 静态工作点和差模电压放大倍数。

② 典型差动放大器单端输出时的 CMRR 实测值与理论值比较。

③ 典型差动放大器单端输出时 CMRR 的实测值与具有恒流源的差动放大器 CMRR 实测值比较。

(2) 比较 u_i，u_{C1}和 u_{C2}之间的相位关系。

(3) 根据实验中观察到的现象，分析差动放大器对零点漂移的抑制能力。

(4) 根据实验结果，总结电阻 R_E和恒流源的作用。

【思考题】

(1) 测量静态工作点时，放大器输入端 A，B 与地应如何连接？

(2) 实验中怎样获得双端和单端输入差模信号？怎样获得共模信号？

(3) 怎样用交流毫伏表测双端输出电压 u_o？

实验5.8　多级电压放大器的仿真研究

【实验目的】

(1) 进一步掌握多级放大器性能指标的分析方法。
(2) 掌握多级放大电路的调试及有关计算。
(3) 学习用 Multisim 10 软件研究放大电路的一般步骤。

【实验仪器与设备】

序号	名称	规格型号	数量	备注
1	计算机	PC		设计仿真
2	软件	Multisim 10		

【实验原理】

在电子线路中,为满足不同设计要求,往往采用多级放大电路,以提高电压增益或输出功率。本实验分析两级阻容耦合放大电路,工作原理如图5.8.1所示。

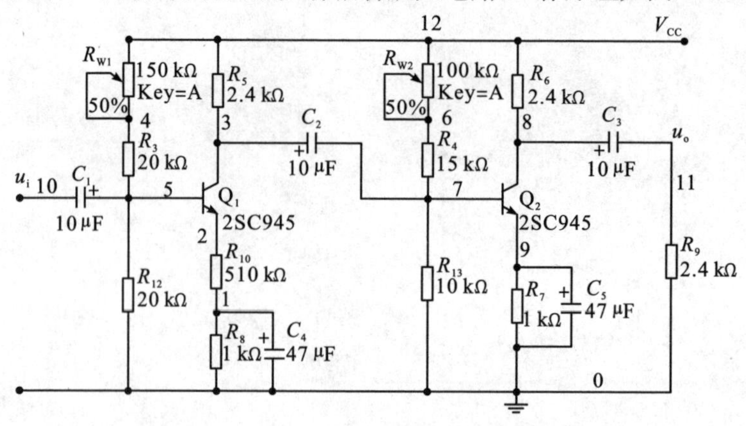

图5.8.1　多级放大电路原理图

多级放大电路由 u_i 端输入信号，通过 Q_1，Q_2 两级放大后，从 u_o 端输出信号。Q_1，Q_2 构成二级基本电压放大器，晶体管工作状态通过 R_{W1}，R_{W2} 调整。设计电路时，需要通过测量 Q_1，Q_2 的各极电压和 I_C 电流，确定 Q_1，Q_2 工作在放大状态，否则，需要调整上偏置电阻。在 Multisim 仿真环境中，通过直流工作点分析、动态分析、参数扫描分析，能够快捷、准确地研究电路的性能。

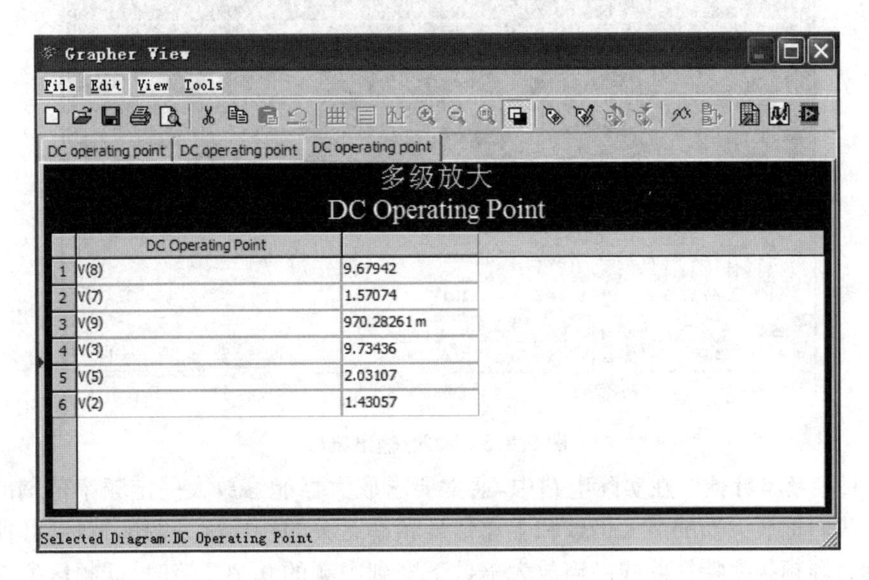

图 5.8.2　电路各节点电压

1. 直流工作点分析

直流工作点分析用于确定电路的直流工作点，晶体管是否处于放大状态。在 Multisim 10 工作界面中选择“Simulate/Analysis/DC Operating Point”，设置分析类型为直流分析，放大器的直流工作点分析如图 5.8.2 所示。

通过晶体管各极电压值的测量，得到 $U_{BE1}=0.6006$ V，$U_{BE2}=0.6005$ V，说明 Q_1，Q_2 处于放大工作状态。

2. 动态分析

(1) 电压增益　放大倍数的测量，虚拟数字示波器的 A 通道接输入信号，B 通道接放大器的输出端，显示波形如图 5.8.3 所示。

由图 5.8.3 所示得到两级放大器的电压放大倍数 $A_u=1.100\ \text{V}/9.995\ \text{mV}$，约为 110 倍。

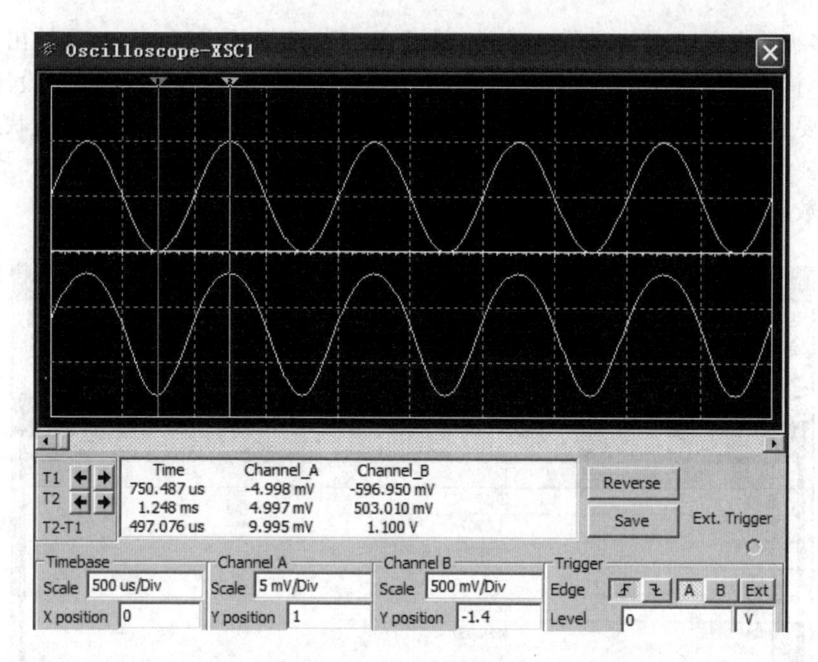

图 5.8.3　输入/输出波形

(2) 频率特性　在实际电路中,通常要求放大器能够放大一定频率范围的信号。我们把放大器的放大倍数和工作信号频率有关的特性称为幅频特性,其曲线则称为幅频频率特性曲线。当放大倍数下降到中频的 0.707 倍时,低频区所对应的低频点称为下限频率,用 f_L表示;高频区所对应的高频点称为上限频率,用 f_H表示,$f_{BW}=f_H-f_L$,称为放大器的通频带,放大器输出信号的相移与频率的关系称为相频特性。单击仪器库中的波特图仪,连接输入输出,打开波特图仪面板,单击"Magnitude"按键,设置幅频特性参数 Vertical:log,F:60 dB,I:0 dB,Horizontal:log,F:1 GHz,I:1 Hz,显示波形如图 5.8.4 所示,移动指针测量 f_H和 f_L,得到频率带

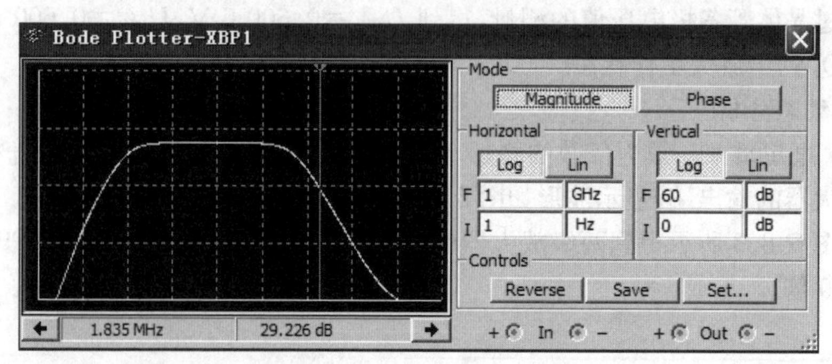

图 5.8.4　幅频特性测量

宽；单击“Phase”按键，设置相频特性参数 Vertical：log，F：360 度，I：－360 度，Horizontal：log，F：1G Hz，I：1 Hz，测量输入信号的对应相移。

(3) 参数扫描分析　研究耦合电容 C_3 参数的改变，对放大器频率特性的影响。选择“Analysis/Parameter Sweep”选项，打开参数扫描设置对话框，选择 C_3 输出耦合电容，从 0.1 μF 到 100 μF 按“Decade”扫描，Output node 节点选“11”，得到如图 5.8.5 所示的频率特性图，最下面选中的为 $C_3=0.1$ μF 曲线，其低频特性较差，最上面的为 $C_3=100$ μF 曲线，低频特性最好，但与 $C_3=10$ μF 的低频特性差别不大，所以一般耦合电容选择 10 μF。

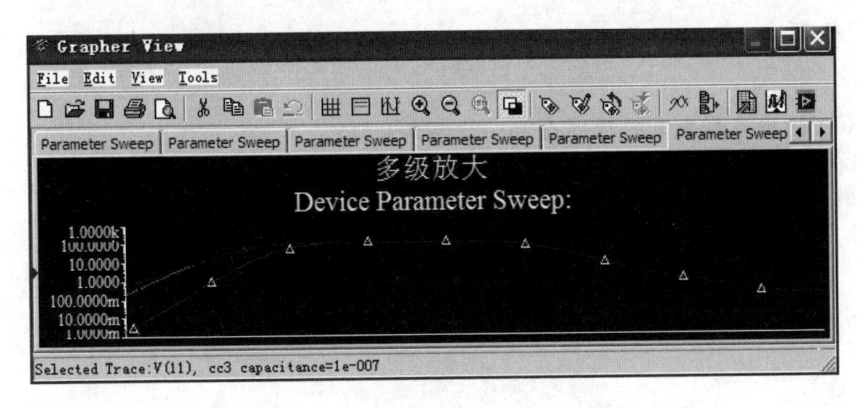

图 5.8.5　幅频特性的参数扫描结果

【实验内容】

(1) 在 Multisim 10 环境中，绘制两级电压放大器，通过调整 R_{W1}，R_{W2}，使 $I_{C1}=2$ mA，$I_{C2}=2$ mA。

(2) 通过虚拟数字万用表测量 Q_1，Q_2 各极电压，同时进行直流工作点电压分析。

(3) 输入 5 mV，1 kHz 正弦波信号，通过虚拟数字示波器观察输出波形，在不失真的情况下，用示波器测量放大器的电压放大倍数，并记录输入、输出波形及相位关系。

(4) 输入信号同上，分别调节 R_{W1} 到 100% 和 0%，用示波器观察输出波形，并记录波形。

(5) 通过波特图仪观察两级电压放大器的幅频特性曲线，并测量其频带宽度。

(6) 改变 C_2 分别为 100 μF，10 μF，1 μF，0.1 μF，通过参数扫描研究多级放大器的频率特性。

【实验报告】

(1) 绘制电路图,整理实验数据,绘出相应波形。
(2) 画出实验内容(4)中的波形,分析波形失真的原因。
(3) 通过参数扫描,研究分析多级放大器的频率特性主要与哪些因素有关。
(4) 总结使用 Multisim 10 仿真软件的体会。

【思考题】

(1) 输出波形失真的原因有哪些? 怎么克服?
(2) 利用 Multisim 10 仿真软件如何进行直流工作点的参数扫描分析?

实验 5.9 集成运算放大器的参数测试

【实验目的】

(1) 学习集成运算放大器主要指标的测试方法。

(2) 通过对运算放大器 μA741 指标的测试,掌握集成运算放大器主要参数的定义和表示方法。

【实验仪器与设备】

序号	名称	规格型号	数量	备注
1	电子技术综合实验箱	WXDZ-02	1	
2	示波器	LM4320	1	观察信号波形
3	函数信号发生器	SG1010	1	信号源
4	晶体管毫伏表	LM2191	1	测交流电压
5	万用表	VC8045	1	测量直流参数
6	集成运算放大器	μA741	1	

【实验原理】

集成运算放大器是一种线性集成电路,和其他半导体器件一样,用性能指标来衡量其质量的优劣。为了正确使用集成运算放大器,就必须了解它的主要参数指标。集成运放组件的各项指标通常是由专用仪器进行测试的,这里介绍简易测试方法。

本实验采用的集成运放型号为 μA741(或 F007),引脚排列如图 5.9.1 所示,管脚 2 和管脚 3 为反相和同相输入端,管脚 6 为输出端,管脚 7 和管脚 4 为正、负电源端,管脚 1 和管脚 5 为失调调零端,管脚 1 和管脚 5 之间可接入一只几十 kΩ 的电位器并将滑动触头接到负电源端进行,管脚 8 为空脚。

1. 集成运算放大器μA741主要指标测试

(1) 输入失调电压 U_{oS}　对于理想运放组件,当输入信号为零时,其输出也为零。但是即使是最优质的集成组件,由于运放内部差动输入级参数的不完全对称,输出电压往往不为零。这种零输入时输出不为零的现象称为集成运放的失调。

输入失调电压 U_{oS} 是指输入信号为零时,输出端出现的电压折算到同相输入端的数值。失调电压测试电路如图5.9.2所示。闭合开关 K_1 及 K_2,使电阻 R_B 短接,测量此时的输出电压 U_{o1} 即为输出失调电压,则输入失调电压

$$U_{oS}=\frac{R_1}{R_1+R_F}U_{o1}$$

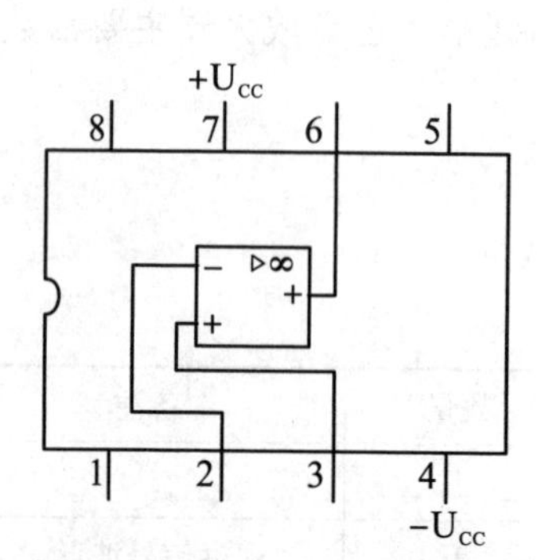

图5.9.1　μA741管脚图

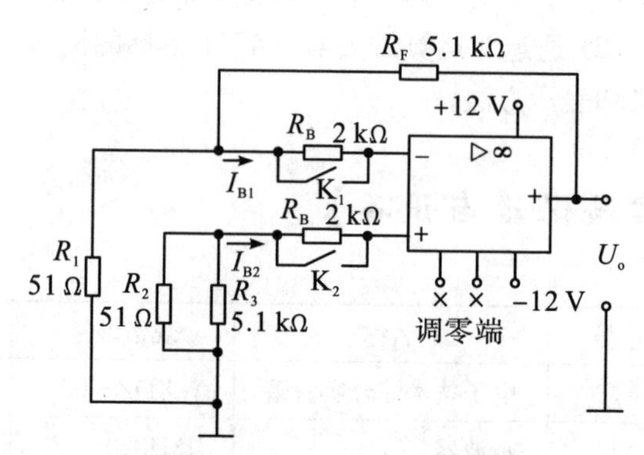

图5.9.2　U_{oS},I_{oS} 测试电路

实际测出的 U_{o1} 可能为正,也可能为负,一般在1～5 mV,对于高质量的运放,U_{oS} 一般在1 mV以下。

测试中应注意:

① 将运放调零端开路。

② 要求电阻 R_1 和 R_2,R_3 和 R_F 的参数严格对称。

(2) 输入失调电流 I_{oS}　输入失调电流 I_{oS} 是指当输入信号为零时,运放两个输入端的基极偏置电流之差,即

$$I_{oS}=|I_{B1}-I_{B2}|$$

输入失调电流的大小反映了运放内部差动输入级两个晶体管 β 的失配度,由于 I_{B1},I_{B2} 本身的数值已很小(微安级),因此它们的差值通常不是直接测量的,测试电路如图5.9.2所示分两步进行:

① 闭合开关 K_1 及 K_2,在低输入电阻下,测出输出电压 U_{o1},如前所述,这是由输入失调电压 U_{oS} 所引起的输出电压。

② 断开 K_1 及 K_2,两个输入电阻 R_B 接入,由于 R_B 阻值较大,流经它们的输入电流的差异,将变成输入电压的差异,影响输出电压的大小,可见测出两个电阻 R_B 接入

时的输出电压 U_{o2}，若从中扣除输入失调电压 U_{oS} 的影响，则输入失调电流 I_{oS} 为

$$I_{oS}=|I_{B1}-I_{B2}|=|U_{o2}-U_{o1}|\frac{R_1}{R_1+R_F}\cdot\frac{1}{R_B}$$

I_{oS} 一般为几十～几百 nA(10^{-9} A)，高质量运放 I_{oS} 低于1 nA。

测试中应注意：

① 将运放调零端开路。

② 两输入端电阻 R_B 必须精确配对。

(3) 开环差模放大倍数 A_{ud}　集成运放在没有外部反馈时的直流差模放大倍数称为开环差模电压放大倍数，用 A_{ud} 表示。它定义为开环输出电压 U_o 与两个差分输入端之间所加信号电压 U_{id} 之比，即

$$A_{ud}=\frac{U_o}{U_{id}}$$

按定义 A_{ud} 应是信号频率为零时的直流放大倍数，但为了测试方便，通常采用低频(几十赫兹以下)正弦交流信号进行测量。由于集成运放的开环电压放大倍数很高，难以直接进行测量，故一般采用闭环测量方法。A_{ud} 的测试方法有很多，本实验采用交、直流同时闭环的测试方法，如图5.9.3所示。被测运放一方面通过 R_F，R_1，R_2 完成直流闭环，以抑制输出电压漂移，另一方面通过 R_F 和 R_S 实现交流闭环，外加信号 u_S 经 R_1，R_2 分压，使 u_{id} 足够小，以保证运放工作在线性区，减小输入偏置电流的影响，同相输入端电阻 R_3 应与反相输入端电阻 R_2 相匹配，电容 C 为隔直电容。被测运放的开环电压放大倍数为

$$A_{ud}=\frac{U_o}{U_{id}}=\left(1+\frac{R_1}{R_2}\right)\frac{U_o}{U_i}$$

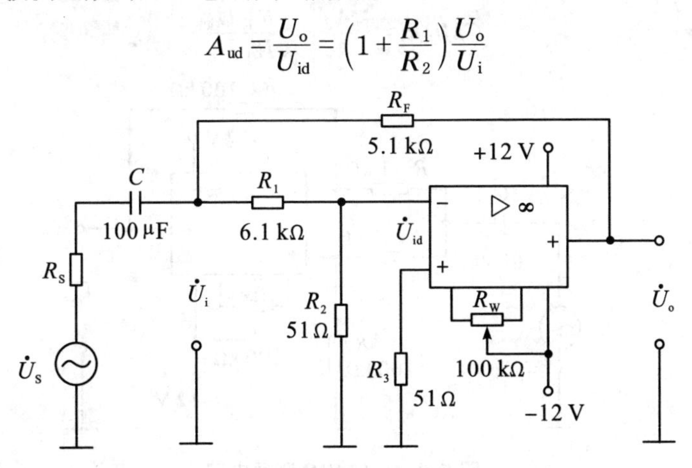

图5.9.3　A_{ud} 测试电路

通常低增益运放 A_{ud} 为60～70 dB，中增益运放约为80 dB，高增益在100 dB以上。

测试中应注意：

① 测试前电路应首先消振及调零。

② 被测运放要工作在线性区。

③ 输入信号频率应较低，一般用50～100 Hz，输出信号幅度应较小，且无明显失真。

(4) 共模抑制比CMRR　集成运放的差模电压放大倍数 A_d 与共模电压放大倍数 A_C 之比称为共模抑制比，即

$$CMRR = \left|\frac{A_d}{A_c}\right| \quad 或 \quad CMRR = 20\lg\left|\frac{A_d}{A_c}\right| \text{(dB)}$$

共模抑制比在应用中是一个重要的参数，理想运放对输入的共模信号其输出为零，但在实际的集成运放中，其输出不可能没有共模信号的成分，输出端共模信号愈小，说明电路对称性愈好，也就是说运放对共模干扰信号的抑制能力愈强，即CMRR的值愈大。CMRR的测试电路如图5.9.4所示。

集成运放工作在闭环状态下的差模电压放大倍数为

$$A_d = -\frac{R_F}{R_1}$$

当接入共模输入信号 U_{ic} 时测得 U_{oc}，则共模电压放大倍数为

$$A_c = \frac{U_{oc}}{U_{ic}}$$

因而共模抑制比为

$$CMRR = \left|\frac{A_d}{A_c}\right| = \frac{R_F}{R_1}\frac{U_{ic}}{U_{oc}}$$

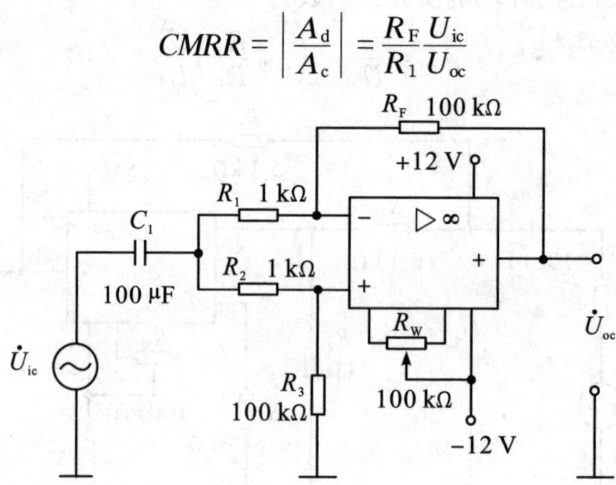

图5.9.4　CMRR测试电路

测试中应注意：

① 消振与调零。

② R_1 与 R_2，R_3 与 R_F 之间阻值严格对称。

③ 输入信号 U_{ic}幅度必须小于集成运放的最大共模输入电压范围 U_{icm}。

(5) 共模输入电压范围 U_{icm}　集成运放所能承受的最大共模电压称为共模输入电压范围，超出这个范围，运放的 CMRR 会大大下降，输出波形产生失真，有些运放还会出现“自锁”现象以及永久性的损坏。U_{icm}的测试电路如图 5.9.5 所示。

被测运放接成电压跟随器形式，输出端接示波器，观察最大不失真输出波形，从而确定 U_{icm}值。

(6) 输出电压最大动态范围 U_{opp}　集成运放的动态范围与电源电压、外接负载及信号源频率有关。测试电路如图 5.9.6 所示。

改变 u_S幅度，观察 u_o削顶失真开始时刻，从而确定 u_o的不失真范围，这就是运放在某一电源电压下可能输出的电压峰峰值 U_{opp}。

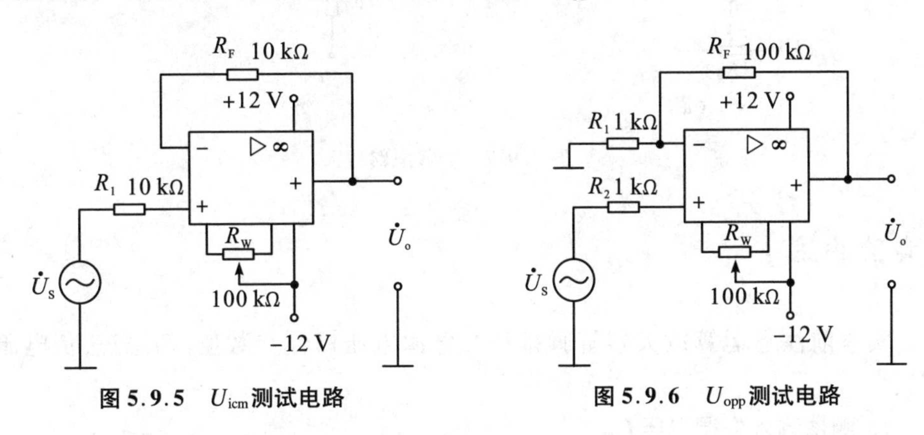

图 5.9.5　U_{icm}测试电路　　　**图 5.9.6　U_{opp}测试电路**

2. 集成运放在使用时应考虑的一些问题

(1) 输入信号交、直流选择　输入信号选用交、直流信号均可，但在选取信号的频率和幅度时，应考虑运放的频响特性和输出幅度的限制。

(2) 调零　为提高运算精度，应首先对直流输出电位进行调零，即保证输入为零时，输出也为零。当运放有外接调零端子时，可按组件要求接入调零电位器 R_W，调零时，将输入端接地，用直流电压表测量输出电压 U_o，细心调节 R_W，使 U_o为零(即失调电压为零)。如运放没有调零端子，若要调零，可按图 5.9.7 所示电路进行调零。若不能调零，原因大致有：① 组件正常，接线有错误。② 组件正常，但负反馈不够强(R_F/R_1太大)，为此可将 R_F短路，观察是否能调零。③ 组件正常，但由于它所允许的共模输入电压太低，可能出现自锁现象，因而不能调零。为此可将电源断开后，再重新接通，如能恢复正常，则属于自锁情况。④ 组件正常，但电路有自激现象，应进行消振。⑤ 组件内部损坏，应更换好的集成块。

(3) 消振　集成运放自激时，表现为即使输入信号为零，亦会有输出，使各种运算功能无法实现，严重时还会损坏器件。在实验中，用示波器观察输出波形，为消除运放的自激，常常采用：① 若运放有相位补偿端子，可利用外接 RC 补偿电路，产品手册中有补偿电路及元件参数提供。② 调整电路布线，元、器件布局，应尽量减少分布电容。③ 在正、负电源进线与地之间接上几十 μF 的电解电容和 0.01～0.1 μF 的陶瓷电容相并联，以减小电源引线的影响。

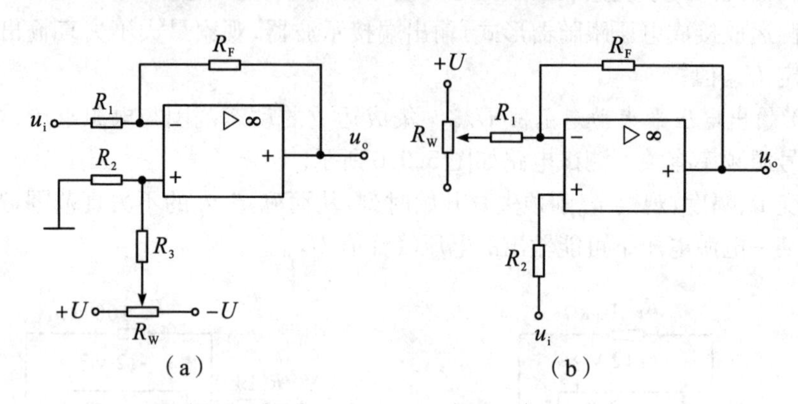

图 5.9.7 调零电路

【实验内容】

实验前注意运算放大器管脚排列及电源电压极性与数值，切忌正、负电源接反！

1. 测量输入失调电压 U_{oS}

按图 5.9.2 连接实验电路，闭合开关 K_1，K_2，用直流电压表测量输出端电压 U_{o1}，记入表 5.9.1 中，并计算 U_{oS}。

2. 测量输入失调电流 I_{oS}

实验电路如图 5.9.2，断开 K_1，K_2，用直流电压表测量 U_{o2}，记入表 5.9.1 中，并计算 I_{oS}。

表 5.9.1 参数记录表

U_{oS}(mV)		I_{oS}(nA)		A_{ud}(dB)		$CMRR$(dB)	
实测值	典型值	实测值	典型值	实测值	典型值	实测值	典型值
	2～10		50～100		100～106		80～86

3. 测量开环差模电压放大倍数 A_{ud}

按图 5.9.3 连接实验电路，运放输入端接频率为 100 Hz、电压为 30～50 mV 的正弦信号，示波器观察输出波形，同时用交流毫伏表测量 u_o 和 u_i，计算 A_{ud}。

4. 测量共模抑制比 CMRR

按图5.9.4连接实验电路，运放输入端接 $f=100\ \text{Hz}$，$u_{ic}=1\sim2\ \text{V}$ 的正弦信号，监视输出波形。测量 u_{oc} 和 u_{ic}，计算 A_c 及 CMRR 的值。

5. 测量共模输入电压范围 U_{icm} 及输出电压最大动态范围 U_{opp}

自拟实验步骤。

【实验报告】

(1) 处理测得的数据并与典型值进行比较。

(2) 对实验结果及实验中遇到的问题进行分析、讨论。

【思考题】

(1) 测量输入失调参数时，为什么运放反相及同相输入端的电阻要精选，以保证严格对称？

(2) 测量输入失调参数时，为什么要将运放调零端开路，而在进行其他测试时，则要求对输出电压进行调零？

实验5.10 集成运算放大器的基本应用

【实验目的】

(1) 研究由集成运算放大器组成的比例、加法、减法和积分等基本运算电路的功能。

(2) 掌握集成运放在实际应用中的调试方法和应注意的一些问题。

【实验仪器与设备】

序号	名称	规格型号	数量	备注
1	电子技术综合实验箱	WXDZ-02	1	
2	示波器	LM4320	1	观察信号波形
3	函数信号发生器	SG1010	1	信号源
4	晶体管毫伏表	LM2191	1	测交流电压
5	万用表	VC8045	1	测量直流参数
6	集成运算放大器	μA741	1	

【实验原理】

集成运算放大器是一种具有高电压放大倍数的直接耦合多级放大电路，当外部接入不同的线性或非线性元器件组成输入和负反馈电路时，可以灵活地实现各种特定的函数关系。在线性应用方面，可组成比例、加法、减法、积分、微分、对数等模拟运算电路。

在多数情况下，将运放的各项技术指标理想化，视为理想运放，满足下列条件的运算放大器称为理想运放：

① 开环电压增益 $A_{ud}=\infty$；

② 输入阻抗 $r_i=\infty$；

③ 输出阻抗 $r_o=0$；

④ 带宽 $f_{BW}=\infty$；

⑤ 失调与漂移均为零等。

理想运放在线性应用时的两个重要特性：

① 输出电压 U_o与输入电压 U_+/U_-之间满足关系式

$$U_o=A_{ud}(U_+-U_-)$$

由于 $A_{ud}=\infty$，而 U_o为有限值，因此，$U_+-U_-\approx0$。即 $U_+\approx U_-$，称为“虚短”。

② 由于 $r_i=\infty$，故流进运放两个输入端的电流可视为零，即 $I_{IB}=0$，称为“虚断”。

上述两个特性是分析理想运放构成应用电路的基本原则，可简化运放电路的计算。

1. 反相比例运算电路

电路如图 5.10.1 所示，对于理想运放，该电路的输出电压与输入电压之间的关系为

$$U_o=-\frac{R_F}{R_1}U_i$$

为了减小输入级偏置电流引起的运算误差，在同相输入端应接入平衡电阻$R_2=R_1/\!/R_F$。

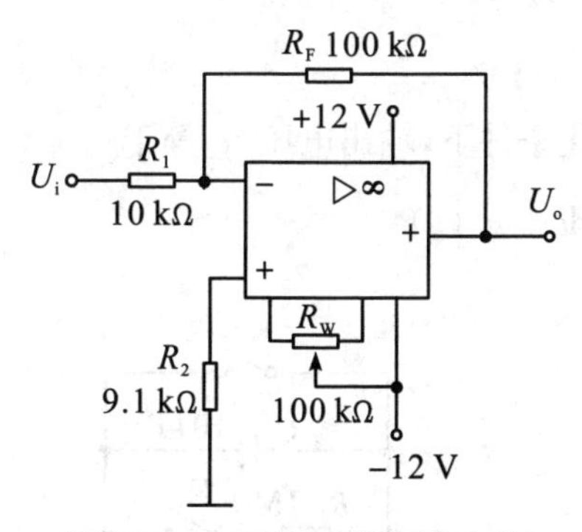

图 5.10.1　反相比例运算电路

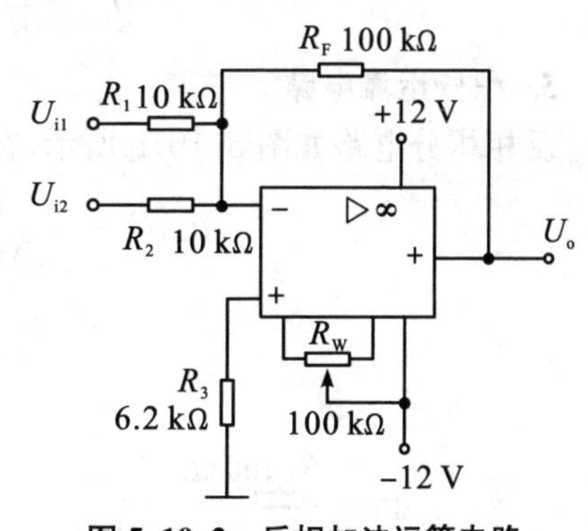

图 5.10.2　反相加法运算电路

2. 反相加法电路

电路如图 5.10.2 所示，输出电压与输入电压之间的关系为

$$U_o=-\left(\frac{R_F}{R_1}U_{i1}+\frac{R_F}{R_2}U_{i2}\right)$$

3. 同相比例运算电路

图 5.10.3(a)是同相比例运算电路，它的输出电压与输入电压之间的关系为

$$U_o=\left(1+\frac{R_F}{R_1}\right)U_i$$

当 $R_1 \to \infty$ 时，$U_o = U_i$，即得到如图 5.10.3(b)所示的电压跟随器。图中 $R_2 = R_F$，用以减小漂移和起保护作用，一般 R_F 取 10 kΩ，R_F 太小起不到保护作用，太大则影响跟随性。

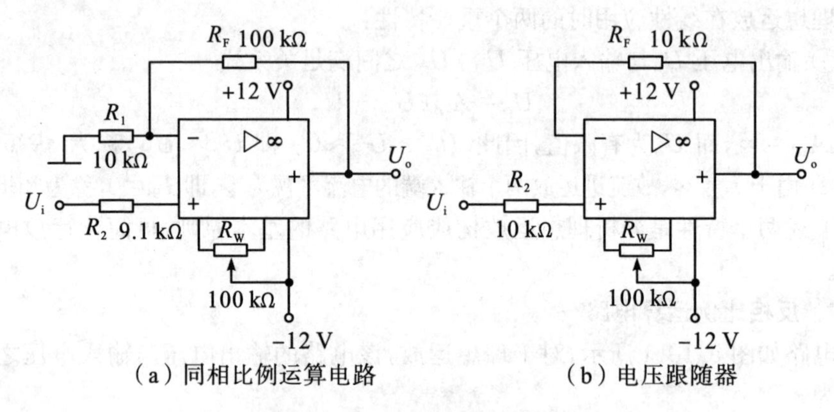

(a) 同相比例运算电路　　(b) 电压跟随器

图 5.10.3　同相比例运算电路

4. 差动放大电路(减法器)

对于图 5.10.4 所示的减法运算电路，当 $R_1 = R_2$，$R_3 = R_F$ 时，有如下关系式：

$$U_o = \frac{R_F}{R_1}(U_{i2} - U_{i1})$$

5. 积分运算电路

反相积分电路如图 5.10.5 所示，在理想化条件下，输出电压 u_o 等于

$$u_o(t) = -\frac{1}{R_1 C}\int_0^t u_i \mathrm{d}t + u_C(0)$$

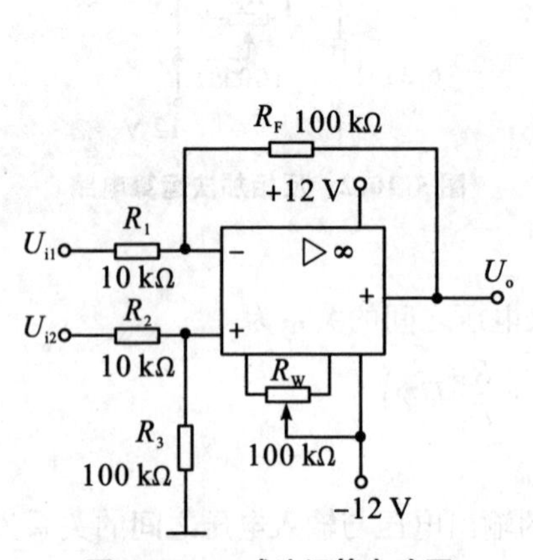

图 5.10.4　减法运算电路图

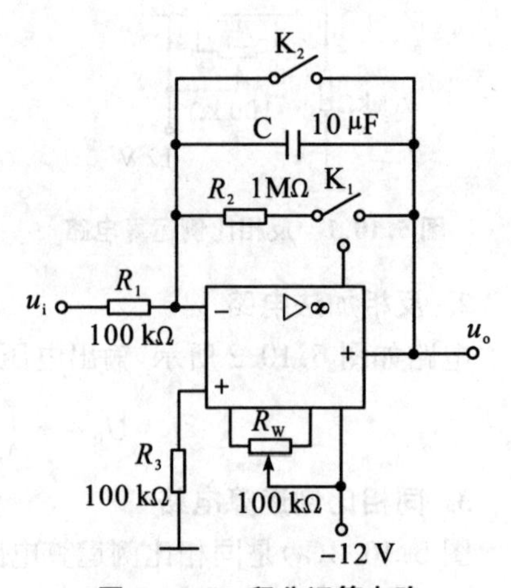

图 5.10.5　积分运算电路

式中：$u_C(0)$是 $t=0$ 时刻电容 C 两端的电压值，即初始值。

如果 $u_i(t)$是幅值为 E 的阶跃电压，并设 $u_C(0)=0$，则

$$u_o(t)=-\frac{1}{R_1C}\int_0^t E\mathrm{d}t=-\frac{E}{R_1C}\cdot t$$

即输出电压 $u_o(t)$随时间增长而线性下降。显然 RC 的数值越大，达到给定的 U_o 值所需的时间就越长，积分输出电压所能达到的最大值受集成运放最大输出范围的限制。

在进行积分运算之前，首先应对运放调零。为了便于调节，将图中 K_1 闭合，即通过电阻 R_2 的负反馈作用实现调零。但在完成调零后，应将 K_1 打开，以免因 R_2 的接入造成积分误差。K_2 的设置一方面为积分电容放电提供通路，同时可实现积分电容初始电压 $u_C(0)=0$，另一方面，可控制积分起始点，即在加入信号 u_i 后，只要 K_2 一打开，电容就将被恒流充电，电路开始进行积分运算。

【实验内容】

实验前要看清运放组件各管脚的位置，切忌正、负电源极性接反和输出端短路，否则将会损坏集成运放。

1. 反相比例运算电路

(1) 按图 5.10.1 连接实验电路，接通 ±12 V 电源，输入端对地短路，进行调零和消振。

(2) 输入 $f=100$ Hz，$u_i=0.5$ V 的正弦交流信号，测量相应的 u_o，并用示波器观察 u_o 和 u_i 的相位关系，记入表 5.10.1 中。

表 5.10.1　反向比例运算($u_i=0.5$ V，$f=100$ Hz)

u_i(V)	u_o(V)	u_i波形	u_o波形	A_u	
				实测值	计算值
		u_i (坐标轴) t	u_o (坐标轴) t		

2. 同相比例运算电路

(1) 按图 5.10.3(a)连接实验电路。实验步骤同内容 1，将结果记入表 5.10.2中。

(2) 将图 5.10.3(a)中的 R_1 断开，得到图 5.10.3(b)所示电路，重复内容(1)。

表 5.10.2　同相比例运算($u_i=0.5$ V, $f=100$ Hz)

U_i(V)	U_o(V)	u_i波形	u_o波形	A_u	
				实测值	计算值
		u_i — t	u_o — t		

3. 反相加法运算电路

(1) 按图 5.10.2 连接实验电路,并进行调零和消振。

(2) 输入信号采用直流信号,实验时注意选择合适的直流信号幅度以确保集成运放工作在线性区。用直流电压表测量输入电压 U_{i1},U_{i2}及输出电压 U_o,记入表 5.10.3 中。

表 5.10.3　反向加法运算

U_{i1}(V)					
U_{i2}(V)					
U_o(V)					

4. 减法运算电路

(1) 按图 5.10.4 连接实验电路,并进行调零和消振。

(2) 采用直流输入信号,实验步骤同内容 3,记入表 5.10.4 中。

表 5.10.4　减法运算

U_{i1}(V)					
U_{i2}(V)					
U_o(V)					

5. 积分运算电路

实验电路如图 5.10.5 所示。

(1) 打开 K_2,闭合 K_1,对运放输出进行调零。

(2) 调零完成后,再打开 K_1,闭合 K_2,使 $u_C(0)=0$。

(3) 预先调好直流输入电压 $U_i=0.5$ V,接入实验电路,再打开 K_2,然后用直流电压表测量输出电压 U_o,每隔 5 s 读一次 U_o,记入表 5.10.5 中,直到 U_o不再继续明显增大为止。

表 5.10.5　积分运算

t(s)	0	5	10	15	20	25	30	…
U_o(V)								

【实验报告】

(1) 整理实验数据，画出波形图（注意波形间的相位关系）。

(2) 将理论计算结果和实测数据相比较，分析产生误差的原因。

(3) 分析讨论实验中出现的现象和问题。

【思考题】

(1) 在反相加法器中，如 U_{i1} 和 U_{i2} 均采用直流信号，并选定 $U_{i2}=-1$ V，当考虑到运算放大器的最大输出幅度（±12 V）时，$|U_{i1}|$ 的大小不应超过多少伏？

(2) 在积分电路中，如 $R_1=100$ kΩ，$C=4.7$ μF，求时间常数。假设 $U_i=0.5$ V，问要使输出电压 U_o 达到 5 V，需多长时间（设 u_C 的初始值为 0）？

实验5.11 集成运算放大器的仿真实验

【实验目的】

(1) 进一步加深对集成运算放大器性能指标的理解。
(2) 掌握在 Multisim 10 仿真平台下组成基本应用电路的方法。
(3) 通过虚拟仪器测试由集成运放组成应用电路的技术指标。

【实验仪器与设备】

序号	名称	规格型号	数量	备注
1	计算机	PC	1	仿真设计
2	软件	Multisim 10		
3	电子技术综合实验箱	WXDZ-02	1	
4	万用表/示波器/信号源/毫伏表	VC8045 等	1套	现场测试

【实验原理】

打开 Multisim 10 仿真软件，建立由集成运放构成的反相比例运算电路，如图5.11.1所示。根据集成运算放大器"虚短"和"虚断"的特性，得到该电路的输出电压与输入电压之间的关系：

$$U_o = -\frac{R_f}{R_1}U_i$$

输入电压 U_i 由虚拟电压源提供，输出电压用数字万用表或示波器测量。在虚拟环境下，改变电路的形式，构成同相比例运算、反相加法、差动放大、积分、微分运算、电压比较等电路，通过仿真分析、研究电路的性能。

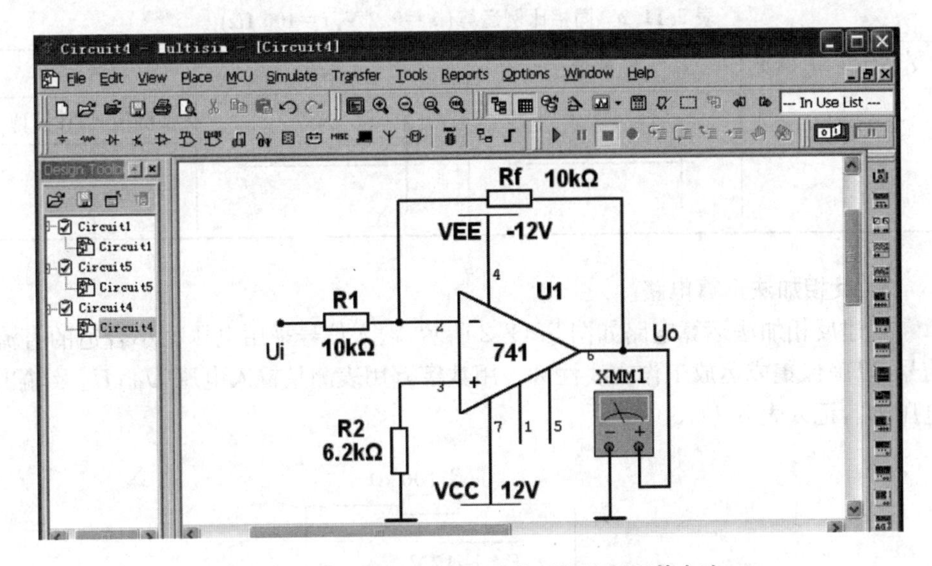

图 5.11.1　由集成运放组成的反相比例运算电路

【实验内容】

1. 反相比例运算电路

在图 5.11.1 所示的电路中，R_1，R_2 取 10 kΩ 和 6.2 kΩ，R_f 取 100 kΩ，设置 V_{CC}，V_{EE}电压为 ±12 V，输入信号频率 $f=100$ Hz、电压 $u_i=0.2$ V 的正弦交流信号，通过数字万用表或示波器测量输出电压 u_o，记入表 5.11.1 中，并记录输入、输出波形。

表 5.11.1　反向比例运算(u_i=0.2 V, f=100 Hz)

U_i(V)	U_o(V)	u_i波形	u_o波形	A_u	
		u_i t	u_o t	实测值	计算值

2. 同相比例运算电路

参见实验 5.10，将反相比例运算电路改接为同相比例运算电路，实验步骤同内容 1，将结果记入表 5.11.2 中。

表 5.11.2 同相比例运算(u_i=0.2 V, f=100 Hz)

u_i(V)	u_o(V)	u_i波形	u_o波形	A_u	
				实测值	计算值

3. 反相加法运算电路

创建反相加法运算电路如图 5.11.2 所示，输入信号采用电压大小合适的直流信号，以确保集成运放工作在线性区。用数字万用表测量输入电压 U_{i1}，U_{i2}及输出电压 U_o，记入表 5.11.3 中。

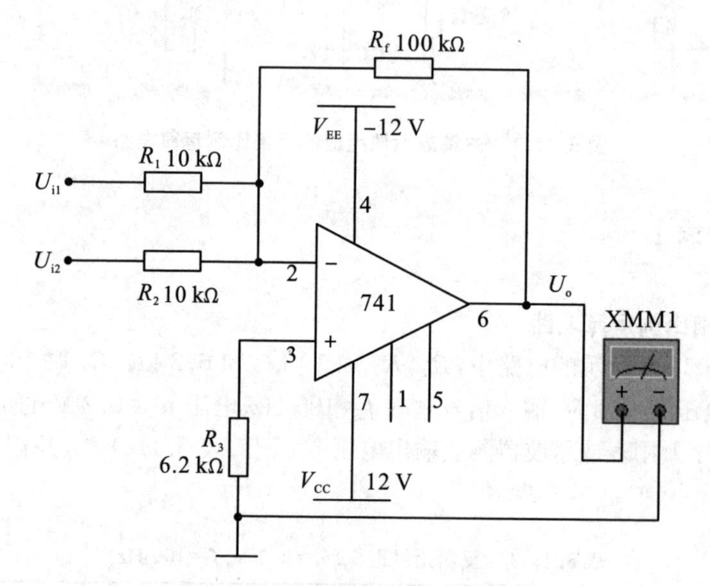

图 5.11.2 反相加法运算电路

表 5.11.3 反向加法运算

U_{i1}(V)					
U_{i2}(V)					
U_o(V)					

4. 减法运算电路

将图 5.11.2 改接为减法运算电路，实验步骤同内容 3，将结果记入表5.11.4 中。

表 5.11.4　减法运算

U_{i1}(V)					
U_{i2}(V)					
U_o(V)					

5. 电压比较器

创建反相滞回比较器如图 5.11.3 所示，u_i取 500 Hz，2 V 的正弦波信号，用示波器观察测量并记录输入、输出波形，说明滞回比较器的特点。

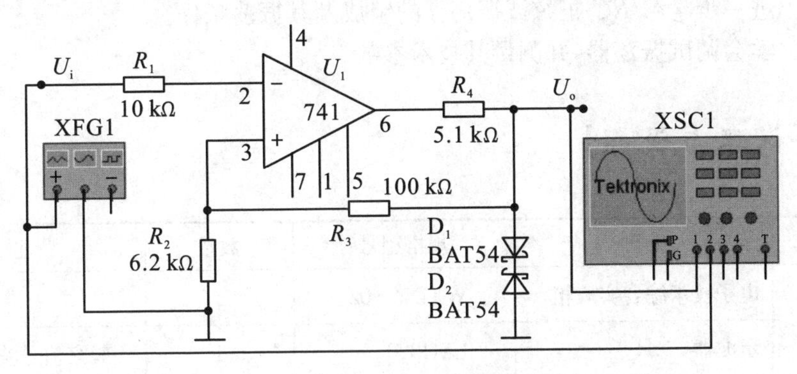

图 5.11.3　反相滞回比较器

【实验报告】

(1) 整理实验数据，绘出有关波形(注意波形间的相位关系)。

(2) 将理论计算结果和仿真结果相比较，分析产生误差的原因。

(3) 分析讨论实验中出现的现象和问题。

【思考题】

(1) 在反相加法器中，如 U_{i1}采用 100 Hz 的正弦交流信号，U_{i2}采用 0.5 V 直流信号，当考虑到运算放大器的供电电压为 ± 12 V 时，U_{i1}的峰值不应超过多少伏？

(2) 滞回电压比较器能够实现正弦波到脉冲波的整形，要实现脉冲波的占空比可调，电路应如何变动？

实验5.12 *RC*正弦波振荡器

【实验目的】

(1) 进一步学习 *RC* 正弦波振荡器的组成及其振荡条件。

(2) 学会调试振荡器,并测量其技术参数。

【实验仪器与设备】

序号	名称	规格型号	数量	备注
1	电子技术综合实验箱	WXDZ-02	1	
2	示波器	LM4320	1	观察信号波形
3	晶体管毫伏表	LM2191	1	测交流电压
4	函数信号发生器	SG1010	1	信号源
5	频率计	HC-F2600		测量频率
6	万用表	VC8045	1	测量直流参数
7	数字电容表			测量电容

【实验原理】

从结构上看,正弦波振荡器没有输入信号,是一个具有正反馈选频网络的放大器。若用 *R*、*C* 元件组成选频网络,就称为 *RC* 振荡器,一般用来产生 1 Hz～1 MHz的低频信号。

1. *RC*移相振荡器

电路形式如图 5.12.1 所示,其中选择 R 远大于输入阻抗 R_i。

振荡频率:$f_0=\dfrac{1}{2\pi\sqrt{6}RC}$。

起振条件:放大器 A 的电压放大倍数$|A|>29$。

电路特点:简便,但选频作用差,振幅不稳,频率调节不便,一般适用于频率固定且稳定性要求不高的场合。

频率范围:几赫兹～数十千赫兹。

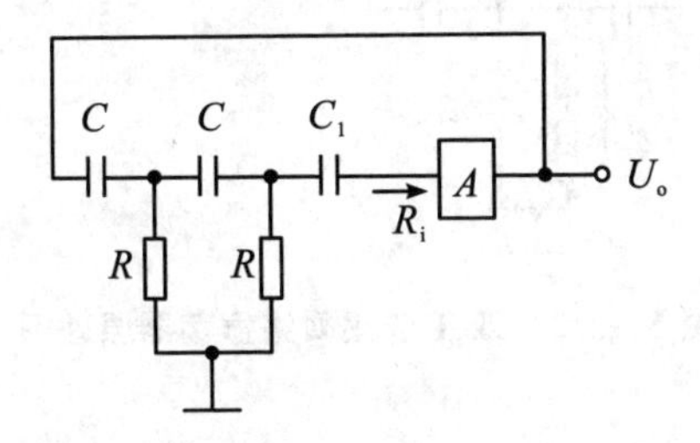

图 5.12.1　RC 移相振荡器原理图

2. *RC* 串并联网络(文氏桥)振荡器

电路形式如图 5.12.2 所示。

振荡频率:$f_0=\frac{1}{2\pi RC}$。

起振条件:$|A|>3$。

电路特点:可方便地连续改变振荡频率,便于加入负反馈稳幅,容易得到良好的振荡波形。

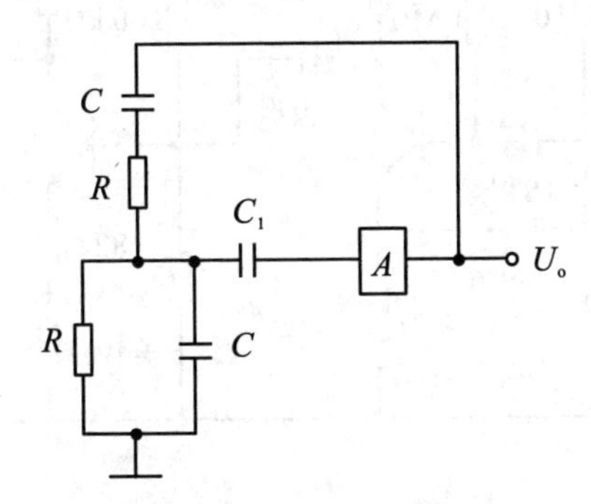

图 5.12.2　RC 串并联网络振荡器原理图

3. 双 T 选频网络振荡器

电路形式如图 5.12.3 所示。

振荡频率:$f_0=\frac{1}{5RC}$。

起振条件:$R'<\frac{R}{2}$,$|AF|>1$。

电路特点:选频特性好,调节频率困难,适用于产生单一频率的振荡。

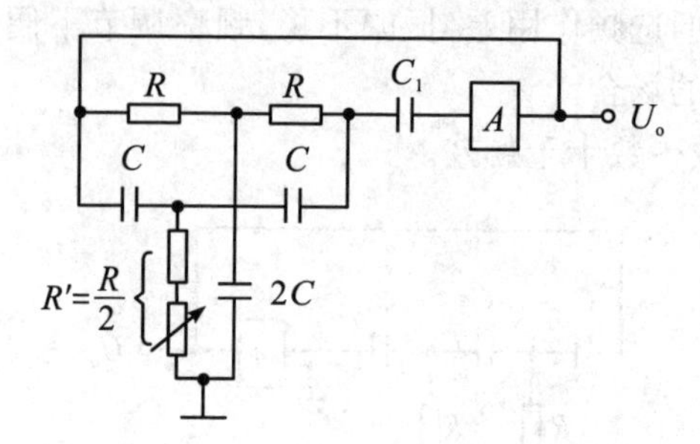

图 5.12.3 双T选频网络振荡器原理图

【实验内容】

1. *RC* 串并联选频网络振荡器组装与测试

(1) 按图 5.12.4 所示连接实验电路。

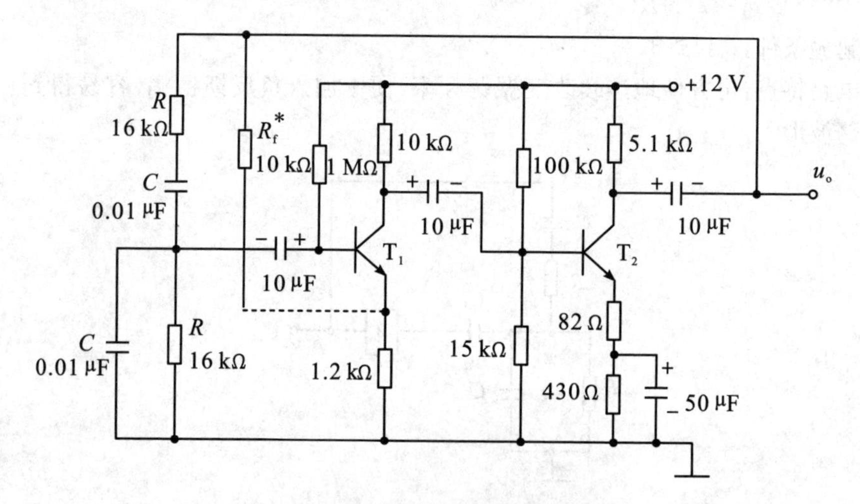

图 5.12.4 *RC* 串并联选频网络振荡器

(2) 断开 *RC* 串并联网络,测量放大器静态工作点及电压放大倍数。

(3) 接通 *RC* 串并联网络,并使电路起振,用示波器观测输出电压 u_o波形,调节 R_f使获得满意的正弦信号,记录波形及其元件参数。

(4) 测量并记录振荡频率。

(5) 改变 *R* 或 *C* 值,观察并记录振荡频率变化情况。

(6) *RC* 串并联网络幅频特性的观测。

将 RC 串并联网络与放大器断开，用函数信号发生器的正弦信号注入 RC 串并联网络，保持输入信号的幅度不变(约3 V)，频率由低到高变化，RC 串并联网络输出幅值将随之变化，当信号源达某一频率时，RC 串并联网络的输出将达最大值(约1 V左右)，且输入、输出同相位，记录此时信号源的频率。

2. 双T选频网络振荡器的组装与测试

(1) 按图5.12.5所示组接线路。

(2) 断开双T网络，调试 T_1 管静态工作点，使 U_{C1} 为6～7 V。

(3) 接入双T网络，用示波器观察输出波形，若不起振，调节 R_{W1}，使电路起振。

(4) 测量并记录电路振荡频率。

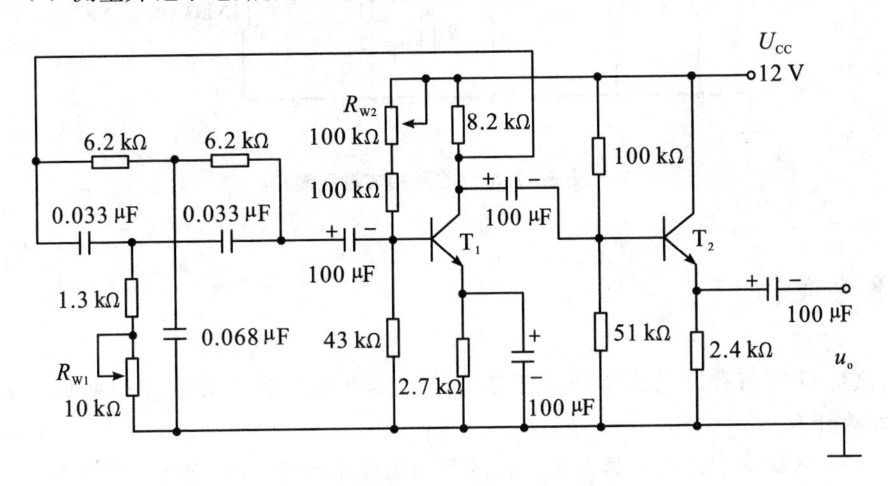

图5.12.5　双T网络 RC 正弦波振荡器

***3. *RC* 移相式振荡器的组装与测试**

(1) 按图5.12.6组接线路。

(2) 断开 RC 移相电路，调整放大器的静态工作点，测量放大器电压放大倍数。

(3) 接通 RC 移相电路，调节 R_{B2} 使电路起振，并使输出波形幅度最大，用示波器观测输出电压 u_o 波形，同时用频率计和示波器测量振荡频率并记录。

【实验报告】

(1) 在 RC 串并联选频网络振荡器中，分析调节 R_f 引起输出波形变化的原因。

(2) 按元件标称值计算 RC 桥式振荡器的振荡频率，并与测量值比较，分析误差的原因。

(3) 总结三类 RC 振荡器的特点。

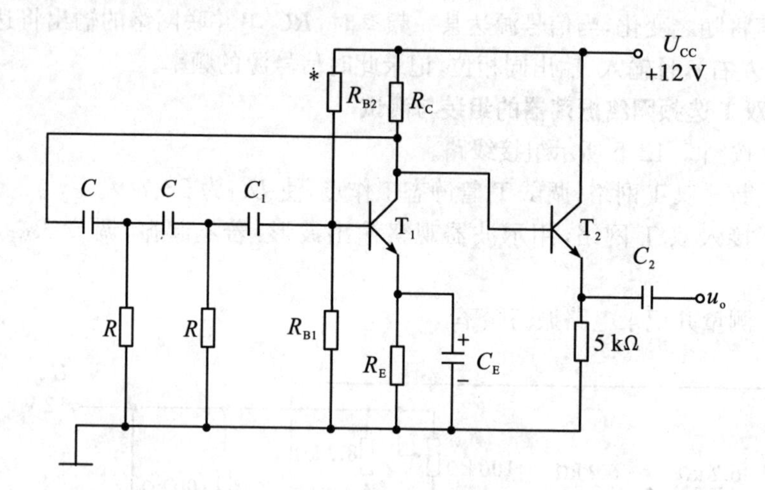

图 5.12.6　RC 移相式振荡器

【思考题】

(1) 用万用表测量正常振荡下各点的工作电压与静态时测得的电压是否相同？为什么？

(2) 欲提高 RC 桥式振荡器的幅度和振荡频率的稳定度，可采取哪些措施？

实验 5.13　*LC* 正弦波振荡器

【实验目的】

(1) 掌握变压器反馈式 *LC* 正弦波振荡器的调整和测试方法。
(2) 研究电路参数对 *LC* 振荡器起振条件及输出波形的影响。

【实验仪器与设备】

序号	名称	规格型号	数量	备注
1	电子技术综合实验箱	WXDZ－02	1	
2	示波器	LM4320	1	观察信号波形
3	晶体管毫伏表	LM2191	1	测交流电压
4	函数信号发生器	SG1010	1	信号源
5	频率计	HC－F2600		测量频率
6	万用表	VC8045	1	测量直流参数
7	万能电桥		1	测量元件参数
8	三极管、电容等	9018、9013 等		

【实验原理】

LC 正弦波振荡器是用 *L*、*C* 元件组成选频网络的振荡器，一般用来产生 1 MHz 以上的高频正弦信号。根据 *LC* 调谐回路的不同连接方式，*LC* 正弦波振荡器分为变压器反馈式（或称互感耦合式）、电感三点式和电容三点式三种。图 5.13.1 为变压器反馈式 *LC* 正弦波振荡器的实验电路，其中晶体三极管 T_1 组成共射放大电路，变压器 T_r 的原绕组 L_1（振荡线圈）与电容 *C* 组成调谐回路，它既作为放大器的负载，又起选频作用，副绕组 L_2 为反馈线圈，L_3 为输出线圈。

该电路靠变压器原、副绕组同名端的正确连接（如图 5.13.1 所示），来满足自激振荡的相位平衡条件,即正反馈条件。而振幅条件的满足,一是靠合理选择电路参数,使放大器建立合适的静态工作点;二是靠改变线圈 L_2 的匝数,或它与 L_1 之间的耦合程度,来得到足够强的反馈量。稳幅作用是利用晶体管的非线性来实现的,由于 LC 并联谐振回路具有良好的选频作用,因此输出电压波形失真较小。

振荡器的振荡频率由谐振回路的电感和电容决定:

$$f_0=\frac{1}{2\pi\sqrt{LC}}$$

式中:L 为并联谐振回路的等效电感(考虑其他绕组的影响)。

振荡器的输出端增加一级射极跟随器,用以提高电路的带负载能力。

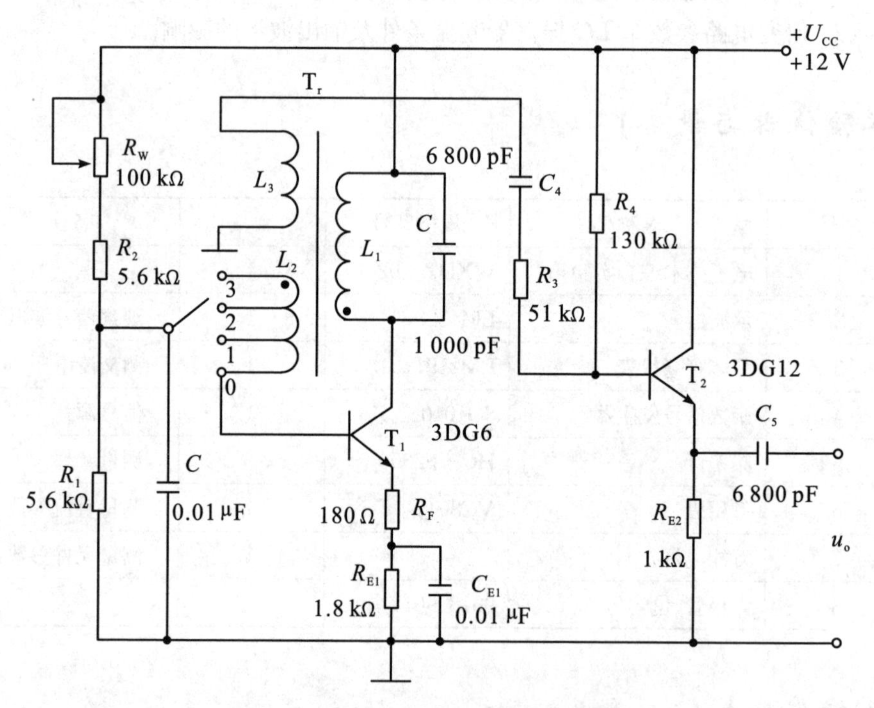

图 5.13.1 LC 正弦波振荡器实验电路

【实验内容】

按图 5.13.1 连接实验电路,电位器 R_W 置最大位置,振荡电路的输出端接示波器。

1. 静态工作点的调整

(1) 接通 +12 V 电源,调节电位器 R_W,使输出端得到不失真的正弦波形,如无波形,可改变 L_2的首、末端位置,使之起振。测量振荡时两管各极的电压值及正弦波的有效值 u_o,记入表5.13.1中。

(2) 把 R_W调小,观察输出波形出现明显失真,测量有关数据,记入表5.13.1中。

(3) 增大 R_W,使振荡波形刚刚消失,测量有关数据,记入表5.13.1中。

表5.13.1　数据记录

		U_B(V)	U_E(V)	U_C(V)	I_C(mA)	u_o(V)	u_o波形
R_W居中	T_1						
	T_2						
R_W小	T_1						
	T_2						
R_W大	T_1						
	T_2						

根据以上三组数据,分析静态工作点对电路起振、输出波形幅度和失真的影响。

2. 观察反馈量大小对输出波形的影响

调节 R_W在输出良好正弦波的情况下,置反馈线圈 L_2于位置"0"(无反馈)、"1"(反馈量不足)、"2"(反馈量合适)、"3"(反馈量过强)时观察和测量相应的输出电压波形,记入表5.13.2中。

表5.13.2　波形记录

L_2位置	"0"	"1"	"2"	"3"
u_o波形				

3. 验证相位条件

改变线圈 L_2的首、末端位置,观察停振现象;恢复 L_2的正反馈接法,改变 L_1的首、末端位置,观察停振现象。

4. 测量振荡频率

调节 R_W 使电路正常起振，同时用示波器和频率计测量回路谐振电容分别为 1 000 pF和 100 pF 两种情况下的振荡频率 f_0，记入表 5.13.3 中。

表 5.13.3　数据记录

C(pF)	1 000	100
f_0(kHz)		

5. 观察谐振回路 Q 值对电路工作的影响

谐振回路两端并入 $R = 5.1\ \text{k}\Omega$ 的电阻，观察 R 并入前、后振荡波形的变化情况。

【实验报告】

(1) 整理实验数据，根据结果分析讨论：

① LC 正弦波振荡器的相位条件和幅值条件。

② 电路参数对 LC 振荡器起振条件及输出波形的影响。

(2) 讨论实验中出现的问题及解决办法。

【思考题】

(1) LC 振荡器是怎样进行稳幅的？在不影响起振的条件下，晶体管的集电极电流是大一些好，还是小一些好？

(2) 在判断振荡器是否起振时，往往采用测量振荡电路中晶体管的 U_{BE} 来判断，为什么？

实验 5.14　波形发生器的设计

【实验目的】

(1) 学习用集成运算放大器构成正弦波、方波和三角波发生器。
(2) 了解实用电路的设计方法。
(3) 掌握波形发生器的装调技术和性能指标的测试方法。

【实验仪器与设备】

序号	名称	规格型号	数量	备注
1	电子技术综合实验箱	WXDZ-02	1	
2	示波器	LM4320	1	观察信号波形
3	晶体管毫伏表	LM2191	1	测交流电压
4	万用表	VC8045	1	测量直流参数
5	集成运算放大器	μA741	2	
6	电阻、电容等元件		若干	

【实验原理及参考电路】

1. *RC* 桥式正弦波振荡器的分析

图 5.14.1 所示为 *RC* 桥式正弦波振荡器的参考电路。其中 *RC* 串、并联电路构成正反馈支路,同时兼作选频网络,R_1,R_2,R_W及二极管等元件构成负反馈和稳幅环节。调节电位器 R_W,可以改变负反馈深度,以满足振荡的振幅条件和改善波形。利用两个反向并联二极管 D_1,D_2 正向电阻的非线性特性来实现稳幅。R_3 的接入是为了削弱二极管非线性的影响,以改善波形失真。

电路的振荡频率

$$f_0=\frac{1}{2\pi RC}$$

起振的幅值条件

$$\frac{R_f}{R_1} \geqslant 2$$

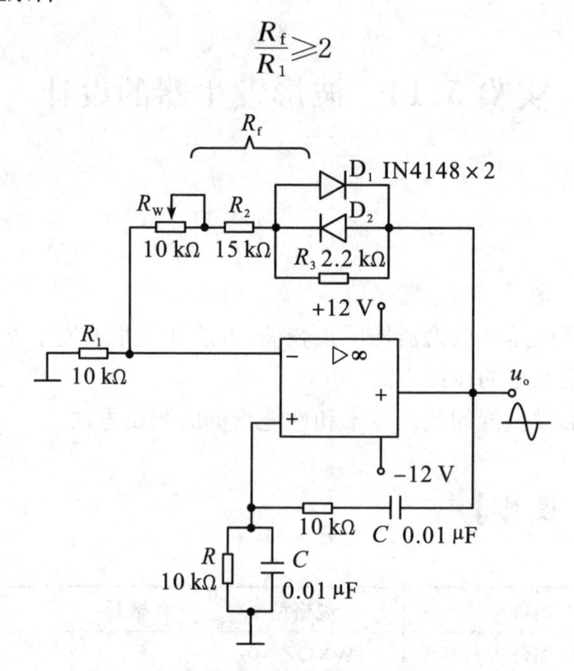

图 5.14.1　*RC* 桥式正弦波振荡器参考电路

式中：$R_f = R_W + R_2 + (R_3 /\!/ r_D)$，$r_D$是二极管正向导通电阻。

调整反馈电阻 R_f（调节 R_W），使电路起振，若不能起振，则说明负反馈太强，应适当加大 R_f；如波形失真严重，则应适当减小 R_f。

改变选频网络的参数 C 或 R，即可调节振荡频率。一般采用改变电容 C 作振荡频率量程切换，而调节 R 作量程内的频率细调。

2. 方波-三角波信号发生器的分析

把滞回比较器和积分器首尾相接形成正反馈闭环系统，构成方波-三角波信号发生器如图 5.14.2 所示的参考电路。比较器 A_1 输出方波信号，经过 R_W 加到 A_2 组成的积分电路，经积分后得到三角波，三角波反馈到 A_1 触发比较器自动翻转形成方波，这样即可构成三角波、方波发生器。图 5.14.3 所示为方波-三角波发生器输出的波形图，由于采用运放组成的积分电路，因此可实现恒流充电，大大改善三角波的线性。

电路振荡频率

$$f_0 = \frac{R_2}{4R_1(R_f + R_W)C_f}$$

方波幅值

$$U'_{\mathrm{om}} = \pm U_Z$$

三角波幅值

$$U_{\mathrm{om}} = \frac{R_1}{R_2} U_Z$$

调节 R_W 可以改变振荡频率，改变比值 $\frac{R_1}{R_2}$ 可调节三角波的幅值。

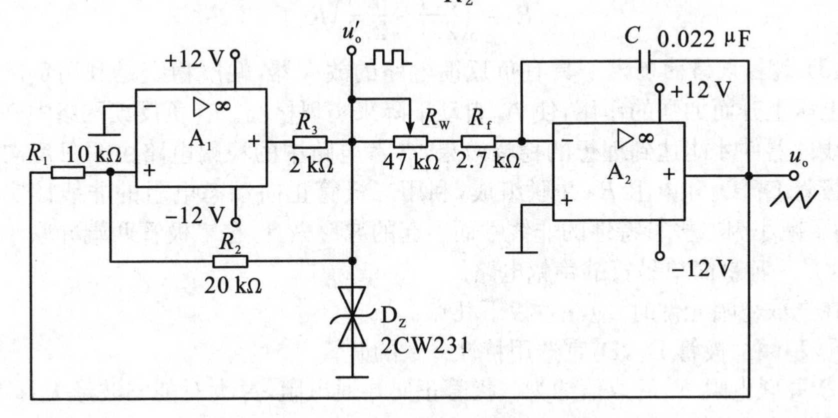

图 5.14.2　方波-三角波发生器

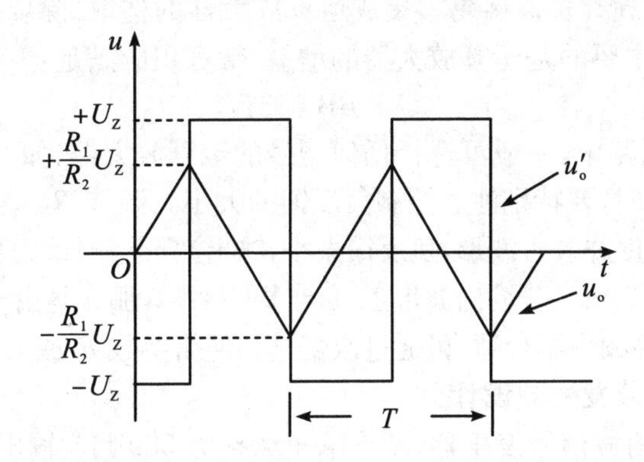

图 5.14.3　方波-三角波发生器输出波形图

【设计要求与元件选择】

1. RC 桥式正弦波振荡器的设计

设计一正弦波振荡器，要求输出频率为 1 kHz、输出电压 V_{pp} 为 2 V。

(1) 选频网络 R、C 值的确定　参考电路如图 5.14.1 所示，为了使选频网络特性不受集成运算放大器的输入电阻 R_i 和输出电阻 R_o 的影响，应使 R 满足 $R_i \gg R \gg R_0$。一般运放的 R_i 约为几百千欧以上，而 R_o 仅为几百欧以下，R 确定之后,根据振荡频率算出电容 C 值。当然,也可以先确定电容 C 再计算电阻 R。

(2) 负反馈网络 R_1 和 R_f 确定 电阻 R_1 和 R_f 应由起振的幅值条件来确定,即 $R_f \geqslant 2R_1$,通常取 $R_f = (2.1 \sim 2.5)R_1$,这样既能保证起振,也不致产生严重的波形失真。

此外,为了减小输入失调电流和漂移影响,电路还应满足直流平衡条件,即 $R = R_1 /\!/ R_f$,于是可导出

$$R_1 = \left(\frac{3.1}{2.1} \sim \frac{3.5}{2.5}\right) R$$

(3) 稳幅电路的确定 具有负反馈电路的放大器,幅度稳定是利用负反馈随输出电压上升而加强的作用,使 A_{uf} 自动下降来实现稳幅。在负反馈网络中必须使用非线性器件才能达到理想的稳幅效果,参考电路中的稳幅电路由两只反向并联的二极管 D_1,D_2 和电阻 R_3 并联组成,利用二极管正向动态电阻的非线性实现稳幅,为了减小因二极管特性的非线性而引起的波形失真,在二极管两端并联小电阻 R_3,这是一种最简单易行的稳幅电路。

在选取稳幅元件时,应注意以下几点:

① 稳幅二极管 D_1,D_2 宜选用特性一致的硅管。

② 并联电阻 R_3 的取值约为二极管正向导通电阻,过大对削弱波形失真不利,过小稳幅效果差,通常取 2～5 kΩ 即可。

(4) 集成运算放大器的确定 集成运算放大器的选取,除要求输入电阻高、输出电阻低之外,最主要的是运算放大器的增益-带宽积应满足:

$$G \cdot BW > 3f_0$$

在低频振荡电路中,一般可选择任何型号的运算放大器,如 μA741 等。

在装调振荡器时,要特别注意控制负反馈的大小。调节 R_W 改变负反馈深度,以满足振荡的振幅条件并改善波形,负反馈太小,输出波形会严重失真;负反馈太大,振荡器停振没有波形输出。若输出波形正、负半周不对称,那么是由于二极管特性不一致所造成的,若振荡频率不合适,可通过改变选频网络参数 R 或 C 的值来实现。

2. 方波-三角波发生器设计

设计方波-三角波信号发生器,要求输出频率为 500 Hz、输出电压 V_{pp} 为 2 V。

参考电路如图 5.14.2 所示,元件选取参考 RC 正弦波振荡器的设计,由于比较器 A_1 与积分器 A_2 组成正反馈闭环电路,同时输出方波与三角波,故这两个单元电路需要同时安装。调试时,电位器 R_W 调节很关键,要先将其调整到设计值,否则电路可能会不起振。A_1 的输出 U_o' 为方波,A_2 的输出 U_o 为三角波,微调 R_W,使三角波的输出幅度满足设计指标要求,改变 R_2,则输出频率可达到设计要求。

【电路装调与测试】

首先通过数据手册,查找集成运算放大器(如 μA741)的技术参数、引脚分布,

分清同相和反相输入端、正负电源端，准备好符合参数要求的若干二极管、电阻、电容等器件。

1. 组装电路

根据课题要求，在实验箱的自主实验区连接、组装电路或在万能板上焊接、组装 RC 正弦波振荡器和方波-三角波振荡器，焊接电路集成块使用相应的插座。

2. 调整与测量

(1) 对于正弦波，调整 R_W 使输出得到不失真、良好的正弦波。测量输出频率和输出电压，若频率达不到要求，更改 RC 选频网络的 R 或 C（若输出电压不符要求，应如何调整电路?）。

(2) 对于方波、三角波，调整 R_W 使 u_o 处有三角波输出。测量 u'_o 和 u_o 处的频率和电压（如何调整使其符合要求?）。

【设计报告要求】

1. 设计的任务与要求

(1) 设计题目。

(2) 任务与要求。

2. 电路设计与分析

针对设计任务及要求提出设计方案，分析电路工作原理，计算元件参数，给出元器件型号。

3. 电路的调整与测试

记录测试过程中的数据和波形，分析安装调试中的现象、出现的问题和解决的方法。

4. 撰写个人心得体会

对设计的内容、方法、手段、效果进行评价，并提出改进的意见和建议。

【思考题】

(1) 三角波的线性度、对称度与电路哪些因素有关?

(2) 如何提高正弦波振荡器的振幅稳定度和振荡频率稳定度?

实验5.15 低频功率放大器

【实验目的】

(1) 进一步理解OTL功率放大器和集成功率放大器的工作原理及性能。
(2) 学会OTL电路的调试,观察OTL功率放大电路的交越失真。
(3) 学习OTL电路与集成功率放大器主要性能指标的测试方法。
(4) 了解自举电路对改善互补功率放大器的性能所起的作用。

【实验仪器与设备】

序号	名称	规格型号	数量	备注
1	电子技术综合实验箱	WXDZ-02	1	
2	示波器	LM4320	1	观察信号波形
3	晶体管毫伏表	LM2191	1	测交流电压
4	万用表	VC8045	1	测量直流参数
5	集成功放块	LM386等	1	
6	晶体三极管	9011、9013、3DG12、3CG12等	若干	

【实验原理】

1. 分立元件组成的OTL功率放大器

图5.15.1所示为OTL低频功率放大器,其中由晶体三极管T_1组成推动级(也称前置放大级),T_2,T_3是一对参数对称的PNP和NPN型晶体三极管,组成互补推挽OTL功放电路。由于每一个管子都接成射极输出器形式,因此具有输出电阻低、负载能力强等优点,适合于作功率输出级。T_1管工作于甲类状态,它的集电极电流I_{C1}由电位器R_{W1}进行调节。I_{C1}的一部分流经电位器R_{W2}及二极管D,给T_2,T_3提供偏压。调节R_{W2},可以使T_2,T_3得到合适的静态电流而工作于甲乙类状

态,以克服交越失真。静态时通过调节 R_{W1} 使输出端中点 A 的电位 $U_A=\frac{1}{2}U_{CC}$。在电路中引入交、直流电压并联负反馈,一方面能够稳定放大器的静态工作点,同时也改善了非线性失真。

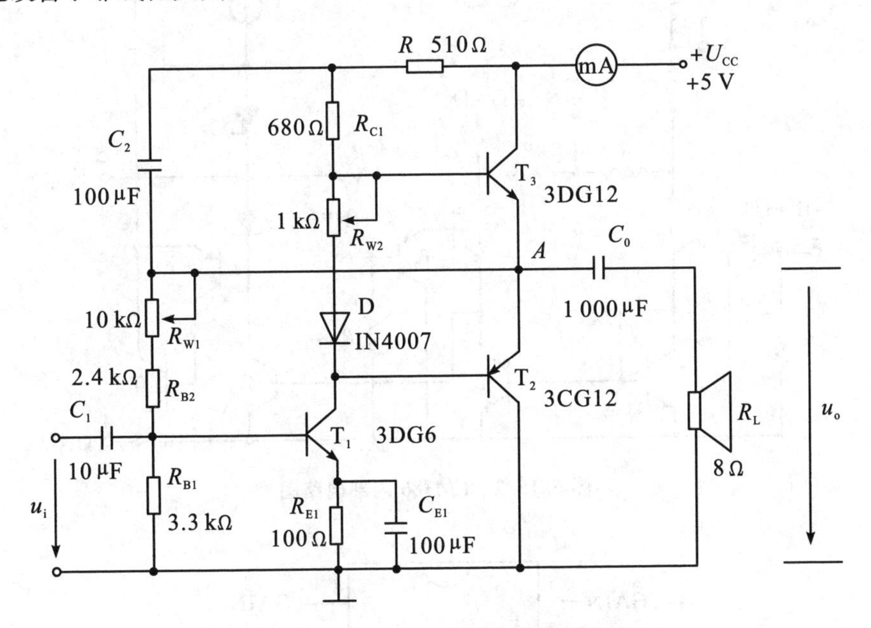

图 5.15.1 OTL功率放大器实验电路

当输入正弦交流信号 u_i 时,经 T_1 放大、倒相后同时作用于 T_2,T_3 的基极,u_i 的负半周使 T_3 管导通(T_2 管截止),有电流通过负载 R_L,同时向电容 C_0 充电,在 u_i 的正半周,T_2 导通(T_3 管截止),则已充好电的电容器 C_0 起着电源的作用,通过负载 R_L 放电,这样在 R_L 上得到完整的一周期正弦波信号。C_2 和 R 构成自举电路,用于提高输出电压正半周的幅度,以得到更大的动态范围。

2. 集成功率放大器

集成功放具有线路简单、性能优越、工作可靠、调试方便等优点,已经成为在音频领域中应用十分广泛的功率放大器。本实验采用集成功放 LM386,内部电路如图 5.15.2 所示,图中,T_1～T_4 组成共集-共射组态的差动输入级,T_5,T_6 构成镜像电流源并作为输入级的有源负载,T_7 组成共射中间电压放大级,由 T_8,T_9,T_{10},V_{D1} 和 V_{D2} 构成互补对称输出级,R_3,R_4 和 R_5 组成直流负反馈电路。

LM386 内部设定增益为 20,以保持外部元件最少,在管脚 1 和管脚 8 之间增加外部电阻和电容,可使增益提高到 200。电路输入端以地为参考点,则输出自动偏置为电源电压值的二分之一,使用 6 V 电源时静态功耗仅为 24 mW,其引脚分布如图 5.15.3 所示。

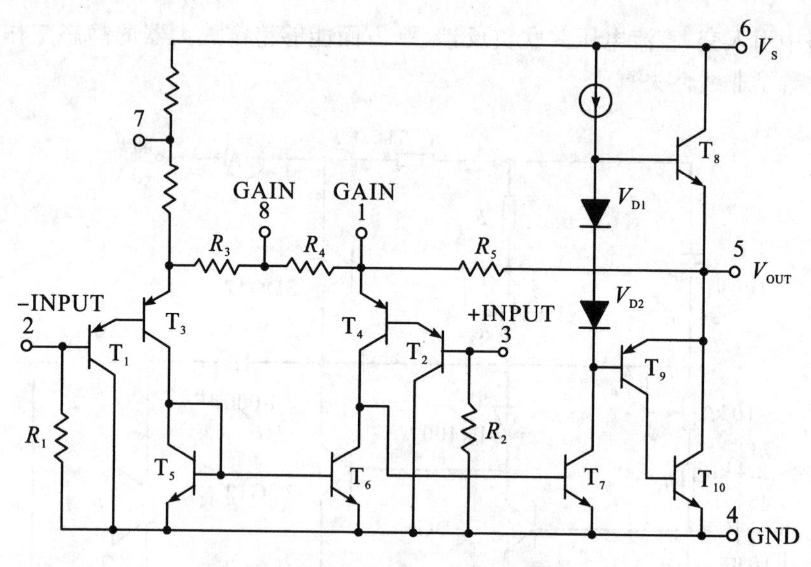

图 5.15.2 LM386 内部电路图

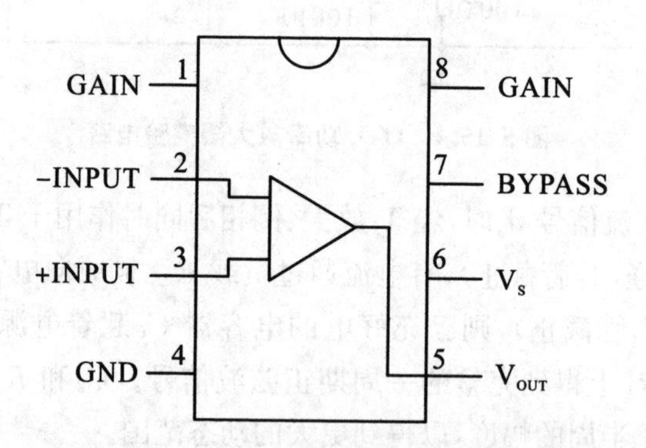

图 5.15.3 LM386 外形及管脚排列图

集成功率放大器 LM386 的应用电路如图 5.15.4 所示，管脚 1、8 所接电容和电阻的参数，控制功放的增益，管脚 7 所接电容为消振电容，消除可能存在的寄生振荡。

3. 功率放大器的主要性能指标

(1) 最大不失真输出功率 P_{om}　理想情况下，最大输出功率 $P_{om}=\frac{1}{8}\frac{U_{CC}^2}{R_L}$，在实验中通过观测 R_L两端波形为临界饱和状态时的电压有效值 u_o，实际的输出功率

$P_{om}=\dfrac{u_o^2}{R_L}$。

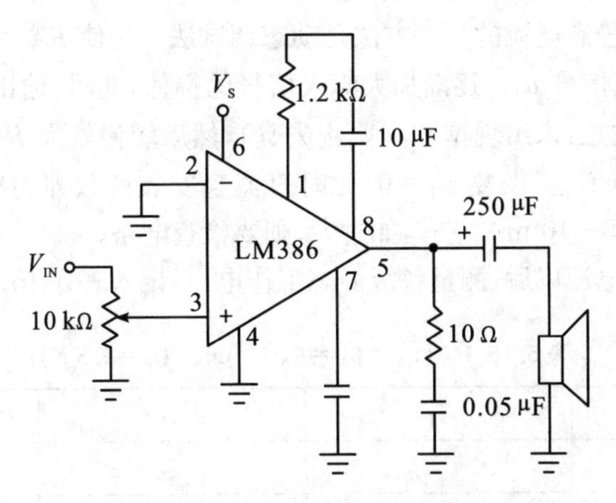

图 5.15.4 LM386 应用电路

(2) 效率 η 功率放大器的效率 $\eta=\dfrac{P_{om}}{P_E}\times100\%$，其中 P_E为直流电源供给的平均功率。

理想情况下，$\eta_{max}=78.5\%$。在实验中，测量电源供给的平均电流 I_{dC}，求出电源供给的平均功率 $P_E=U_{CC}\cdot I_{dC}$，即可计算出实际效率。

(3) 输入灵敏度 输入灵敏度是指输出最大不失真功率时，输入信号 u_i之值。

【实验内容】

在整个测试过程中，电路不应有自激现象。

1. OTL 功放电路的静态工作点测试

按图 5.15.1 连接实验电路，将输入信号调至零($u_i=0$)，电源进线中串入直流毫安表，电位器 R_{W2}置最小值，R_{W1}置中间位置。接通 +5 V 电源，观察毫安表指示，同时用手触摸输出级管子，若电流过大，或管子温升显著，应立即断开电源检查原因(如 R_{W2}开路、电路自激或输出管性能不良等)。如无异常现象，可开始调试。

(1) 调节输出端中点电位 U_A 调节电位器 R_{W1}，用万用表测量 A 点电位，使 $U_A=\dfrac{1}{2}U_{CC}$。

(2) 调整输出级静态电流及测试各级静态工作点 调节 R_{W2}，使 T_2，T_3管的 $I_{C2}=I_{C3}=5\sim10$ mA。从减小交越失真角度而言，应适当加大输出级静态电流，但该电流过大，会使效率降低，所以一般以 5～10 mA 为宜。由于毫安表是串在电源进线中的，因此测得的是整个放大器的电流，但一般 T_1 的集电极电流 I_{C1} 较小，从而可以把测得的总电流近似为末级的静态电流。

调整输出级静态电流的另一方法是动态调试法。先使 $R_{W2}=0$，在输入端接入 $f=1$ kHz 的正弦信号 u_i。逐渐加大输入信号的幅值，此时，输出波形应出现较严重的交越失真（注意：未出现饱和和截止失真），然后缓慢增大 R_{W2}，当交越失真刚好消失，停止调节 R_{W2}，恢复 $u_i=0$，此时直流毫安表读数即为输出级静态电流。一般数值也应在5～10 mA左右，如过大，则要检查电路。

调好输出级电流以后，测量各级静态工作电压，记入表5.15.1中。

表5.15.1 （$I_{C2}=I_{C3}=$ 　　　mA　$U_A=2.5$ V）

	T_1	T_2	T_3
U_B（V）			
U_C（V）			
U_E（V）			

注意：① 在调整 R_{W2} 时，要注意旋转方向，不要调得过大，更不能开路，以免损坏输出管；② 输出级静态电流调好，如无特殊情况，不得随意旋动 R_{W2} 的位置。

2. OTL功放的 P_{om} 和 η 的测试

（1）测量 P_{om}　输入端接 $f=1$ kHz 的正弦信号 u_i，用示波器观察输出电压 u_o 波形。逐渐增大 u_i，使输出电压达到最大不失真，用交流毫伏表测出负载 R_L 上的电压 u_{om}，则

$$P_{om}=\frac{u_{om}^2}{R_L}$$

（2）测量 η　当输出电压为最大不失真时，读出直流毫安表中的电流值，此电流即为直流电源供给的平均电流 I_{dC}（有一定误差），由此可近似求得 $P_E=U_{CC}I_{dC}$，则

$$\eta=\frac{P_{om}}{P_E}$$

3. 研究OTL功放电路中的自举作用

（1）测量有自举电路，且 $P_o=P_{omax}$ 时的电压增益 $A_u=\dfrac{u_{om}}{u_i}$。

（2）将 C_2 开路，R 短路（无自举），再测量 $P_o=P_{omax}$ 的 A_u。

用示波器观察(1)、(2)两种情况下的输出电压波形，并将以上两项测量结果进行比较，分析研究自举电路的作用。

4. 集成功放的静态测试

将输入信号旋钮旋至零，接通 +5 V 直流电源，用示波器观察输出端的电压 u_o 有无振荡和纹波电压，如有，通过改变或增加管脚 7 和地之间的电容来消除。在无输出波形的情况下测量静态总电流及各脚对地电压，记入自拟表格中。

5. 集成功放的动态测试

输入端接 1 kHz 正弦信号，用示波器观察输出电压波形，逐渐加大输入信号幅度，使输出电压为最大且不失真，用交流毫伏表测量此时的输出电压 u_{om}，用万用表测出此时的电源电压 E_C 和电流 I_E，记入自拟表格中，计算最大输出功率 P_{om}、电源提供的功率 P_E，以及效率 η。

6. 试听

输入信号改为 MP3 输出，功放输出端接试听音箱及示波器。开机试听 OTL 功放和集成功放的音响效果，并观察语言和音乐信号的输出波形。

【实验报告】

(1) 整理实验数据，计算静态工作点、最大不失真输出功率 P_{om}、效率 η 等，并与理论值进行比较。

(2) 分析自举电路的作用。

(3) 通过分立元件和集成功放的测试，分析比较两种电路的优缺点。

(4) 对实验中出现的问题和调试过程进行分析总结。

【思考题】

(1) 交越失真产生的原因是什么？怎样克服交越失真？

(2) 为什么引入自举电路能够扩大输出电压的动态范围？

(3) 在无输入信号时，示波器观察到输出端有波形，此时电路是否正常？如何消除？

实验5.16 直流稳压电源的研究

【实验目的】

(1) 研究单相桥式整流、电容滤波电路的特性。

(2) 掌握稳定度、内阻和纹波电压的测量方法。

(3) 研究集成稳压器的特点和性能指标的测试方法。

【实验仪器与设备】

序号	名称	规格型号	数量	备注
1	电子技术综合实验箱	WXDZ-02	1	
2	双踪示波器	LM4320	1	观察纹波波形
3	交流毫伏表	LM2191	1	测纹波电压
4	万用表	VC8045	1	测量交直流参数
5	三端稳压器	W7812、W7912等	各1	
6	晶体三极管	9011、9013、9012	若干	

【实验原理】

直流稳压电源是电子系统中不可缺少的设备之一，也是模拟电路理论知识的基本内容之一。除少数电子系统直接利用干电池和直流发电机外，大多数采用把交流电(市电)转变为直流电并经稳压后给设备供电。

直流稳压电源由电源变压器、整流、滤波和稳压电路四部分组成，原理组成框图如图5.16.1所示。电网供给的交流电压 u_1(220 V,50 Hz)经电源变压器降压后，得到符合电路需要的交流电压 u_2，然后由整流电路变换成方向不变、大小随时间变化的脉动电压 u_3，再用滤波器滤去交流分量，得到比较平滑的直流电压 u_i。但这样的直流输出电压，还会随交流电网电压的波动或负载的变动而变化，在对直流供电要求较高的场合，还需要使用稳压电路，以保证输出直流电压更加稳定。

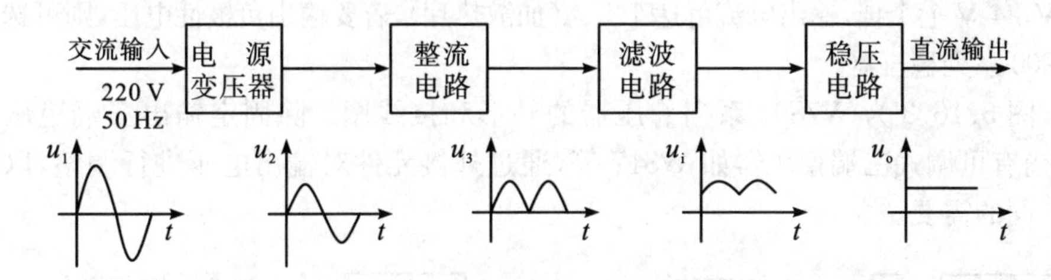

图 5.16.1　直流稳压电源组成框图

1. 分立元件组成的稳压电源

图5.16.2是由分立元件组成的串联型稳压电源，由调整元件（晶体管 T_1），比较放大器 T_2，R_7，取样电路 R_1，R_2，R_W，基准电压 D_W，R_3 和过流保护电路 T_3 管等组成，整个稳压电路是一个具有电压串联负反馈的闭环系统。当电网电压波动或负载变动引起输出直流电压发生变化时，取样电路取出输出电压的一部分送入比较放大器，并与基准电压进行比较，产生的误差信号经 T_2 放大后送至调整管 T_1 的基极，使调整管改变其管压降，以补偿输出电压的变化，从而达到稳定输出电压的目的。

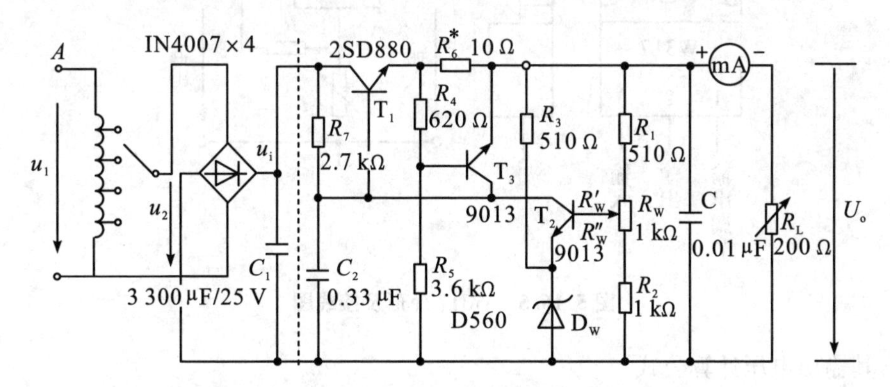

图 5.16.2　串联型稳压电源实验电路（虚线右侧）

由于在稳压电路中，调整管与负载串联，因此流过它的电流与负载电流一样大，当输出电流过大或发生短路时，调整管会因电流过大或电压过高而损坏，所以需要对调整管加以保护。在图5.16.2电路中，晶体管 T_3，R_4，R_5，R_6 组成过流型保护电路，此电路设计在 $I_{oP}=1.2I_o$ 时开始起保护作用，故障排除后电路能自动恢复正常工作。在调试时，若保护作用提前，应减少 R_6 值；若保护作用滞后，则应增大 R_6 值。

2. 集成电路组成的稳压电源

W7800，W7900系列三端式稳压器是串联线性集成稳压器，其输出电压固定不能调整。W7800系列三端式稳压器输出正极性电压，有5 V，6 V，9 V，12 V，15 V，18 V，24 V七个挡，输出电流可达1.5 A(加散热片)，若要输出负极性电压，则可选用W7900系列稳压器。

图5.16.3为W7800系列稳压器的外形和接线图。除固定输出三端稳压器外，尚有可调式三端稳压器如W317等，通过外接元件对输出电压进行调整，以适应不同的需要。

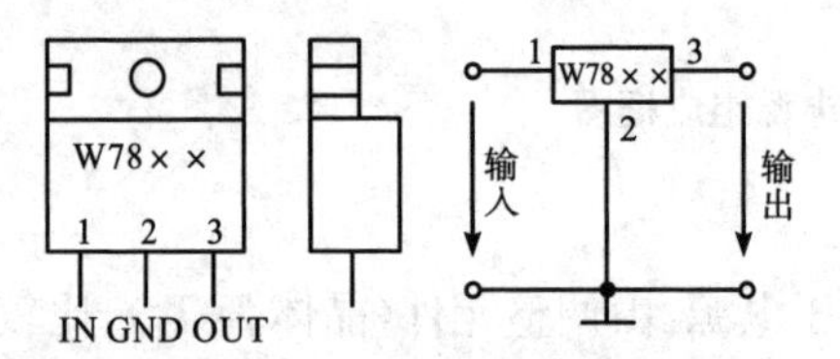

图5.16.3　W7800系列外形及接线图

图5.16.4　W7900系列外形及接线图

图5.16.4为W7900系列(输出负电压)外形及接线图，图5.16.5为可调输出正三端稳压器W317外形及接线图。

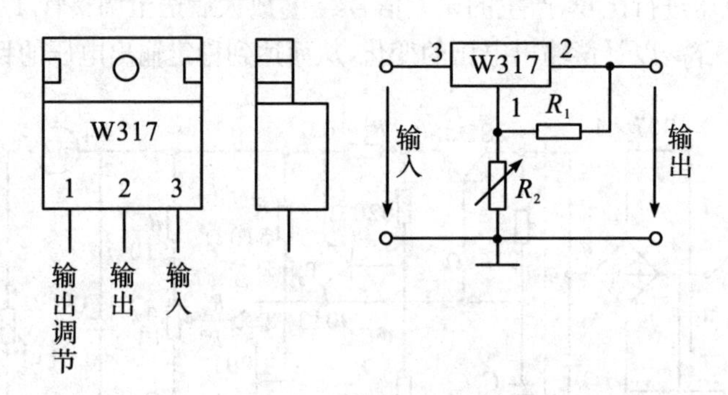

图5.16.5　W317外形及接线图

其输出电压计算公式

$$U_0 \approx 1.25\left(1+\frac{R_2}{R_1}\right)$$

最大输入电压

$$U_{im}=40\ \text{V}$$

输出电压范围

$$U_o=1.2\sim 37\ \text{V}$$

3. 稳压电源的主要质量指标

评价直流稳压电源的指标有两种：特性指标和质量指标。特性指标包括输出电压、输出电流及输出电压的调节范围；质量指标则包括稳压系数、动态内阻及纹波电压等。

(1) 输出电压 U_o和输出电压范围

$$U_o=\frac{R_1+R_W+R_2}{R_2+R''_W}(U_Z+U_{BE2})$$

调节 R_W可以改变输出电压 U_o。

(2) 最大负载电流 I_{omax}　稳压电源正常工作时能输出的最大电流,用 I_{omax}表示。一般情况下的工作电流 $I_o<I_{omax}$。稳压电路内部的保护电路作用是防止 $I_o>I_{omax}$而损坏稳压器。

(3) 稳压系数 S_u　当负载电流和温度不变时,输入电压的变化引起输出电压的变化程度。根据电路计算稳压系数 S_u:

$$S_u\approx\frac{1}{1+k|A_u|}$$

式中:$|A_u|$为比较放大器放大倍数的绝对值;k 为取样电路的分压系数。在实验中 S_u通过数字电压表测量,当输入电压 U_i改变时,输出电压 U_o的变化值 ΔU_o。由于 ΔU_o较小,所以一般采用数字电压表测量,用指针式万用表无法测量。

在实际工作中,用输入电压变化±10%时,输出电压的相对变化量表示,即

$$S_u=\left.\frac{\Delta U_o/U_o}{\Delta U_i/U_i}\right|_{R_L=\text{常数}}$$

(4) 动态内阻 R_o　当输入电压和温度不变时,负载电流的变化引起输出电压的变化程度。显然 R_o越小输出电压越稳定,动态内阻

$$R_o=\frac{\Delta U_o}{\Delta I_o}$$

在实际工作中,动态内阻 R_o通常用二次电压法进行测试,测量出电路的开路输出电压 U_o和有载输出电压 U_{oL},则

$$R_o=\left(\frac{U_o}{U_{oL}}-1\right)\times R_L$$

式中:R_L为电源所加的负载。

(5) 纹波电压　输出纹波电压是指在额定负载条件下,输出电压中所含交流分量的有效值(或峰值)。如果把输入电压 U_i包含的纹波电压 $U_{i\omega}$看成输入电压的变化 ΔU_i,那么输出电压中包含的纹波电压根据稳压系数的定义可得到

$$U_{o\omega}=S_u\cdot U_{i\omega}$$

在实际工作中,通常直接用交流毫伏表或示波器测量。

【实验内容】

1. 整流滤波电路测试

按图 5.16.6 连接实验电路,取可调工频电源电压为 16 V,作为整流电路输入

电压 u_2。

(1) 取 $R_L = 240\ \Omega$，不加滤波电容，测量直流输出电压 U_L 及纹波电压 $\tilde{U}_L$，并用示波器观察 u_2 和 u_L 波形，记入表 5.16.1 中。

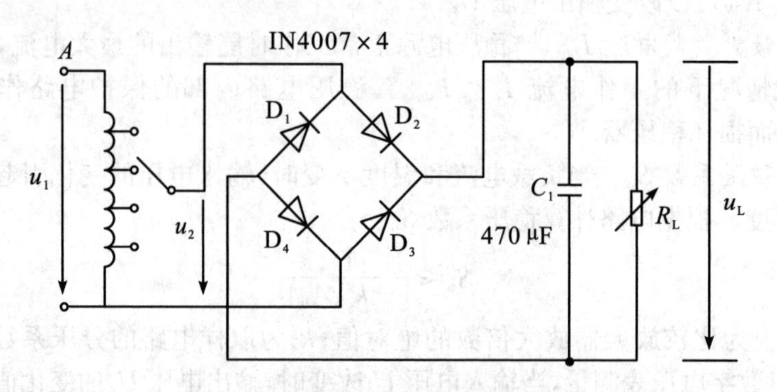

图 5.16.6 整流滤波电路

表 5.16.1 整流滤波电路记录表 (u_2=16 V)

电路形式		U_L(V)	$\tilde{U}_L$(V)	u_L波形
$R_L = 240\ \Omega$	~			u_L t
$R_L = 240\ \Omega$ $C = 470\ \mu F$	~			u_L t
$R_L = 120\ \Omega$ $C = 470\ \mu F$	~			u_L t

(2) 取 $R_L = 240\ \Omega$，$C = 470\ \mu F$，重复内容(1)的要求，记入表 5.16.1 中。

(3) 取 $R_L = 120\ \Omega$，$C = 470\ \mu F$，重复内容(1)的要求，记入表 5.16.1 中。

2. 串联型稳压电源性能测试

在图 5.16.6 基础上按图 5.16.2 连接实验电路。

(1) 测量输出电压可调范围　接入负载 R_L(滑线变阻器),并调节 R_L,使输出电流 $I_o \approx 100$ mA。调节电位器 R_W,测量输出电压可调范围 $U_{omin} \sim U_{omax}$。

(2) 测量各级静态工作点　调节 R_W 使输出电压 $U_o = 12$ V,输出电流 $I_o = 100$ mA,测量各极电压,记入表5.16.2中。

表5.16.2　静态工作点测量记录表($U_2 = 16$ V,$U_o = 12$ V,$I_o = 100$ mA)

	T_1	T_2	T_3
U_B(V)			
U_C(V)			
U_E(V)			

(3) 测量稳压系数 S_u　取 $I_o = 100$ mA,按表5.16.3改变整流电路输入电压 U_2(模拟电网电压波动),分别测出相应的稳压器输入电压 U_i 及输出直流电压 U_o,记入表5.16.3中。

表5.16.3　稳压系数测量记录表($I_o = 100$ mA)

U_2	U_i	U_o	S_u
16(V)			
14(V)			
18(V)			

(4) 测量动态内阻 R_o　取 $U_2 = 16$ V,改变负载大小,使 I_o 为空载、50 mA和100 mA,测量相应的 U_o 值,自拟表格记录。

(5) 测量输出纹波电压 $U_{o\omega}$　取 $U_2 = 16$ V,$U_o = 12$ V,$I_o = 100$ mA,用毫伏表和示波器测量输出纹波电压 $U_{o\omega}$,自拟表格记录。

(6) 调整过流保护电路

① 接通工频电源,调节 R_W 使 $U_o = 12$ V,调节负载电阻 R_L 使 $I_o = 100$ mA,此时保护电路应不起作用,测出 T_3 管各极电位值,分析工作状态。

② 逐渐减小 R_L,使 I_o 增加到120 mA,观察 U_o 是否下降,并测出保护起作用后 T_3 管各极的电位值。(若保护作用过早或滞后,可通过改变 R_6 值进行调整。)

3. 集成稳压器性能测试

断开电源,将分立稳压电源拆除,改接W7812稳压块,输入用工频16 V电源,负载电阻 R_L 取120 Ω,测量:① 输出电压 U_o;② 稳压系数 S_u;③ 动态内阻 R_o;④ 输出纹波电压 $U_{o\omega}$,自拟表格记录。

【实验报告】

(1) 对表5.16.1所测结果进行分析,总结桥式整流、电容滤波电路的特点。

(2) 根据所测数据,计算分立电路稳压电源的稳压系数 S_u 和动态内阻 R_o,并进行分析。

(3) 整理集成稳压器实验数据,计算 S_u 和 R_o,并与手册上的典型值进行比较。

(4) 分析稳压电源正常和过载时保护电路的工作状态。

(5) 比较分立电路稳压电源与集成稳压电源的实验数据,分析两种电路的性能及优缺点。

【思考题】

(1) 在桥式整流电路实验中,能否用双踪示波器同时观察 u_2 和 u_L 波形?为什么?

(2) 为了使稳压电源的输出电压 $U_o=12$ V,则其输入电压的最小值 U_{imin} 应等于多少?交流输入电压 U_{2min} 应怎样确定?

实验 5.17 声光控制灯的设计

【设计任务】

(1) 设计一个用于楼道路灯的声光控制开关:白天灯不亮,夜间在声音的作用下使灯点亮,灯亮约20秒后自动熄灭,要求电路简单、成本低、安全可靠,一般的干扰噪声不能够开灯。

(2) 要求完成整个系统的设计,包括设计方案选取、电路分析、电路图绘制、硬件的装配与调试、测试现象分析、撰写总结报告。

【方案设计】

声光控制系统需要考虑声音和光线的共同作用,而且光线强弱信号优于声音信号,执行机构根据负载的大小,选择不同的驱动,系统结构框图如图5.17.1所示。

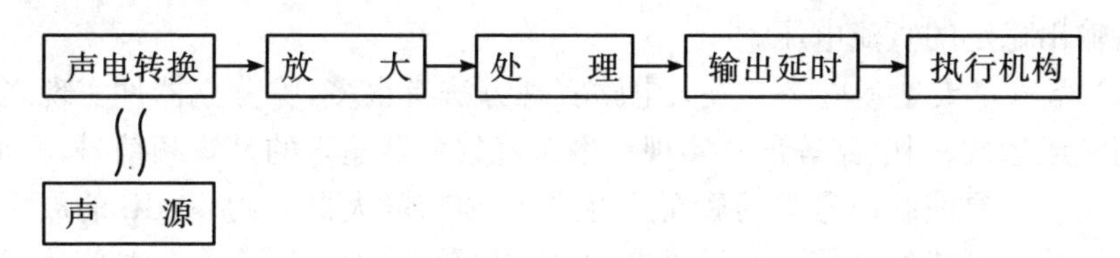

图 5.17.1 声光控原理框图

声源产生的声音信号,经声电转换器转换成微弱的电信号,该信号放大后送至处理器处理,使幅度、频率不尽相同的一群声波信号转换成一次状态改变的控制信号,该信号经延时处理电路达到设计要求的延时时间,执行机构在延时时间内控制负载动作,处理电路如图5.17.2所示。

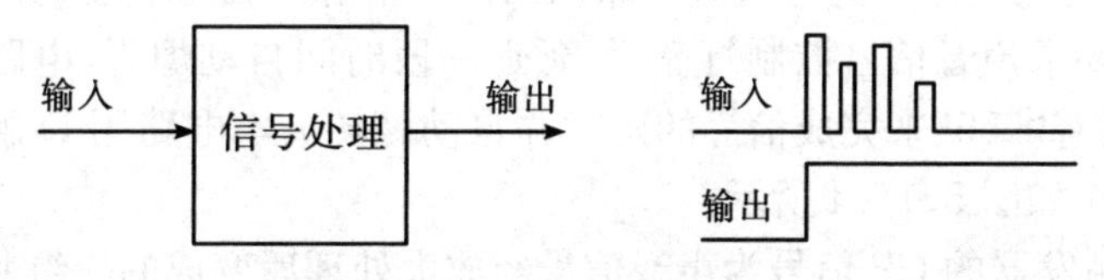

图 5.17.2 信号处理框图

【电路设计】

1. 系统参考电路

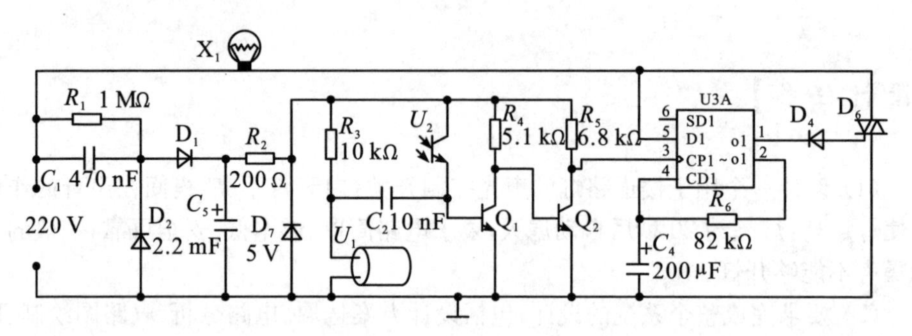

图 5.17.3 声光控参考电路

2. 单元电路设计

(1) 电源设计 电源电路的种类繁多,如变压器降压,桥式整流,LC、RC 滤波,三端集成稳压器等。具体采用什么电路合适,则根据主体电路及执行机构不同和可靠、价廉、有效等要求进行选用。本参考电路中采用电容降压的结构形式:220 V的工频交流电经电容 C_1,R_1 降压,D_1,D_2 整流,C_5 滤波,R_2 和稳压管 D_7 稳压后输出稳定的直流电压。

(2) 信号放大整形电路 放大电路实现方法有很多,除分立器件实现之外,还可采用集成运放、门电路等形式实现。本系统放大器输入的是音频信号,幅值为几十毫伏左右。要使此信号驱动后面的可控硅,要求放大器有约 60 dB 的放大倍数,由于一级放大电路的倍数不满足要求,故采用两级放大。因用作开关信号,晶体管直接工作于开关状态,如图中的 Q_1,Q_2。要求白天灯不亮,电路中采用光敏电阻作为晶体管 Q_1 的偏置电阻,白天光敏电阻阻值小,基极电流大,使晶体管 Q_1 处于深度饱和,致使话筒传过来的声音信号,不能使其退出饱和达到放大的目的。晚上光敏电阻阻值很大,Q_1 截止、Q_2 饱和,输入信号经 Q_1,Q_2 放大整形后变成幅值约为 5 V 的一组不规则的脉冲信号。

(3) 延时处理电路 为使放大电路输出的一群脉冲信号转变为开灯的单一状态控制信号,要求声音信号控制灯亮后,延迟一段时间自动熄灭,电路中可采用基本触发器或时基“555”来完成信号的延时并自动翻转。本电路用 D 触发器作延时处理,电路工作如图 5.17.4 所示。

图中 D 触发器的 CP 信号为声音信号经放大处理后变成的一组非规则脉冲信号,设 D 触发器的初态 Q =“0”,$U_C = 0$,D 数据输入端恒为“1”,CP 到达时,Q 翻转为"1"，负载灯打开，同时电容 C 被充电，当复位端 R 的 $U_C \geqslant \frac{1}{2} V_{DD}$ 时，触发器 Q 端被复位为"0"，灯熄灭。电容上电压逐渐放电到 0，等待下次 CP 信号到来时 Q 又重新置"1"。这种电路用于楼道灯开关，当人走近楼道发出声音时灯亮，经过一段时间延迟后灯自动熄灭。

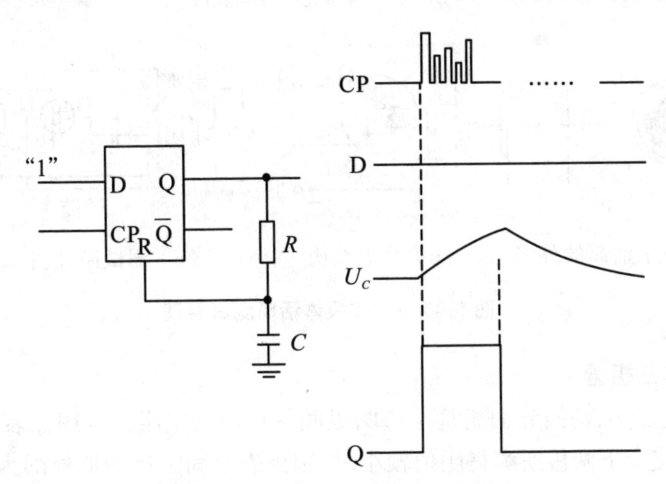

图 5.17.4　D触发器延时电路

当用 MOS 器件时，阈值电压为 $\frac{1}{2} V_{DD}$，电容充、放电到 $\frac{1}{2} V_{DD}$ 所需时间 t_d 约为 $0.693RC$，所以如选 $C = 220\ \mu F$，要求延时 $t_d = 15\ s$ 时：

$$R = \frac{t_d}{0.693C} = \frac{15}{0.693 \times 220 \times 10^{-6}} = 98\ (k\Omega)$$

R 取 100 kΩ 能满足设计要求。

(4) 执行机构　通常作为开关使用的器件有晶体管、可控硅、继电器等，而负载则为电灯、电机等多种多样。声控开关的输出如能直接带动负载，就可以直接接上，对于大负荷、交流市电等，声控开关的输出，还须控制满足负荷要求的开关，如可控硅、继电器等。本电路使用可控硅控制电灯，可控硅的导通角是可控制的，其控制极电流 I_G 的大小将直接影响灯的亮度，I_G 越大，导通角越大，灯越亮。经实验测试，当 $I_G \geqslant 10$ mA 时，可控硅全部导通。

【电路制作】

设计的电路在万能板或面包板上进行器件装配，装配之前需先进行元器件的检测。

1. 驻极体话筒

用万用表来判断话筒的漏极、源极及灵敏度，根据图5.17.5(c)的测试原理图和声压作用原理，将万用表拨至$R\times1\ 000$挡，假设黑表笔接漏极，红表笔接源极，同时接地，这时用嘴吹话筒，观看表头的指示。若无指示，则交换黑、红表笔，若有指示，则根据指示范围的大小，说明其灵敏度的高低。

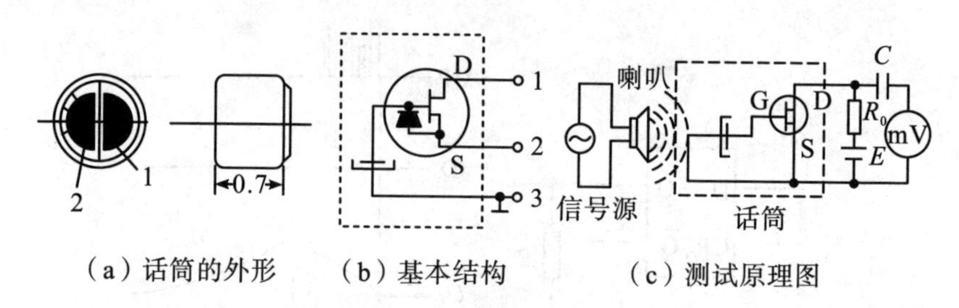

(a) 话筒的外形　(b) 基本结构　(c) 测试原理图

图5.17.5 驻极体话筒测试原理

2. 晶体三极管

用万用表的欧姆挡分别测管子每两极间的正反向电阻。当用黑表笔接一电极，红表笔分别接余下两极所测得阻值较小时，则黑表笔固定接的那极即为基极b，同时此管为NPN管；在余下的两极中先假定一极为集电极c，另一极为e，黑表笔接c，红表笔接e，在c和b之间跨界人体电阻，若阻值较小，则假定正确。否则，对换表笔重新测量。

3. 二极管

将万用表拨至$R\times100$或$\times1\ 000$挡，当所测的电阻值较小时，所测的是正向电阻，即黑表笔接的是二极管的正极、红表笔接的是负极；反之，若测得的阻值较大，则是反向电阻，黑表笔接的是负极、红表笔接的是正极。

4. 电阻的测量

用万用表的欧姆挡来测量电阻阻值。首先将万用表拨至欧姆挡的适当倍乘挡位，然后进行调零，接着对电阻进行测量，从表头的读数确定阻值的大小。注意：每次变换量程，都需重新调零。

5. 双向可控硅

将万用表拨至$R\times10$ kΩ或$R\times100$ kΩ，分别测管脚间的正反向电阻。若测得两管脚间的正反向电阻很小(约100 Ω)，则这两管脚为T_1和G极，余下的即为T_2。接着区分开T_1和G，任选一极假设为T_1，万用表拨至$R\times1$ Ω，将两表笔分别接至T_1(假设)和T_2，在保持与T_2相接的情况下和G(假设)短接，这时可看到阻值变小，说明此时可控硅因触发导通而处于通态。再在保持与T_2相接的情况下和G断开，仍处于通态；对换两笔表，重复上述步骤，如仍能触发导通，则假设成立，否则不成立。

元件检测完成后，根据设计电路安装、焊接，并进行简单的检查。

【调试与故障分析】

1. 仪器准备

准备好系统调试需要的万用表、函数信号发生器和示波器，本电路220 V供电无隔离措施，220 V的市电对人体有危险，调试时需要隔离变压器。

2. 通电准备

打开电源之前，先按照系统原理图检查制作好的电路板的通断情况，然后接通电源，用万用表检查板上220 V点的值，同时检查板上的直流电源是否有输出，且直流值是否正确。

3. 负载检查

断开延时电路D触发器的输入与前端电路的连线，用信号源提供延时电路的输入，观察负载灯是否按功能亮并延时熄灭，若不正常，用万用表和示波器按原理图检查各点的波形与电压值。

4. 放大整形电路检查

给话筒加上声音信号用示波器捕获该信号的波形，检查话筒工作是否正常，正常之后，用示波器检查两级三极管集电极的输出波形是否达到设计要求，否则，需调整各级三极管的静态工作点，直到输出波形达到要求为止，可用仿真软件辅助调试。

5. 系统连调

把延时处理电路和放大整形电路断开的连线接好，接通电源，提供声音信号，检查负载灯是否按要求亮、熄。如有问题，检查连线的通断情况，直到正常为止。

【报告要求】

(1) 设计项目的名称与要求。

(2) 系统概述：针对设计任务及指标提出两种设计方案，并对方案进行比较，对选取的方案做可行性论证；列出系统框图，介绍设计思路及工作原理。

(3) 电路设计与分析：介绍各单元电路工作原理、指标考虑及计算元件参数及元件型号。

(4) 电路、安装调试与测试：介绍测量仪器的名称、型号；介绍测试方法、安装调试中的技术问题，记录调试现象、波形，分析问题的原因和解决的方法。

(5) 对设计型综合实验的内容、方法、手段、效果进行全面评价，并提出改进的意见和建议。

【思考题】

(1) 用基本R-S触发器或J-K触发器处理信号时，其延时电路该怎样连接？

(2) 声音信号控制灯的开关，如何提高抗干扰能力？为什么？

第 6 章　数字电路实验

实验 6.1　门电路的参数测试及应用

【实验目的】

(1) 熟悉 TTL、CMOS 基本门电路的使用规则。
(2) 验证 TTL、CMOS 集成与非门的逻辑功能。
(3) 掌握集成与非门的主要性能参数及测试方法。
(4) 学习应用基本门电路。

【实验仪器与设备】

序号	名称	规格型号	数量	备注
1	电子技术综合实验箱	WXDZ-02	1	
2	双踪示波器	LM4320	1	观察信号波形
3	数字万用表	VC8045	1	直流参数测量
4	器件	74LS00	1	二输入四与非门
		74LS04	1	六反相器
		CD4011	1	二输入四与非门
		74LS10	2	三输入三与非门
		74LS20	1	四输入二与非门

【实验原理】

1. TTL集成与非门的逻辑功能

二输入与非门的逻辑功能框图如图6.1.1所示，当输入端中有一个或一个以上是低电平时，输出为高电平；只有输入端输入全都为高电平时，输出端才是低电平。

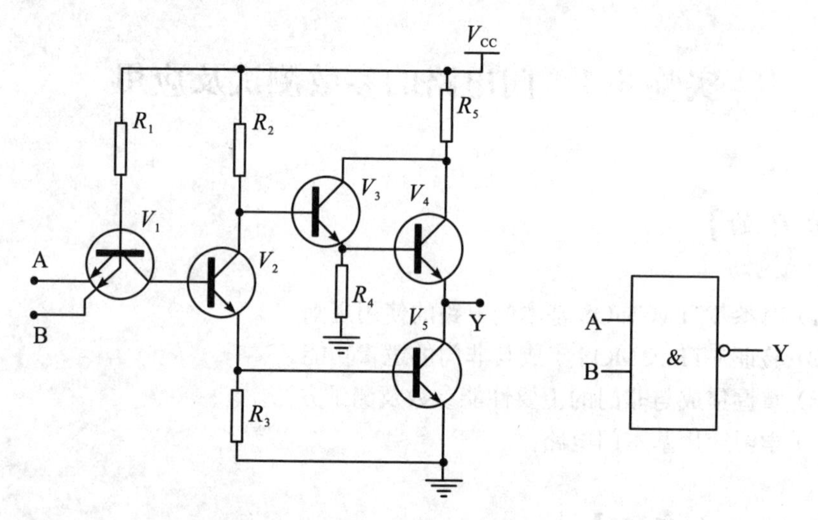

图6.1.1 74LS00的逻辑电路与逻辑符号

2. TTL集成与非门的主要参数

与非门的主要参数有输出高电平 V_{oH}、输出低电平 V_{oL}、输入短路电流 I_{is}、扇出系数 N_o、电压传输特性和平均传输延迟时间 t_{pd}等。

(1) TTL门电路的输出高电平 V_{oH}　V_{oH}是与非门有一个或多个输入端接地或接低电平时的输出电压值，此时与非门处于截止状态。空载时，V_{oH}的典型值为3.4～3.6 V，接有拉电流负载时，V_{oH}将下降。

(2) TTL门电路的输出低电平 V_{oL}　V_{oL}是与非门所有输入端都接高电平时的输出电压值，此时与非门处于饱和导通状态。空载时，典型值约为0.2 V，接有灌电流负载时，V_{oL}将上升。

(3) TTL门电路的输入短路电流 I_{is}　当被测输入端接地，其余端悬空，输出端空载时，由被测输入端流出的电流值，测试电路如图6.1.2所示。

(4) TTL门电路的扇出系数 N_o　扇出系数 N_o是指输出端最多能带同类门的个数，它是衡量门电路负载能力的一个参数，TTL集成与非门有两种不同性质的负载，即灌电流负载和拉电流负载。因此，它有两种扇出系数，即低电平扇出系数

N_{oL}和高电平扇出系数 N_{oH}。通常有 $I_{iH}<I_{iL}$，则 $N_{oH}>N_{oL}$，故常以 N_{oL}作为门电路的扇出系数。

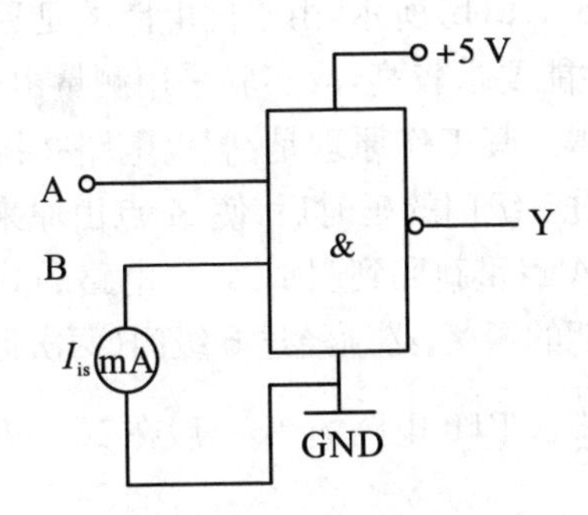

图 6.1.2　I_{is}的测试电路图

N_{oL}的测试电路如图 6.1.3 所示，门电路的输入端全部悬空，输出端接灌电流负载 R_L，调节 R_L使 I_{oL}增大，V_{oL}随之增高，当 V_{oL}达到 V_{oLm}(手册中规定低电平规范值为 0.4 V)时的 I_{oL}就是允许灌入的最大负载电流，则 $N_{oL}=I_{oL}/I_{is}$，通常 $N_{oL}>8$。

(5) TTL 门电路的电压传输特性　门电路的输出电压 V_o随输入电压 V_i而变化的曲线 $V_o=f(V_i)$称为门电路的电压传输特性曲线，通过它可读得门电路的一些重要参数，如输出高电平 V_{oH}、输出低电平 V_{oL}、关门电平 V_{off}、开门电平 V_{on}等值。测试电路如图 6.1.4 所示，调节 R_W，逐点测得 V_i及 V_o，然后绘成曲线。

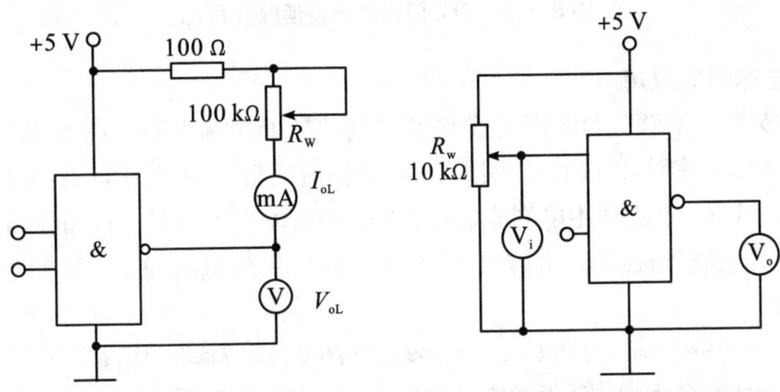

图 6.1.3　扇出系数测试电路　　图 6.1.4　电压传输特性测试电路

(6) TTL 门电路的平均传输延迟时间 t_{pd}　t_{pd}是衡量门电路开关速度的参数，它意味着门电路在输入脉冲波形的作用下，其输出波形相对于输入波形延迟了多少时间。具体来说，是指输出波形边沿的 0.5 U_m 至输入波形对应边沿 0.5 U_m 点的时间间隔，如图 6.1.5 所示，传输延迟时间很短，一般为 ns 数量级。

图中的 t_{pdL}为导通延迟时间，t_{pdH}为截止延迟时间，平均传输时间为

$$t_{pd}=\frac{t_{pdL}+t_{pdH}}{2}$$

t_{pd}的测试电路如图6.1.5(b)所示，由于门电路的延迟时间较小，直接测量时对信号发生器和示波器的性能要求较高，故实验采用测量由奇数个非门组成的环形振荡器的振荡周期 T 来求得。其工作原理是：假设电路在接通电源后某一瞬间，电路中的 A 点为逻辑“1”，经过三级门的延时后，使 A 点由原来的逻辑“1”变为逻辑“0”；再经过三级门的延时后，A 点重新回到逻辑“1”。电路的其他各点电平也随着变化。说明使 A 点发生一个周期的振荡，必须经过6级门(两次循环)的延迟时间。因此平均传输延迟时间为 $t_{pd}=\frac{T}{6}$。TTL电路的 t_{pd}一般在10～40 ns之间。

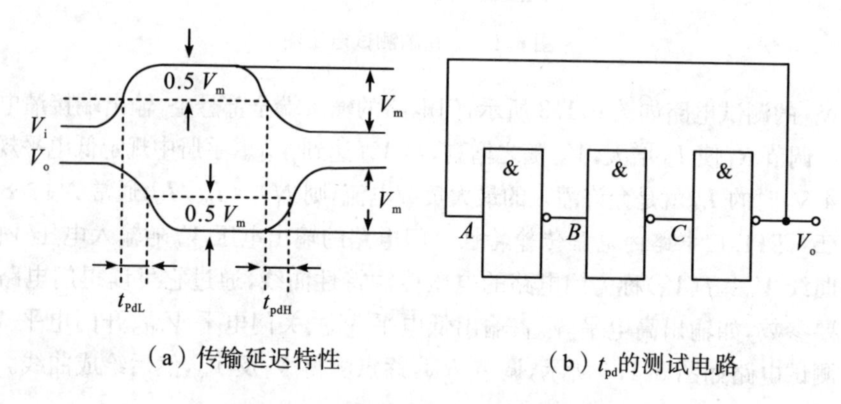

(a) 传输延迟特性　　(b) t_{pd}的测试电路

图6.1.5　TTL门电路传输延迟时间 t_{pd}

3. 与非门的应用

(1) 脉冲信号源　与非门组成频率可调的环形振荡电路如图6.1.6所示，其中D1：D用于整形，以改善输出波形；R_1为限流电阻，一般取100 Ω；电位器 P_1要求不大于1 kΩ。电路利用电容充放电过程，控制 A 点电压 V_A，从而控制与非门的自动启闭，形成多谐振荡。电容 C_1的充电时间 t_{w1}、放电时间 t_{w2}和总的振荡周期 T 分别为

$$t_{w1}\approx 0.94P_1C_1,\quad t_{w2}\approx 1.26P_1C_1,\quad T\approx 2.2P_1C_1$$

调节 P_1和 C_1的值，可改变输出信号的振荡频率。

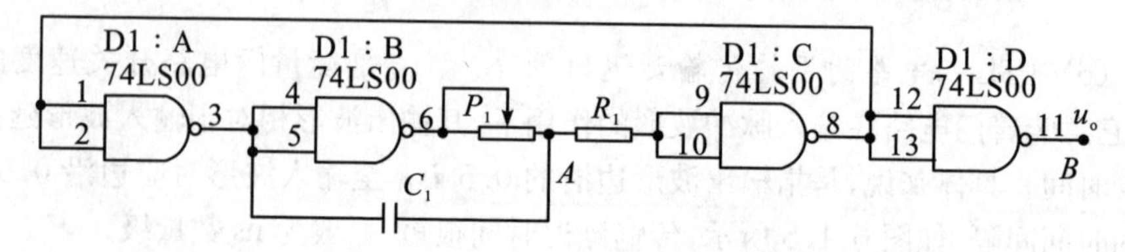

图6.1.6　与非门组成的环形振荡器

(2) 四变量表决电路　当 A,B,C,D 四个输入端中有三个或四个通过为“1”时,输出端 Z 才为“1”,表决通过,其实现电路如图 6.1.7 所示。

4. CMOS 集成门电路

CMOS 集成门电路是将 N 沟道 MOS 管和 P 沟道 MOS 管同时用于一个集成电路中,成为组合两种沟道 MOS 管性能的更优良的集成电路。CMOS 管集成电路的主要优点是:① 功耗低,其静态工作电流在 10^{-9} A 数量级,是所有数字集成电路中最低的,而 TTL 器件的功耗则大得多。② 高输入阻抗,通常大于 10^{10} Ω,远高于 TTL 器件的输入阻抗。③ 接近理想的传输特性,输出高电平可达电源电压的 99.9%以上,低电平可达电源电压的 0.1%以下,因此输出逻辑电平的摆幅很大,噪声容限很高。④ 电源电压范围广,可在 +3～+18 V 范围内正常运行。⑤ 由于有很高的输入阻抗,要求驱动电流很小,约 0.1 μA,输出电流在 +5 V 电源下约为 500 μA,远小于 TTL 电路,如以此电流来驱动同类门电路,其扇出系数将非常大。在一般低频率时,无需考虑扇出系数,但在高频时,后级门的输入将成为主要负载,使其扇出能力下降,所以在较高频率工作时,CMOS 电路的扇出系数一般取 10～20。

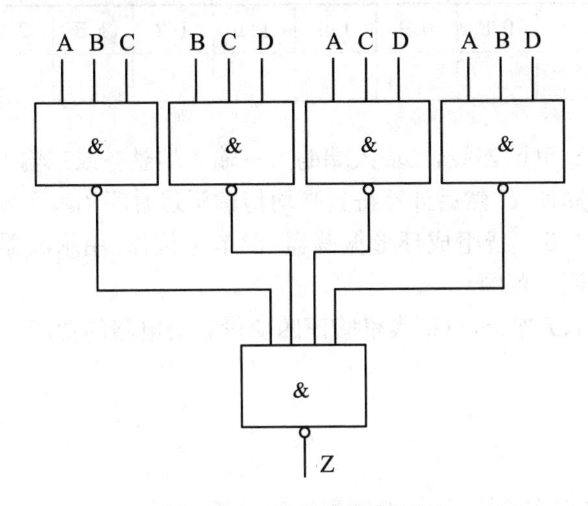

图 6.1.7　表决电路原理图

【实验内容】

(1) 在实验箱合适的 14PIN 的插座上,按定位标记先后插好 74LS00、CD4011 芯片,并在管脚 7 接上实验箱的地(GND),管脚 14 接上电源(V_{CC}),输入端接逻辑开关输出插口,以提供“0”与“1”电平信号,其输出端接由发光二极管组成的逻辑电平指示端口,按表 6.1.1 所示的功能表验证 74LS00、CD4011 与非门的逻辑功能。

(2) 按图 6.1.2 所示连线,用万用表的电流挡测出 TTL 门电路的输入短路电

流 I_{is}。

(3) 按图6.1.3所示连线,先用万用表的电压挡测出 V_{oL},调电位器使 V_{oL} 达到 V_{oLm},再用万用表的电流挡测出 I_{oL},求得扇出系数 N_o。

(4) 按图6.1.4所示连线,调节电位器 R_W,使 V_i 从0 V向高电平变化,逐点测量 V_i 和 V_o,按表6.1.2测量电压传输特性曲线并记录结果。

表6.1.1 与非门功能表

	输入		输出			输入		输出	
	A	B	LED	万用表		A	B	LED	万用表
74LS00	0	0			CD4011	0	0		
	0	1				0	1		
	1	0				1	0		
	1	1				1	1		

表6.1.2 电压传输特性测量数据

V_i	0	0.4	0.8	0.9	1.0	1.1	1.2	1.5	2.0	2.5	3.0
V_o											

(5) 按图6.1.5(b)连线,二输入端的另一输入端悬空或二输入端并联,通过示波器测量波形的周期 T,然后计算得到平均传输延迟时间 t_{pd}。

(6) 按图6.1.6连线组成环形振荡器,调节电位器,用示波器观察、测量振荡器的频率及频率调节范围。

(7) 按图6.1.7连接,自拟表格验证四变量表决电路的功能。

【实验报告】

(1) 记录、整理实验结果,并对结果进行分析。

(2) 画出实测的电压传输特性曲线,并从中读出各有关参数值。

(3) 比较TTL与非门与CMOS与非门的异同点。

【思考题】

测量扇出系数 N_o 的原理是什么?为什么计算中只考虑输出低电平时的负载电流值,而不考虑输出高电平时的负载电流值?

实验 6.2　译码器和数据选择器

【实验目的】

(1) 掌握 3－8 线译码器逻辑功能和使用方法。
(2) 掌握数据选择器的逻辑功能和使用方法。
(3) 学习用译码器构成组合逻辑电路的方法。

【实验仪器与设备】

序号	名称	规格型号	数量	备注
1	电子技术综合实验箱	WXDZ－02	1	
2	双踪示波器	LM4320	1	观察信号波形
3	数字万用表	VC8045	1	直流参数测量
4	器件	74LS138	1	3－8 线译码器
		74LS151	1	8 选 1 数据选择器
		74LS20	1	四输入二与非门

【实验原理】

译码的功能是将具有特定含义的二进制码进行辨别，并转换成控制信号，具有译码功能的逻辑电路称为译码器。译码器在数字系统中有广泛的应用，不仅用于代码的转换、终端的数字显示，还用于数据分配、存储器寻址和组合控制信号等。不同的功能可选用不同种类的译码器。

图 6.2.1 所示为二进制译码器的原理图，具有 n 个输入端，2^n个输出端和一个使能输入端。在使能输入端为有效电平时，对应每一组输入代码，只有其中一个输出端为有效电平，其余输出端则为非有效电平。每一个输出所代表的函数对应于 n 个输入变量的最小项。二进制译码器实际上也是负脉冲输出的脉冲分配器，若

利用使能端中的一个输入端输入数据信息,器件就成为一个数据分配器(又称为多路数据分配器)。

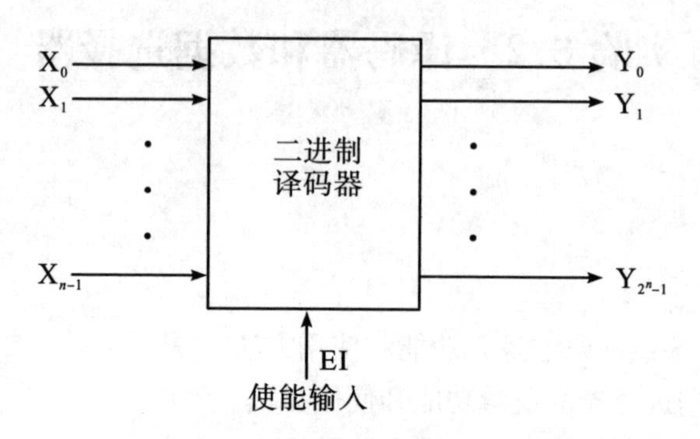

图 6.2.1 二进制译码器的原理图

数据选择是指经过选择,把多个通道的数据传送到唯一的公共数据通道上去。实现数据选择功能的逻辑电路称为数据选择器,其功能相当于一个多输入的单刀多掷开关,如图 6.2.2 所示,四路数据输入,其输出的选择由地址码控制开关的切换,决定哪一路输入的数据送到输出通道。

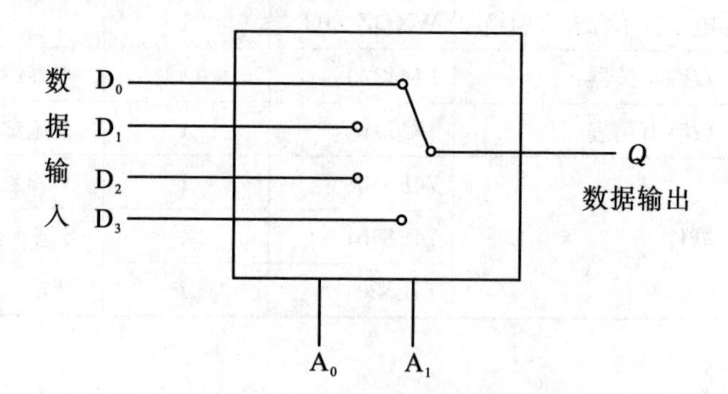

图 6.2.2 4选1数据选择器

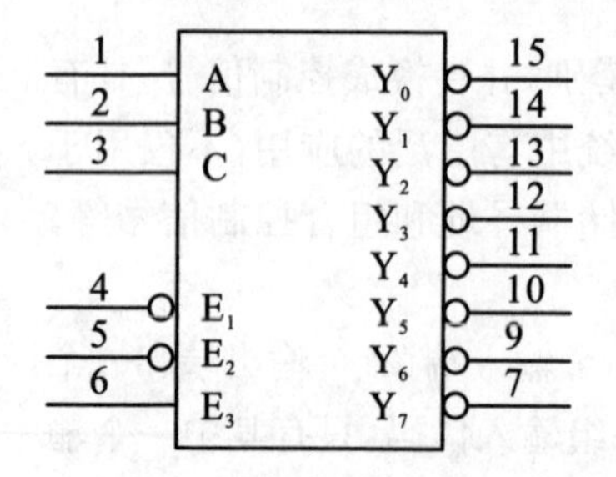

图 6.2.3 74LS138 的引脚排列图

1. 3-8线译码器 74LS138

74LS138 有 3 个地址输入端 A,B,C,有 8 种状态的组合,即可译出 8 个输出信号 $Y_0 \sim Y_7$。另外还有 3 个使能输入端 E_1,E_2,E_3,其引脚排列见图 6.2.3,功能表如表 6.2.1 所示。

表 6.2.1 74LS138 的功能表

输入						输出							
E_3	E_1	E_2	C	B	A	Y_0	Y_1	Y_2	Y_3	Y_4	Y_5	Y_6	Y_7
×	H	×	×	×	×	H	H	H	H	H	H	H	H
×	×	H	×	×	×	H	H	H	H	H	H	H	H
L	×	×	×	×	×	H	H	H	H	H	H	H	H
H	L	L	L	L	L	L	H	H	H	H	H	H	H
H	L	L	L	L	H	H	L	H	H	H	H	H	H
H	L	L	L	H	L	H	H	L	H	H	H	H	H
H	L	L	L	H	H	H	H	H	L	H	H	H	H
H	L	L	H	L	L	H	H	H	H	L	H	H	H
H	L	L	H	L	H	H	H	H	H	H	L	H	H
H	L	L	H	H	L	H	H	H	H	H	H	L	H
H	L	L	H	H	H	H	H	H	H	H	H	H	L

2. 数据选择器 74LS151

74LS151 是一种典型的集成电路数据选择器，它有 3 个地址输入端 A，B，C，可选择 I_0～I_7这 8 个数据源，具有 2 个互补输出端，同相输出端 Z 和反相输出端$\overline{Z}$。其引脚如图 6.2.4 所示，功能如表 6.2.2 所示。

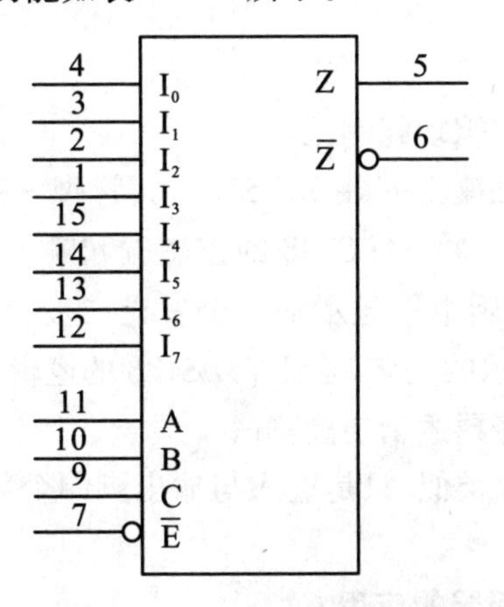

图 6.2.4 74LS151 的引脚图

表 6.2.2 74LS151 的功能表

$\bar{E}$	C	B	A	I_0	I_1	I_2	I_3	I_4	I_5	I_6	I_7	$\bar{Z}$	Z
H	X	X	X	X	X	X	X	X	X	X	X	H	L
L	L	L	L	L	X	X	X	X	X	X	X	H	L
L	L	L	L	H	X	X	X	X	X	X	X	L	H
L	L	L	H	X	L	X	X	X	X	X	X	H	L
L	L	L	H	X	H	X	X	X	X	X	X	L	H
L	L	H	L	X	X	L	X	X	X	X	X	H	L
L	L	H	L	X	X	H	X	X	X	X	X	L	H
L	L	H	H	X	X	X	L	X	X	X	X	H	L
L	L	H	H	X	X	X	H	X	X	X	X	L	H
L	H	L	L	X	X	X	X	L	X	X	X	H	L
L	H	L	L	X	X	X	X	H	X	X	X	L	H
L	H	L	H	X	X	X	X	X	L	X	X	H	L
L	H	L	H	X	X	X	X	X	H	X	X	L	H
L	H	H	L	X	X	X	X	X	X	L	X	H	L
L	H	H	L	X	X	X	X	X	X	H	X	L	H
L	H	H	H	X	X	X	X	X	X	H	L	H	L
L	H	H	H	X	X	X	X	X	X	X	H	L	H

【实验内容】

1. 74LS138 译码器逻辑功能测试

在实验箱相应 DIP 插座上安装 74LS138,其管脚 8 接上实验箱的地(GND),管脚 16 接上电源(VCC)。将 74LS138 的控制端和输入端接逻辑电平输出,将输出端 Y_0~Y_7 分别接到逻辑电平显示的 8 个发光二极管上,逐次拨动对应的拨位开关,根据发光二极管显示的变化,验证 74LS138 的逻辑功能。

2. 74LS151 数据选择器逻辑功能测试

测试方法与 74LS138 类似,只是输入与输出脚的个数不同,引脚排列不同,按功能表验证。

3. 译码器及数据选择器的应用

(1) 译码器实现逻辑函数功能　一个 3-8 线译码器能产生 3 变量函数的全部

最小项，利用这一点能够很方便地实现3变量逻辑函数。设计实现：$F=\overline{X}\overline{Y}\overline{Z}+\overline{X}Y\overline{Z}+X\overline{Y}\overline{Z}+XYZ$。

(2) 数据分配器实现脉冲分配　应用电路如图6.2.5所示，在E_3端输入数据信息，$\overline{E_1}=\overline{E_2}=0$，地址码所对应的输出是$E_3$数据的反码；若从$\overline{E_2}$端输入数据信息，令$E_3=1$，$\overline{E_1}=0$，地址码所对应的输出是$\overline{E_2}$端数据信息的原码。若输入信息是时钟脉冲，则数据分配器便成为时钟脉冲分配器。

取时钟脉冲CP的频率为10 Hz，要求分配器输出端$\overline{Y}_0\sim\overline{Y}_7$的信号与CP输入信号同相。参照图6.2.5所示电路，画出分配器的实验电路，用示波器观察和记录在地址端CBA分别取000～111这8种不同状态时$\overline{Y}_0\sim\overline{Y}_7$端的输出波形，注意输出波形与CP输入波形之间的相位关系。

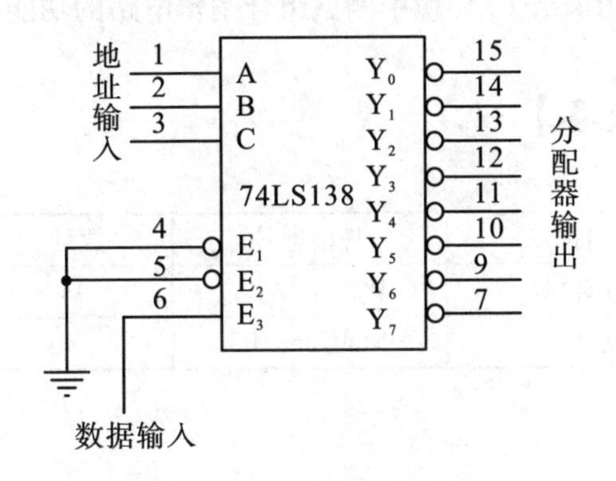

图6.2.5　数据分配器

【实验报告】

(1) 画出实验线路，绘出观察到的波形，并标上相应的地址码。

(2) 对实验结果进行分析、讨论。

(3) 用译码器实现逻辑函数功能，写出设计过程、画出接线图、进行逻辑功能测试，总结实验收获和体会。

【思考题】

如果没有74LS151，只有双四选一数据选择器74LS153，能否实现八路数据的传输？试画出电路连接图。

实验6.3 组合逻辑电路的仿真设计

【实验目的】

(1) 掌握组合逻辑电路的分析与设计方法。
(2) 加深对基本门电路使用的理解。
(3) 熟悉在 Multisim 10 环境中测试组合逻辑电路的功能。

【实验仪器与设备】

序号	名称	规格型号	数量	备注
1	计算机	PC	1	仿真设计
2	软件	Multisim 10		

【实验原理】

1. 组合逻辑电路的设计步骤

组合电路是最常用的逻辑电路,通常用一些门电路来组合完成具有其他功能的电路。设计组合电路的一般步骤如图 6.3.1 所示。

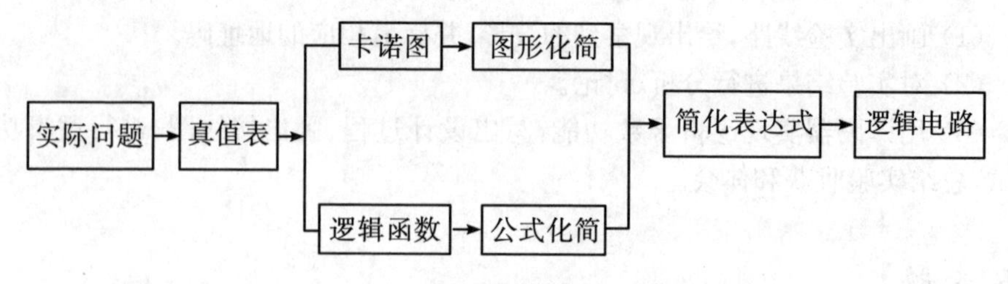

图 6.3.1 组合逻辑电路设计流程图

根据实际任务的要求建立输入、输出变量,列出真值表,然后用逻辑代数或卡诺图化简法求出简化的逻辑表达式,根据简化后的逻辑表达式,画出逻辑图,用标准器件构成逻辑电路。

2. 在 Multisim 10 环境中设计四人表决电路

设计要求见实验 6.1 中的与非门的应用(2)。

设计步骤:根据任务列出真值表如表 6.3.1 所示,再填入卡诺图表 6.3.2 中。

表 6.3.1　四变量真值表

D	0	0	0	0	0	0	0	0	1	1	1	1	1	1	1	1
A	0	0	0	0	1	1	1	1	0	0	0	0	1	1	1	1
B	0	0	1	1	0	0	1	1	0	0	1	1	0	0	1	1
C	0	1	0	1	0	1	0	1	0	1	0	1	0	1	0	1
Z	0	0	0	0	0	0	0	1	0	0	0	1	0	1	1	1

表 6.3.2　卡诺图

BC \ DA	00	01	11	10
00				
01			1	
11		1	1	1
10			1	

由卡诺图得出逻辑表达式,并转化为“与非”的形式:

$$Z = ABC + BCD + ACD + ABD$$
$$= \overline{\overline{ABC} \cdot \overline{BCD} \cdot \overline{ACD} \cdot \overline{ABD}}$$

根据逻辑表达式画出用“与非门”构成的逻辑电路如图 6.3.2 所示。

【实验内容】

1. 设计四人表决电路

(1) 创建仿真电路　在 Multisim 10 中取出 74LS10D、74LS20D,连接电路如图 6.3.2 所示。

(2) 仿真测试　在四人表决电路中,四人分别用开关 J1～J4 替代,规定输入“1”表示同意,输入“0”表示不同意;输出用发光二极管 LED 指示,“亮”表示表决通过,“暗”表示表决未通过。分别闭合仿真开关,观察 LED 亮、暗变化,研究四人无弃权表决电路工作情况。

2. 设计三变量多输出逻辑电路

有 A,B,C 三台设备,由 F 和 G 两台发电机供电,每台设备用电均为 10 kW,F

发电机机组可提供10 kW,G发电机机组可提供20 kW,三台设备工作情况是:三台可同时工作,或任意两台同时工作,但至少有任意一台在工作,试设计发电机组的供电控制电路,使其能根据三台设备不同的工作情况分别控制两台发电机组的开机与停机,达到既能保证设备的正常工作,又能节省电能的目的。

根据组合逻辑电路设计方法,得到控制两台发电机的供电电路,在Multisim 10环境下进行仿真。

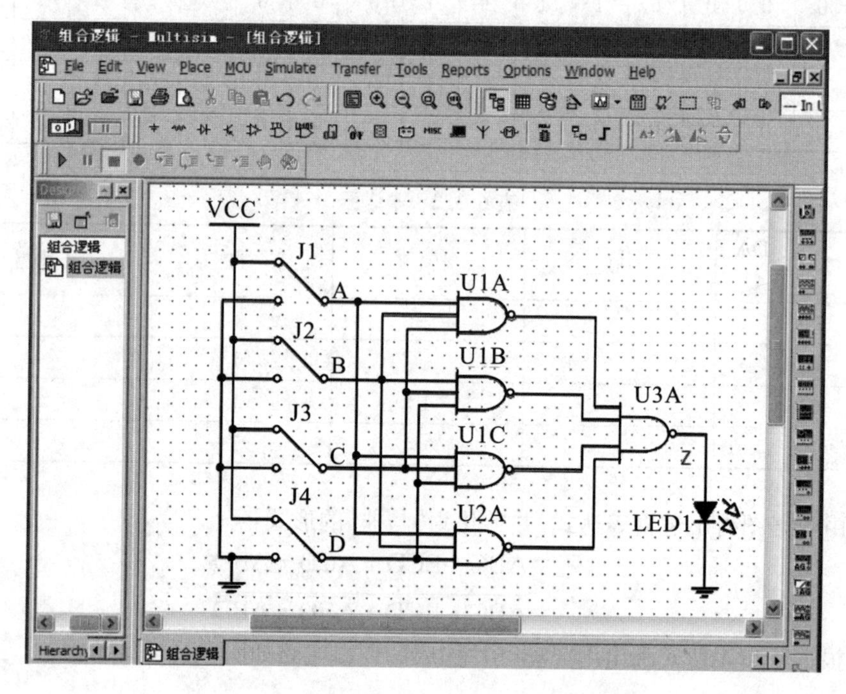

图6.3.2　Multisim 10中的表决电路逻辑图

【实验报告】

(1) 列写实验任务的设计过程,画出设计的逻辑电路图。
(2) 对所设计的电路进行测试,记录测试结果。
(3) 总结组合电路设计体会。

【思考题】

若只用74LS20这一种芯片设计四人无弃权表决电路,应如何设计?

实验6.4 RS、JK、D触发器及其应用

【实验目的】

(1) 掌握基本RS、JK、D触发器的逻辑功能。
(2) 掌握集成触发器的功能和使用方法。
(3) 熟悉触发器之间相互转换的方法。

【实验设备与器材】

序号	名称	规格型号	数量	备注
1	双踪示波器	LM4320	1	观察信号波形
2	函数信号发生器	SG1010	1	提供脉冲信号
3	数字万用表	VC8045	1	直流参数测试
4	器件	74LS00、02、04、10	各1	门电路
		74LS74	1	双D触发器
		74LS112	2	双JK触发器

【实验原理】

触发器是能够存储1位二进制码的逻辑电路，它有两个互补输出端，其输出状态不仅与输入有关，而且还与原先的输出状态有关。触发器有两个稳定状态“1”和“0”，在一定的外界信号作用下，能够从一个稳定状态翻转到另一个稳定状态，具有记忆二进制信息的功能，是构成各种时序电路的最基本逻辑单元。

1. 基本RS触发器

图6.4.1为由两个与非门交叉耦合构成的基本RS触发器，无时钟控制，低电平直接触发。基本RS触发器具有置“0”、置“1”和保持三种功能。通常称$\overline{S}$为置“1”端，因为$\overline{S}=0$时触发器被置“1”；$\overline{R}$为置“0”端，因为$\overline{R}=0$时触发器被置“0”。

当 $\overline{S}=\overline{R}=1$ 时状态保持,当 $\overline{S}=\overline{R}=0$ 时为不定状态,应当避免这种状态。基本RS触发器也可以用两个“或非门”组成,此时为高电平有效。

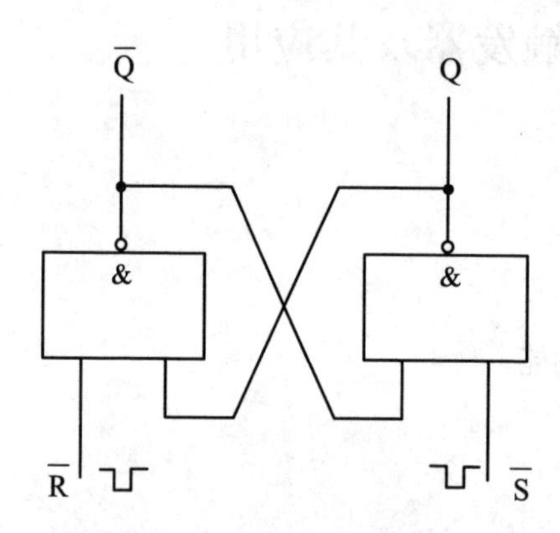

图 6.4.1　基本 RS 触发器

表 6.4.1　功能表

输入		输出	
$\overline{S}$	$\overline{R}$	Q^{n+1}	$\overline{Q}^{n+1}$
0	1	1	0
1	0	0	1
1	1	Q^n	$\overline{Q}^n$
0	0	∅	∅

基本RS触发器的逻辑功能如表6.4.1所示,两输出互补,∅为不确定态,应当避免两输入同时为“0”状态。

2. JK 触发器

在输入信号为双端的情况下,JK触发器是功能完善、使用灵活和通用性较强的一种触发器。74LS112为双JK下降沿触发的边沿触发器,引脚功能及逻辑符号如图6.4.2所示,JK触发器的状态方程为

$$Q^{n+1}=J\overline{Q}^n+\overline{K}Q^n$$

式中,J和K是触发器数据输入端,是其状态更新的依据;Q和 $\overline{Q}$ 为两个互补输出端。通常把 $Q=0,\overline{Q}=1$ 的状态定为触发器“0”状态,而把 $Q=1,\overline{Q}=0$ 定为“1”状态。

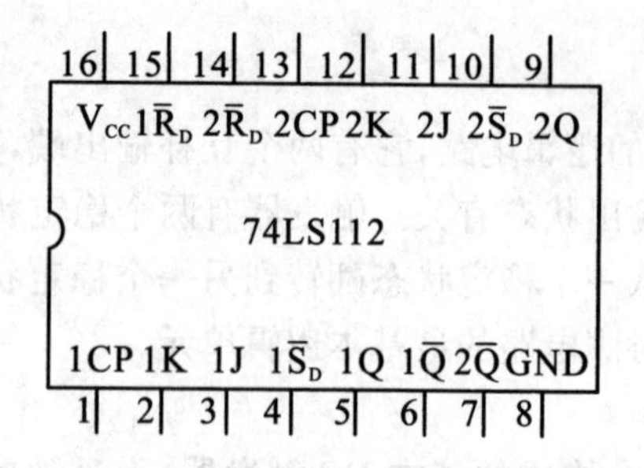

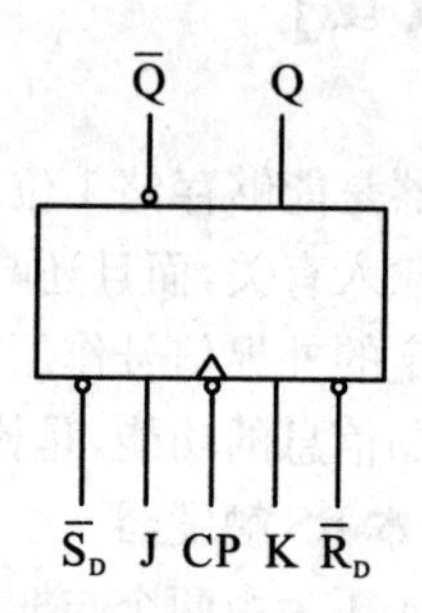

图 6.4.2　JK 触发器的引脚逻辑图

表 6.4.2　JK 触发器功能表

输入					输出	
$\overline{S}_D$	$\overline{R}_D$	CP	J	K	Q^{n+1}	$\overline{Q}^{n+1}$
0	1	×	×	×	1	0
1	0	×	×	×	0	1
0	0	×	×	×	$\varnothing$	$\varnothing$
1	1	↓	0	0	Q^n	$\overline{Q}^n$
1	1	↓	1	0	1	0
1	1	↓	0	1	0	1
1	1	↓	1	1	$\overline{Q}^n$	Q^n
1	1	↑	×	×	Q^n	$\overline{Q}^n$

注：×—任意态；↓—高到低下降沿；↑—低到高上升沿；φ —不确定态；Q^n（$\overline{Q}^n$）——现态；Q^{n+1}（$\overline{Q}^{n+1}$）—次态。

JK 触发器 74LS112 功能如表 6.4.2 所示。JK 触发器常被用作缓冲存储器、移位寄存器和计数器。

CC4027 是 CMOS 双 JK 触发器，其功能与 74LS112 相同，但采用上升沿触发，R，S 端为高电平有效。

3. D 触发器

在输入信号为单端的情况下，D 触发器用起来更为方便，其状态方程为：

$$Q^{n+1} = D$$

D 触发器输出状态的更新发生在 CP 脉冲的上升沿或下降沿，故又称为边沿触发器，触发器的状态只取决于时钟到来前 D 端的状态。D 触发器的应用很广，可用作数字信号的寄存、移位寄存、分频和波形发生等。有很多型号可供各种用途的需要而选用，如双 D 的 74LS74、CC4013，四 D 的 74LS175、CC4042，六 D 的 74LS174、CC14174，八 D 的 74LS374 等。图 6.4.3 为双 D74LS74 的引脚排列及逻辑符号，其功能如表 6.4.3 所示。

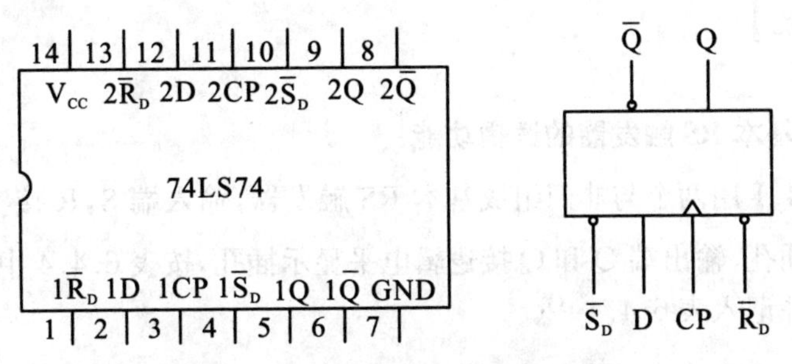

图 6.4.3　D 触发器的引脚排列及逻辑符号

表 6.4.3 D触发器逻辑功能

输入				输出	
$\overline{S}_D$	$\overline{R}_D$	CP	D	Q^{n+1}	$\overline{Q}^{n+1}$
0	1	×	×	1	0
1	0	×	×	0	1
0	0	×	×	∅	∅
1	1	↑	1	1	0
1	1	↑	0	0	1
1	1	↓	×	Q^n	$\overline{Q}^n$

4. 触发器之间的相互转换

在集成触发器的产品中,每一种触发器都有自己固定的逻辑功能,但是可以利用转换的方法获得具有其他功能的触发器。例如将JK触发器的J,K两端接在一起,并认它为T端,就得到所需的T触发器。

JK触发器也可以转换成为D触发器,如图6.4.4所示。

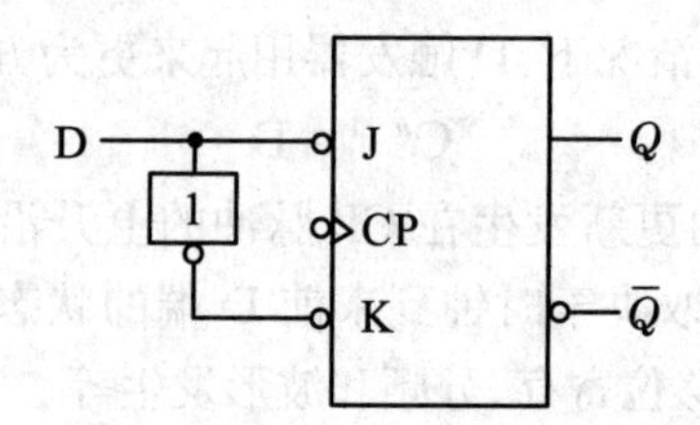

图 6.4.4 JK触发器转换成为D触发器

【实验内容】

1. 测试基本RS触发器的逻辑功能

按图6.4.1用两个与非门组成基本RS触发器,输入端$\overline{S}$,$\overline{R}$接实验箱中的逻辑电平输出插孔,输出端Q和$\overline{Q}$接逻辑电平显示插孔,按表6.4.4中的要求,测试其逻辑功能并记入表6.4.4中。

表 6.4.4　RS 触发器逻辑功能测试

$\overline{R}$	$\overline{S}$	Q	$\overline{Q}$
1	1→0		
	0→1		
1→0	1		
0→1			
0	0		

2. 测试 JK 触发器 74LS112 的逻辑功能

(1) 测试 JK 触发器的复位、置位功能　任取一个 JK 触发器，$\overline{R}_D$，$\overline{S}_D$，J，K 端接实验箱中的逻辑电平输出插孔，CP 接单次脉冲源，输出端 Q 和 $\overline{Q}$ 接逻辑电平显示插孔。要求改变 $\overline{R}_D$，$\overline{S}_D$(J，K 和 CP 处于任意状态)，并在 $\overline{R}_D=0$($\overline{S}_D=1$)或 $\overline{S}_D=0$($\overline{R}_D=1$)作用期间任意改变 J，K 和 CP 的状态，观察 Q 和 $\overline{Q}$ 的状态，自拟表格并记录。

(2) 测试 JK 触发器的逻辑功能　按表 6.4.5 中的要求，改变 J，K 和 CP 的状态，观察 Q 和 $\overline{Q}$ 的状态变化，注意观察触发器状态更新是否发生在 CP 的下降沿，将结果记入表 6.4.5 中。

表 6.4.5　JK 触发器逻辑功能测试

J	K	CP	Q^{n+1}	
			$Q^n=0$	$Q^n=1$
0	0	0→1		
		1→0		
0	1	0→1		
		1→0		
1	0	0→1		
		1→0		
1	1	0→1		
		1→0		

3. 测试双D触发器74LS74的逻辑功能

(1) 测试D触发器的复位、置位功能 测试方法与步骤同实验内容2(1)，只是它们的功能引脚不同，相关的管脚分布参见附录，自拟表格记录。

(2) 测试D触发器的逻辑功能 按表6.4.6中的要求进行测试，并观察触发器状态更新是否发生在CP脉冲的上升沿(即由0→1)，将结果记入表6.4.6中。

表6.4.6 D触发器逻辑功能测试

D	CP	Q^{n+1}	
		$Q^n=0$	$Q^n=1$
0	0→1		
	1→0		
1	0→1		
	1→0		

4. 双相时钟脉冲电路

用JK触发器及与非门构成的双相时钟脉冲电路如图6.4.5所示，此电路是用来将时钟脉冲CP转换成两相时钟脉冲CP_A及CP_B，其频率相同、相位不同，CP时钟脉冲由函数信号源提供。

按图6.4.5连接成双相时钟脉冲电路，用双踪示波器同时观察CP，CP_A；CP，CP_B及CP_A，CP_B波形，分析电路工作原理并记录波形。

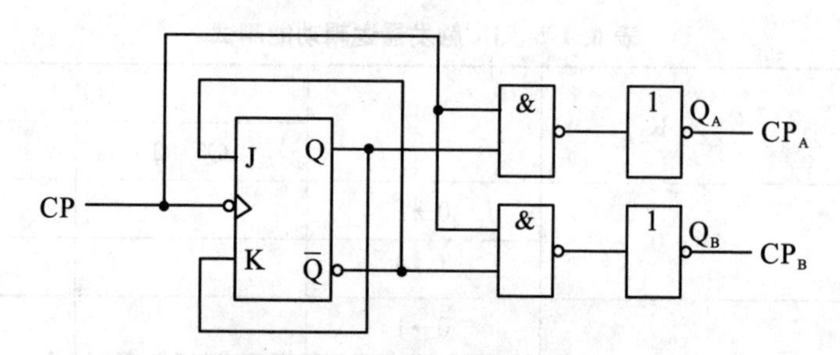

图6.4.5 双相时钟脉冲电路

【实验报告】

(1) 列表整理各类触发器的逻辑功能。

(2) 总结观察到的波形，说明各类触发器的触发方式。

(3) 体会边沿触发的特点及与电平触发的区别。

【思考题】

(1) 为什么 TTL 集成触发器的直接置位、复位端不允许“$\overline{R}_D + \overline{S}_D = 0$”的情况出现?

(2) 普通的机械开关所产生的信号,是否可作为触发器的时钟脉冲信号? 为什么?

实验6.5 施密特触发器及其应用

【实验目的】

(1) 熟悉集成施密特触发器的性能及其功能。
(2) 掌握门电路组成施密特触发器的方法。
(3) 学习施密特触发器的使用方法。

【实验仪器与设备】

序号	名称	规格型号	数量	备注
1	双踪示波器	LM4320	1	观察信号波形
2	函数信号发生器	SG1010	1	提供脉冲信号
3	数字万用表	VC8045	1	直流参数测试
4	器件	CC4011	2	二输入四与非门
		CC40106	1	施密特触发器
		电阻、电容、二极管	若干	

【实验原理】

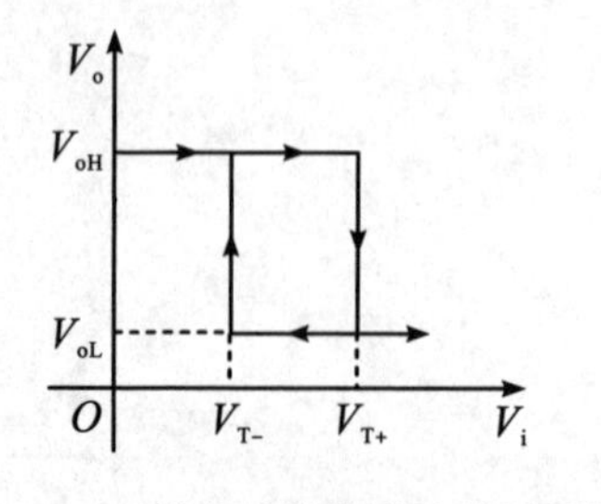

图6.5.1 施密特触发器的传输特性

1. 施密特触发器

施密特触发器属于电平触发，当输入信号增加到某一特定的电压值时，输出电压会发生突变；当输入信号减少时，输出电压也会发生突变，但引起输出电压发生突变的输入电压阈值不同，这一现象称为回差现象，传输特性如图6.5.1所示。

有两种典型的施密特触发器电路，由二极

管产生的回差电路和由电阻产生的回差电路，分别如图6.5.2、图6.5.3所示。

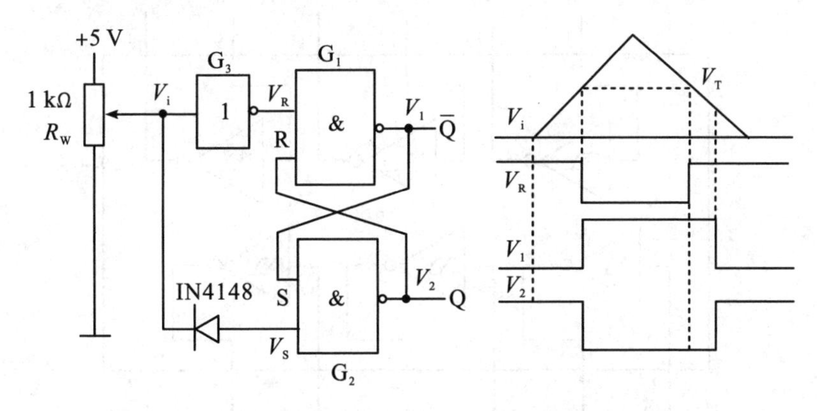

图6.5.2　由二极管产生的回差电路

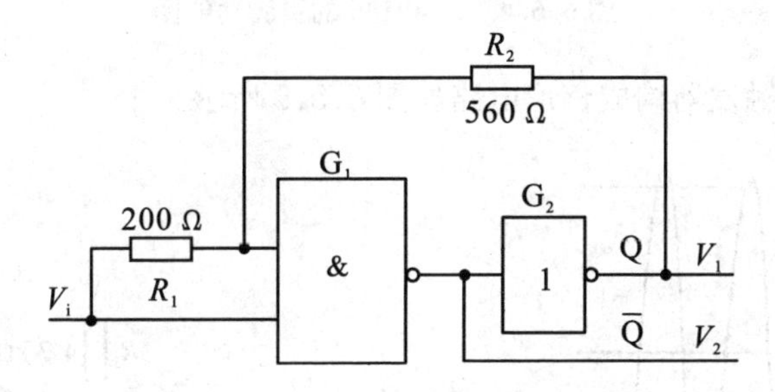

图6.5.3　由电阻产生的回差电路

如图6.5.2所示由二极管产生回差电路中，门 G_1，G_2 是基本RS触发器，门 G_3 是反相器，二极管起电压平移作用，以产生回差。设 $V_i=0$，G_3 截止，R=1，S=0，Q=1，电路处于原态。V_i 由0 V上升到电路的转折电位 V_T 时，G_3 导通，R=0，S=1，触发器翻转为Q=0。此后，V_i 继续上升，而后下降至 V_T 时，电路状态不变。当 V_i 继续下降到小于 V_T 时，G_3 由导通变为截止，而 $V_S=V_T+V_D$ 为高电平，因而R=1，S=1，触发器状态仍保持。只有 V_i 继续下降到使 $V_S=V_T$ 时，电路才翻回到Q=1的原态。电路的回差为 $\Delta V=V_D$（V_D 为二极管导通电压）。

2. 集成施密特触发器CC40106

CC40106由六个斯密特触发器电路组成，每个电路均为反相器，并具有斯密特触发器功能，触发器在信号的上升沿和下降沿的不同点转换，引脚功能如图6.5.4所示。

施密特触发器主要用于波形的整形，将不规则波形转换为规则的脉冲波形，其占空比可通过调整回差电压进行调节；施密特触发器可以构成多谐振荡器和单稳态触发器等。

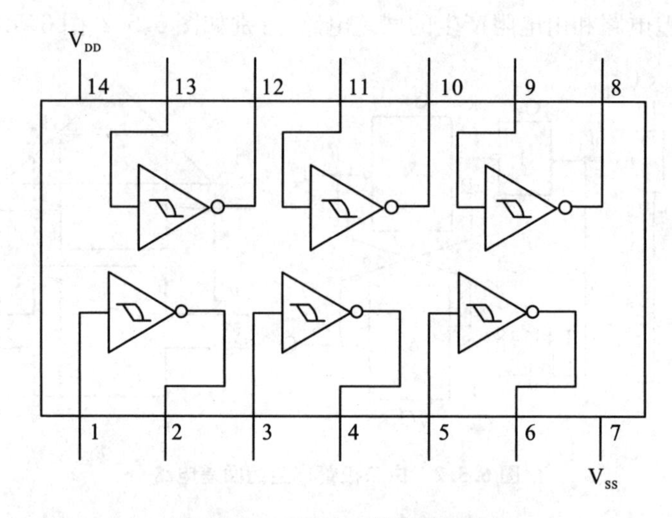

图6.5.4　CC40106的引脚功能图

(1) 施密特触发器构成整形电路如图6.5.5所示。

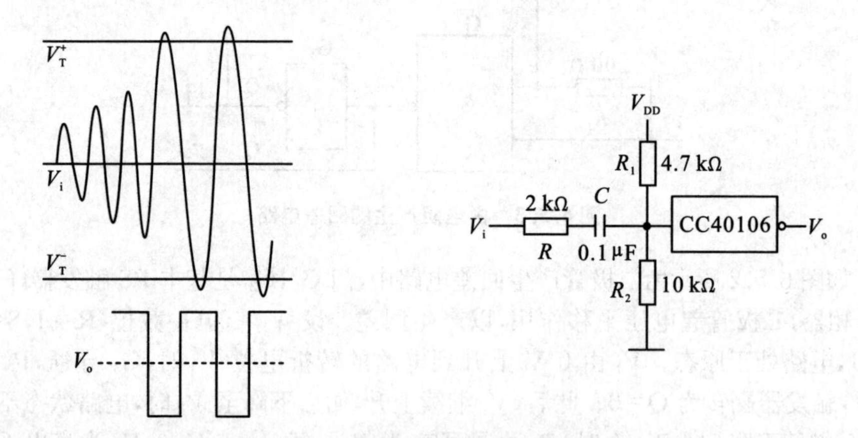

图6.5.5　正弦波转换为方波的整形电路

(2) 施密特触发器构成多谐振荡器,如图6.5.6所示。

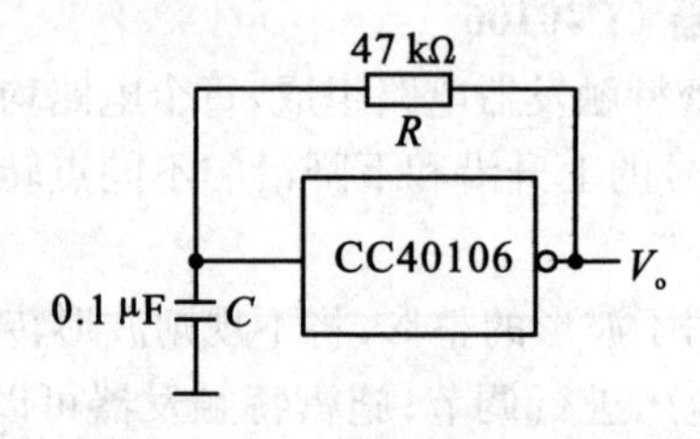

图6.5.6　多谐振荡器

(3) 施密特触发器构成单稳态触发器,如图 6.5.7 所示。其中,图 6.5.6(a)为下降沿触发;图 6.5.6(b)为上升沿触发。

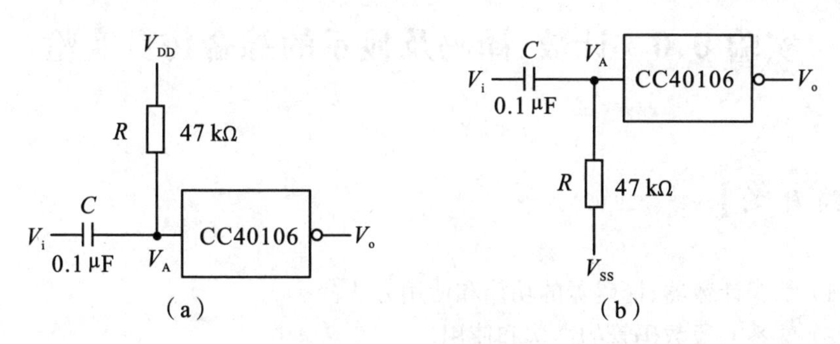

图 6.5.7 单稳态触发器

【实验内容】

在实验箱的实验区域完成以下实验:

(1) 按图 6.5.2 电路连线,V_{DD}接 +5 V,V_{SS}接 GND。令 V_i 由 0 V 到 5 V 变化,测量 V_1,V_2的值。

(2) 按图 6.5.5 电路连线,构成整形电路,其中串联的 2 kΩ 电阻起限流保护作用。被整形信号由正弦波信号源来模拟,信号频率取 1 kHz,调节信号电压由低到高观测输出波形的变化,并记录输入信号为 0.25 V、1.0 V、2.0 V 时的输出波形。

(3) 按图 6.5.6 电路连线,用示波器观测输出波形,测定振荡频率。

(4) 分别按图 6.5.7(a)、(b)电路连线,V_i 输入幅度为 5 V 的正弦波信号进行实验,观察实验现象。

【实验报告】

(1) 绘出实验中的电路图,记录测量结果。

(2) 分析整形电路、多谐振荡器和单稳态触发器的波形,验证有关结论。

(3) 总结施密特触发器的特点及应用。

【思考题】

在整形电路中,如何改变电路,使脉冲波形的占空比可调?

实验6.6 计数、译码及显示的综合仿真实验

【实验目的】

(1) 掌握计数器、译码器的功能和使用方法。

(2) 熟悉七段数码管的结构和使用。

(3) 进一步熟悉使用 Multisim 10 软件设计数字电路。

(4) 培养综合小系统的设计能力。

【实验仪器与设备】

序号	名称	规格型号	数量	备注
1	计算机	PC		仿真设计
2	软件	Multisim 10		
3	函数信号发生器	SG1010	1	提供计数脉冲
4	数字万用表	VC8045	1	直流参数测试
5	器件(现场测试)	74LS192	1	加减计数器
		74LS48	1	七段译码器
		共阴数码管	1	

【实验原理】

1. 计数器

计数器是一个以实现计数功能的时序器件,它不仅用来记录脉冲数,还常用做数字系统的定时、分频和执行数字运算以及其他特定的逻辑功能。

计数器的种类有很多,按构成计数器中的各单元是否使用一个时钟脉冲源来分,可分为同步计数器和异步计数器;按进位制式的不同,可分为二进制计数器、十进制计数器和任意进制计数器;按计数过程中数字增减趋势的不同,可分为加法计

数器、减法计数器和可逆计数器；另外还有可预置数计数器等等。

74LS192 是十进制同步加/减计数器，具有双时钟输入、清除和置数等功能。图 6.6.1 为 74LS192 逻辑图，74LS192 的引脚中数据输入端为 $P_0 \sim P_3$，表 6.6.1 为 74LS192 的逻辑功能表。输出端为 $Q_0 \sim Q_3$，使用时要注意以下几点：

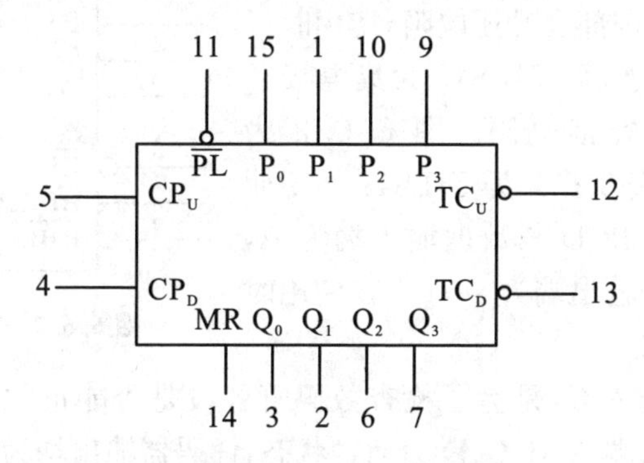

图 6.6.1 74LS192 逻辑图

(1) MR 是异步清除端。当清除端(MR)为高电平时，不管时钟端(CP_D，CP_U)状态如何，即可完成清除功能。

(2) $\overline{PL}$是异步预置端。当置入控制端($\overline{PL}$)为低电平时，不管时钟 CP 的状态如何，输出端($Q_0 \sim Q_3$)即可预置成与数据输入端($P_0 \sim P_3$)相一致的状态。

(3) 74LS192 的计数是同步的，在 CP_D，CP_U上升沿作用下 $Q_0 \sim Q_3$ 同时变化，从而消除了异步计数器中出现的计数尖峰。当进行加计数或减计数时可分别利用 CP_D或 CP_U，此时另一个时钟应为高电平。

(4) 74LS192 计数上溢出时，进位输出端($\overline{TC_U}$)输出一个低电平脉冲，其宽度为 CP_U低电平部分的低电平脉冲；当计数下溢出时，借位输出端($\overline{TC_D}$)输出一个低电平脉冲，其宽度为 CP_D低电平部分的低电平脉冲。另外，当把$\overline{TC_D}$和$\overline{TC_U}$分别连接后一级的 CP_D，CP_U时，即可进行级联。

表 6.6.1 74LS192 功能表

输入								输出			
MR	$\overline{PL}$	CP_U	CP_D	P_3	P_2	P_1	P_0	Q_3	Q_2	Q_1	Q_0
1	×	×	×	×	×	×	×	0	0	0	0
0	0	×	×	d	c	b	a	d	c	b	a
0	1	↑	1	×	×	×	×	加 计 数			
0	1	1	↑	×	×	×	×	减 计 数			

表中：×—任意项，↑—低到高电平跳变。

译码器的功能是将输入的BCD码转换为数码管所需的七段码信号，一般译码器都具有驱动能力。常用的译码器型号有74LS47(共阳)、74LS48(共阴)、CC4511(共阴)等，74LS47的引脚排列与74LS48的引脚排列相同，两者的功能也相似，使用时要注意74LS47驱动共阳极数码管，74LS48驱动共阴极。74LS48内部有升压电阻，使用时可以直接与数码管相连，而74LS47为集电极开路输出，使用时要外接电阻。图6.6.2为74LS48的逻辑图，表6.6.2为74LS48的功能表。74LS48引脚中BCD码数据输入端为A，B，C，D，译码后数据输出端为a～g。在使用时要注意以下几点：

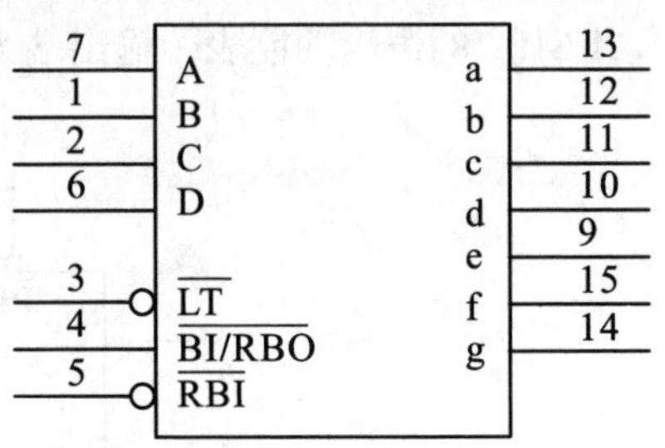

图6.6.2　74LS48逻辑图

(1) $\overline{LT}$：试灯输入端，是为了检查数码管各段是否能正常发光而设置的。当$\overline{LT}=0$时，无论输入端A、B、C、D为何种状态，译码器输出均为1，若驱动的数码管正常，显示为8。

(2) $\overline{BI}$：消隐输入端，是为控制多位数码显示的灭灯所设置的。$\overline{BI}=0$时。不论$\overline{LT}$和输入为何种状态，译码器输出均为0，使共阴极数码管熄灭。

(3) $\overline{RBI}$：动态灭灯，$\overline{RBI}$可以按数码显示的需要，将显示器所显示的0予以熄灭，而在显示1～9时不受影响，在实际应用中是用来熄灭多位数字前后不必要的零位，使显示的结果更醒目。

表6.6.2　74LS48功能表

功能或数字	输入							输出							显示字型
	$\overline{LT}$	$\overline{RBI}$	D	C	B	A	$\overline{BI}$/RBO	a	b	c	d	e	f	g	
灭灯	×	×	×	×	×	×	0	0	0	0	0	0	0	0	灭灯
试灯	0	×	×	×	×	×	1	1	1	1	1	1	1	1	8
动态示零	1	0	0	0	0	0	0	0	0	0	0	0	0	0	灭灯
0	1	1	0	0	0	0	1	1	1	1	1	1	1	0	0
1	1	×	0	0	0	1	1	0	1	1	0	0	0	0	1
2	1	×	0	0	1	0	1	1	1	0	1	1	0	1	2
3	1	×	0	0	1	1	1	1	1	1	1	0	0	1	3
4	1	×	0	1	0	0	1	0	1	1	0	0	1	1	4
5	1	×	0	1	0	1	1	1	0	1	1	0	1	1	5

（续表）

功能或数字	输入							输出							显示字型
	$\overline{LT}$	$\overline{RBI}$	D	C	B	A	$\overline{BI}$/RBO	a	b	c	d	e	f	g	
6	1	×	0	1	1	0	1	0	0	1	1	1	1	1	6
7	1	×	0	1	1	1	1	1	1	1	0	0	0	0	7
8	1	×	1	0	0	0	1	1	1	1	1	1	1	1	8
9	1	×	1	0	0	1	1	1	1	1	1	0	1	1	9
10	1	×	1	0	1	0	1	0	0	0	1	1	0	1	⊏
11	1	×	1	0	1	1	1	0	0	1	1	0	0	1	⊐
12	1	×	1	1	0	0	1	0	1	0	0	0	1	1	⊔
13	1	×	1	1	0	1	1	1	0	0	1	0	1	1	⊆
14	1	×	1	1	1	0	1	0	0	0	1	1	1	1	⊢
15	1	×	1	1	1	1	1	0	0	0	0	0	0	0	灭灯

3. 数码管显示器

在数字测量仪表和各种数字系统中，都需要将数字量直观地显示出来，一方面供人们直接读取测量和运算的结果；另一方面用于监视数字系统的工作情况。数字显示设备是许多数字设备不可缺少的部分。

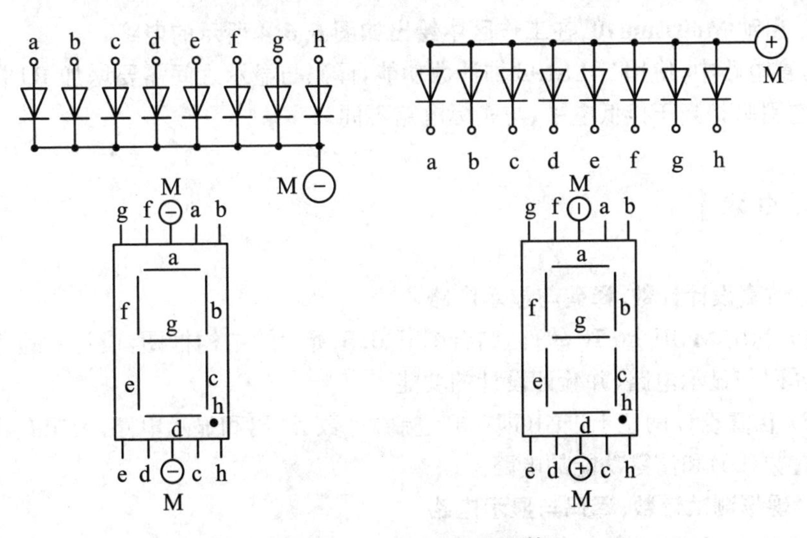

图 6.6.3　LED 七段数码管

LED数码管是目前最常用的数字显示器，图6.6.3所示为共阴和共阳数码管的电路和两种形式的引脚图。一只LED数码管可以显示0～9十进制数和小数点，每段发光二极管的正向压降，随显示光的颜色不同略有差别，通常为2～2.5 V，点亮电流在5～10 mA。LED数码管要显示十进制数字就需要有一个专门的译码器，该译码器不但要完成译码功能，还要有一定的驱动能力。

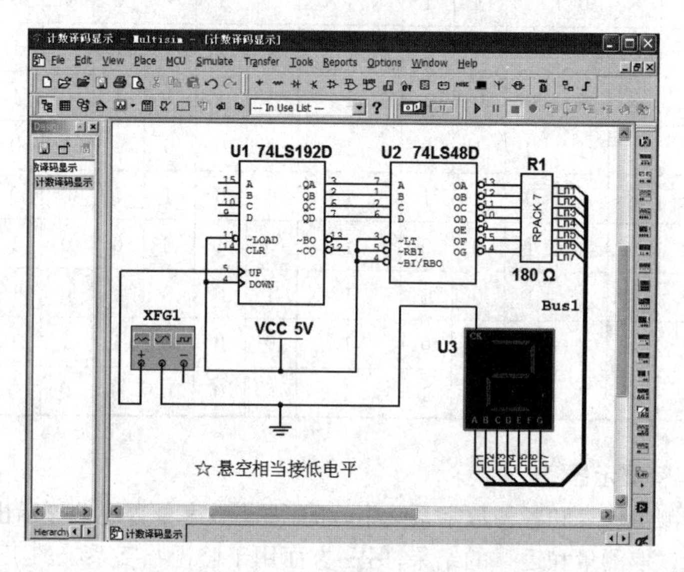

图6.6.4　计数、译码与显示仿真电路

4. 启动Multisim 10，在工作区中绘出如图6.6.4所示的电路

仿真电路中，使用74LS192加计数功能，译码与显示之间需要增加R1限流电阻，悬空引脚相当于接低电平，与实际电路不同。

【实验内容】

1. 仿真设计计数、译码与显示电路

(1) 利用Multisim 10软件，结合图6.6.5所示的结构框图，设计一位十进制计数、译码与显示电路，并验证设计的功能。

(2) 仿真设计两位十进制(即100进制)计数、译码和显示电路，要求具有加法计数、置数(66)和清零功能的电路。

2. 现场测试计数、译码与显示电路

(1) 在电子技术综合实验箱上，根据74LS192计数器的功能，测试其引脚MR，$\overline{PL}$，CP_D，CP_U功能，验证功能表。

(2) 测试74LS48译码器的$\overline{LT}$,$\overline{BI}$,$\overline{RBI}$引脚功能,验证功能表。

(3) 根据仿真电路,现场连接一位十进制计数、译码与显示电路,并验证电路的正确性。

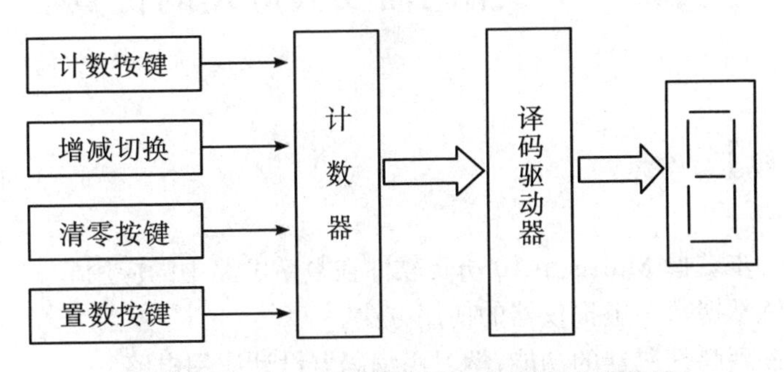

图6.6.5　一位十进制计数、译码与显示电路框图

【实验报告】

(1) 绘制一位十进制计数、译码和显示电路,并验证其功能。

(2) 要求画出两位十进制(即100进制)计数、译码和显示电路。

(3) 分析实验中出现故障的原因,以及排除故障的方法。

(4) 总结设计计数、译码与显示电路的体会。

【思考题】

如何设计60进制的计数、译码与显示电路?

实验6.7 编码器及其应用的仿真

【实验目的】

(1) 进一步掌握 Multisim 10 仿真软件在数字电路中的应用。
(2) 熟练掌握数字虚拟仪器的使用方法。
(3) 加深理解编码器的功能,学习用编码器设计应用电路。

【实验仪器及设备】

序号	名称	规格型号	数量	备注
1	计算机	PC	1	软件仿真
2	软件	Multisim 10		

【实验原理】

Multisim 10 仿真软件提供了一个实际的电子工作台,根据元器件库提供的元器件和测试仪器库提供的各种模拟、数字测试仪器,在其设计区进行电路的创建、测试和分析。本实验在 Multisim 10 环境中测试编码器芯片的逻辑功能,并设计实际应用电路。

1. 8线-3线二进制编码器

(1) 编码器的功能 8线-3线二进制编码器是将输入的信号编成对应的二进制代码,如图6.7.1所示为74LS148的引脚图,其中 $D_0 \sim D_7$ 为编码输入端(低电平有效),EI为选通输入端(低电平有效),A_0,A_1,A_2 为三位二进制编码输出信号,即编码输出端(低电平有效),GS片优先编码输出端(低电平有效),EO选通输出端,即使能输出端,利用EI端和EO端可进行八进制扩展,表6.7.1所示为74LS148编码器

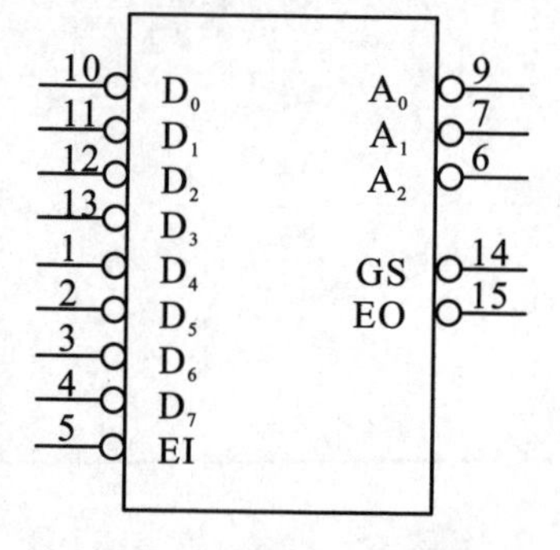

图6.7.1 74LS148N 引脚图

的真值表。

表 6.7.1 74LS148 编码器的真值表

	输入								输出				
EI	D_0	D_1	D_2	D_3	D_4	D_5	D_6	D_7	A_2	A_1	A_0	GS	EO
H	X	X	X	X	X	X	X	X	H	H	H	H	H
L	H	H	H	H	H	H	H	H	H	H	H	H	L
L	X	X	X	X	X	X	X	L	L	L	L	L	H
L	X	X	X	X	X	X	L	H	L	L	H	L	H
L	X	X	X	X	X	L	H	H	L	H	L	L	H
L	X	X	X	X	L	H	H	H	L	H	H	L	H
L	X	X	X	L	H	H	H	H	H	L	L	L	H
L	X	X	L	H	H	H	H	H	H	L	H	L	H
L	X	L	H	H	H	H	H	H	H	H	L	L	H
L	L	H	H	H	H	H	H	H	H	H	H	L	H

(2) 在 Multisim 10 环境中测试编码器功能

① 从仪器库中选择字信号发生器，其输出端口连接到电路的输入端，打开仪器面板，按照真值表设置相关参数；选择逻辑分析仪，电路的输出连接到逻辑分析仪的输入端口，同时并联彩色指示灯，打开逻辑分析仪面板，进行必要的设置，测试电路如图 6.7.2 所示。

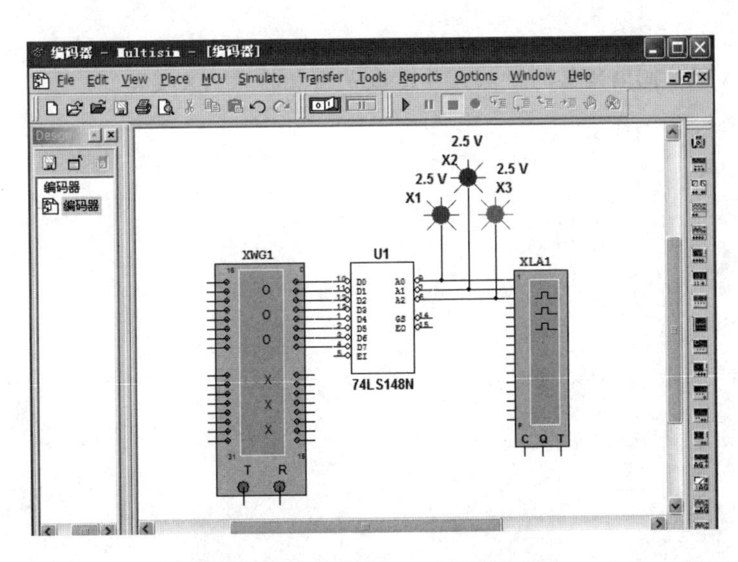

图 6.7.2 编码器 74LS148 功能测试

② 分别选择字信号发生器的“Step”(单步)、“Surst”(断点)、“Cycle”(连续)输出方式,记录彩色指示灯的状态(亮代表“H”,暗代表“L”),同时观察逻辑分析仪显示波形。

2. 编码器的应用

用74LS148和门电路,设计一个呼叫系统,要求有五路的输入呼叫信号。分别用五个按键开关呼叫,1号优先级最高,5号最低。用译码显示呼叫信号的号码,没有呼叫信号时显示“0”,有一个呼叫信号时,显示该呼叫信号的号码,有多个呼叫信号时,显示优先级最高的号码。

【实验内容】

(1) 在Multisim 10环境中测试8线-3线编码器的逻辑功能。
(2) 设计5路呼叫系统,并验证设计功能。

【实验报告】

(1) 整理8线-3线二进制编码器的测试结果,说明电路的逻辑功能。
(2) 绘出用74LS148构成的呼叫系统的电路图,阐述电路原理。

【思考题】

为什么可以把编码器的输入信号看成是互相排斥的变量?

实验6.8　555时基电路及其应用

【实验目的】

(1) 熟悉555集成时基电路的电路结构、工作原理及其特点。
(2) 掌握555集成时基电路的基本应用。
(3) 学习用555设计应用电路。

【实验仪器与设备】

序号	名称	规格型号	数量	备注
1	双踪示波器	LM4320	1	观察信号波形
2	数字万用表	VC8045	1	直流参数测量
3	频率计	HC-F2600	1	测量频率
	器件	NE555	1	时基芯片
		IN4148、3DG6	若干	二极管、三极管
		电阻、电容	若干	

【实验原理】

555时基电路称为集成定时器，是一种数字、模拟混合型的中规模集成电路，其应用十分广泛。该电路使用灵活、方便，只需外接少量的阻容元件就可以构成多谐振荡、单稳态和施密特触发器，因而广泛用于信号的产生、变换、控制与检测。其内部电压标准使用了三个5 kΩ的电阻，故取名555电路。其电路类型有双极型和CMOS型两大类，两者的工作原理和结构相似。几乎所有的双极型产品型号最后的三位数码都是555或556；所有的CMOS产品型号最后四位数码都是7555或7556，两者的逻辑功能和引脚排列完全相同，易于互换。555和7555是单定时器，556和7556是双定时器。双极型电源电压是+5～+15 V，输出的最大电流可达

200 mA,CMOS 型的电源电压是 +3～+18 V。

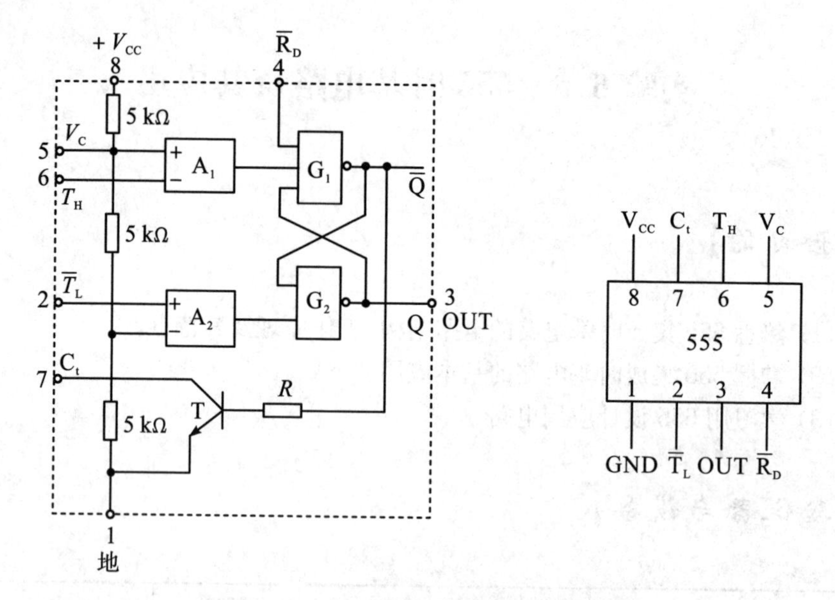

图 6.8.1 555 定时器内部框图和引脚图

1. 555 电路的工作原理

555 电路的内部电路方框图如图 6.8.1 所示,含有两个电压比较器,一个基本 RS 触发器,一个放电开关管 T,比较器的参考电压由三只 5 kΩ 的电阻器构成的分压器提供。它们分别使高电平比较器 A_1 的同相输入端和低电平比较器 A_2 的反相输入端的参考电平为$\frac{2}{3}V_{CC}$和$\frac{1}{3}V_{CC}$。A_1 与 A_2 的输出端控制 RS 触发器状态和放电管开关状态。当输入信号自 6 脚,即高电平触发输入并超过参考电平$\frac{2}{3}V_{CC}$时,触发器复位,555 的输出端 3 脚输出低电平,同时放电开关管导通;当输入信号自 2 脚输入并低于$\frac{1}{3}V_{CC}$时,触发器置位,555 的 3 脚输出高电平,同时放电开关管截止。

$\overline{R}_D$ 是复位端(4 脚),当 $\overline{R}_D=0$ 时,555 输出低电平。平时 $\overline{R}_D$ 端开路或接 V_{CC}。V_C是控制电压端(5 脚),平时输出$\frac{2}{3}V_{CC}$作为比较器 A_1 的参考电平,当 5 脚外接一个输入电压,即改变了比较器的参考电平,从而实现对输出的另一种控制,在不接外加电压时,通常接一个 0.01 μF 的电容器到地,起滤波作用,以消除外来的干扰,确保参考电平的稳定。T 为放电管,当 T 导通时,将给接于 7 脚的电容器提供低阻放电通路。

555定时器主要与电阻、电容构成充、放电电路，并由两个比较器来检测电容器上的电压，以确定输出电平的高低和放电开关管的通断。这就很方便地构成从微秒到数十分钟的延时电路，可方便地构成单稳态触发器、多谐振荡器、施密特触发器等脉冲产生或波形变换电路。

2. 555定时器的典型应用

(1) 构成单稳态触发器　图6.8.2所示由555定时器和外接定时元件 R，C 构成的单稳态触发器，D为钳位二极管，稳态时555电路输入端处于电源电平，内部放电开关管T导通，输出端 V_o 输出低电平，当有一个外部负脉冲触发信号加到 V_i 端，并使2端电位瞬时低于 $1/3V_{CC}$，低电平比较器翻转，单稳态电路即开始一个暂态过程，电容 C 开始充电，V_C 按指数规律增长。当 V_C 充电到 $\frac{2}{3}V_{CC}$ 时，高电平比较器翻转，比较器 A_1 翻转，输出 V_o 从高电平返回低电平，放电开关管T重新导通，电容C上的电荷很快经放电开关管放电，暂态结束，恢复稳定，为下一个触发脉冲的到来做好准备，波形图如图6.8.3所示。

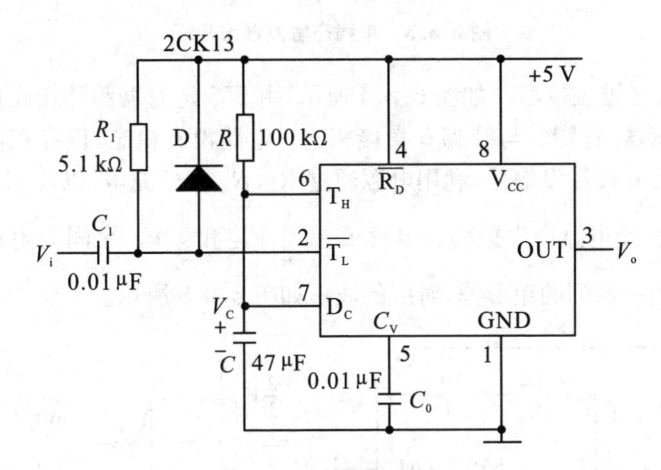

图6.8.2　555构成单稳态触发器

暂稳态的持续时间 T_w（即为延时时间）取决于外接元件 R，C 的大小：$T_w = 1.1RC$。通过改变 R，C 的大小，可使延时时间在几个微秒和几十分钟之间变化。当单稳态电路作为计时器时，可直接驱动小型继电器，并可采用复位端接地的方法来终止暂态，重新计时。此外需用一个续流二极管与继电器线圈并接，以防继电器线圈反向电动势损坏内部功率管。

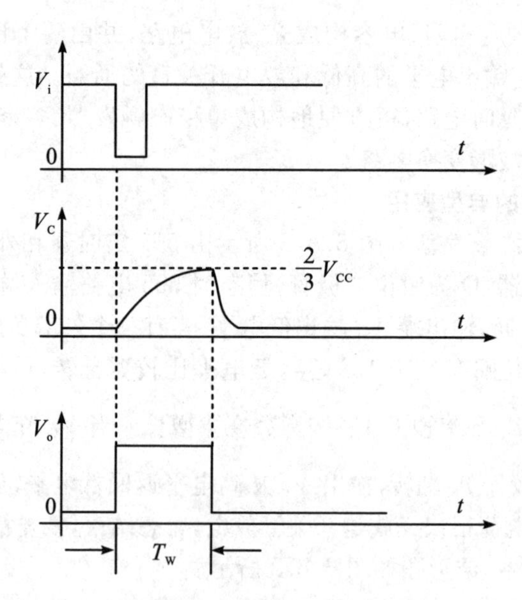

图 6.8.3 单稳态触发器波形图

(2) 构成多谐振荡器 如图 6.8.4 所示，由 555 定时器和外接元件 R_1，R_2，C 构成多谐振荡器，管脚 2 与管脚 6 直接相连。电路没有稳态，仅存在两个暂稳态，电路亦不需要外接触发信号，利用电源通过 R_1，R_2向 C 充电，以及 C 通过R_2向放电端 D_C 放电，使电路产生振荡。电容 C 在$\frac{2}{3}V_{CC}$和$\frac{1}{3}V_{CC}$之间充电和放电，从而在输出端得到一系列的矩形波，对应的波形如图 6.8.5 所示。

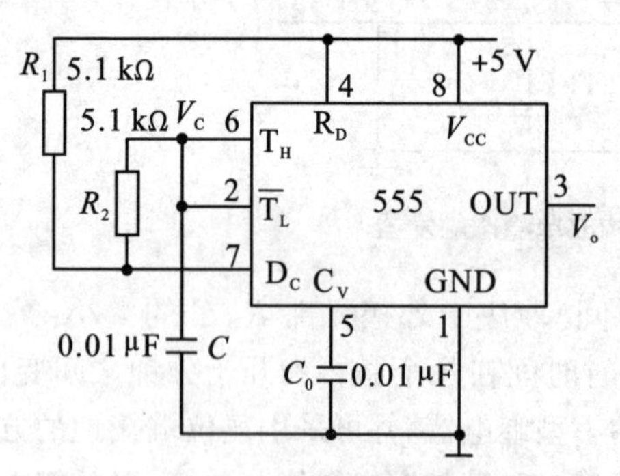

图 6.8.4 555 构成多谐振荡器

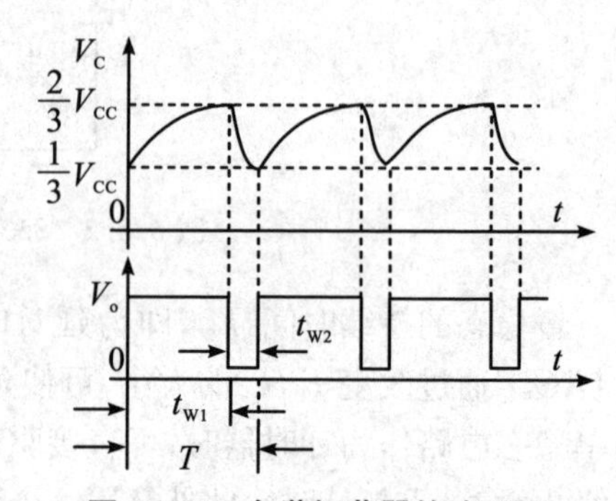

图 6.8.5 多谐振荡器的波形图

输出信号的时间参数

$$T = t_{w1} + t_{w2}$$

$$t_{w1} = 0.7(R_1 + R_2)C$$

$$t_{w2} = 0.7R_2C$$

式中：t_{w1}为V_C由$\frac{1}{3}V_{CC}$上升到$\frac{2}{3}V_{CC}$所需的时间；t_{w2}为电容C放电所需的时间。

555电路要求R_1与R_2均应不小于1 kΩ，但两者之和应不大于3.3 MΩ。

外部元件的稳定性决定了多谐振荡器的稳定性，555定时器配以少量的元件即可获得较高精度的振荡频率和具有较强的功率输出能力。因此，这种形式的多谐振荡器应用广泛。

(3) 组成占空比可调的多谐振荡器　电路如图6.8.6所示，比图6.8.4所示电路增加了一个电位器和两个隔离二极管D_1，D_2，用来决定电容充、放电电流流经电阻的途径（充电时D_1导通，D_2截止；放电时D_2导通，D_1截止）。

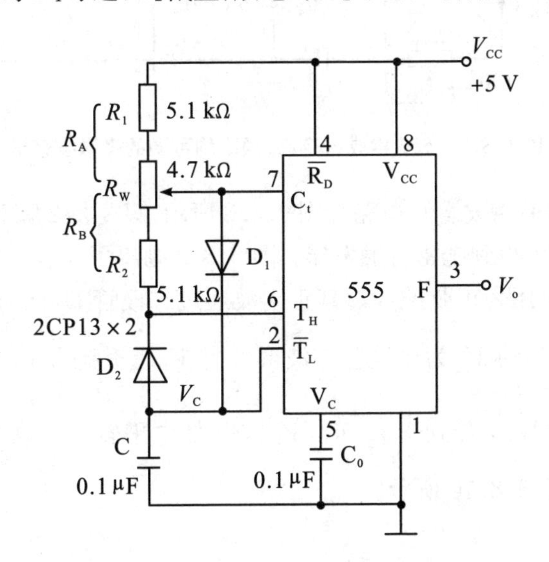

图6.8.6　555构成占空比可调的多谐振荡器

占空比

$$P=\frac{t_{w1}}{t_{w1}+t_{w2}}\approx\frac{0.7R_AC}{0.7C(R_A+R_B)}=\frac{R_A}{R_A+R_B}$$

可见，若取$R_A=R_B$，电路即可输出占空比为50%的方波信号。

(4) 组成占空比连续可调并能调节振荡频率的多谐振荡器　电路如图6.8.7所示，对C_1充电时，充电电流通过R_1，D_1，R_{W2}和R_{W1}，放电时通过R_{W1}，R_{W2}，D_2，R_2。当$R_1=R_2$，R_{W2}调至中心点时，因为充放电时间基本相等，其占空比约为50%，此时调节R_{W1}仅改变频率，占空比不变。如R_{W2}调至偏离中心点，再调节R_{W1}，不仅振荡频率改变，而且对占空比也有影响。R_{W1}不变，调节R_{W2}，仅改变占空比，对频率无影响。因此，当接通电源后，应首先调节R_{W1}使频率至规定值，再调节R_{W2}，以获得需要的占空比。若频率调节的范围比较大，还可以用波

段开关改变 C_1的值。

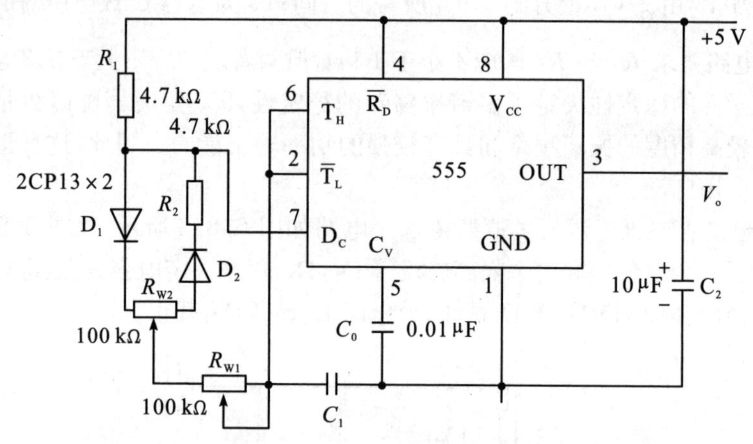

图 6.8.7 555 构成占空比、频率均可调的多谐振荡器

(5) 组成施密特触发器 电路如图 6.8.8 所示,只要将 2 脚和 6 脚连在一起作为信号输入端,即可得到施密特触发器。图 6.8.9 画出了 V_S,V_i 和 V_o 的波形图。设被整形变换的电压为正弦波 V_S,其正半波通过二极管 D,同时加到 555 定时器的 2 脚和 6 脚,得到的 V_i 为半波整流波形。当 V_i 上升到$\frac{2}{3}V_{CC}$时,V_o 从高电平转换为低电平;当 V_i 下降到$\frac{1}{3}V_{CC}$时,V_o 又从低电平转换为高电平,电路的电压传输特性曲线如图 6.8.10 所示。

回差电压

$$\Delta V = \frac{2}{3}V_{CC} - \frac{1}{3}V_{CC} = \frac{1}{3}V_{CC}$$

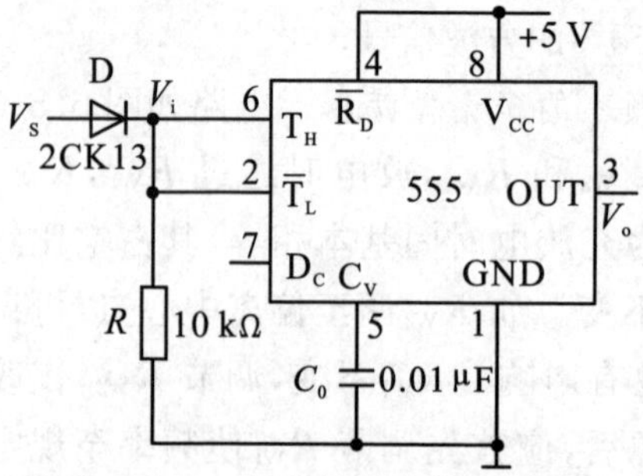

图 6.8.8 555 构成施密特触发器

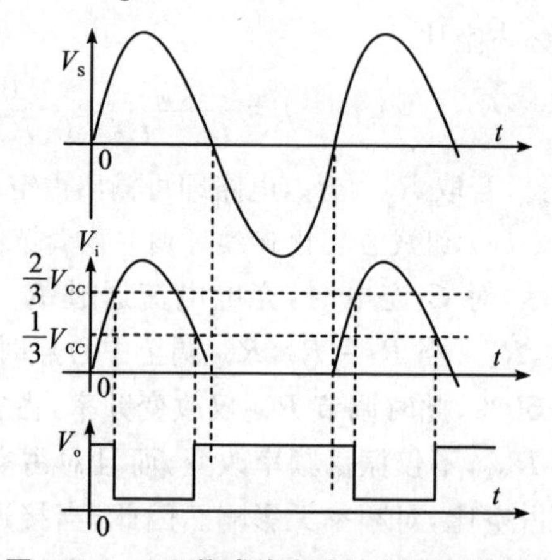

图 6.8.9 555 构成施密特触发器的波形图

【实验内容】

1. 单稳态触发器

(1) 按图6.8.2连线,取$R=100\ \text{k}\Omega$,$C=47\ \mu\text{F}$,输出接LED电平指示器。输入信号V_i由单次脉冲源提供,用双踪示波器观测V_i,V_C,V_o波形,测定幅度与暂稳态时间。

(2) 将R改为$1\ \text{k}\Omega$,C改为$0.1\ \mu\text{F}$,输入端加$1\ \text{kHz}$的连续脉冲,观测V_i,V_C,V_o波形。测定幅度与暂稳态时间。

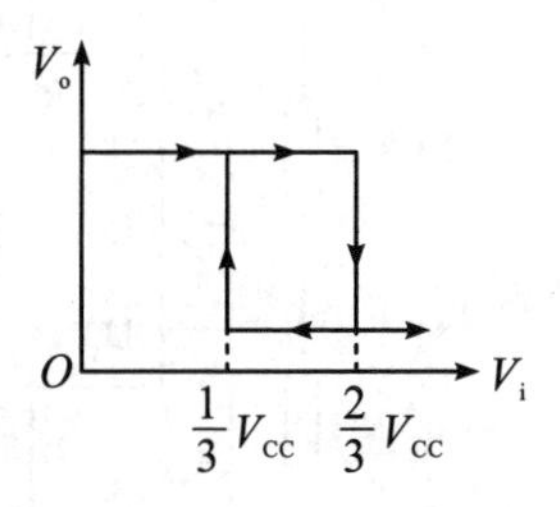

图6.8.10　电压传输特性

2. 多谐振荡器

(1) 按图6.8.4接线,用双踪示波器观测V_C与V_o的波形,测定频率。

(2) 按图6.8.6接线,R_w选用$10\ \text{k}\Omega$电位器。组成占空比为50%的方波信号发生器。观测V_C,V_o波形。测定波形参数。

(3) 按图6.8.7接线,C_1选用$0.1\ \mu\text{F}$。通过调节R_{W1}和R_{W2}来观测输出波形。

3. 施密特触发器

按图6.8.8接线,输入信号由正弦信号模拟,预先调好V_i的频率为$1\ \text{kHz}$,逐渐加大信号幅度,观测输出波形,测绘电压传输特性,算出回差电压ΔU。

4. 触摸式开关定时控制器

利用555设计制作一触摸式开关定时控制器,每当用手触摸一次,电路即输出一个正脉冲宽度为10 s的信号。试画出电路并测试电路功能。

5. 设计双音报警电路

参考电路如图6.8.11所示,分析它的工作原理及报警声特点。

(1) 观察并记录输出波形,同时试听报警声。

(2) 若将前一级的低频信号输出加到后一级的控制电压端5,试分析工作原理。

【实验报告】

(1) 绘出实验线路图及观测到的波形。

(2) 按实验选定的元件参数,计算输出脉冲的宽度和频率。

(3) 分析、总结实验结果。

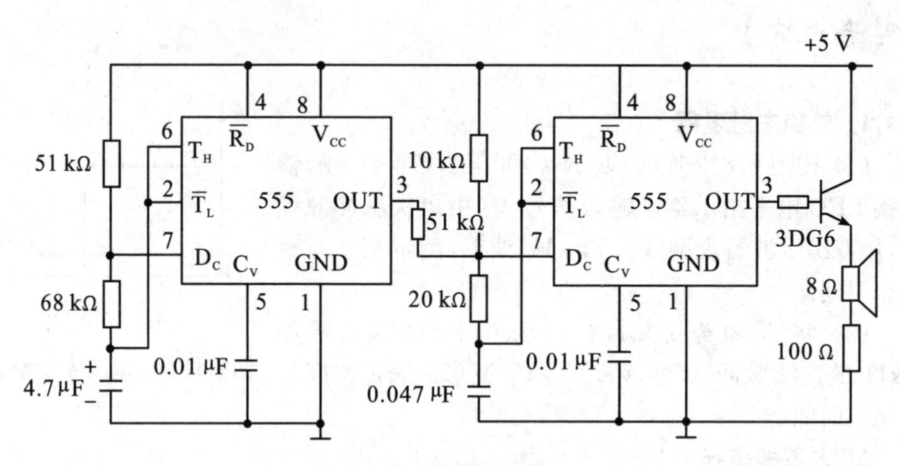

图 6.8.11　双音频报警电路

【思考题】

(1) 555 定时器具有哪些应用特点？其典型应用电路有哪几种？

(2) 图 6.8.2 单稳态触发器电路中电阻 R_1 与二极管 D 的作用是什么？

实验 6.9　移位寄存器及其应用

【实验目的】

(1) 熟悉 4 位双向移位寄存器逻辑功能及使用方法。

(2) 掌握移位寄存器的应用——实现数据的串行、并行转换和构成环形计数器。

【实验仪器与设备】

序号	名称	规格型号	数量	备注
1	电子技术综合实验箱	WXDZ－02	1	
2	数字万用表	VC8045	1	直流参数测量
3	器件	74LS194/CC40194	1	移位寄存器
		74LS00	1	二输入与非门
		74LS30	1	八输入与非门

【实验原理】

1. 移位寄存器

移位寄存器具有存储二进制代码和移位的功能，在移存脉冲的作用下，将存储于移位寄存器中的数码进行逐位向左或向右移存。既能左移又能右移的称为双向移位寄存器，只需要改变左移、右移的控制信号便可实现双向移位要求。根据移位寄存器存取信息的方式不同可分为串入串出、串入并出、并入串出、并入并出四种形式。

本实验选用的 4 位双向通用移位寄存器 74LS194 或 CC40194，两者功能相同，可互换使用，其逻辑符号及引脚排列如图 6.9.1 所示。

其中 D_0，D_1，D_2，D_3 为并行输入端；Q_0，Q_1，Q_2，Q_3 为并行输出端；S_R 为右移串

行输入端，S_L为左移串行输入端；S_1，S_0为操作模式控制端；$\overline{C}_R$ 为直接无条件清零端；CP 为时钟脉冲输入端，其逻辑功能如表 6.9.1 所示。

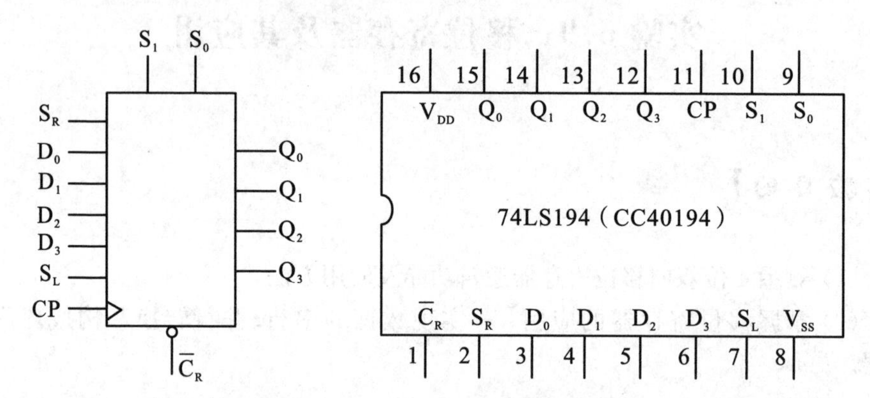

图 6.9.1 74LS194 的逻辑符号及引脚功能

表 6.9.1 74LS194 逻辑功能表

功能	输					入					输	出		
	CP	$\overline{C}_R$	S_1	S_0	S_R	S_L	D_0	D_1	D_2	D_3	Q_0	Q_1	Q_2	Q_3
清除	×	0	×	×	×	×	×	×	×	×	0	0	0	0
送数	↑	1	1	1	×	×	a	b	c	d	a	b	c	d
右移	↑	1	0	1	D_{SR}	×	×	×	×	×	D_{SR}	Q_0	Q_1	Q_2
左移	↑	1	1	0	×	D_{SL}	×	×	×	×	Q_1	Q_2	Q_3	D_{SL}
保持	↑	1	0	0	×	×	×	×	×	×	Q_0^n	Q_1^n	Q_2^n	Q_3^n
保持	↓	1	×	×	×	×	×	×	×	×	Q_0^n	Q_1^n	Q_2^n	Q_3^n

2. 移位寄存器的应用

移位寄存器应用广泛，可构成移位寄存器型计数器、顺序脉冲发生器、串行累加器、串行数据转换为并行数据或把并行数据转换为串行数据等。本实验研究移位寄存器用作环形计数器和数据的串、并行转换。

(1) 环形计数器 移位寄存器的输出反馈到它的串行输入端，可以进行循环移位，如图 6.9.2 所示，把输出端 Q_3和右移串行输入端 S_R相连接，设初始状态 $Q_0Q_1Q_2Q_3=1000$，则在时钟脉冲作用下 $Q_0Q_1Q_2Q_3$将依次变为 0100→0010→0001→1000→…，如表 6.9.2 所示，可见它是一个具有四个有效状态的计数器，这种类型的计数器通常称为环形计数器。图 6.9.2 所示电路中各个输出端输出在时间上有先后顺序的脉冲，因此也可作为顺序脉冲发生器。

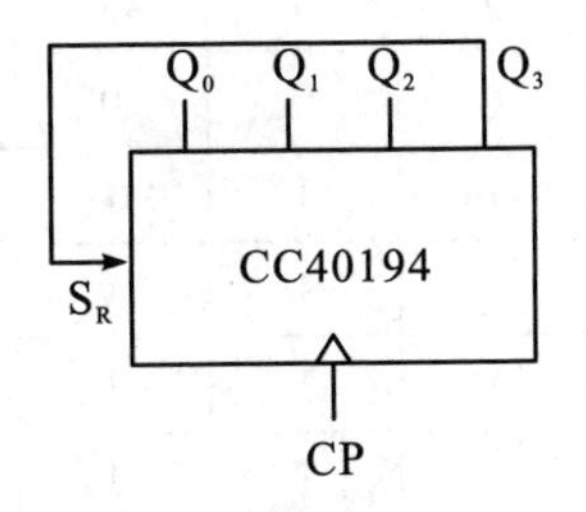

图 6.9.2 环形计数器

表 6.9.2 环形计数器输出状态

CP	Q_0	Q_1	Q_2	Q_3
0	1	0	0	0
1	0	1	0	0
2	0	0	1	0
3	0	0	0	1

如果将输出 Q_0 与左移串行输入端 S_L 相连接，即可达左移循环移位。

(2) 实现数据串、并行转换

① 串行/并行转换器。串行/并行转换是指串行输入的数码，经转换电路之后变换成并行输出。图 6.9.3 所示是用两片四位双向移位寄存器 CC40194 (74LS194)组成的七位串/并行数据转换电路。

电路中 S_0 端接高电平"1"，S_1 受 Q_7 控制，两片寄存器连接成串行输入右移工作模式。Q_7 是转换结束标志。当 $Q_7=1$ 时，S_1 为 0，使之成为 $S_1S_0=01$ 的串入右移工作方式；当 $Q_7=0$ 时，$S_1=1$，有 $S_1S_0=11$，则串行送数结束，标志着串行输入的数据已转换成并行输出。

串行/并行转换的具体过程如下：

转换前，$\overline{C}_R$ 端加低电平，使Ⅰ、Ⅱ两片寄存器的内容清 0，此时 $S_1S_0=11$，寄存器执行并行输入工作方式。当第一个 CP 脉冲到来后，寄存器的输出状态 $Q_0 \sim Q_7$ 为 01111111，与此同时 S_1S_0 变为 01，转换电路变为执行串入右移工作方式，串行输入数据由Ⅰ片的 S_R 端加入。随着 CP 脉冲的依次加入，输出状态的变化可列成表 6.9.3所示。

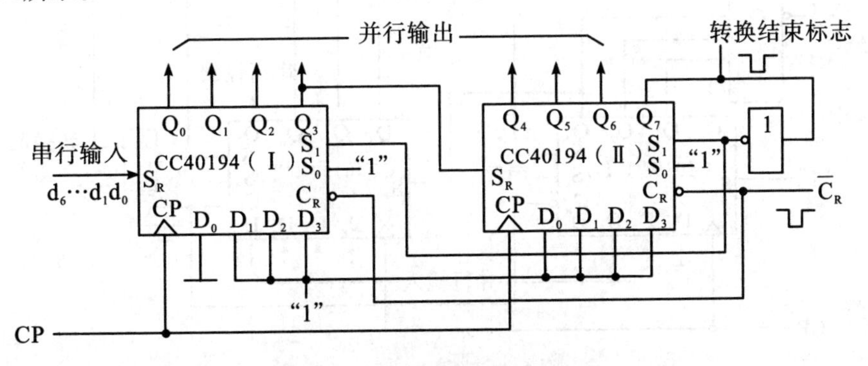

图 6.9.3 七位串行/并行转换器

表 6.9.3 输出状态变化

CP	Q_0	Q_1	Q_2	Q_3	Q_4	Q_5	Q_6	Q_7	说明
0	0	0	0	0	0	0	0	0	清零
1	0	1	1	1	1	1	1	1	送数
2	d_0	0	1	1	1	1	1	1	右移操作七次
3	d_1	d_0	0	1	1	1	1	1	
4	d_2	d_1	d_0	0	1	1	1	1	
5	d_3	d_2	d_1	d_0	0	1	1	1	
6	d_4	d_3	d_2	d_1	d_0	0	1	1	
7	d_5	d_4	d_3	d_2	d_1	d_0	0	1	
8	d_6	d_5	d_4	d_3	d_2	d_1	d_0	0	
9	0	1	1	1	1	1	1	1	送数

由表 6.9.3 可见，右移操作七次之后，Q_7变为 0，S_1S_0又变为 11，说明串行输入结束。这时，串行输入的数码已经转换成并行输出。

当再来一个 CP 脉冲时，电路又重新执行一次并行输入，为第二组串行数码转换做好了准备。

② 并行/串行转换器。并行/串行转换器是指并行输入的数码经转换电路之后，变换成串行输出。图 6.9.4 所示是用两片 CC40194(74LS194)组成的七位并行/串行转换电路，它比图 6.9.3 多了两只与非门 G_1 和 G_2，电路工作方式同样为右移。

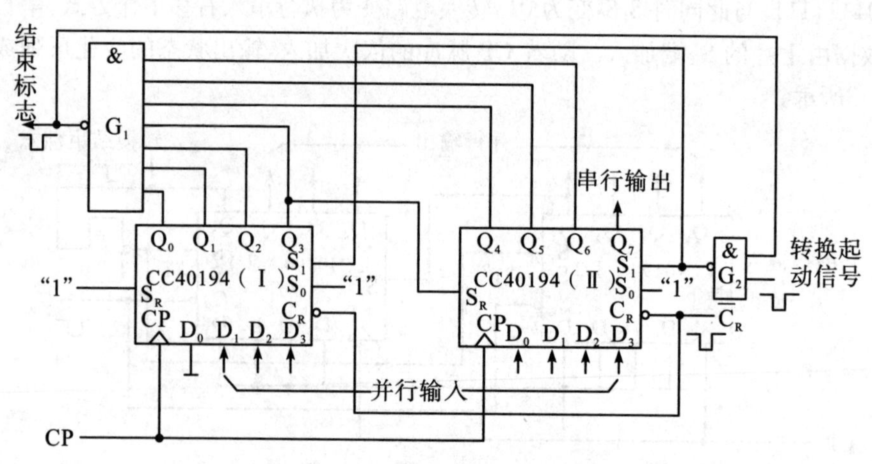

图 6.9.4 七位并行/串行转换器

寄存器清“0”后，加一个转换启动信号(负脉冲或低电平)。此时，由于方式控制 S_1S_0 为 11，转换电路执行并行输入操作。当第一个 CP 脉冲到来后，$Q_0Q_1Q_2Q_3Q_4Q_5Q_6Q_7$ 的状态为 $0D_1D_2D_3D_4D_5D_6D_7$，并行输入数码存入寄存器。从而使得 G_1 输出为 1，G_2 输出为 0，结果 S_1S_0 变为 01，转换电路随着 CP 脉冲的加入，开始执行右移串行输出，随着 CP 脉冲的依次加入，输出状态依次右移，待右移操作七次后，$Q_0 \sim Q_6$ 的状态都为高电平“1”，与非门 G_1 输出为低电平，G_2 输出为高电平，S_1S_0 又变为 11，表示并行/串行转换结束，且为第二次并行输入创造了条件，转换过程如表 6.9.4 所示。

表 6.9.4　并行/串行转换过程

CP	Q_0	Q_1	Q_2	Q_3	Q_4	Q_5	Q_6	Q_7	串行输出						
0	0	0	0	0	0	0	0	0							
1	0	D_1	D_2	D_3	D_4	D_5	D_6	D_7							
2	1	0	D_1	D_2	D_3	D_4	D_5	D_6	D_7						
3	1	1	0	D_1	D_2	D_3	D_4	D_5	D_6	D_7					
4	1	1	1	0	D_1	D_2	D_3	D_4	D_5	D_6	D_7				
5	1	1	1	1	0	D_1	D_2	D_3	D_4	D_5	D_6	D_7			
6	1	1	1	1	1	0	D_1	D_2	D_3	D_4	D_5	D_6	D_7		
7	1	1	1	1	1	1	0	D_1	D_2	D_3	D_4	D_5	D_6	D_7	
8	1	1	1	1	1	1	1	0	D_1	D_2	D_3	D_4	D_5	D_6	D_7
9	0	D_1	D_2	D_3	D_4	D_5	D_6	D_7							

中规模集成移位寄存器，其位数往往以 4 位居多，当需要的位数多于 4 位时，可把几片移位寄存器用级连的方法连接起来扩展位数。

【实验内容】

1. 测试 74LS194(或 CC40194)的逻辑功能

74LS194 引脚的 $\overline{C}_R$，S_1，S_0，S_L，S_R，D_0，D_1，D_2，D_3 分别接至逻辑开关的输出插口；Q_0，Q_1，Q_2，Q_3 接至逻辑电平显示输入插口；CP 端接单次脉冲源；按表 6.9.5 所规定的输入状态，逐项进行测试。

(1) 清除　令 $\overline{CR}=0$，其他输入均为任意态，这时寄存器输出 Q_0，Q_1，Q_2，Q_3 应均为 0。清除后，置 $\overline{C}_R=1$。

(2) 送数　令 $\overline{C}_R = S_1 = S_0 = 1$,送入任意4位二进制数,如 $D_0D_1D_2D_3 = abcd$,加CP脉冲,观察CP=0,CP由0→1,CP由1→0三种情况下寄存器输出状态的变化,观察寄存器输出状态变化是否发生在CP脉冲的上升沿。

(3) 右移　清零后,令 $\overline{C}_R = 1, S_1 = 0, S_0 = 1$,由右移输入端 S_R 送入二进制数码如0100,由CP端连续加4个脉冲,观察输出情况并记录。

(4) 左移　先清零或预置,再令 $\overline{C}_R = 1, S_1 = 1, S_0 = 0$,由左移输入端 S_L 送入二进制数码如1111,连续加4个CP脉冲,观察输出端情况并记录。

(5) 保持　寄存器预置任意4位二进制数码abcd,令 $\overline{C}_R = 1, S_1 = S_0 = 0$,加CP脉冲,观察寄存器输出状态并记录。

表6.9.5　74LS194逻辑功能测试

清除	模式		时钟	串行		输入	输出	功能总结
$\overline{C}_R$	S_1	S_0	CP	S_L	S_R	$D_0D_1D_2D_3$	$Q_0Q_1Q_2Q_3$	
0	×	×	×	×	×	××××		
1	1	1	↑	×	×	a b c d		
1	0	1	↑	×	0	××××		
1	0	1	↑	×	1	××××		
1	0	1	↑	×	0	××××		
1	0	1	↑	×	0	××××		
1	1	0	↑	1	×	××××		
1	1	0	↑	1	×	××××		
1	1	0	↑	1	×	××××		
1	1	0	↑	1	×	××××		
1	0	0	↑	×	×	××××		

2. 环形计数器

并行送数法预置寄存器为某二进制数码(如0100),然后进行右移循环,观察寄存器输出端状态的变化,记入表6.9.6中。

表 6.9.6　寄存器输出状态

CP	Q_0	Q_1	Q_2	Q_3
0	0	1	0	0
1				
2				
3				
4				

3. 实现数据的串、并行转换

(1) 串行输入、并行输出　按图 6.9.3 接线，进行右移串入、并出实验，串入数码自定。改接线路用左移方式实现并行输出，自拟表格并记录实验结果。

(2) 并行输入、串行输出　按图 6.9.4 接线，进行右移并入、串出实验，并入数码自定。改接线路用左移方式实现串行输出，自拟表格并记录实验结果。

【实验报告】

(1) 分析表 6.9.5 中的实验结果，总结移位寄存器 74LS194 的逻辑功能，并写入表格内“功能总结”一栏中。

(2) 根据实验内容 2 的结果，画出 4 位环形计数器的状态转换图及波形图。

(3) 分析实现数据串/并、并/串转换器所得结果的正确性。

【思考题】

(1) 设计由 74LS194 构成 8 位移位寄存器。

(2) 利用 74LS194 和门电路设计具有自启动功能的顺序脉冲发生器。

实验6.10　A/ D、D/A转换器

【实验目的】

(1) 了解D/A和A/D转换器的基本工作原理和基本结构。
(2) 掌握大规模集成D/A和A/D转换器的功能及其典型应用。

【实验设备及器件】

序号	名称	规格型号	数量	备注
1	双踪示波器	LM4320	1	观察信号波形
	电子技术综合实验箱	WXDZ-02	1	
	函数信号发生器	TFG2000	1	
2	数字万用表	VC8045	1	测量直流参数
	器件	DAC0832	1	D/A
		ADC0809	1	A/D
		μA741	1	运算放大器

【实验原理】

在数字电子技术的很多应用场合往往需要把模拟量转换为数字量,称为模/数转换器(A/D转换器,简称ADC),或把数字量转换成模拟量,称为数/模转换器(D/A转换器,简称DAC)。完成这种转换的线路有多种,特别是单片大规模集成A/D、D/A转换器的问世,为实现上述转换提供了极大的方便。使用者借助于手册提供的器件性能指标及典型应用电路,即可正确使用这些器件。本实验将采用大规模集成电路DAC0832实现D/A转换,ADC0809实现A/D转换。

1. D/A转换器DAC0832

DAC0832是采用CMOS工艺制成的单片电流输出型8位数/模转换器,如图

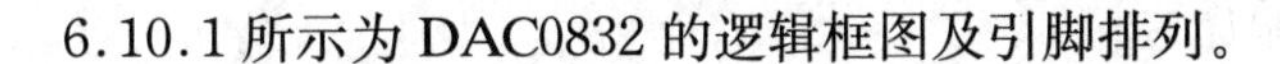

6.10.1 所示为 DAC0832 的逻辑框图及引脚排列。

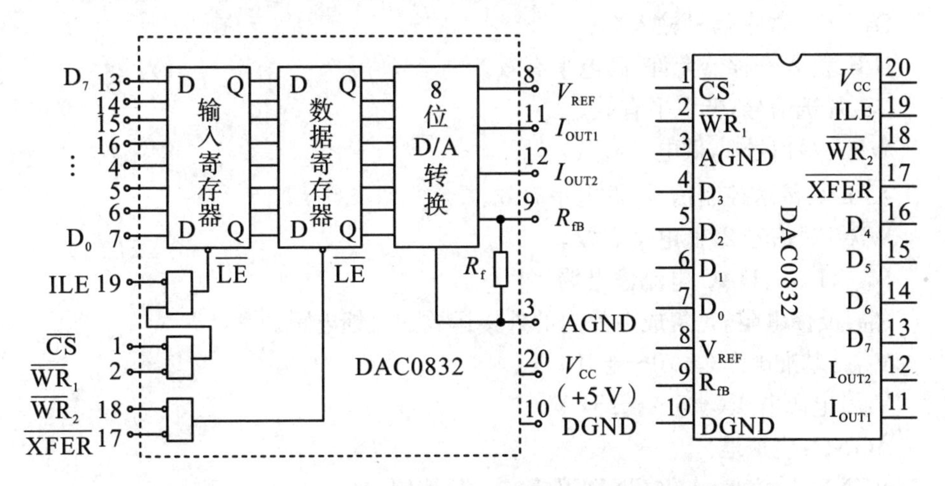

图 6.10.1　DAC0832 单片 D/A 转换器逻辑框图和引脚排列

器件的核心部分采用倒 T 型电阻网络的 8 位 D/A 转换器，如图 6.10.2 所示，由倒 T 型 R-2R 电阻网络、模拟开关、运算放大器和参考电压 V_{REF} 四部分组成。

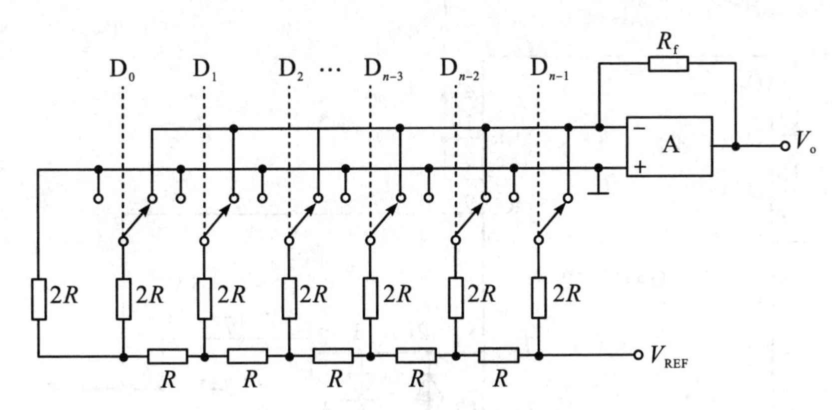

图 6.10.2　倒 T 型电阻网络 D/A 转换电路

运放的输出电压为

$$V_o=\frac{V_{REF}\cdot R_f}{2^nR}(D_{n-1}\cdot 2^{n-1}+D_{n-2}\cdot 2^{n-2}+\cdots+D_0\cdot 2^0)$$

由上式可见，输出电压 V_o 与输入的数字量成正比，实现了从数字量到模拟量的转换。

一个 8 位的 D/A 转换器，它有 8 个输入端，每个输入端是 8 位二进制数的一位，有一个模拟输出端，输入可有 $2^8=256$ 个不同的二进制组态，输出为 256 个电压之一，即输出电压不是整个电压范围内任意值，而只能是 256 个可能值。

DAC0832 的引脚功能说明如下。

$D_0 \sim D_7$：数字信号输入端。

ILE：输入寄存器允许，高电平有效。

$\overline{CS}$：片选信号，低电平有效。

$\overline{WR_1}$：写信号 1，低电平有效。

$\overline{XFER}$：传送控制信号，低电平有效。

$\overline{WR_2}$：写信号 2，低电平有效。

I_{OUT1}，I_{OUT2}：DAC 电流输出端。

R_{fB}：反馈电阻，是集成在片内的外接运放的反馈电阻。

V_{REF}：基准电压（−10～+10）V。

V_{CC}：电源电压（+5～+15）V。

AGND：模拟地。

NGND：数字地，与 AGND 可接在一起使用。

DAC0832 输出的是电流，要转换为电压，还必须经过一个外接的运算放大器，实验线路如图 6.10.3 所示。

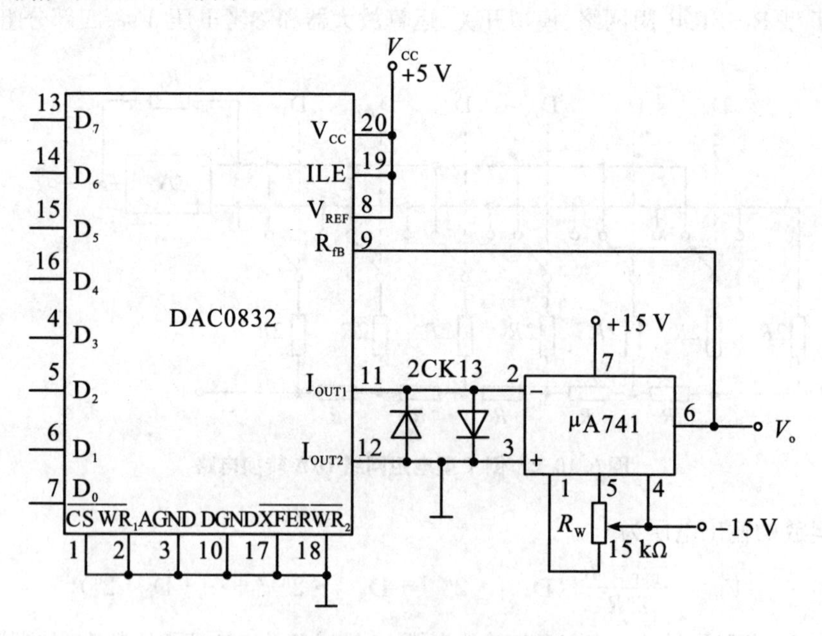

图 6.10.3　D/A 转换器实验线路

2. A/D 转换器 ADC0809

ADC0809 是采用 CMOS 工艺制成的单片 8 位 8 通道逐次渐近型模/数转换器，其逻辑框图及引脚排列如图 6.10.4 所示。

器件的核心部分是8位A/D转换器,由比较器、逐次渐近寄存器、D/A转换器、控制和定时5部分组成。

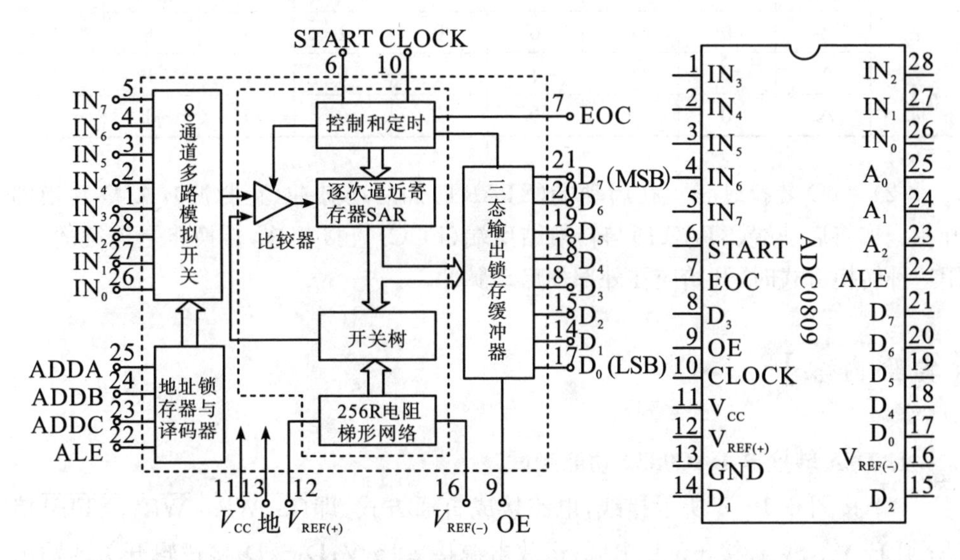

图6.10.4　ADC0809转换器逻辑框图及引脚排列

ADC0809的引脚功能说明如下。

$IN_0 \sim IN_7$:8路模拟信号输入端。

A_2,A_1,A_0:地址输入端。

ALE:地址锁存允许输入信号,在此脚施加正脉冲,上升沿有效,此时锁存地址码,从而选通相应的模拟信号通道,以便进行A/D转换。

START:启动信号输入端,应在此脚施加正脉冲,当上升沿到达时,内部逐次逼近寄存器复位,在下降沿到达后,开始A/D转换过程。

EOC:转换结束输出信号(转换结束标志),高电平有效。

OE:输入允许信号,高电平有效。

CLOCK(CP):时钟信号输入端,外接时钟频率一般为640 kHz。

V_{cc}: +5 V单电源供电。

$V_{REF}(+)$,$V_{REF}(-)$:基准电压的正极、负极。一般$V_{REF}(+)$接+5 V电源,$V_{REF}(-)$接地。

$D_7 \sim D_0$:数字信号输出端。

(1) 模拟量输入通道选择　8路模拟开关由A_2,A_1,A_0三位地址输入端选通8路模拟信号中的任何一路进行A/D转换,地址译码与模拟输入通道的选通关系如表6.10.1所示。

表 6.10.1 地址译码与模拟输入通道的选通关系

被选模拟通道		IN_0	IN_1	IN_2	IN_3	IN_4	IN_5	IN_6	IN_7
地	A_2	0	0	0	0	1	1	1	1
	A_1	0	0	1	1	0	0	1	1
址	A_0	0	1	0	1	0	1	0	1

(2) A/D 转换过程　在启动端(START)加启动脉冲(正脉冲),A/D 转换即开始。如将启动端(START)与转换结束端(EOC)直接相连,转换将是连续的,在用这种转换方式时,开始应在外部加启动脉冲。

【实验内容】

1. D/A 转换器 DAC0832 功能测试

(1) 按图 6.10.3 所示接线,电路接成直通方式,即$\overline{CS}$,$\overline{WR_1}$,$\overline{WR_2}$,$\overline{XFER}$接地;ILE,V_{CC},V_{REF}接 +5 V 电源;运放电源接 ±15 V;D_0～D_7接逻辑开关的输出插口;输出端 V_o接直流数字电压表。

(2) 调零,令 D_0～D_7全置零,调节运放的电位器使 μA741 输出为零。

(3) 按表 6.10.2 所列的输入数字信号,用数字电压表测量运放的输出电压 V_o,将测量结果填入表中,并与理论值进行比较。

表 6.10.2 DAC0832 功能测试

输入数字量								输出模拟量 V_o(V)
D_7	D_6	D_5	D_4	D_3	D_2	D_1	D_0	V_{CC} = +5 V
0	0	0	0	0	0	0	0	
0	0	0	0	0	0	0	1	
0	0	0	0	0	0	1	0	
0	0	0	0	0	1	0	0	
0	0	0	0	1	0	0	0	
0	0	0	1	0	0	0	0	
0	0	1	0	0	0	0	0	
0	1	0	0	0	0	0	0	
1	0	0	0	0	0	0	0	
1	1	1	1	1	1	1	1	

2. A/D 转换器 ADC0809 功能测试

按图 6.10.5 所示接线，并认真检查接线是否正确。

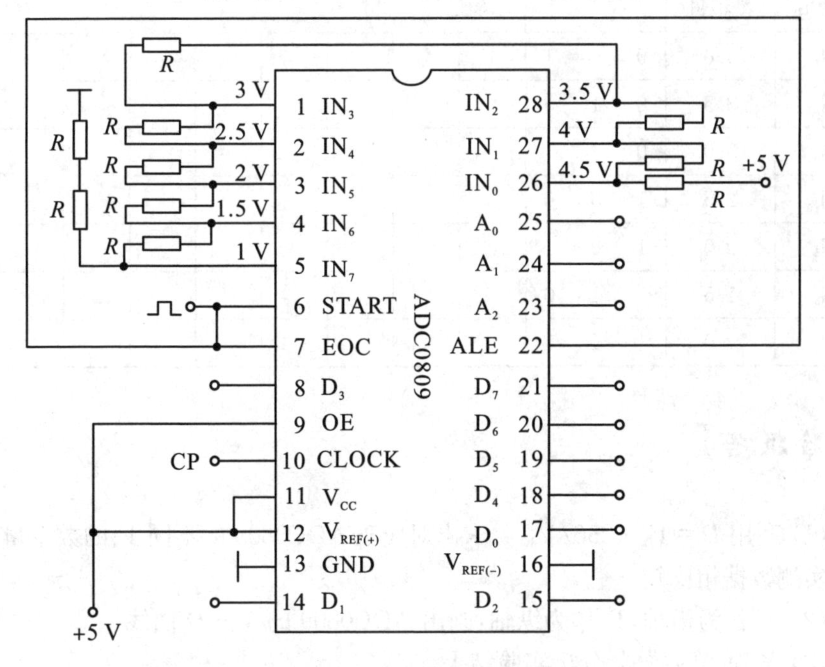

图 6.10.5　ADC0809 实验线路

(1) 8 路模拟输入信号由 5 V 分压得到 1～4.5 V；变换结果 D_0～D_7 接逻辑电平指示输入插口，CP 时钟脉冲由计数脉冲源提供，取 $f=100$ kHz；A_0～A_2 地址端接逻辑电平输出插口。

(2) 接通电源后，在启动端(START)加一正单次脉冲，下降沿一到即开始 A/D转换。

(3) 按表 6.10.3 的要求观察，记录 IN_0～IN_7 8 路模拟信号的转换结果，将转换结果换算成十进制数表示的电压值，并与数字电压表实测的各路输入电压值进行比较，分析误差原因。

表 6.10.3　ADC0809 功能测试

被选模拟通道	输入模拟量	地址			输出数字量								
IN	V_i(V)	A_2	A_1	A_0	D_7	D_6	D_5	D_4	D_3	D_2	D_1	D_0	十进制
IN_0	4.5	0	0	0									

(续表)

被选模拟通道	输入模拟量	地址	输出数字量								
IN_1	4.0	0 0 1									
IN_2	3.5	0 1 0									
IN_3	3.0	0 1 1									
IN_4	2.5	1 0 0									
IN_5	2.0	1 0 1									
IN_6	1.5	1 1 0									
IN_7	1.0	1 1 1									

【实验报告】

(1) 利用 $D = V_i \cdot 256/V_{REF}$,求出对应于ADC0809的不同 V_i 的数字量 D,列表与实测数据相比较。

(2) V_i 作为横轴,D 作为纵轴,画出ADC0809的 V_i-D 曲线。

(3) 整理实验数据,分析实验结果。

【思考题】

在逐次逼近型8位A/D转换电路中,如果 $V_{REF} = 12$ V,输入电压 $V_i = 4.5$ V。试问:

(1) 输出数字量是多少?

(2) 如果其他条件不变,仅其位数由8位改为10位,此时输出量又为多少?

(3) 在上述两种情况下的量化误差各是多少?

实验 6.11 智力竞赛抢答器的设计

【设计任务与要求】

(1) 设计制作一个能容纳 8 组参赛队的智力竞赛抢答器,每组设置一个抢答按钮供抢答者使用。

(2) 设置一个系统复位清除按钮和抢答开始控制按钮,供主持人控制。

(3) 抢答器具有锁存与显示功能。即选手按动按钮,锁存相应的编号,并在 LED 数码管上显示,同时扬声器发出报警声响提示。选手抢答实行优先锁存,优先抢答选手的编号一直保持到主持人将系统清除为止。

(4) 抢答器具有定时抢答功能,抢答时间由主持人设定(如 30 秒)。当主持人启动"开始"按钮后,定时器进行减计时,同时扬声器发出短暂的声响,声响持续时间 0.5 秒左右。

(5) 参赛选手在设定的时间内进行抢答,抢答有效,定时器停止工作,显示器上显示选手的编号和抢答的时间,并保持到主持人将系统清除为止。

(6) 如果定时时间已到,无人抢答,本次抢答无效,系统报警并禁止抢答,定时显示器上显示 00。

【设计思路与参考电路】

1. 数字抢答器总体方框图

如图 6.11.1 所示为总体方框图,由四部分组成:抢答器部分、定时电路、报警电路和时序控制部分。接通电源后的初始状态,或主持人将开关拨到"清除"状态,抢答器处于禁止状态,编号显示器灭灯,定时器显示设定时间;若主持人将开关置于"开始"状态,宣布"抢答开始"时,定时器倒计时,扬声器给出声响提示。选手在定时时间内抢答时,电路工作时序:优先判断、编号锁存、显示编号、扬声器提示。当一轮抢答之后,定时器停止、禁止二次抢答、定时器显示剩余时间。如果要再次抢答必须由主持人再次操作"清除"和"开始"状态开关。

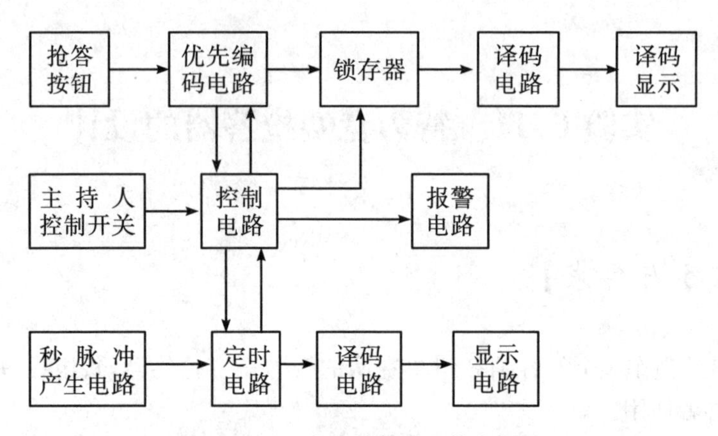

图 6.11.1 数字抢答器总体方框图

2. 单元电路设计

(1) 抢答器电路　参考电路如图 6.11.2 所示,主要完成两个功能:一是分辨出选手按键的先后,并锁存优先抢答者的编号,显示抢答者编号;二是禁止其他选手按键。

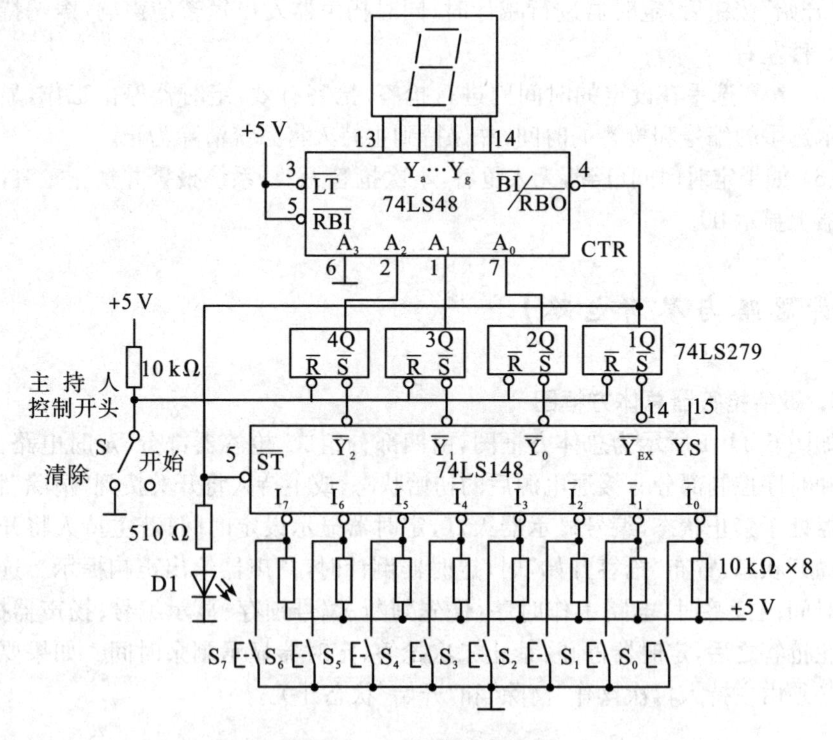

图 6.11.2 抢答部分电路

工作过程：主持人控制开关 S 置于“清除”端时，RS 触发器 74LS279 的 $\overline{R}$ 端均为 0，4 个触发器输出置 0，74LS148 的 $\overline{ST}=0$，使之处于工作状态。开关 S 置于“开始”时，抢答器处于等待工作状态，当有选手将键按下时（如按下 S_5），74LS148 的输出 $\overline{Y_2Y_1Y_0}=010$，$\overline{Y}_{EX}$ 经 RS 锁存后，1Q = 1，$\overline{BI}=1$，74LS48 处于工作状态，4Q3Q2Q = 101，经译码显示为“5”。此外，1Q = 1，使 74LS148 的 $\overline{ST}=1$，处于禁止状态，封锁其他按键的输入。当按键松开再按下时，此时由于仍为 1Q = 1，使 $\overline{ST}=1$，所以 74LS148 仍处于禁止状态，确保不会出现二次按键时输入信号，保证了抢答者的优先性。如要再次抢答需由主持人将 S 开关重新置于“清除”，然后再进行下一轮抢答。

(2) 定时电路　节目主持人根据抢答题的难易程度，设定一次抢答的时间，通过预置时间电路对计数器进行预置，计数器的时钟脉冲由秒脉冲电路提供。可预置时间的电路选用十进制同步加减计数器 74LS192 进行设计，具体电路如图 6.11.3 所示。

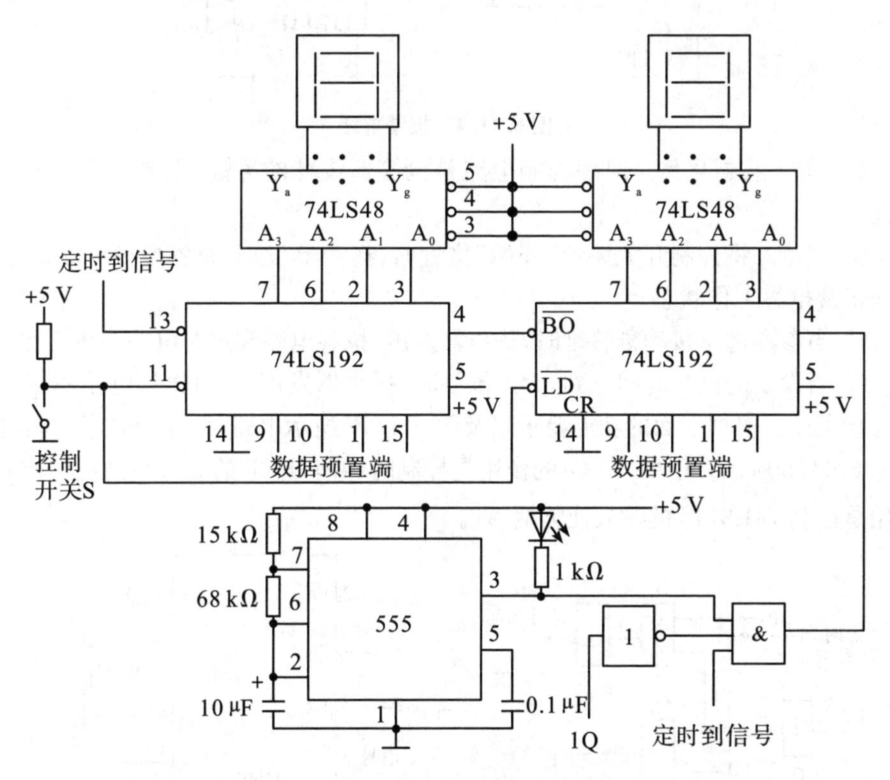

图 6.11.3　可预置时间的定时电路

(3) 报警电路　由555定时器和三极管构成的报警电路如图6.11.4所示。其中555构成多谐振荡器，振荡频率 $f_0 = 1.43/[(R_1 + 2R_2)C]$，输出信号经三极管放大推动扬声器。PR为控制信号，当PR为高电平时，多谐振荡器工作，反之，电路停振。

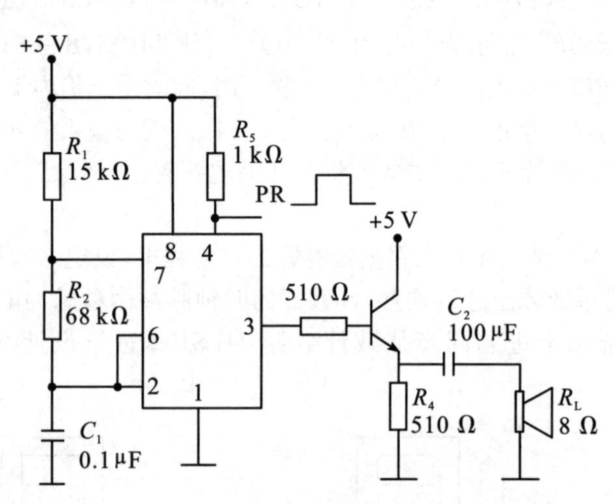

图6.11.4　报警电路

(4) 时序控制电路　时序控制电路是抢答器设计的关键，主要完成以下三项功能：

① 主持人将控制开关拨到“开始”位置时，扬声器发声，抢答电路和定时电路进入正常抢答工作状态。

② 当参赛选手按动抢答键时，扬声器发声，抢答电路和定时电路停止工作。

③ 当设定的抢答时间已到，无人抢答时，扬声器发声，同时抢答电路和定时电路停止工作。根据上面的功能要求以及图6.11.2所示电路，设计的时序控制电路如图6.11.5所示。图中，门 G_1 的作用是控制时钟信号CP的放行与禁止，门 G_2 的作用是控制74LS148的输入使能端 $\overline{ST}$。

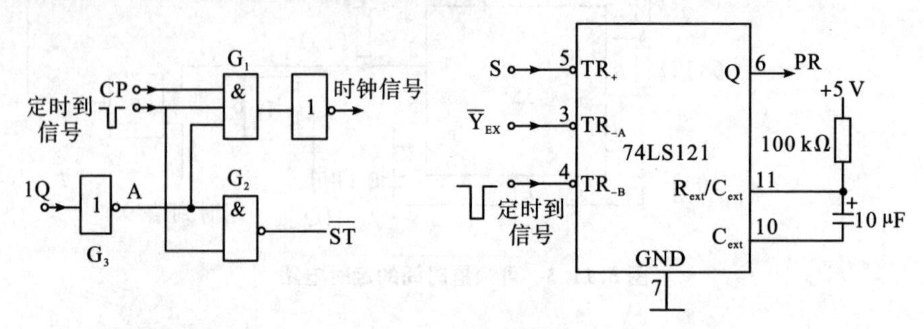

图6.11.5　时序控制电路

图 6.11.5 所示电路工作原理是:主持人控制开关从“清除”位置拨到“开始”位置时,来自图 6.11.2 中 74LS279 的 1Q = 0,经 G_3 反相, A = 1,则时钟信号 CP 能够加到 74LS192 的 CP_D时钟输入端,定时电路进行递减计时。同时,当定时时间未到时,则“定时到信号”为 1,门 G_2 的输出$\overline{ST}=0$,使 74LS148 处于正常工作状态,从而实现功能①的要求。当选手在定时时间内按动抢答键时,1Q = 1,经 G_3反相, A = 0,封锁 CP 信号,定时器处于保持工作状态;同时,门 G_2 的输出$\overline{ST}=1$,74LS148 处于禁止工作状态,从而实现功能②的要求。当定时时间已到时,则“定时到信号”为 0,$\overline{ST}=1$,74LS148 处于禁止工作状态,禁止选手进行抢答;同时,门 G_1 处于关门状态,封锁 CP 信号,使定时电路保持 00 状态不变,从而实现功能③的要求。

集成单稳触发器 74LS121 用于控制报警电路及发声的时间,由 R_{ext} 和 C_{ext} 决定。

【主要器件】

1. 集成电路

74LS148、74LS279、74LS48、74LS192、NE555、74LS0、74LS121 等。

2. 电阻

510 Ω、1 kΩ、4.7 kΩ、5.1 kΩ、100 kΩ、10 kΩ、15 kΩ、68 kΩ 及其他。

3. 电容

0.1 μF、10 μF、100 μF 及其他。

4. 三极管

3DG12 等。

5. 其他

发光二极管、共阴极数码管等。

【组装与调试】

(1) 将系统分成四个部分,分别进行组装、调试。

(2) 调试可预置时间的定时电路。输入 1 Hz 的时钟脉冲信号,要求电路能进行减计时,当减计时到零时,能输出低电平有效的定时时间到信号。

(3) 调试报警电路。

(4) 定时抢答器的联调,检查电路各部分的功能,注意各部分电路之间的时序配合关系,使其满足设计要求。

【设计报告要求】

(1) 撰写定时抢答器系统设计方案及单元电路分析。

(2) 绘出定时抢答器的整机电路,说明工作原理。

(3) 分析组装调试过程中产生的故障现象及其解决的办法。

(4) 收获与体会。

第3部分

附　　录

附录A　电工测量直读仪表基本知识

A.1　电工仪表的分类和型号

仪表的种类有很多,选用时应先了解它们的分类和标志符号。

1. 根据仪表的作用原理分类

磁电系(C)、电磁系(T)、电动系(D)、感应系(G)、静电系(Q)、整流系[(磁电系+整流器)L]、电子系[包括(磁电系+电子管)和(磁电系+晶体管)]。

2. 根据工作电流分类

直流表(—)、交流表(～)、交直流表(≃)。

3. 根据使用方法分类

可分为安装式(又叫配电盘式,或称开关式)和可携式(又叫携带式)。

安装式仪表通常固定在开关板或某一电气装置的上面板上,其准确度较低,但过载能力较强,造价较低;可携式仪表便于携带,一般常在室外或实验室使用,其准确度较高,但过载能力较低,造价较高。

4. 按仪表防御外界磁场或电场的性能分类

直读仪表按其防御外界磁场或电场的性能,分为Ⅰ、Ⅱ、Ⅲ、Ⅳ四个等级。Ⅰ级仪表在外磁场或外电场的影响下,允许其指标值改变±0.5%;Ⅱ级仪表允许改变±1.0%;Ⅲ级仪表允许改变±2.5%;Ⅳ级仪表允许改变±5.0%。

5. 按仪表的使用条件分类

直读仪表按其使用条件可分为A,A1,B,B1,C五组,各组的工作条件和最恶劣条件如附表A.1.1所示。

从附表A.1.1可知,A,B组可用于室内,C组可用于室外或船舰、飞机、车辆。

6. 按仪表的准确度等级分类

直读式仪表按准确度等级分为0.1、0.2、0.5、1.0、1.5、2.5、5等七级。一般0.1级和0.2级的仪表用作标准仪表,0.5级至1.0级的仪表用于实验测量,1.5级至5级的仪表用于安装式。

附表 A.1.1 仪表的使用分类表

<table>
<tr><th colspan="2">分类组别
环境条件参数</th><th>A组</th><th>A1组</th><th>B组</th><th>B1组</th><th>C组</th></tr>
<tr><td rowspan="6">工作条件</td><td>温度</td><td colspan="2">0～+40 ℃</td><td colspan="2">−20～+50 ℃</td><td>−40～+60 ℃</td></tr>
<tr><td>相对湿度
当时温度</td><td>95%
+25 ℃</td><td>85%
+25 ℃</td><td>95%
+25 ℃</td><td>85%
+25 ℃</td><td>95%
+25 ℃</td></tr>
<tr><td>霉菌、昆虫</td><td>有</td><td>没有</td><td>有</td><td>没有</td><td>有</td></tr>
<tr><td>盐雾</td><td>没有</td><td>没有</td><td>①</td><td>没有</td><td>①</td></tr>
<tr><td>凝露</td><td>有</td><td>没有</td><td>有</td><td>没有</td><td>有</td></tr>
<tr><td>沙尘</td><td>有(轻微)</td><td>有(轻微)</td><td>有(轻微)</td><td>有(轻微)</td><td>有</td></tr>
<tr><td rowspan="6">最恶劣条件</td><td>温度</td><td colspan="2">−40～+60 ℃</td><td colspan="2">−40～+60 ℃</td><td>−50～+60 ℃</td></tr>
<tr><td>相对湿度
当时温度</td><td>95%
+35 ℃</td><td>95%
+30 ℃</td><td>95%
+30 ℃</td><td>95%
+30 ℃</td><td>95%
+60 ℃</td></tr>
<tr><td>霉菌、昆虫</td><td>有</td><td>没有</td><td>有</td><td>没有</td><td>有</td></tr>
<tr><td>盐雾</td><td colspan="2">有(在海运包装条件下)</td><td colspan="2">有(在海运包装条件下)</td><td>有</td></tr>
<tr><td>凝露</td><td>有</td><td>没有</td><td>有</td><td>没有</td><td>有</td></tr>
<tr><td>沙尘</td><td colspan="2">有(在包装条件下)</td><td colspan="2">有(在包装条件下)</td><td>有</td></tr>
</table>

注:① 订货方提出要求时应能耐受盐雾影响。

7. 根据测量的名称(单位)分类

电流表(安培表 A、毫安表 mA、微安表 μA);

电压表(伏特表 V、毫伏表 mV);

功率表(瓦特表 W);

高阻表(兆欧表 MΩ);

相位表;

频率表(Hz)。

8. 按仪表的工作位置分类

直读式仪表可分为水平和垂直使用。

以上介绍的直读仪表的分类方法,实际上是通过不同的角度来反映仪表的技术性能。通常,在直读仪表的表面上都标有一些符号来说明上述各种技术性能。

A.2　电工仪表的组成及工作原理

1. 仪表的组成

仪表的种类有很多，但是它们的主要作用都是将被测电量变成仪表活动部分偏转角位移。

为了将被测量变换成角位移，直读仪表通常由测量机构和测量线路两部分组成。测量线路的作用是将被测量 x（如电压、电流、功率等）变换成测量机构可以直接测量的过渡电量，如电压表的附加电阻、电流表的分流电阻等都是测量线路。测量机构是直读仪表的核心部分，仪表的指针偏转角是靠它实现的。电气测量仪表的组成可以用附图 A.2.1 表示。

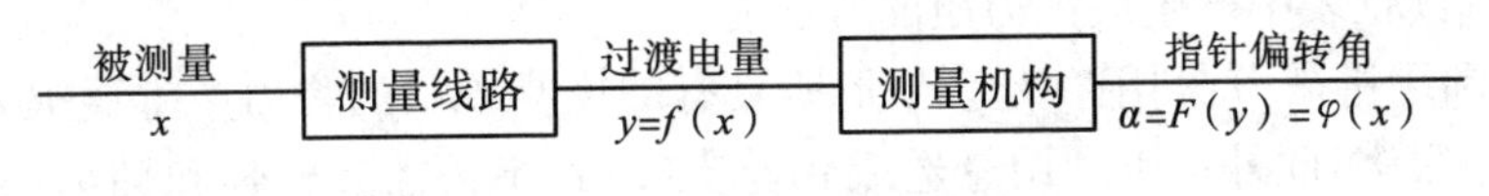

附图 A.2.1　直读仪表组成方框图

2. 直读仪表的结构及工作原理

仪表的测量机构可分为两个部分，即活动部分和固定部分。用以指示被测量数值的指针或光标指示器就装在活动部分。

测量机构的主要作用介绍如下。

(1) *产生转动力矩*　要使仪表的指针转动，在测量机构内必须有转动力矩作用在仪表活动部分上，转动力矩一般是由磁场和电流的相互作用产生的(静电系仪表则由电场力形成)，而磁场的建立可以利用永久磁铁，也可以利用通有电流的线圈。

常用的几种直读仪表的转动力矩的产生方式如下。

① 磁电系仪表：固定的永久磁铁磁场与通有直流电流的可动线圈间的相互作用产生转动力矩。

② 电磁系仪表：通过电流的固定线圈的磁场与铁片的相互作用(或处在磁场中的两个铁片的相互作用)，产生转动力矩。

③ 电动系仪表：通有电流的固定线圈的磁场与通有电流的可动线圈间的相互作用产生转动力矩。

设 W_e 为测量机构的电磁能，M 为转动力矩，a 为活动部分的偏转角。活动部

分在转动力矩 M 作用下,产生偏转角 $\mathrm{d}a$,按功能平衡原理—活动部分所做的功,这一功等于电场或磁场能量的变化,用公式可表示如下:

$$M\mathrm{d}a = \mathrm{d}W_e$$

$$M = \mathrm{d}W_e/\mathrm{d}a$$

由上式可见,转动力矩等于电磁能量对偏转角的导数。

(2) 产生反抗力矩　如果一个仪表仅有转动力矩作用在活动部分上,则不管被测量何值,活动部分都会偏转到满刻度位置,直到不能再转动为止,因而无法再指示出被测量的大小,正如"秤杆"需要"秤砣"以平衡重物才能秤东西的道理一样,在直读仪表的测量机构内也必须有"反抗力矩"的作用在仪表的活动部分,反抗力矩 M_a 的方向与转动力矩相反,其大小是仪表活动部分偏转角位移 a 的函数,即

$$M_a = F(a)$$

当测量被测量时,转动力矩作用在仪表活动部分上,使它发生偏转,同时反抗力矩也作用在活动部分上,且随着偏转角的增大而增强,当转动力矩和反抗力矩相等时,指针就停止下来,指示出被测量的数值。

在直读仪表中产生反抗力矩的方法有:

① 利用机械力:利用"游丝"变形所具有的恢复原状的弹力产生反抗力矩在仪表中应用很多,此外可以利用悬丝或张丝支撑后,不再需要转轴和轴承,从而消除了其中的摩擦影响,使仪表测量机构的性能得到了很大的改善。

反抗力矩可以用式子表示:

$$M_a = Da$$

式中:M_a 为反抗力矩;D 为反抗力矩系数,其值决定于材料性质及尺寸。

② 利用电磁力和利用电磁力产生转动力矩的方法一样,可以利用电磁产生反抗力矩,这样构成了"比率表"(或称流比计)一类仪表,如磁电系比率表构成了兆欧表,电动系比率表构成了相位表及频率表等。

(3) 产生阻尼力矩　从理论上来说,在直读仪表中,当转动力矩和反抗力矩相等时,仪表指针应静止在某一平衡位置。但由于仪表活动部分具有惯性,它不能立刻就静止下来,而是围绕这个平衡位置左右摆动,这种情况将造成读数困难。为了缩短这个摆动时间,必须使仪表活动部分在运动过程中受到一个与运动方向相反的力矩的作用,这种力矩通常称为阻尼力矩。它的作用是使仪表活动部分更快地静止在最后的平衡位置上。产生阻尼力矩的装置称为阻尼器。

从上面讨论可知,转动力矩和反抗力矩是仪表内部的主要力矩,两者的相互作用决定了仪表的稳定偏转位置,但由于产生转动力矩的方法和机构不同,从而构成了不同类型的仪表,如磁电系、电磁系、电动系等。

3. 电工仪表的型号及标志

(1) 电工仪表的型号　电工仪表的产品型号是按规定的标准编制的,对于安

装式和可携式指针仪表的型号各有不同的编制规定。

安装式仪表型号的基本组成形式如附图 A.2.2 所示。

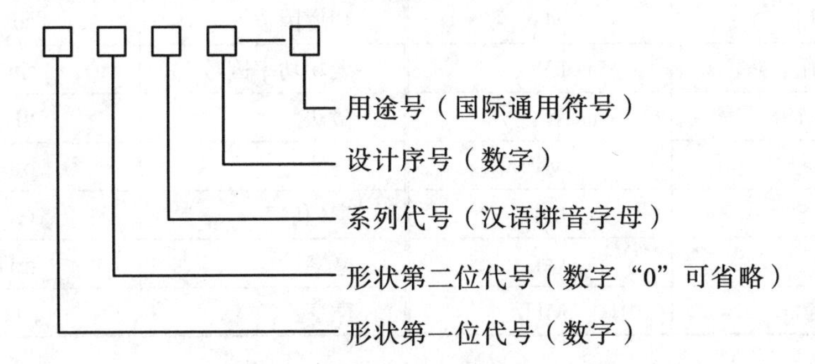

附图 A.2.2 电工仪表的型号组成

图中形状第一位代号按仪表面板形状最大尺寸编，形状第二位代号按外壳形状尺寸特征编；系列代号表示仪表的不同系列，如磁电系用 C，电磁系用 T，电动系用 D，感应系用 G，整流系用 L，静电系用 Q 来表示等等。例如 42C3 - A 型直流电流表，“42”为形状代号，按形状代号可从有关标准中查出仪表的外型和尺寸，“C”表示磁电系仪表，“3”为设计序号，“A”表示用来测量电流。

对于可携式仪表，则不用形状代号。第一位为组别号，亦即用来表示仪表的不同系列，其余部分的组成形式和安装式仪表相同。例如，T - 19 - V 型交流电压表，“T”表示电磁系，“19”为设计序号，“V”表示用来测量电压。

(2) 标度盘上的标志　每一个直读仪表的标度盘上都有多种符号标志，它显示了仪表的基本技术特性，只有在识别它们之后，才能正确地选择和使用仪表，常用直读仪表的符号如附表 A.2.1、附表 A.2.2、附表 A.2.3 所示。

附表 A.2.1 测量单位的名称和符号

名称	符号	名称	符号
千安	kA	千赫	kHz
安(培)	A	赫(兹)	Hz
毫安	mA	兆欧	MΩ
微安	μA	千欧	kΩ
千伏	kV	欧(姆)	Ω
伏(特)	V	毫欧	mΩ
毫伏	mV	微欧	μΩ
微伏	μA	相位角	φ

(续表)

名称	符号	名称	符号
兆瓦	MW	功率因数	cos φ
千瓦	kW	无功功率因数	sin φ
瓦(特)	W	微法	μF
兆乏	Mvar	皮法	pF
千乏	kvar	亨(利)	H
乏	var	毫亨	mH
兆赫	MHz	微亨	μH

附表 A.2.2　仪表工作原理的图形符号

名称	符号	名称	符号
磁电系仪表	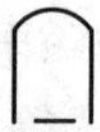	电动系仪表	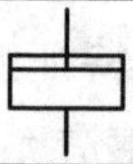
磁电系比率表	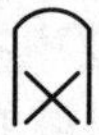	电动系比率表	
电磁系仪表	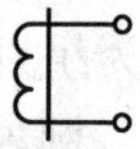	电动系比率表	
电磁系比率表	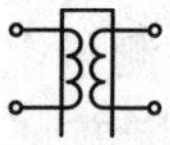	静电系仪表	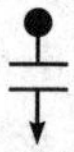
整流系仪表(带半导体整流器和磁电系测量机构)		铁磁电动系仪表	
热电系仪表(带接触式热变换器和磁电系测量机构)		铁磁电动系比率表	

附表 A.2.3　准确度等级的符号

名称	符号
以标度尺量限百分数5示的准确度等级,如1.5级	1.5
以指示值的百分数表示的准确度等级,如1.5级	(1.5)
以标度尺长度百分数表示的准确度等级,如1.5级	1.5

附录B　常用电子仪器

B.1　示波器原理及使用

B.1.1　示波器的基本结构

示波器的种类有很多,但它们都包含下列基本组成部分,模拟示波器的组成如附图 B.1.1 所示,数字存储示波器组成如附图 B.1.2 所示。

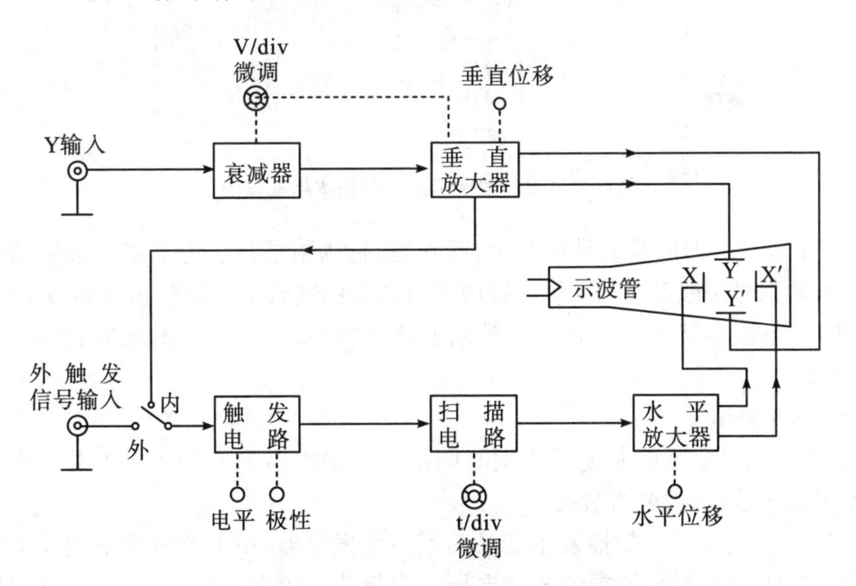

附图 B.1.1　模拟示波器的基本组成框图

1. 主机

主机包括示波管及其所需的各种直流供电电路,在面板上的控制旋钮主要有:辉度、聚焦、水平移位、垂直移位、灵敏度调节、扫描时间因数调节等。

2. 垂直通道

垂直通道主要用来控制电子束按被测信号的幅值大小在垂直方向上的偏移。

它包括Y轴衰减器、Y轴放大器和配用的高频探头。通常示波管的偏转灵敏度比较低,因此在一般情况下,被测信号往往需要通过Y轴放大器放大后加到垂直偏转板上,才能在屏幕上显示出一定幅度的波形。Y轴放大器的作用是提高了示波管Y轴偏转灵敏度。为了保证Y轴放大不失真,加到Y轴放大器上的信号不宜太大,但是实际的被测信号幅度往往在很大范围内变化,在Y轴放大器前还必须加一Y轴衰减器,以适应观察不同幅度的被测信号。示波器面板上设有"Y轴衰减器"(通常称"Y轴灵敏度选择"开关)和"Y轴增益微调"旋钮,分别调节Y轴衰减器的衰减量和Y轴放大器的增益。

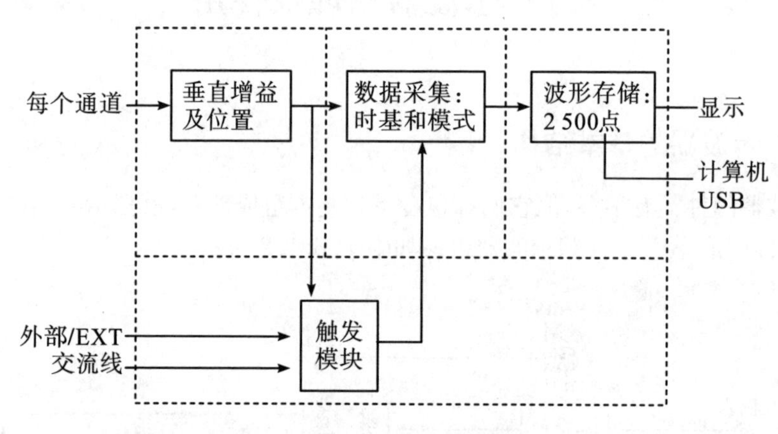

附图 B.1.2　数字示波器的基本组成框图

对Y轴放大器的要求是增益大,频响宽,输入阻抗高。为了避免杂散信号的干扰,被测信号一般都通过同轴电缆或带有探头的同轴电缆加到示波器Y轴输入端。但必须注意,被测信号通过探头幅值将衰减(或不衰减),其衰减比为10∶1(或1∶1)。

3. 水平通道

水平通道主要是控制电子束按时间值在水平方向上偏移。主要由扫描发生器、水平放大器、触发电路组成。

(1) 扫描发生器　扫描发生器又叫锯齿波发生器,用来产生频率调节范围宽的锯齿波,作为X轴偏转板的扫描电压。锯齿波的频率(或周期)调节是由"扫描速率选择"开关和"扫速微调"旋钮控制的。使用时,调节"扫速选择"开关和"扫速微调"旋钮,使其扫描周期为被测信号周期的整数倍,保证屏幕上显示稳定的波形。

(2) 水平放大器　其作用与垂直放大器一样,将扫描发生器产生的锯齿波放大到X轴偏转板所需的数值。

(3) 触发电路　用于产生触发信号以实现触发扫描的电路。为了扩展示波器应用范围,一般示波器上都设有触发源控制开关、触发电平与极性控制旋钮和触发方式选择开关等。

B.1.2 示波器的二踪显示

1. 二踪显示原理

示波器的二踪显示是依靠电子开关的控制作用来实现的。电子开关由“显示方式”开关控制，共有五种工作状态，即 Y_1、Y_2、Y_1+Y_2、交替、断续。当开关置于“交替”或“断续”位置时，荧光屏上便同时显示两个波形。当开关置于“交替”位置时，电子开关的转换频率受扫描系统控制，工作过程如附图 *B*.1.3 所示。即电子开关首先接通 Y_2通道，进行第一次扫描，显示由 Y_2通道送入的被测信号的波形；然后电子开关接通 Y_1通道，进行第二次扫描，显示由 Y_1通道送入的被测信号的波形；接着再接通 Y_2通道……这样便轮流地对 Y_2和 Y_1两通道送入的信号进行扫描、显示。由于电子开关转换速度较快，每次扫描的回扫线在荧光屏上又不显示出来，借助于荧光屏的余辉作用和人眼的视觉暂留特性，使用者便能在荧光屏上同时观察到两个清晰的波形。这种工作方式适宜于观察频率较高的输入信号场合。

当开关置于“断续”位置时，相当于将一次扫描分成许多个相等的时间间隔。在第一次扫描的第一个时间间隔内显示 Y_2信号波形的某一段；在第二个时间间隔内显示 Y_1信号波形的某一段；以后各个时间间隔轮流地显示 Y_2，Y_1两信号波形的其余段，经过若干次断续转换，使荧光屏上显示出两个由光点组成的完整波形如附图 B.1.4(a)所示。由于转换的频率很高，光点靠得很近，其间隙用肉眼几乎分辨不出，再利用消隐的方法使两通道间转换过程的过渡线不显示出来，见附图 B.1.4(b)，因而同样达到同时清晰地显示两个波形的目的。这种工作方式适合于输入信号频率较低时使用。

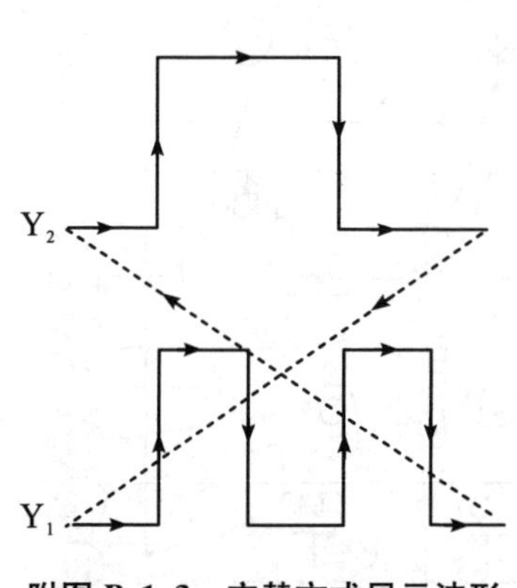

附图 B.1.3 交替方式显示波形

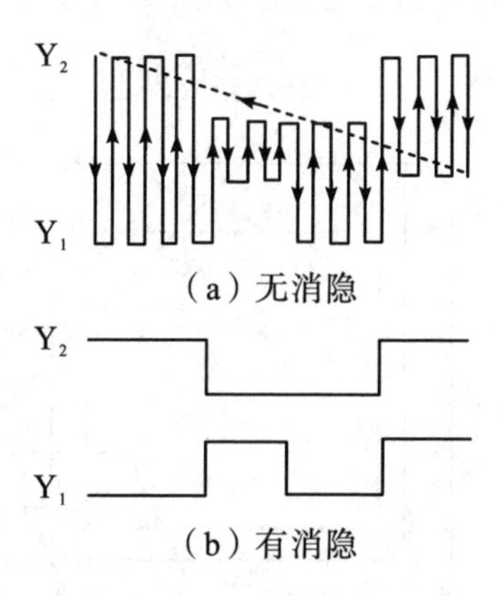

附图 B.1.4 断续方式显示波形

2. 触发扫描

在普通示波器中，X 轴的扫描总是连续进行的，称为“连续扫描”。为了能更好地观测各种脉冲波形，在脉冲示波器中，通常采用“触发扫描”。采用这种扫描方式时，扫描发生器将工作在待触发状态，它仅在外加触发信号作用下，时基信号才开始扫描，否则便不扫描。这个外加触发信号通过触发选择开关分别取自“内触发”（Y 轴的输入信号经由内触发放大器输出触发信号），也可取自“外触发”输入端的外接同步信号。其基本原理是利用这些触发脉冲信号的上升沿或下降沿来触发扫描发生器，产生锯齿波扫描电压，然后经 X 轴放大后送 X 轴偏转板进行光点扫描。适当地调节“扫描速率”开关和“电平”调节旋钮，能方便地在荧光屏上显示具有合适宽度的被测信号波形。

上面介绍了示波器的基本结构，下面将结合使用介绍电子技术实验中常用的 LM4320 型双踪示波器。

B.1.3 LM4320 型双踪示波器

1. 概述

LM4320 型示波器为便携式双通道模拟示波器。本机垂直系统具有 0～20 MHz的频带宽度和 5 mV/div～5 V/div 的偏转灵敏度。本机在全频带范围内可获得稳定触发，触发方式设有常态、自动、TV 和峰值自动，尤其峰值自动给使用带来了极大的方便。内触发设置了交替触发，可以稳定地显示两个频率不相关的信号。本机水平系统具有 0.5 s/div～0.2 μs/div 的扫描速度，并设有扩展×10，可将最快扫描速度提高到 20 ns/div。

2. 面板控制件介绍

LM4320 面板图如附图 B.1.5 所示，面板数字对应功能如附表 B.1.1 所示。

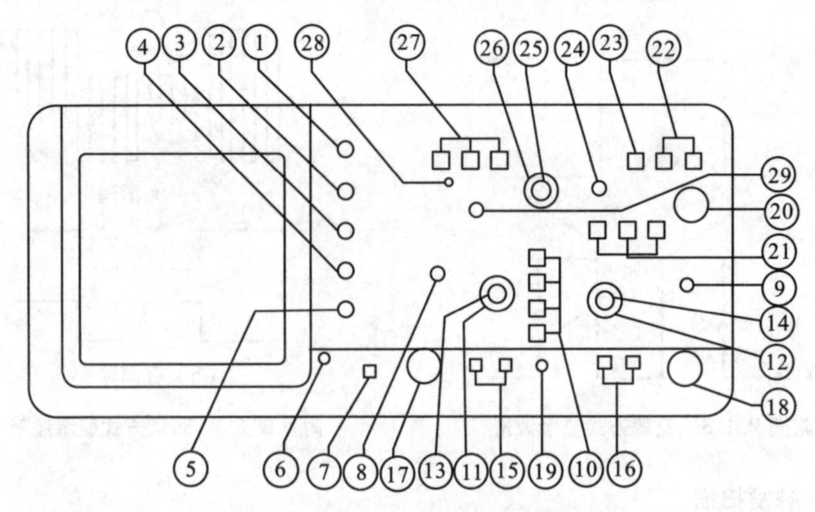

附图 B.1.5 LM4320 型双踪示波器面板图

附表 B.1.1 数字对应功能表

序号	控制件名称	功能
(1)	亮度	调节光迹的亮度
(2)	辅助聚焦	与聚焦配合,调节光迹的清晰度
(3)	聚焦	调节光迹的清晰度
(4)	迹线旋转	调节光迹与水平刻度线平行
(5)	校正信号	提供幅度为0.5 V,频率为1 kHz的方波信号,用于校正10∶1探极的补偿电容器和检测示波器垂直与水平的偏转因数
(6)	电源指示	电源接通时,灯亮
(7)	电源开关	电源接通或关闭
(8)	CH1 移位 PULL CH1—X CH2—Y	调节通道1光迹在屏幕上的垂直位置,用作X—Y显示
(9)	CH2 移位 PULL INVERT	调节通道2光迹在屏幕上的垂直位置,在ADD方式时使CH1+CH2或CH1—CH2
(10)	垂直方式	CH1或CH2:通道1或通道2单独显示 ALT:两个通道交替显示 CHOP:两个通道断续显示,用于扫速较慢时的双踪显示 ADD:用于两个通道的代数和或差
(11)	垂直衰减器	调节垂直偏转灵敏度
(12)	垂直衰减器	调节垂直偏转灵敏度
(13)	微调	用于连续调节垂直偏转灵敏度,顺时针旋底为校正位置
(14)	微调	用于连续调节垂直偏转灵敏度,顺时针旋底为校正位置
(15)	耦合方式 (AC-DC-GND)	用于选择被测信号馈入垂直通道的耦合方式
(16)	耦合方式 (AC-DC-GND)	用于选择被测信号馈入垂直通道的耦合方式
(17)	CH1 OR X	被测信号的输入插座
(18)	CH2 OR Y	被测信号的输入插座
(19)	接地(GND)	与机壳相连的接地端
(20)	外触发输入	外触发输入插座

（续表）

序号	控制件名称	功能
(21)	内触发源	用于选择CH1,CH2或交替触发
(22)	触发源选择	用于选择触发源为INT(内),EXT(外)或LINE(电源)
(23)	触发极性	用于选择信号的上升或下降沿触发扫描
(24)	电平	用于调节被测信号在某一电平触发扫描
(25)	微调	用于连续调节扫描速度,顺时针旋底为校正位置
(26)	扫描速率	用于调节扫描速度
(27)	触发方式	常态(NORM):无信号时,屏幕上无显示;有信号时,与电平控制配合显示稳定波形 自动(AUTO):无信号时,屏幕上显示光迹;有信号时,与电平控制配合显示稳定波形 电视场(TV):用于显示电视场信号 峰值自动(P-P AUTO):无信号时,屏幕上显示光迹;有信号时,无须调节电平即能获得稳定波形显示
(28)	触发指示	在触发扫描时,指示灯亮
(29)	水平移位PULL×10	调节迹线在屏幕上的水平位置拉出时扫描速度被扩展10倍

3. 操作方法

(1) 电源检查　LM4320双踪示波器电源电压为220 V±10%。接通电源前,检查当地电源电压,如果不相符合,禁止使用!

(2) 面板一般功能检查

① 有关控制键设置如附表B.1.2所示。

附表B.1.2　控制键初始位置

控制件名称	作用位置	控制件名称	作用位置
亮度	居中	触发方式	峰值自动
聚焦	居中	扫描速率	0.5 ms/div
位移	居中	极性	正
垂直方式	CH1	触发源	INT
灵敏度选择	10 mV/div	内触发源	CH1
微调	校正位置	输入耦合	AC

② 接通电源,电源指示灯亮,稍预热后,屏幕上出现扫描光迹,分别调节亮度、聚焦、辅助聚焦、迹线旋转、垂直、水平移位等控制件,使光迹清晰并与水平刻度

平行。

③ 用10∶1探极将校正信号输入至CH1输入插座。

④ 调节示波器有关控制件，使荧光屏上显示稳定且易观察方波波形。

⑤ 将探极换至CH2输入插座，垂直方式置于“CH2”，内触发源置于“CH2”，重复④操作。

(3) 垂直系统的操作

① 垂直方式的选择。

当只需观察一路信号时，将“垂直方式”开关置“CH1”或“CH2”，此时被选中的通道有效，被测信号可从通道端口输入。当需要同时观察两路信号时，将“垂直方式”开关置“交替”，该方式使两个通道的信号被交替显示，交替显示的频率受扫描周期控制。当扫速低于一定频率时，交替方式显示会出现闪烁，此时应将开关置于“断续”位置。当需要观察两路信号代数和时，将“垂直方式”开关置于“代数和”位置，在选择这种方式时，两个通道的衰减设置必须一致，CH2移位处于常态时为CH1+CH2，CH2移位拉出时为CH1—CH2。

② 输入耦合方式的选择。

直流(DC)耦合：适用于观察包含直流成分的被测信号，如信号的逻辑电平和静态信号的直流电平，当被测信号的频率很低时，也必须采用这种方式。

交流(AC)耦合：信号中的直流分量被隔断，用于观察信号的交流分量，如观察较高直流电平上的小信号。

接地(GND)：通道输入端接地（输入信号断开），用于确定输入为零时光迹所处位置。

③ 灵敏度选择(V/div)的设定。

按被测信号幅值的大小选择合适挡级。“灵敏度选择”开关外旋钮为粗调，中心旋钮为细调（微调），微调旋钮按顺时针方向旋至校正位置时，可根据粗调旋钮的示值(V/div)和波形在垂直轴方向上的格数读出被测信号幅值。

(4) 触发源的选择

① 触发源选择。

当触发源开关置于“电源”触发，机内50 Hz信号输入到触发电路。当触发源开关置于“常态”触发时有两种选择：一种是“外触发”，由面板上外触发输入插座输入触发信号；另一种是“内触发”，由内触发源选择开关控制。

② 内触发源选择。

“CH1”触发：触发源取自通道1。

“CH2”触发：触发源取自通道2。

“交替触发”：触发源受垂直方式开关控制，当垂直方式开关置于“CH1”，触发源自动切换到通道1；当垂直方式开关置于"CH2"，触发源自动切换到通道2；当垂直方式开关置于"交替"，触发源与通道1、通道2同步切换，在这种状态使用时，两个不相关的信号其频率不应相差很大，同时垂直输入耦合应置于"AC"，触发方式应置于"自动"或"常态"。当垂直方式开关置于"断续"和"代数和"时，内触发源选择应置于"CH1"或"CH2"。

(5) 水平系统的操作

① 扫描速度选择(t/div)的设定。

按被测信号频率高低选择合适挡级，"扫描速率"开关外旋钮为粗调，中心旋钮为细调(微调)，微调旋钮按顺时针方向旋至校正位置时，可根据粗调旋钮的示值(t/div)和波形在水平轴方向上的格数读出被测信号的时间参数。当需要观察波形某一个细节时，可进行水平扩展×10，此时原波形在水平轴方向上被扩展10倍。

② 触发方式的选择。

"常态"：无信号输入时，屏幕上无光迹显示；有信号输入时，触发电平调节在合适位置上，电路被触发扫描。当被测信号频率低于20 Hz时，必须选择这种方式。

"自动"：无信号输入时，屏幕上有光迹显示；一旦有信号输入时，电平调节在合适位置上，电路自动转换到触发扫描状态，显示稳定的波形，当被测信号频率高于20 Hz时，常用这一种方式。

"电视场"：对电视信号中的场信号进行同步，如果是正极性，则可以由CH2输入，借助于CH2移位拉出，把正极性转变为负极性后测量。

"峰值自动"：这种方式同自动方式，但无需调节电平即能同步，它一般适用于正弦波、对称方波或占空比相差不大的脉冲波。对于频率较高的测试信号，有时也要借助于电平调节，它的触发同步灵敏度要比"常态"或"自动"稍低一些。

③ "极性"的选择。

用于选择被测试信号的上升沿或下降沿去触发扫描。

④ "电平"的位置。

用于调节被测信号在某一合适的电平上启动扫描，当产生触发扫描后，触发指示灯亮。

4. 测量电参数

(1) 电压的测量　示波器的电压测量实际上是对所显示波形的幅度进行测量，测量时应使被测波形稳定地显示在荧光屏中央，幅度一般不宜超过6 div，以避免因非线性失真造成的测量误差。

① 交流电压的测量。

a. 将信号输入至CH1或CH2插座，将垂直方式置于被选用的通道。

b. 将Y轴"灵敏度微调"旋钮置校准位置，调整示波器有关控制件，使荧光屏上显示稳定、易观察的波形，则交流电压幅值 V_{pp} = 垂直方向格数(div)×垂直偏转因数(V/div)。

② 直流电平的测量。

a. 设置面板控制件，使屏幕显示扫描基线。

b. 设置被选用通道的输入耦合方式为“GND”。

c. 调节垂直移位，将扫描基线调至合适位置，作为零电平基准线。

d. 将“灵敏度微调”旋钮置校准位置，输入耦合方式置“DC”，被测电平由相应Y输入端输入，这时扫描基线将偏移，读出扫描基线在垂直方向偏移的格数(div)，则

$$\text{被测电平(V)} = \text{垂直方向偏移格数(div)} \times \text{垂直偏转因数(V/div)} \times \text{偏转方向}(+\text{或}-)$$

式中：基线向上偏移取正号；基线向下偏移取负号。

(2) 时间测量　时间测量是指对脉冲波形的宽度、周期、边沿时间及两个信号波形间的时间间隔(相位差)等参数的测量。一般要求被测部分在荧光屏X轴方向应占(4～6)div。

① 时间间隔的测量。

对于一个波形中两点间的时间间隔的测量，测量时先将“扫描微调”旋钮置校准位置，调整示波器有关控制件，使荧光屏上波形在X轴方向大小适中，读出波形中需测量两点间水平方向格数，则

$$\text{时间间隔} = \text{两点之间水平方向格数(div)} \times \text{扫描时间因数(t/div)}$$

② 脉冲边沿的测量。

上升(或下降)时间的测量方法和时间间隔的测量方法一样，只不过是测量被测波形满幅度的10%和90%两点之间的水平方向距离，如附图B.1.6所示。

用示波器观察脉冲波形的上升边沿、下降边沿时，必须合理选择示波器的触发极性(用触发极性开关控制)。显示波形的上升边沿用“+”极性触发，显示波形的下降边沿用“-”极性触发。如波形的上升沿或下降沿较快则可将水平扩展×10，使波形在水平方向上扩展10倍，则

$$\text{上升(或下降)时间} = \frac{\text{水平方向格数(div)} \times \text{扫描时间因数(t/div)}}{\text{水平扩展倍数}}$$

③ 相位差的测量。

a. 参考信号和一个待比较信号分别馈入“CH1”和“CH2”输入插座。

b. 根据信号频率，将垂直方式置于“交替”或“断续”。

c. 设置内触发源至参考信号那个通道。

d. 将CH1和CH2输入耦合方式置“⊥”，调节CH1，CH2移位旋钮，使两条扫描基线重合。

e. 将 CH1,CH2 耦合方式开关置"AC",调整有关控制件,使荧光屏显示大小适中、便于观察两路信号,如附图 B.1.7 所示,读出两波形水平方向差距格数 D 及信号周期所占格数 T,则相位差

$$\theta=\frac{D}{T}\times 360^{\circ}$$

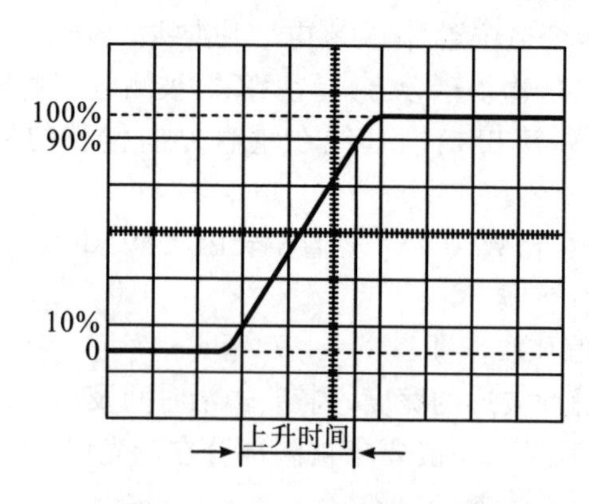

附图 B.1.6 上升时间的测量

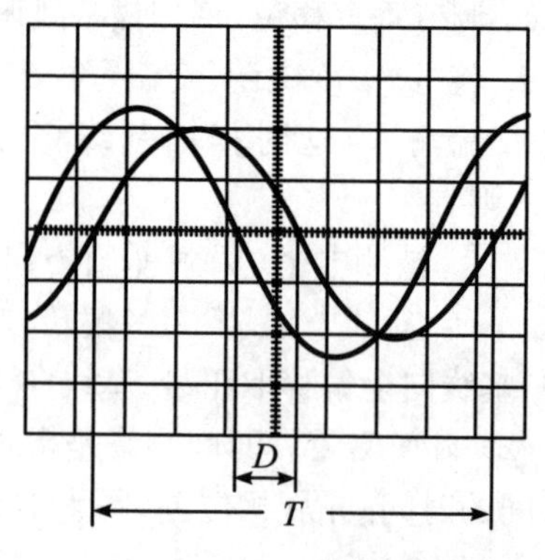

附图 B.1.7 相位差的测量

B.1.4 DC6000 型数字示波器

DC6000 型数字存储示波器是一种新型的数字式双踪示波器,能够存储波形和设置信息,具有 40 MHz 的频带宽度和 2.5 K 每通道的存储深度,它能以其全带宽提供精确的实时捕获功能,具有脉冲宽度触发和视频触发等高级触发功能和多种标准自动测量功能。可通过快速傅里叶变换(FFT)功能观察频率情况和信号强度,并用这一功能对电路进行分析、鉴定和故障排除。

DC6000 型数字存储示波器用户界面非常简单,面板结构如附图 B.1.8 所示。

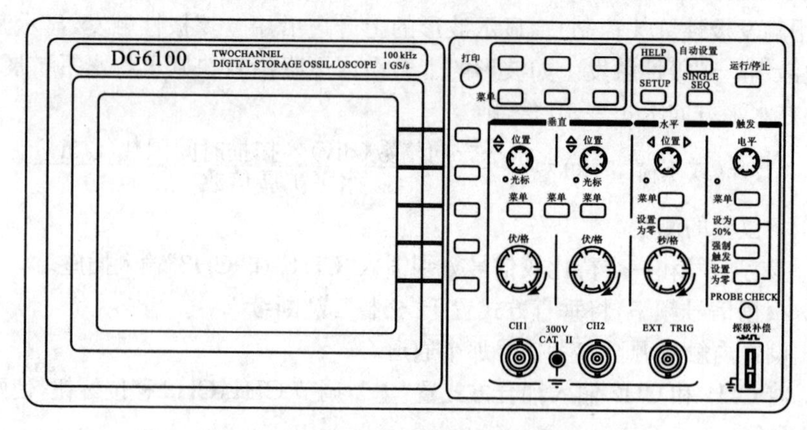

附图 B.1.8 DC6000 型数字示波器面板图

可以从前面板使用那些最常用的功能，自动设置(Autoset)功能可自动检测正弦波、方波和视频信号。同时示波器的探头校验向导可协助设定衰减系数，并进行探头补偿。通过示波器所提供的上下文相关菜单、主题索引和超级链接等，使用者可以方便地掌握其操作方法，提高生产和研发的效率。

1. 屏幕显示区

在附图B.1.9中，不同的数字符号(如1,2,3,…,16)代表的含义如下：

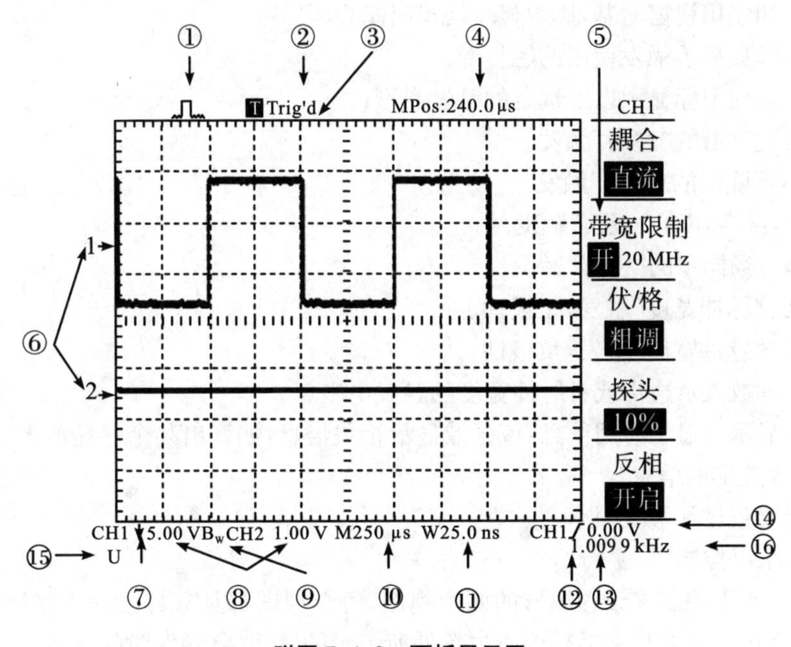

附图B.1.9 面板显示区

① 不同的图形表示不同的获取方式，有采样、峰值和平均值三种不同的获取方式。

② 触发状态表示下列信息：

Ready：所有预触发数据均已被获取，示波器已准备就绪接受触发。

Trig'd：示波器已检测到一个触发，正在采集触发后信息。

Auto：示波器处于自动方式并正采集无触发下的波形。

Scan：示波器以扫描方式连续地采集并显示波形数据。

Stop：示波器已停止采集波形数据。

Acq：示波器已完成单次序列的采集。

③ 指针表示触发水平位置，水平位置控制旋钮可调整其触发位置。

④ 读数显示触发水平位置与屏幕中心线的时间偏差，屏幕中心处等于0。

⑤ 指针表示边沿或者脉宽触发电平。

⑥ 屏幕上的标记表明所显示波形的地线基准点。如没有标记，不会显示通道。

⑦ 箭头图示表示波形是相反的。

⑧ 读数显示通道的垂直刻度系数。

⑨ B_w 图标表示通道带宽是受限制的。

⑩ 读数显示主时基设置。

⑪ 如使用视窗时基，读数显示视窗时基设置。

⑫ 读数显示触发使用的触发源。

⑬ 采用图标显示以下选定的触发类型：

∫：上升沿的“边沿”触发。

⌊：下降沿的“边沿”触发。

〜：行同步的“视频”触发。

▬：场同步的“视频”触发。

⎍：“脉冲宽度”触发，正极性。

⊔：“脉冲宽度”触发，负极性。

⑭ 读数表示边沿或者脉冲宽度的触发电平。

⑮ 显示区显示有用信息：该区域显示相关信息，如调出某个存储波形，读数就显示基准波形的信息。

⑯ 读数显示触发频率。

2. 水平控制

使用水平控制来设置波形的两个视图，每个视图都具有自己的水平刻度和位置。水平位置读数显示屏幕中心位置处所表示的时间（将触发时间作为零点）。改变水平刻度时，波形会围绕屏幕中心扩展或缩小，靠近显示屏右上方的读数以秒为单位显示当前的水平位置。M 表示“主时基”，W 表示“视窗时基”。示波器还在刻度顶端用一个箭头图标来表示水平位置。

(1) HORIZ MENU“水平位置”旋钮：用来控制触发相对于屏幕中心的位置。

(2) SET TO ZERO“设置为零”按钮：用来将水平位置设置为零。

(3)“秒/格”时基旋钮：用来改变水平时间刻度，以便水平放大或压缩波形。如果停止波形采集（使用“运行/停止”或“单次序列”按钮实现），“秒/格”控制就会扩展或压缩波形。水平控制如附图 B.1.9 所示。

注意：HORIZ MENU（水平菜单）各选项功能如附表 B.1.3 所示。

附表 B.1.3 水平控制功能

选项	注释
主时基	水平主时基用于设置显示波形
视窗设定	由两个光标界定视窗区域 窗口时基设置:用“水平位置”控制按钮和“秒/格”控制按钮调节视窗的水平位置和区域大小
视窗扩展	改变显示方式,在视窗区域中显示一段波形(放大至屏幕宽度)
触发钮	用于调节两种控制值:电平和释抑。 “释抑”选项可显示释抑值,使用释抑有助于稳定非周期波形的显示

3. 垂直控制

可以使用垂直控制来显示和删除波形,调整垂直刻度和位置,设置输入参数以及进行数学计算。每个通道都有单独的垂直菜单,可以对每个通道进行单独设置,菜单描述如下。

“垂直位置”旋钮:在屏幕上上下移动通道波形。

菜单(CH1、CH2):显示“垂直”菜单选择项并打开或关闭对通道波形的显示,如附表 B.1.4 所示。

附表 B.1.4 垂直控制功能

选项	设定	说明
耦合	直流 交流 接地	“直流”通过输入信号的交流和直流成分 “交流”阻挡输入信号的直流分量,并衰减低于 10 Hz 的信号 “接地”断开输入信号
带宽限制	开(20 MHz)	打开限制带宽,以减少显示噪声;过滤信号,减少噪声和其他多余高频分量
伏/格	粗调 细调	选择“伏/格”旋钮的分辨率。 粗调定义一个 1-2-5 序列。细调降分辨率改为粗调设置间的小步进
探头－>衰减	1×、10×、 100×、1 000×	根据探极衰减系数选取其中一个值,以保持垂直标尺读数。使用 1×探头时带宽减小到 6 MHz
反相	开关	相对于参考电平反相(倒置)波形

伏/格旋钮:控制示波器如何放大或衰减通道波形的信源信号,屏幕上显示波形的垂直尺寸随之放大或减小(按下这个按钮,也可以进行粗调和细调的切换),垂

直控制按键及旋钮如附图 B.1.10 所示。

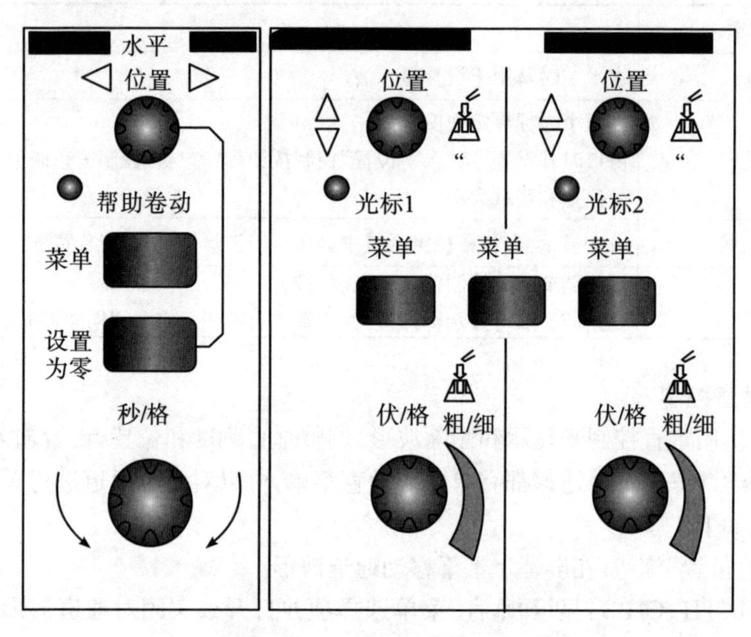

附图 B.1.10 水平及垂直控制

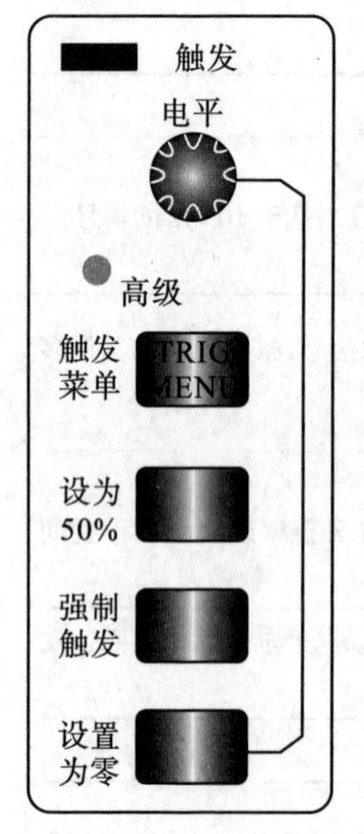

附图 B.1.11 触发控制

4. 触发控制

可以通过"触发菜单"和前面板控制来定义触发。触发类型主要分为三种:"边沿"、"视频"和"脉冲宽度"。请参阅以下表格中关于各种触发类型的各选项组的具体说明。

"电平"旋钮:使用边沿触发或脉冲触发时,"电平"旋钮设置采集波形时信号所必须越过的幅值电平。

"设置为 50%"按钮:触发电平设置为触发信号峰峰值的垂直中点。

"强制触发"按钮:不管触发信号是否适当,都完成采集。如采集已停止,则该按钮不产生影响。

"触发菜单":按下此键可显示触发功能菜单。触发有三种方式:边沿触发、脉宽触发和视频触发,每类触发使用不同的功能菜单,常用的是边沿触发。

边沿触发:示波器在默认情况下使用边沿触发,使用"边沿触发"可以在达到触发阈值时,在示波器输入信号的边沿进行触发,如附表 B.1.5 所示,触发控制如附图B.1.11 所示。

附表 B.1.5 触发控制

选项	设定	说明
边沿(默认)		设定"边沿",即在输入信号的上升边沿或下降边沿触发
斜率	上升 下降	选择在信号的上升边沿或下降边沿触发
触发信源	CH1 CH2 EXT EXT/5 市电	选择输入信源作为触发信号。 当选择"CH1、CH2"时,不论波形是否显示,都会触发某一通道;选择"EXT"时不显示触发信号,允许触发电平范围是+1.6～-1.6 V。选择"EXT/5"与"EXT"选项一样,但以系数5衰减信号,允许的触发电平范围是+8～-8 V。 "市电"选项把来自电源线导出的信号用作触发信源
触发方式	自动 正常	选择触发的方式。 在默认情况下,示波器选择"自动"模式,当示波器在一定时间内(根据"秒/格"设定)未检测到触发时,就强制其触发。在许多情况下都可以使用此模式,例如监测电源输出电平。使用此模式可以在没有有效触发时自由运行采集。此模式允许在100 ms/格或更慢的时基设置下处理未触发的扫描波形。 选择"正常"模式,仅当示波器检测到有效的触发条件时才更新显示波形。在用新波形替换原有波形之前,示波器将显示原有波形。当仅想查看有效触发的波形时,才使用此模式。使用此模式,示波器只有在第一次触发后才显示波形。
耦合	交流 直流 高频抑制 低频抑制	选择输入触发电路的触发信号成分。 "交流"选项,阻碍直流分量,并衰减10 Hz以下的信号;"直流"选项,选择通过信号的所有分量;"高频抑制"选项,衰减80 kHz以上的高频分量;"低频抑制",阻碍直流分量,并衰减8 kHz以下的低频分量

5. 功能菜单选择按钮

在仪器面板最上部,用细线框住的六个按键,如附图B.1.12所示,它们的主要作用是用来调出有关的设置菜单。

SAVE/RECALL(保存/调出):显示设置和波形的"保存/调出菜单"。

MEASURE(测量):显示"自动测量菜单"。

ACQUIRE(采集):显示"采集菜单"。

UTILITY(辅助功能):显示"辅助功能菜单"。

CURSOR(光标):显示"光标菜单"。

DISPLAY(显示):显示"显示菜单"。

PRINT(打印):显示“打印”操作。

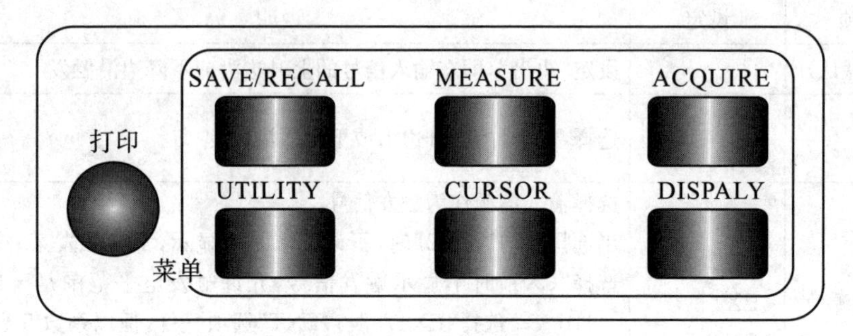

附图 B.1.12 功能按键

(1) SAVE/RECALL(保存/调出) 按下“存储/调出”按钮可以存储或调出示波器设置或波形。选择“设置”项,调出如附表 B.1.6 菜单。

附表 B.1.6 设置菜单

选项	设置	说明
设置		选中“设置”时,会显示用于储存或调出示波器设置的菜单
记忆	0 到 9	指定要将示波器当前波形设置储存在其中或从其中调出的存储的波形位置
存储		完成存储操作
调出		调出存储在由“设置”字段中选定的位置处的示波器设置。可按下“默认设置”按钮将示波器初始化为已知设置

选择“波形”项,调出如附表 B.1.7 所示菜单。

附表 B.1.7 波形菜单

选项	设置	说明
波形		“加亮波形”会显示用于存储和调出波形的菜单
信源	CH1 CH2 关闭 MATH 关闭	选择显示波形进行存储
REF	RefA RefB	选择存储或调出波形的参考位置
存储		将信源波形存储到选定的参考位置
Ref(x)	关闭 开启	显示或消除显示屏上的基准波形

(2) MEASURE(测量) 按下“测量”按钮可以进行自动测定,有十一种测量类型。一次最多可以显示五种,按下顶部的选项按钮可以显示“测量1菜单”,可以在“信源”选项中选择在其上进行测量的通道;可以在“类型”选项中选择采用的测量类型;按下“返回”选项按钮可以返回到“测量”菜单并显示选定的测量,如附表B.1.8所示。

附表 B.1.8 测量菜单

测量类型	定义
频率	通过测定第一个周期,计算波形的频率
周期	计算第一周期的时间
平均值	计算整个记录的算术平均电压
峰峰值	计算整个波形最大和最小峰值间的绝对差值
均方根	计算波形第一个完整周期的实际均方根值测定
最小值	检查全部2500个点波形记录并显示最小值
最大值	检查全部2500个点波形记录并显示最大值
上升时间	测定波形第一个上升边沿的10%和90%之间的时间
下降时间	测定波形第一个下降边沿的90%和10%电平之间的时间
正频宽	测定波形第一个上升边沿和附近的下降边沿50%电平之间的时间
负频宽	测定波形第一个下降边沿和附近的上升边沿50%电平之间的时间
无	不进行任何测量

进行测量:对于一个波形(或多个波形中分开的波形),一次最多可以显示五个自动测量。波形通道必须处于“打开”(显示的)状态,以便进行测量。对于基准波形或数学波形,或在使用XY或扫描模式时,无法进行自动测定。

(3) ACQUIRE(采集) 按下“采集”按钮设置采集参数如附表B.1.9所示。

附表 B.1.9 采集参数设置

选项	设置	说明
采样(默认设置)		用于采集和精确显示多数波形
峰值		用于检测毛刺并减少假波现象的可能性
平均值		用于减少信号显示中的随机或不相关的噪声。平均值的数目是可选的

（续表）

选项	设置	说明
平均次数	4 16 64 128	选择平均值的数目

采样：使用采样模式采集 2 500 点并以固定“秒/格”设置显示。对于带宽 100 MHz的示波器型号，最大采样速率为 1 GS/s，对于 100 ns 和更快的设定，该取样速率不会采集 2 500 点。在这种情况下，采用正弦插值算法插入点，产生一个完整的 2 500 点波形记录。

(4) UTILITY（辅助功能）　按下“辅助功能”按钮可以显示“辅助功能”菜单，如附表 B.1.10 所示。

附表 B.1.10　辅助功能

选项	设置	说明
系统状态	水平 垂直 触发 其他	显示示波器水平、垂直或触发系统设置情况。其他选项可显示示波器的型号和软件版本号
文件操作	更新程序	首先要插入装有升级程序的 U 盘，可以看到屏幕左下角会显示“U”这个字母，然后按下“更新程序”按钮，进入子菜单按确定即可更新，按取消退出，程序更新完成后要重启示波器方能生效，升级程序请放在 U 盘根目录下，升级过程中请勿断电，直到信息提示更新成功
	波形保存	首先插入 U 盘，屏幕左下角会显示“U”这个字母，按下这个按钮，可以看到波形停顿一下，执行保存操作，在 U 盘的 dachun_x 文件夹下就能找到保存的波形数据。x 代表按下次数，每按一次生成相应的一个文件夹，如按一下就是 dachun_1，按两下就有两个文件 dachun_1，dachun_2
	波形打印	首先通过示波器后面板接口 USBHost 连接到打印机，若连接成功可以看到屏幕左下角显示“P”，进入子菜单可以设置打印参数：份数、样式、大小；设置好后按“确认打印”就可以，如不需要打印按返回键
自校正		执行自校正

(续表)

选项	设置	说明
底色	黑/白 彩色	选择显示的底色。 彩色底色有“1”、“2”两种选择
Language	CHN(简体中文) ENG(英文)	选择显示操作系统的语言

自校正:自校正程序可以使示波器的精度最优化,以适于环境温度。为了尽可能精确,如果环境温度的变化达到5摄氏度或5摄氏度以上时,则应进行自校正,按照显示屏上的指示进行操作。

(5) CURSOR(光标) 按下“光标”按钮,显示测量光标和“光标菜单”如附表B.1.11所示。

附表B.1.11 光标菜单

选项	位置	说明
类型	电压 时间 关闭	选择并显示测量光标;“电压”测量幅值和“时间”测量以及频率
信源	CH1 CH2 MATH REFA REFB	选择波形进行光标测量 用读数显示测量值
增量		显示光标间的差值(增量)
光标1		显示光标1位置(时间参照触发位置,电压参照接地电压)
光标2		显示光标2位置(时间参照触发位置,电压参照接地电压)

移动光标:使用“光标1”和“光标2”旋钮来移动光标1和光标2。只有在“光标菜单”显示时才能移动光标,如附图B.1.13所示。

电平和增量读数中的U:垂直灵敏度应与用于数学运算的波形相匹配。如果它们不匹配,并且使用光标测量数学运算的波形结果,则会显示一个U。

(6) 快速执行按钮 面板右上角有快速执行按钮,如附图B.1.14所示。

HELP(帮助):显示帮助设置菜单。

DEFAULTSETUP(默认设置):调出多数厂家的选项和控制设置。请参看有关自动设置的具体内容。

AUTOSET(自动设置):自动设置示波器控制状态,以产生适用于输出信号的显示图形。

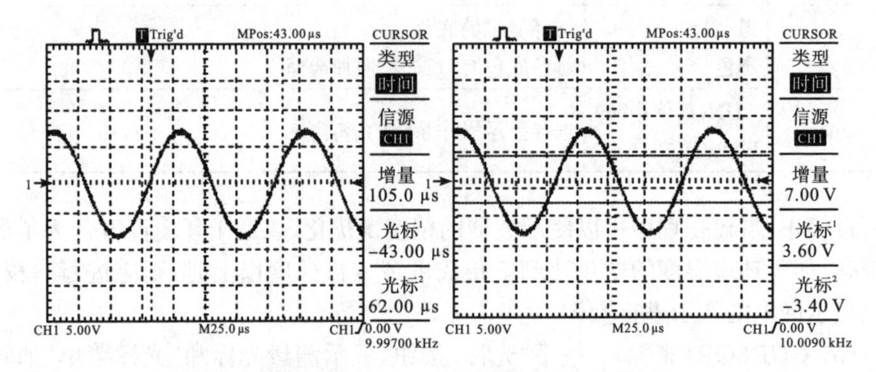

附图 B.1.13 光标测量示意图

SINGLESEQ(单次序列):采集单个波形,然后停止。

RUN/STOP(运行/停止):连续采集波形和停止采集波形的切换。

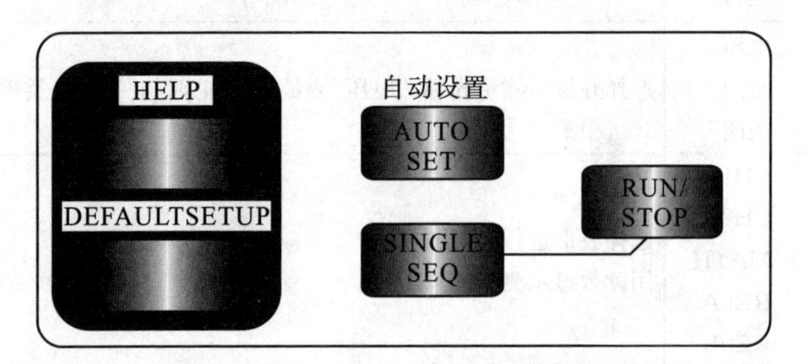

附图 B.1.14 快速执行按钮

B.2 函数信号发生器

B.2.1 SG1040 数字合成信号发生器

本仪器采用全中文交互式菜单和灵活舒适的按键,使得操作起来特别方便,显示采用分级式菜单,按键采取分组规划、统一功能模式,面板示意图如附图 B.2.1 所示。

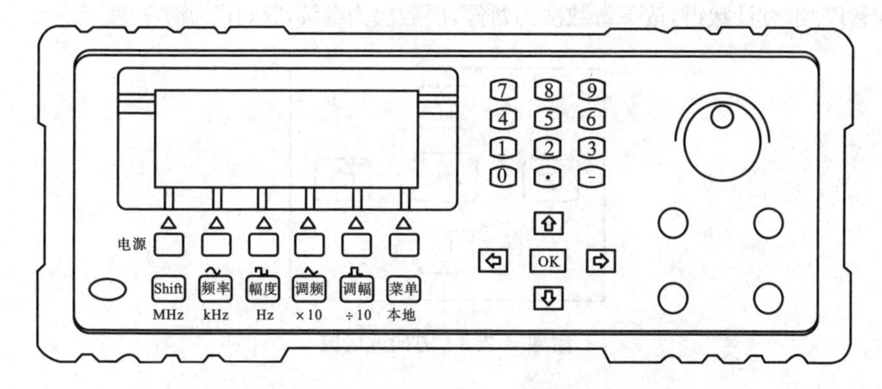

附图 B.2.1 数字合成信号发生器面板示意图

仪器按键包括如附图 B.2.2 所示几个部分。

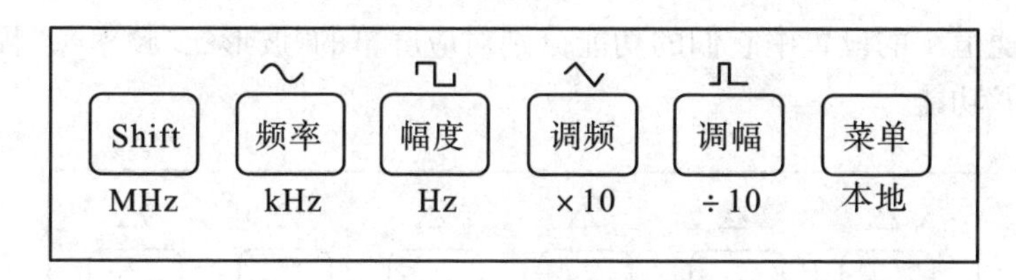

附图 B.2.2 仪器按键示意图

1. 快捷键区域

快捷键区包含“Shift”、“频率”、“幅度”、“调频”、“调幅”、“菜单”6 个键，它的主要特点是方便、快速进入某项功能设定或者是常用的波形快速输出，它们的功能分为两类：

① 当显示菜单为主菜单时，通过单次按下“频率”、“幅度”、“调频”、“调幅”键进入相应的频率设置功能、幅度设置功能、调频波和调幅波的输出。任何情况下都可以通过按下菜单键来强迫从各种设置状态进入主菜单，还可以通过按下“shift”键配合“频率”、“幅度”、“调频”、“调幅”、“菜单”键来进入相应的“正弦”、“方波”、“三角波”、“脉冲波”的输出，即为按键上面字符串所示。

② 当显示菜单为频率相关的设置时，快捷键所对应的功能为所设置的单位，即为按键下面字符串所示。例如在频率设置时，按下数字键“8”，再按下“幅度”来输入 8 MHz 的频率值。

2. 方向键区域

方向键分为“Up”、“Down”、“Left”、“Right”、“Ok”5 个键，如附图 B.2.3 所示。主要功能是移动设置状态的光标和选择功能。例如，设置“波形”的时候可以通过移动方向键来选择相应的波形，被选择的波形以反白的方式呈现出来。当为计数功能时，“OK”

键为暂停/继续计数键,按下奇数次为暂停,偶数次为继续,“Left”为清零键。

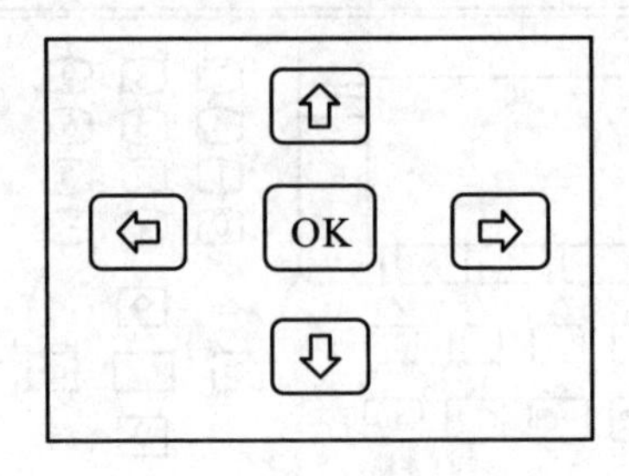

附图 B.2.3　方向键区域

3. 屏幕键区域

屏幕键是对应特定的屏幕显示而产生特定功能的按键。从左向右分别叫做“F1”、“F2”、“F3”、“F4”、“F5”、“F6”,如附图 B.2.4 所示。对应屏幕的“虚拟”按键。例如通道 1 的设置中它们的功能分别对应屏幕的“波形”、“频率”、“幅度”、“偏置”、“返回”功能。

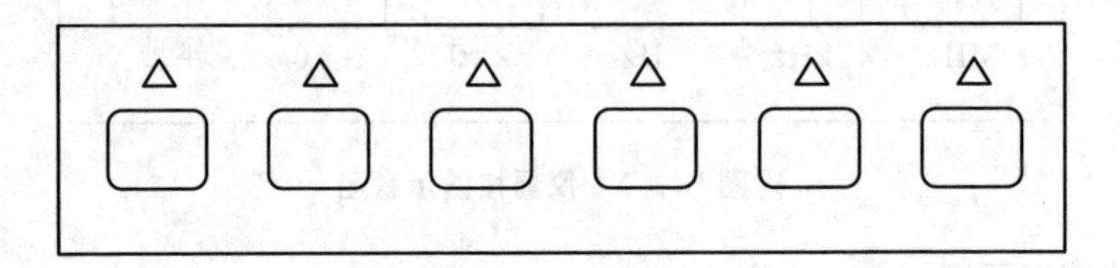

附图 B.2.4　屏幕键区域

4. 数字键盘区

数字键盘区是专门为了快速地输入一些数字量而设计的。由 0～9 的数字键、“.”和“-”12 个键组成,如附图 B.2.5 所示。在数字量的设置状态下,按下任意一个数字键的时候,屏幕会打开一个对话框,保存所按下的键,然后通过按下“OK”键输入默认单位的量或者相应的单位键来输入相应单位的数字量。

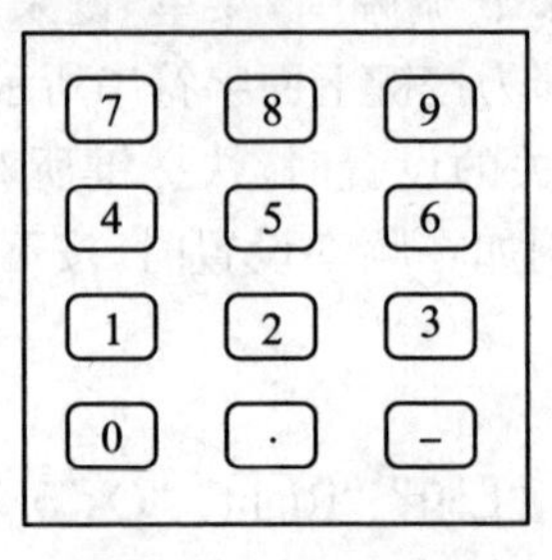

附图 B.2.5　数字键区域

5. 旋转脉冲开关

旋转脉冲开关如附图 B.2.6 所示，利用旋转脉冲开关可以快速地加、减光标所对应的量。利用它输入数字量，会感觉到得心应手。

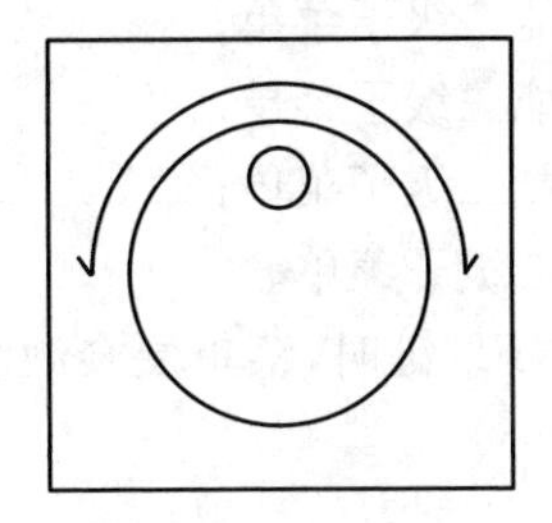

附图 B.2.6 旋转脉冲开关

6. 欢迎界面

打开电源开关或者执行“软复位”操作时，可以看到如附图 B.2.7 所示的欢迎界面并伴随一声蜂鸣器的响声。欢迎界面大约停留 1 秒钟，欢迎界面出现之后是仪器自检状态，当仪器自检通过后进入主菜单。

附图 B.2.7 欢迎界面

7. 主菜单

主菜单包括子菜单选项和当前输出提示两项，如附图 B.2.8 所示，含义分别如下：

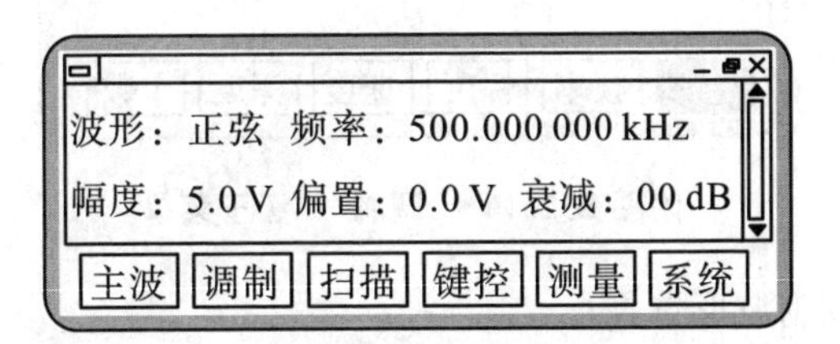

附图 B.2.8 主菜单界面

(1) “正弦”、“脉冲”表示当前通道Ⅰ输出波形为正弦；

(2) 5.00 V、500.000 000 kHz 表示当前输出波形参数；

(3) “⇧”标志“Shift”键按下,奇数次确认,偶数次取消;

(4) “主波”:主波形输出(正弦、方波、三角波、脉冲波)二级子菜单;

(5) “调制”:仪器调制功能二级子菜单;

(6) “扫描”:仪器扫描功能二级子菜单;

(7) “键控”:仪器键控功能二级子菜单;

(8) “测量”:仪器测量功能二级子菜单;

(9) “系统”:为系统功能二级子菜单。

例如,按下“主波”对应的“F1”键时,菜单便会激活,这时进入了函数发生器主波形参数设置子菜单。

8. “主波”二级子菜单

“主波”二级子菜单如附图 B.2.9 所示,通过方向键来选择波形,屏幕键“F1”~“F6”来设定输出波形的其他参数。

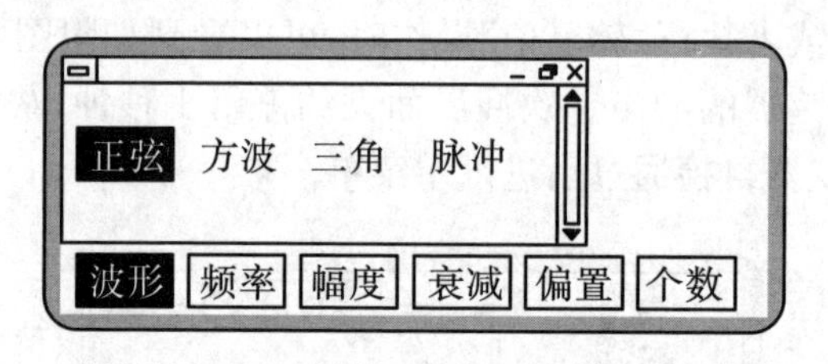

附图 B.2.9 “主波”二级子菜单

9. “调制”二级子菜单

当按下“调制”所对应的屏幕键后,进入“调制”二级子菜单如附图 B.2.10 所示。通过方向键来选择输出的调制波,屏幕菜单分别对应的功能设定如下:

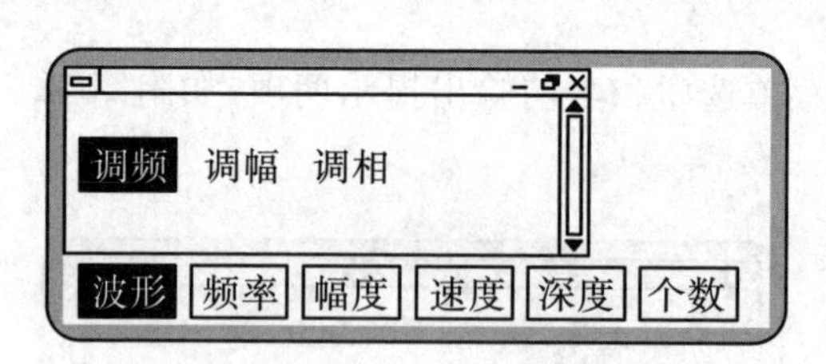

附图 B.2.10 “调制”二级子菜单

(1) “波形”:调制波形选择;

(2) “频率”:载波频率;

(3) “幅度”:载波幅度;

(4) “速度”:调制的速度,即调制波频率,时间量表示,折合频率为 0~100 Hz;

(5) “深度”:调制深度,调频时为调频深度,是频率量,调幅时为调幅的深度,为幅度量，调相时为调相深度，是相位量；

(6)“个数”：调制波的个数输出，范围为0～65 535个；

当按下“菜单”键返回主菜单后，再次按下“F3”，便进入了“扫描”二级子菜单。

10. “扫描”二级子菜单

“扫描”二级子菜单如附图B.2.11所示，通过方向键来选择要输出的扫描波形。屏幕菜单分别对应功能设定如下：

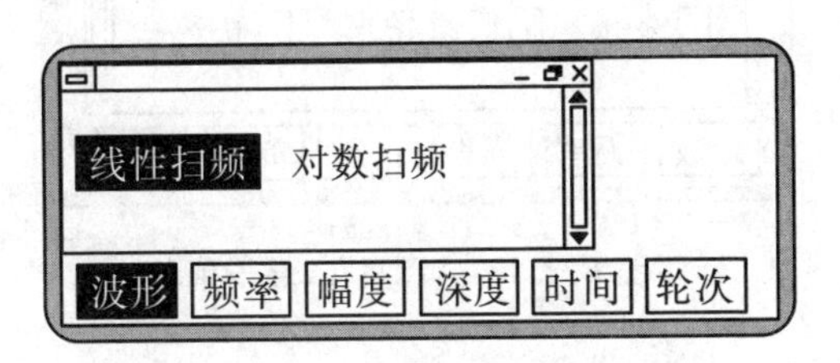

附图B.2.11　“扫描”二级子菜单

(1)“波形”：扫描波形选择，分线性、对数两种频率扫描方式；

(2)“频率”：扫描的起点；

(3)“幅度”：扫描波的速度；

(4)“深度”：频率扫描波的宽度；

(5)“时间”：扫描一次(从起点到终点)所用时间设定功能；

(6)“轮次”：多少个从起点到终点的循环，即扫描波个数。

11. “键控”二级子菜单

“键控”二级子菜单如附图B.2.12所示，通过方向键来选择要输出的键控波。屏幕菜单分别对应的功能设定如下：

(1)“波形”：键控波形选择；

(2)“频率”：载波频率；

(3)“幅度”：载波幅度；

(4)“速度”：键控的速度，时间量表示，折合频率为0～10 kHz；

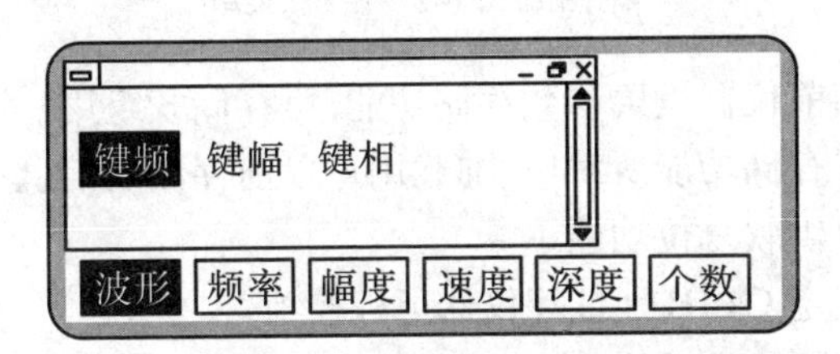

附图B.2.12　“键控”二级子菜单

(5)“深度”：键控深度，键频时为调频深度，是频率量，键幅时为键幅的深度，为幅度量，键相时为键相深度，是相位量；

(6)“个数”：键控波的个数输出，范围为0～65 535个。

12. “测量”二级子菜单

“测量”二级子菜单如附图B.2.13所示，屏幕键所对应的功能设定如下：

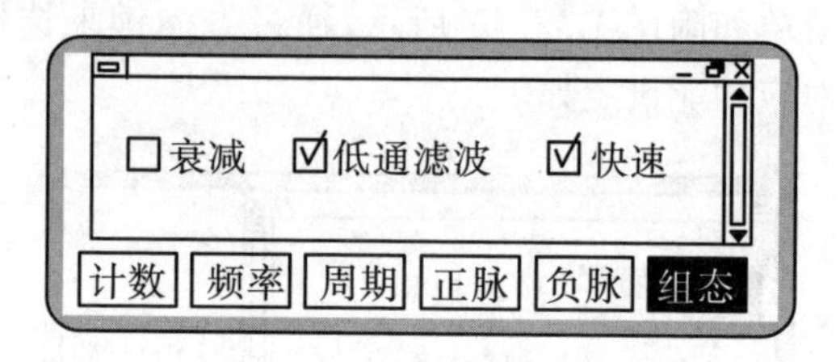

附图B.2.13　“测量”二级子菜单

(1)“计数”：计数器功能；

(2)“频率”：频率测量功能；

(3)“周期”：周期测量功能；

(4)“正脉”：测量正脉宽功能；

(5)“负脉”：测量负脉宽功能；

(6)“组态”：测量时是否选择衰减或者是低通滤波及测量闸门时间，“□”表示未选中，“☑”表示选中。

13. “系统”菜单

“系统”菜单如附图B.2.14所示，功能定义为：

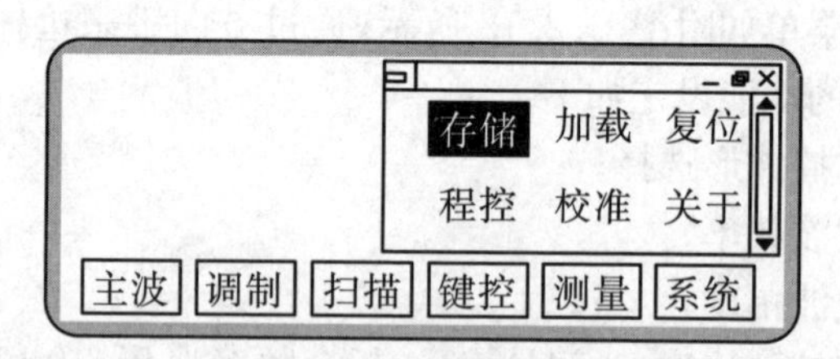

附图B.2.14　“系统”菜单

(1)“存储”：当前仪器设置参数存储功能，可存储3组用户设置信息；

(2)“加载”：跟存储功能所对应，加载用户以前存储的信息；

(3)“复位”：提供软复位功能；

(4)“程控”：设定GPIB地址等仪器可程控项；

(5)“校准”：仪器校准功能，有密码保护，暂时不对用户开放；

(6)“关于”：关于本仪器的一些信息，包括本仪器序列号、系统软件版本号等。

B.2.2　33120A任意波形发生器

Agilent 33120A任意波形发生器面板图如附图B.2.15所示，按功能可分为显示区、功能区、菜单区及输出端口几个部分。

附图B.2.15　33120A任意波形发生器面板图

1. 显示区

显示输出波形的种类、频率、幅度、调制度等信息，此时右边的旋钮可调节正在显示的参数。

2. 功能区

通过调节该部分可获得所需波形。该部分每个按键均对应三种不同功能，黑色功能可通过直接按此键获得；蓝色功能则先要按下蓝色的Shift进行切换后再按此键；绿色的数字功能则需先按下绿色的Enter Number键后再按此键才能输入数字。

3. 菜单区

(1) Enter波形参数设计好后需按此键确认。

(2) 上、下箭头可改变显示参数中闪烁光标处数值的大小或单位。

(3) 左、右箭头可改变显示窗口中闪烁光标的位置。

(4) Recall Menu可以调出波形发生器中所存的特殊函数。

以下以一个载波为正弦波的AM波形调节为例说明使用方法：

(1) 先选中正弦波按键，再按下Shift+正弦波键，使显示屏显示出AM，此时输出AM波形。

(2) 参数调节。

① 按下Freq键，调节载波频率，调节方式有三种。

方法1:通过面板右上角手动大旋钮调节。

方法2:利用面板上所示∧,∨,＞,＜键调节，其中＞,＜改变闪烁光标所点亮的数的位置，∧,∨改变闪烁点处的值。

方法3:直接通过 Enter Number 输入数据。

按下 Enter Number 键,输入阿拉伯数字(在每个按键左侧有一个数字),再按下单位键,即∧,∨,＞,＜键。

② 载波幅度调节。

按下 Ample 键,将显示切换到幅度,按照①操作可完成调节。通过∧,∨,＞,＜选择峰值、有效值、分贝值三种单位。

③ 调制信号频率调节。

按下 Shift + Freq,此时显示 MOD ______ ______ _ ______ Hz。按照①操作可进行调节,注意:若10秒无操作,则显示自动回到上一种显示状态。

④ 调制信号幅度调节。

调制信号幅度调节是通过改变调制度加以表示的,按下 Shift + Ample 可完成操作。注意:在运用直接输入数据方式调节时单位应选"＞"即 dB 键,同样若10秒无操作,则显示自动回到上一种显示状态。

B.3 交流毫伏表

1. 基本特性

交流毫伏表是一种用于测量正弦信号电压有效值的仪器。具有测量电压的频率范围宽(5 Hz~2 MHz),灵敏度高(30 μV~100 V,或100 μV~300 V),噪声低(典型值为7 μV),测量误差小(整机工作误差≤3%典型值)的优点,并有相当好的线性度。

2. 测量方法

交流毫伏表有双通道和单通道输入。双通道交流毫伏表是由两个电压表组成的,因此在异步工作时是两个独立的电压表,也就是可作两台单独电压表使用。一般适用于测量两个电压相差比较大的情况,如测量放大器增益,测量方法如附图B.3.1所示。

被测放大器的输入信号及输出信号分别加至二通道输入端,从两个不同的量程开关及表针指示的电压值或 dB 值,就可直接读出(算出)放大器的增益(或放大倍数)。

例如,读得输入 R_{CH} 指示为 10 mV(−40 dB),输出 L_{CH} 指示为 0.5 V(−6 dB),则放大倍数为 0.5 V/10 mV = 50 倍或直接读取 dB 值为 −6 dB −

$(-40\ \mathrm{dB})=34\ \mathrm{dB}$(增益 dB 值)。

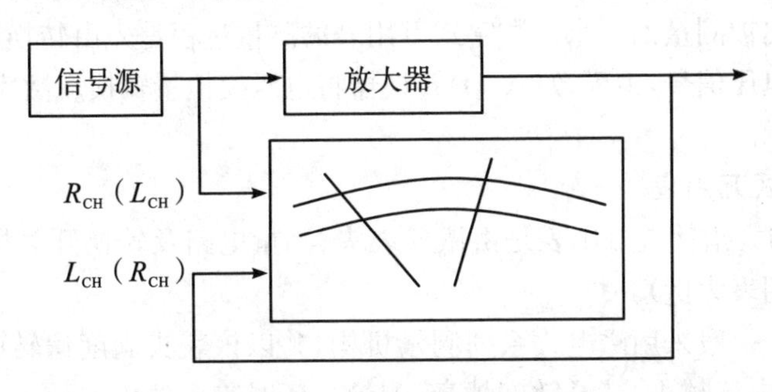

附图 B.3.1　交流毫伏表异步工作

由于该仪器具有宽的频带及高的灵敏度,可用于电源纹波的测量以及其他微弱信号的测量。

对于单通道输入交流毫伏表,其使用方法与双通道交流毫伏表相似。量程的选择一般从大的量程开始,逐渐减小,选择的量程应使指针偏转至满刻度的 2/3 以上。选定量程后指针满刻度偏转时,指示的最大值即为该量程值,实际测量时根据量程换算。交流毫伏表是按电压有效值刻度的,如被测信号不是正弦信号,则会引起很大误差。

注意事项:

(1) 接通电源前先看看表针机械零点是否为"零",否则需进行调零;

(2) 在不知被测电压大小的情况下量程应放到高量程挡,以免输入过载;

(3) 测量 30 V 以上的电压时,须注意安全;

(4) 接通电源及输入电压后,由于电容的充放电过程,指针有所晃动,需待指针稳定后读取读数。

B.4　万　用　表

万用表是一种多用途、多量程的便携式仪器,可以直接测量直流电压、电流、电阻和交流电压、电流等多种电量。有些功能较多的万用表,还可以进行功率、电平(单位 dB)、电容、电感、三极管的电流放大系数 β 等项目的测量,每种测量又分为多个量程,是最常用的仪表之一。

万用表有指针式和数字式两种。指针式万用表的测量过程是通过一定的测量电路，将被测量电量转换成电流信号，再由电流信号去驱动磁电式表头偏转，在刻度尺上指示出被测量的大小。数字式万用表的测量过程是先由转换电路将被测量转换成直流电压信号，由模数(A/D)转换器将电压模拟量转换成数字量，最后将结果以数字显示。

1. 指针式万用表

(1) 结构　指针式万用表是由微安表头、测量电路及转换开关构成的(以500型指针式万用表为例)。

微安表头一般采用磁电式系列测量机构，并以该表头满度偏转电流表示灵敏度，满度偏转电流越小，其灵敏度越高，测量电压时表头的内阻较大。因测量各种不同电量共用一个表头，故表头内的标尺盘有多条标度尺，使用时可根据不同测量对象选择相应标尺读取。

测量电路是将各种不同的被测电量转换成磁电系列表头可以测量的微小电流。实际上是多量程直流电流表、多量程直流电压表、交流电压表和多量程欧姆表测量电路的组合，测量范围越广其电路越复杂。

转换开关用来对被测电量选择相应的测量电路。转换开关中有固定触点和活动触点，当转换开关转到某一位置时，活动触点就和某个固定触点闭合，从而接通相应的测量电路，以便选择测量种类和量程。

(2) 指针式万用表的使用　机械调零。使用前应检查表头内指针是否在零位，如偏离，应调节机械调零旋钮，使指针回到零位。

指针式万用表连接线为红黑表笔，红表笔的一端插入标有“+”的插孔内，另一端则为测量端，同样黑表笔的一端应插入标有“-”的插孔内。电阻测量时，红表笔接表内电池的负极，黑表笔接表内电池的正极。

测量直流电压和直流电流时，红表笔接高电位，黑表笔接低电位；用欧姆挡判断二极管极性时，黑表笔接二极管正极，红表笔接二极管负极。

测量电压时，万用表与被测电路并联；测量电流时，将被测电路断开，万用表串接在被测电路中。

测量电阻时，首先确定挡位，再进行欧姆调零。其方法为：将表笔短路，调节调零旋钮，使指针指到零点(注意欧姆的零刻度在表盘的右侧)。如果调不到零点，则说明万用表内电池电压不足，应更换电池。测量大电阻时两手不能同时接触电阻，以防止人体电阻和被测电阻并联造成测量误差，每变换一次量程，都需要重新调零。表盘上有许多刻度线，对不同的测量电量，根据选择量程，在相应的刻度线上读取。电压和电流的读取为所选量程即为指针满刻度值，具体值再根据不同量程换算；电阻为$R\times1$、$R\times10$、$R\times100$、$R\times1\text{k}$和$\text{R}\times10\text{k}$挡，读取时倍乘关系。例如用$R\times100$挡测电阻，指针指示为“10”，那么它的电阻值为$10\times100=1\,000$，即1 kΩ。

测量电平时,万用表表盘上有一条 dB 刻度线是测量音频电平的,电平是表示电功率和电压大小的一个参量,但用相对值来表示,分贝 dB 是电平的常用单位。国际通行规定,在 600(Ω)负载上,加 1 mW 的功率,负载上的电压值为零电平,按公式可以求得 0 dB 时负载上的交流电压为 0.775 V,这样万用表上的电压刻度和分贝刻度一一对应。

测量音频电平时万用表的转换开关应置于交流电压挡,而把表笔插在"dB"插孔中,音频电平测量时的读数可以使用交流电压标尺,也可以使用分贝标尺,如附图 B.4.1 中的刻度。万用表上交流电压量程有好几挡,而分贝标尺刻度是按最低交流电压挡计算出来的。在万用表表盘右下角有一电平转换关系表如附图 B.4.2 所示。在 MF500 型万用表中,分贝刻度是按交流电压 10 V 挡计算的,在交流电压 10 V 挡的标尺上,0.775 V 处对应 0 dB,7.75 V 处对应 20 dB,而 0.45 V 处对应的是 -10 dB,在测量时看标尺读出读数。

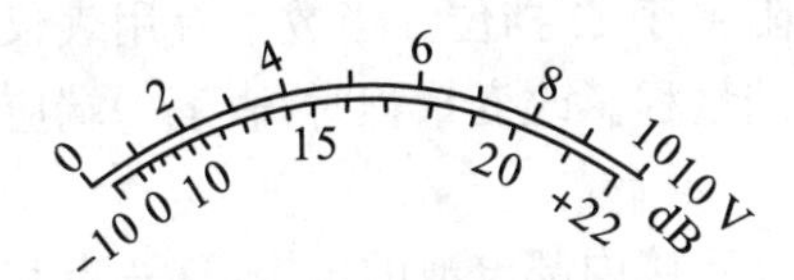

附图 B.4.1 电平指示刻度盘

AC挡量程	dB值
10 V	0
50 V	+14
250 V	+28

附图 B.4.2 不同交流电压挡对应的附加分贝数

(3) 注意事项 量程转换开关应根据被测量选择正确的位置,切不可使用电流挡或欧姆挡测量电压,否则会损坏万用表。测量电压、电流时,应使万用表指针偏转在表盘的 2/3 以上,以提高测量的精度。测量电阻时表指针偏转至中心刻度附近(电阻挡的设计是以中心刻度为标准的)。测量交流电压、电流时,被测量必须是正弦交流电压、电流,而被测量的信号频率也不可超过说明书所规定的频率范围,500 型万用表的频率范围在表盘中央标有 45 - 65 - 1 000 Hz 字样,表示使用频率范围为 1 000 Hz 以下。测量高电压、大电流时,禁止带电转换量程开关,避免因带电操作烧坏开关触点。万用表使用完毕后,将转换开关置于交流电压最高挡位或关闭状态,避免下次使用未选择量程而损坏电表,长期不用时,应取出电池,防止电池漏液,腐蚀万用表内零件。

2. 数字式万用表

(1) 结构与特点 目前常用的数字式万用表大多由专用的双型 A/D 转换器、外围电路、数字显示器等部件组成,它具有读数方便、分辨率高、灵敏度高、输入阻抗高等优点。

低挡数字万用表可测量电压、电流、电阻,手动转换量程;中挡可测电容、三极管电流放大倍数 β,有蜂鸣指示通断功能;高挡的万用表具有自动转换量程,可测量频率、温度,有数据保持功能。

精度最低的数字万用表称为三位半式万用表,即数字显示 0000～1999,是目前使用最广泛、最大众化的产品。高级三位半式数字万用表,数据显示范围 0000～3999,显然 3999 的适用范围比 1999 更宽、更合理。这种数字表称为 $3\frac{3}{4}$位表,以与三位半表相区别,比 $3\frac{3}{4}$位表精度更高的是 $4\frac{3}{4}$位产品。

(2) 数字式万用表的使用 数字万用表一般都有四个插孔,黑表笔插入 COM 插孔,红表笔根据测量需要插入相应的插孔。测量电压和电阻时,应插入 V.Ω 插孔;测量电流时,注意有两个电流插孔,分别为小电流的 200 mA 级和大电流的 10 A 级,应根据被测量电流的大小选择合适的插孔;测量完毕后将红表笔回放到V.Ω 插孔。

使用时根据被测量选择合适的挡位和量程范围,测量直流电压置于 DCV "V－"挡位,交流电压置于 ACV"V～"挡位,电阻置于 Ω 挡位。当数字万用表仅在最高位显示"1"时,说明已超量程,需要调高一挡量程。改变量程时,表笔一端应该开路,电压电流的测量方法同指针式万用表。

数字万用表的红表笔接内部电池的正极,黑表笔接内部电池的负极,这一点和模拟指针式万用表相反。

测量二极管时,将功能开关置于"—▶|—"挡,若红表笔接二极管正极,黑表笔接二极管负极,这时显示为二极管的正向压降,单位是 V;若二极管表笔反接,显示为"1"。

测量三极管的电流放大系数 β 时,应将功能转换开关置于测量 h_{fe} 挡位,三极管按类型(NPN、PNP)插入对应管脚(e、b、c)后,在显示屏上将显示出 β 的数值。数字万用表测量的只是一个近似值,如果精度要求较高可以用晶体管特性图示仪测量。

(3) 注意事项 测量交流信号时,被测信号波形应是正弦波,频率不能超过仪表的规定范围,否则将引起较大的测量误差。测量电压时,注意它能测量的最高电压(交流有效值),以避免损坏万用表内部电路。测量电流时,切忌超量程测量,禁止用电阻挡和电流挡测量电压!测量未知电压、电流时,先将功能转换置于高量程挡,然后再逐步调低,直至合适的量程挡位。严禁在 200 V 或 0.5 A 以上测量时,带电转换量程开关,以防因带电操作产生电弧烧坏开关触点。在未切断电路电源时,不能用欧姆挡测量电阻。测量完毕后应关闭电源,长期不用时,应取出电池,防止电池漏液,腐蚀万用表内零件。

附录C　Multisim 10 的基本操作

Multisim 10 是美国国家仪器公司下属的 ElectroNIcs Workbench Group 推出的交互式 SPICE 仿真和电路分析软件，通过将 NI Multisim 10 电路仿真软件和 Lab VIEW 测试软件相集成，那些需要设计制作自定义印制电路板（PCB）的工程师能够非常方便地比较仿真数据和真实数据，规避设计上的反复，减少原型错误并缩短产品上市时间。

使用 Multisim 10 可交互式地搭建电路原理图，并对电路行为进行仿真。Multisim 提炼了 SPICE 仿真的复杂内容，这样使用者无需懂得深入的 SPICE 技术就可以完成从理论到原理图捕获与仿真，再到原型设计和测试这样一个完整的综合设计流程。

C.1　Multisim 10 软件界面

打开 Multisim 10 后，基本界面如附图 C.1.1 所示，如同一个实际的电子实验台。屏幕中央区域最大的窗口就是电路工作区，在电路工作区上可将各种电子元器件和测试仪器仪表连接成实验电路。电路工作窗口上方是菜单栏、工具栏和元器件栏。从菜单栏可以选择电路连接、实验所需的各种命令，工具栏包含了常用的操作命令按钮，元器件栏存放着各种电子元器件，通过鼠标操作可方便地使用各种命令、提取实验所需的各种元器件。电路工作区侧面是仪器仪表栏，仪器仪表栏存放着各种测试仪器仪表，可以方便地从仪器库中提取实验所需的各种仪器、仪表至电路工作区连接到电路中，按下电路工作区上方的“启动/停止”开关或“暂停/恢复”按钮可以方便地控制实验的进程。

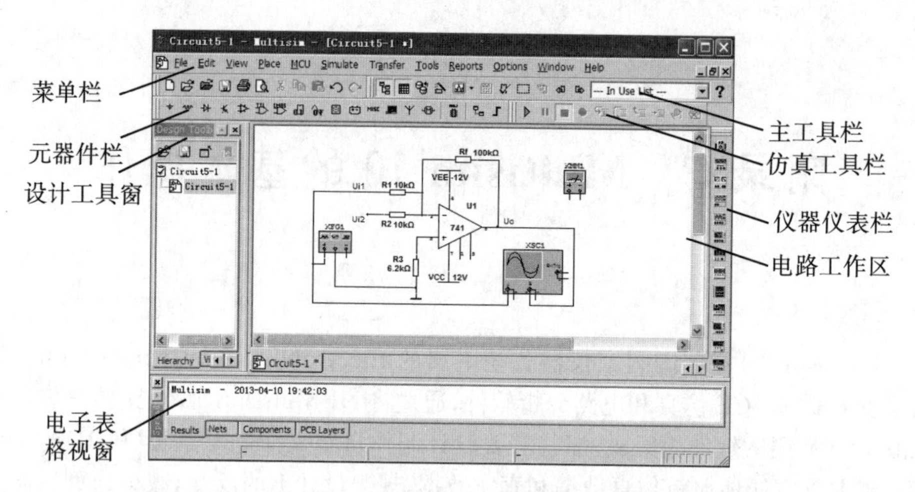

附图 C.1.1　Multisim 10 的基本界面

1. 菜单栏

Multisim 10 软件的菜单栏包含 12 个菜单，分别为文件(File)菜单、编辑(Edit)菜单、视图(View)菜单、放置(Place)菜单、MCU 菜单、仿真(Simulate)菜单、文件输出(Transfer)菜单、工具(Tools)菜单、报告(Reports)菜单、选项(Options)菜单、窗口(Windows)菜单和帮助(Help)菜单，每个菜单下都有一系列子菜单项，根据需要在相应的菜单下查找相应的命令。

2. 元器件栏

Multisim 10 的元器件栏包括 16 种元件分类库，如附图 C.1.2 所示，每个元件库放置同一类型的元件，还包括放置层次电路和总线的命令，从左到右的模块分别为：电源库、基本元件库、二极管库、晶体管库、模拟器件库、TTL 器件库、CMOS 元件库、杂合类数字元件库、混合元件库、功率元件库、杂合类元件库、高级外围元件库、RF 射频元件库、机电类元件库、微处理模块元件库、层次化模块和总线模块。其中，层次化模块是将已有的电路作为一个子模块加到当前电路中。

附图 C.1.2　元器件栏

3. 主工具栏

主工具栏如附图 C.1.3 所示，它集中了 Multisim 10 的核心操作，从而使电路设计更加方便。该工具栏中的按钮从从左到右依次为：

附图 C.1.3 主工具栏

- 显示或隐藏设计工具栏；
- 显示或隐藏电子表格视窗；
- 打开数据库管理窗口；
- 创建新元件；
- 图形和仿真列表；
- 对仿真结果进行后处理；
- ERC 电路规则检测；
- 屏幕区域截图；
- 切换到总电路；
- 将 Ultiboard 电路的改变反标到 Multisim 电路文件中；
- 将 Multisim 原理图文件的变化标注到存在的 Ultiboard 10.0 文件中；
- 使用中的元件列表；
- 帮助。

4. 仿真工具栏

仿真工具栏主要有仿真启动、停止、暂停按钮，设置断点、单步运行按钮等。

5. 仪器仪表栏

仪器仪表栏包含各种对电路工作状态进行测试的仪器仪表及探针，如附图 C.1.4所示，仪器栏从上到下或从左到右分别为：数字万用表、函数信号发生器、瓦特表、双通道示波器、四通道示波器、波特图仪、频率计、字信号发生器、逻辑分析仪、伏安特性分析仪、失真分析仪、频谱分析仪、网络分析仪、安捷伦函数发生器、安捷伦示波器、泰克示波器、测量探针、LabVIEW 虚拟仪器和电流探针。

附图 C.1.4 仪器仪表栏

6. 电路工作区

在电路工作区中可进行电路的绘制、仿真分析及波形数据显示等操作，如果有需要，还可以在电路工作区内添加说明文字及标题框等。

7. 设计工具箱

设计工具箱用来管理原理图的不同组成元素。设计工具箱由3个不同的选项卡组成,分别为层次化(Hierarchy)选项卡、可视化(Visibility)选项卡和工程视图(Project View)选项卡,如附图C.1.5(a)~(c)所示。

(1)"层次化"选项卡 该选项卡包括了所设计的各层电路,页面上方的5个按钮从左到右为:新建原理图、打开原理图、保存、关闭当前电路图和(对当前电路、层次化电路和多页电路)重命名。

(2)"可视化"选项卡 由用户决定工作空间的当前选项卡面显示哪些层。

(3)"工程视图"选项卡 显示所建立的工程,包括原理图文件、PCB文件、仿真文件等。

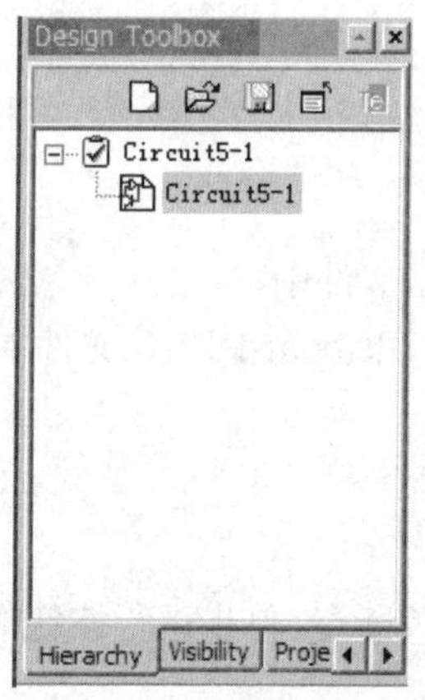

(a)"层次化"选项卡

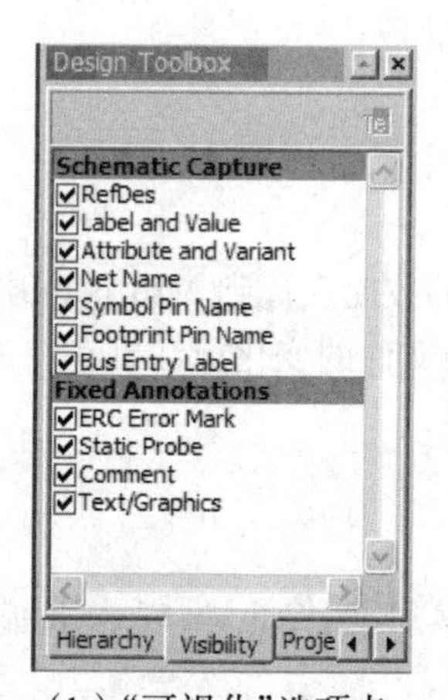

(b)"可视化"选项卡

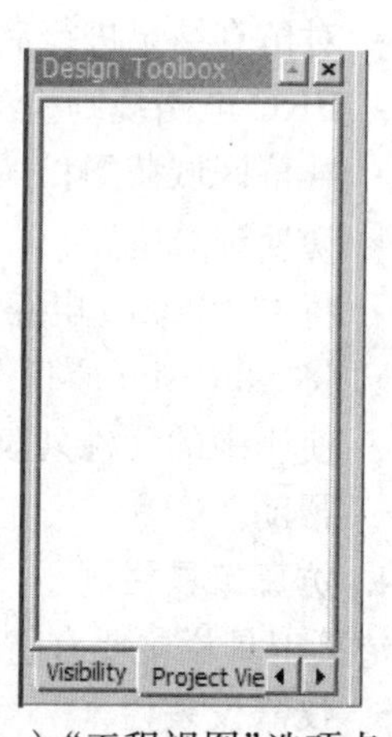

(c)"工程视图"选项卡

附图C.1.5 设计工具箱

8. 电子表格视窗

在电子表格视窗中可方便地查看和修改设计参数,例如,元件的详细参数、设计约束和总体属性等。电子表格视窗包括4个选项卡,分别如附图C.1.6(a)~(d)所示。

(1) Results 选项卡 该选项卡面可显示电路中元件的查找结果和ERC校验结果,但要使ERC校验结果显示在该页面上,需要运行ERC校验时选择将结果显示在Result Pane上。

(2) Nets 选项卡 显示当前电路中所有网点的相关信息,部分参数可以自定义修改。该选项卡上方有9个按钮,它们的功能分别为:找到并选择指定网点;将当前列表以文本格式保存到指定位置;将当前列以CSV(Comma Separate Values)格式保存到指定位置;将当前列表以Excel电子表格的形式保存到指定位置;

按已选栏数据的升序排列数据;按已选栏数据的降序排列数据;打印已选表项中的数据;复制已选表项中的数据到剪切板;显示当前设计所有页面中的网点(包括所有子电路、层次化电路模块及多页电路)。

(3) Components 选项卡　显示当前电路中所有元件的相关信息,部分参数可自定义修改。该选项卡上方有 10 个按钮,它们的功能分别为:找到并选择指定元件;将当前列表以文本格式保存到指定位置;将当前列以 CSV(Comma Separate Values)格式保存到指定位置;将当前列表以 Excel 电子表格的形式保存到指定位置;按已选栏数据的升序排列数据;按已选栏数据的降序排列数据;打印已选表项中的数据;复制已选表项中的数据到剪切板;显示当前设计所有页面中的元件(包括所有子电路、层次化电路模块及多页电路);替换已选元件。

(4) PCB Layers 选项卡　显示 PCB 层的相关信息,其页面上按钮和上面的相同,不再赘述。

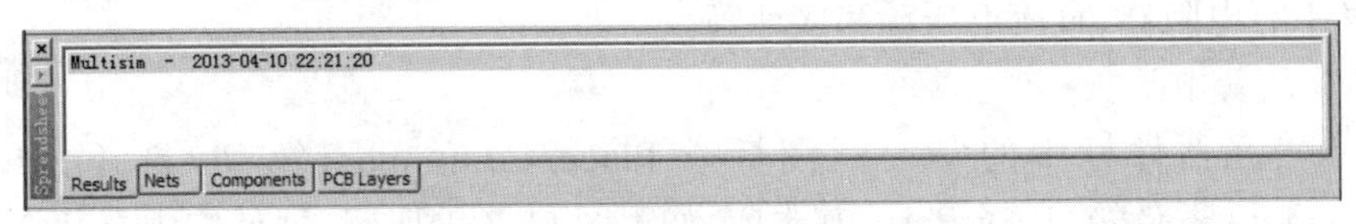

(a) Results 选项卡

(b) Nets 选项卡

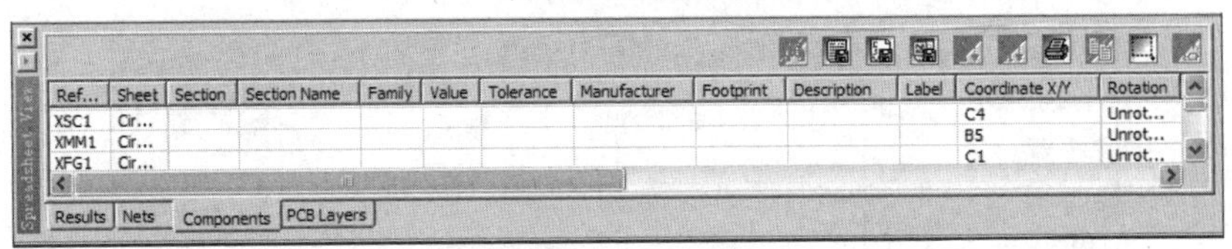

(c) Components 选项卡

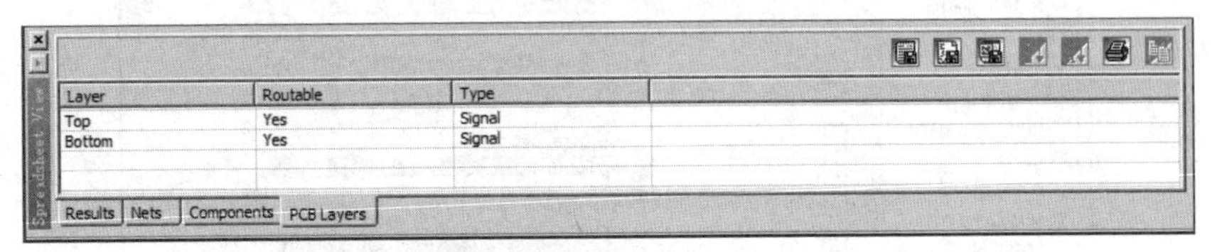

(d) PCB Layers 选项卡

附图 C.1.6　电子表格视窗

C.2 Multisim 10的基本操作

1. 建立电路文件

启动Multisim 10,软件就自动创建一个默认标题为“Circuit 1”的新电路文件,该电路文件在保存时可以重新命名,如附图C.1.1所示。

(1) 放置元器件 Multisim软件不仅提供了数量众多的元器件符号图形,而且精心设计了元器件的模型,并分门别类地存放在各个元器件库中。放置元器件就是将电路中所用的元器件从器件库中放置到工作区。现在建立一反相加法电路,其中有电阻器、直流电压源和接地等。

① 放置电阻。

点击元器件栏中的“-∧∧∧-”图标或Place/Component按钮,打开Select a Component器件箱,选择Basic基本库,如附图C.2.1所示,器件库中有两个电阻箱,一个存放着现实存在的电阻元件,其阻值符合实际标准,如1.0 kΩ、2.2 kΩ及5.1 kΩ等。这些元件在市面上可以买到,称为现实电阻箱。而像1.4 kΩ、3.5 kΩ及5.2 kΩ等非标准化电阻,在现实中不存在,我们称为虚拟电阻,虚拟电阻箱用绿色衬底表示,虚拟电阻调出来默认值均为1 kΩ,可以对虚拟电阻重新任意设置阻值。为了与实际电路接近,应该尽量选用现实电阻元件。

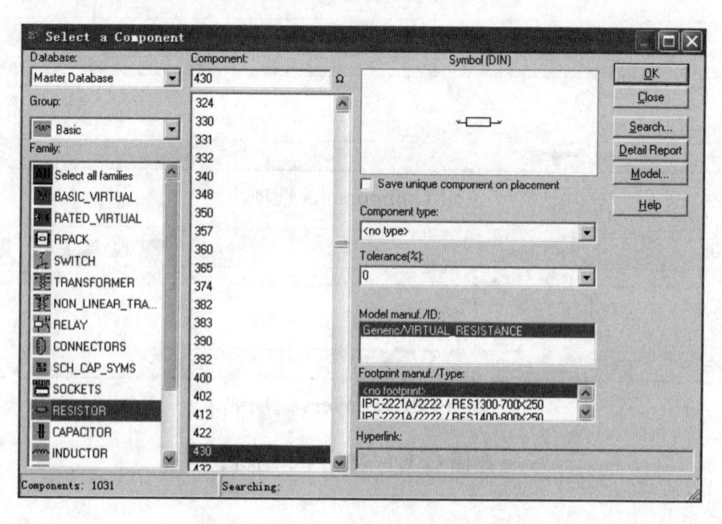

附图C.2.1 打开的基本器件库

将光标移动到现实电阻箱上，单击鼠标左键，弹出一个元器件浏览对话框。在对话框中拉动滚动条，找出1.5 kΩ，单击OK按钮，即将1.5 kΩ电阻选中。选中的电阻紧随着鼠标指针在电路工作区内移动，移到合适位置后，单击即可将这个1.5 kΩ电阻放置在当前位置。以同样的操作可将2 kΩ、1 kΩ电阻放置到电路窗口适当的位置上。为了使电阻改变方向放置，可让光标指向某元件选中，在菜单栏Edit菜单下选取90 Clockwise或90 Counter CW命令使其旋转90°。

② 放置直流电源。

直流电源为电路提供电能，点击Place/Component选项，打开Select a Component器件箱，从Source电源库来选取。单击Source电源库，在弹出的电源箱中双击DC-POWER，出现一个直流电源跟随着光标移动，到合适位置单击放置，但看到其默认值为12 V，双击该电源，在对话框中将Voltage电压值改为6 V，单击下部的“确定”按钮即可。

③ 放置接地端。

接地端是电路的公共参考点，参考点的电位为0 V。一个电路考虑连线方便，可以有多个接地端，但它们的电位都是0 V，实际上属于同一点。如果一个电路中没有接地端，通常不能有效地进行仿真分析。

放置接地端非常方便，只需在Source器件库中双击GROUND接地按钮，再将其拖到电路工作区的合适位置即可。删除元器件的方法是：单击元器件将其选中，然后按下Del键，或执行Edit/Delete命令。

(2) 线路连接和放置节点

① 连接线路。

Multisim软件具有非常方便的连线功能，只要将光标移动到元器件的管脚附近，就会自动形成一个带十字的圆黑点，单击鼠标左键拖动光标，又会自动拖出一条虚线，到达连线的拐点处单击一下鼠标左键，继续移动光标到下个拐点处再单击一下鼠标左键，接着移动光标到要连接的元器件管脚处再单击一下鼠标左键，一条连线就完成了。照此方法操作，连完电路中的所有连线。

② 放置节点。

节点即导线与导线的连接点，在图中表示为一个小圆点。一个节点最多可以连接4个方向的导线，即上下左右每个方向只能连接一条导线，且节点可以直接放置在连线中。放置节点的方法是：执行菜单命令Place/Place junction，会出现一个节点跟随光标移动，可将节点放置到导线上合适位置。使用节点时应注意：只有在节点显示为一个实心的小黑点时才表示正确连接；两条线交叉连接处必须打上节点；两条线交叉处的节点可以从元器件引脚向导线方向连接自然形成。也可以在导线上先放置节点，然后从节点再向元器件引脚连线。删除连线或节点的方法是：

让光标箭头端部指向连线或节点，单击将其选中，然后按下 Del 键，或执行 Edit/Delete 命令。

在电路工作区中建立的反相加法电路如附图 C.2.2 所示。

(3) 连接仪器仪表 电路连接好后就可以将仪器仪表接入，以供实验分析使用。下面以接入一台万用表为例，首先单击仪器库按钮，弹出仪器器件箱，找到万用表图标并单击，万用表图标跟随光标出现在电路工作区，移动光标在合适位置放置好，然后将其与电路连接，万用表“+”极接高电位，“-”极接低电位或接地端。为了便于对电路和仪器读数，通常将某些特殊的连线及仪器的高、低电位线设置为不同的颜色。要设置某导线的颜色，可用鼠标右键单击该导线，屏幕弹出快捷菜单，执行 Color 命令即弹出“颜色”对话框，根据需要用鼠标单击所需色块，并按下“确定”按钮，即可设置连线的不同颜色。

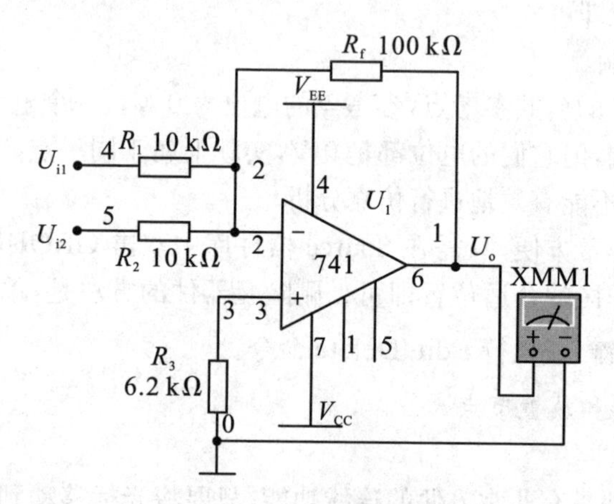

附图 C.2.2 反相加法电路

附图 C.2.3 万用表图标

(4) 仿真运行 电路图绘制好后，用鼠标左键单击仿真工具栏中的运行按钮，软件自动开始运行仿真。要进行观察和读数需要双击万用表图标，展现出万用表的面板如附图 C.2.3 所示，对其作适当的设置，将显示出测试的数值。

如果要结束仿真操作，用鼠标左键单击仿真工具栏中的停止按钮，软件将停止运行仿真。

(5) 保存电路文件 要保存电路文件，可以执行 File/Save 命令。如果是第一次文件存盘，屏幕将弹出一个对话框，此时可以选择输入电路图的文件名“复杂直流电路”、驱动器及文件夹路径，用鼠标单击“确定”按钮即可将文件存盘。

如果不是首次存盘，执行File/Save命令后，将弹出一个对话框询问“反相加法电路.msm”文件已经存在，要不要替换，根据需要按下“是”或“否”按钮。如果要将当前电路改名存盘，选择File/Save As命令，将弹出对话框，在对话框中键入电路图的新文件名，当然还可以选择新的路径，再单击“确定”按钮即可。当想设计一个电路又不想改变原来的电路图时，用File/Save As命令是很理想的。

2. 仿真电路分析

Multisim 10具有较强的分析功能，用鼠标点击Simulate/Analysis弹出电路分析菜单，选择相应的分析子菜单对电路进行分析。

(1) DC Operating Point(直流工作点分析)　点击Simulate/Analysis/DC Operating Point…，将弹出DC Operating Point Analysis对话框，进入直流工作点分析状态。在进行直流工作点分析时，电路中的交流源将被置零、电容开路、电感短路，DC Operating Point Analysis对话框有Output、Analysis Options和Summary 3个选项，如附图C.2.4所示。

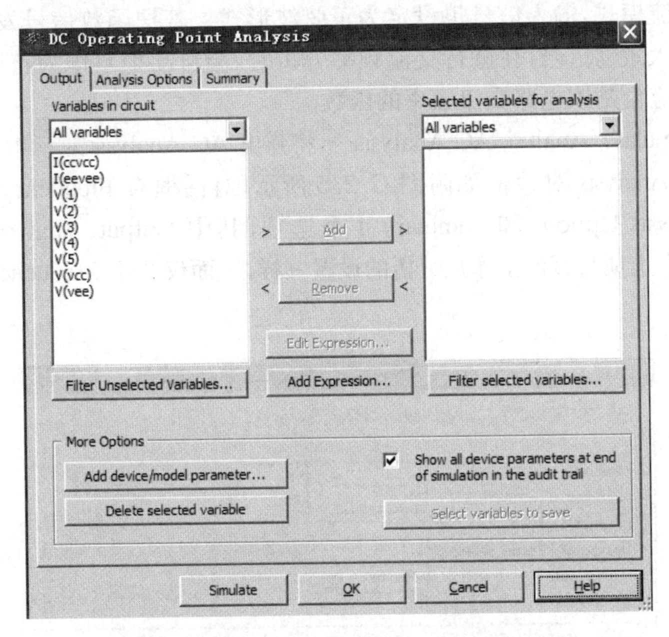

附图C.2.4　DC Operating Analysis对话框

Output对话框用来选择需要分析的节点和变量。在Variables in Circuit栏中列出的是电路中可用于分析的节点和变量。点击Variables in circuit窗口中的下拉箭头按钮，可以给出变量类型选择表。点击该栏下的Filter Unselected Variables按钮，可以增加“Display internal nodes”选项显示内部节点、“Display submodules”选项显示子模型的节点、“Display open pins”选项显示开路的引脚等变量。

在 Selected variables for analysis 栏中列出的是确定需要分析的节点。默认状态下为空,需要从 Variables in circuit 栏中选取,首先在左边的 Variables in circuit 栏中选取需要分析的一个或多个变量,再点击 Plot during simulation 按钮,则这些变量出现在 Selected variables for analysis 栏中。如果不想分析其中已选中的某一个变量,可先选中该变量,点击 Remove 按钮即将其移回 Variables in circuit 栏内。

Analysis Options 对话框中包含 SPICE Options 区和 Other Options 区,用来设定分析参数,建议使用默认值。

Summary 对话框中给出了所有设定的参数和选项,可以检查确认所要进行的分析设置是否正确。

设置完参数后,点击 Simulate 按钮即可进行仿真分析,得到仿真分析结果。

(2) AC Analysis(交流分析) 交流分析用于分析电路的频率特性,先选定被分析的电路节点,在分析时,电路中的直流源将自动置零,交流信号源、电容、电感等均处在交流模式,输入信号也设定为正弦波形式。若把函数信号发生器的其他信号作为输入激励信号,在进行交流频率分析时,会自动把它作为正弦信号输入。因此输出响应也是该电路交流频率的函数。

点击 Simulate/Analysi/AC Analysis…,将弹出 AC Analysis 对话框,进入交流分析状态,AC Analysis 对话框如附图 C.2.5 所示,对话框有 Frequency Parameters、Output、Analysis Options 和 Summary 4 个选项,其中 Output、Analysis Options 和 Summary 3 个选项与直流工作点分析的设置一样,下面仅介绍 Frequency Parameters 选项。

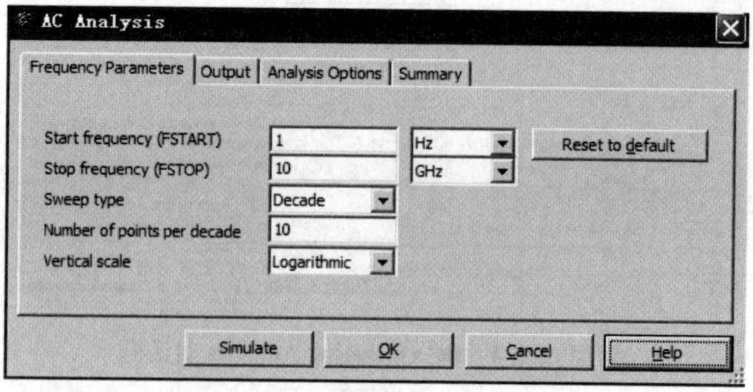

附图 C.2.5 AC Analysis 对话框

在 Frequency Parameters 对话框中需要确定分析的起始频率、终点频率、扫描形式、分析采样点数和纵向坐标(Vertical scale)等参数。

在 Start frequency 窗口中,设置分析的起始频率,默认设置为 1 Hz;在 Stop frequency(FSTOP)窗口中,设置扫描终点频率,默认设置为10 GHz;在Sweep type窗口中,设置分析的扫描方式,包括Decade(十倍程扫描)和Octave(八倍程扫描)及Linear(线性扫描),默认设置为十倍程扫描(Decade选项),以对数方式展现;在Number of points per decade窗口中,设置每十倍频率的分析采样数,默认为10;在Vertical Scale窗口中,选择纵坐标刻度形式,坐标刻度形式有Decibel(分贝)、Octave(八倍)、Linear(线性)及Logarithmic(对数)形式,默认设置为对数形式。

参数设置后,按下"Simulate"(仿真)按钮,即可在显示图上获得被分析节点的频率特性波形。交流分析的结果,可以显示幅频特性和相频特性两个图。如果用波特图仪连至电路的输入端和被测节点,同样也可以获得交流频率特性。

(3) Transient Analysis(瞬态分析)　瞬态分析是指对所选定的电路节点的时域响应。即观察该节点在整个显示周期中每一时刻的电压波形。在进行瞬态分析时,直流电源保持常数,交流信号源随着时间而改变,电容和电感都是能量储存模式元件。

点击Simulate/Analysis/Transient Analysis…,将弹出Transient Analysis对话框,进入瞬态分析状态,Transient Analysis对话框如附图C.2.6所示。Transient Analysis对话框有Analysis Parameters、Output、Analysis Options和Summary 4个选项,其中Output、Analysis Options和Summary 3个选项与直流工作点分析的设置一样,下面仅介绍Analysis Parameters选项。

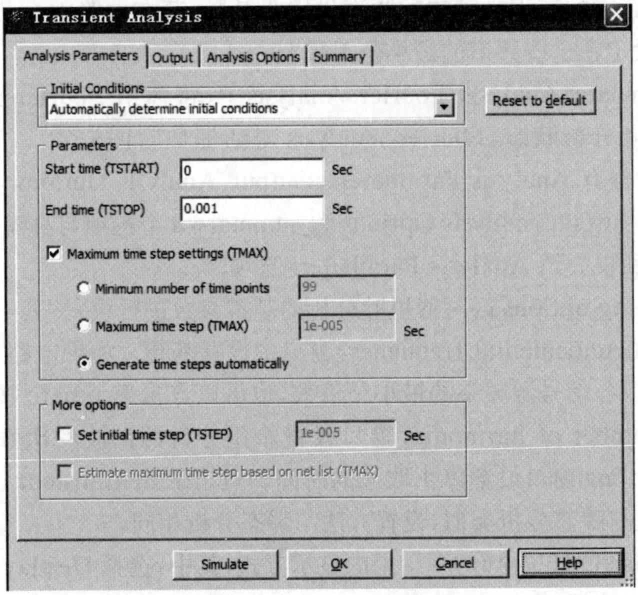

附图C.2.6　Transient Analysis对话框

在 Initial conditions 区中可以选择初始条件。点击 Automatically determine initial conditions，由程序自动设置初始值。点击 Set to zero，初始值设置为 0 或点击 User defined，由用户定义初始值或点击 Calculate DC operating point，通过计算直流工作点得到初始值。

在 Parameters 区可以对时间间隔和步长等参数进行设置：Start time 窗口，设置开始分析的时间；End time 窗口，设置结束分析的时间；点击 Maximum time step settings，设置分析的最大时间步长，其中，点击 Minimum number of time points，可以设置单位时间内的采样点数，点击 Maximum time step(TMAX)，可以设置最大的采样时间间距，点击 Generate time steps automatically，由程序自动决定分析的时间步长。

在 More options 区选择 Set initial time step 选项，可以由用户自行确定起始时间步长，步长大小输入在其右边栏内，如不选择，则由程序自动约定；选择 Estimate maximum time step based on net list，根据网表来估算最大时间步长。

参数设置后，按下“Simulate”(仿真)按钮，即可在显示图上获得被分析节点的瞬态特性波形。

(4) Fourier Analysis(傅里叶分析) 傅里叶分析方法用于分析一个时域信号的直流分量、基频分量和谐波分量，即把被测节点处的时域变化信号作离散傅里叶变换，求出它的频域变化规律。在进行傅里叶分析时，必须首先选择被分析的节点，一般将电路中的交流激励源的频率设定为基频，若在电路中有几个交流源时，可以将基频设定在这些频率的最小公因数上。

点击 Simulate/Analysis/Fourier Analysis…，将弹出 Fourier Analysis 对话框，进入傅里叶分析状态，Fourier Analysis 对话框如附图 C.2.7 所示。Fourier Analysis 对话框有 Analysis Parameters、Output、Analysis Options 和 Summary 4 个选项，其中 Output、Analysis Options 和 Summary 3 个选项与直流工作点分析的设置一样，下面仅介绍 Analysis Parameters 选项。

在 Sampling options 区对傅里叶分析的基本参数进行设置，其中：在 Frequency resolution(Fundamental frequency)窗口中设置基频。如果电路之中有多个交流信号源，则取各信号源频率的最小公倍数，也可以点击 Estimate 按钮，由程序自动设置；在 Number of harmonics 窗口设置希望分析的谐波的次数；在 Stopping time for sampling 窗口设置停止取样的时间。点击 Edit transient analysis 按钮，弹出的对话框与瞬态分析类似，设置方法与瞬态分析相同。

在 Results 区可以选择仿真结果的显示方式，其中：选择 Display phase 显示幅频及相频特性；选择 Display as bar graph 以线条显示出频谱图；选择 Normalize graphs 显示归一化的(Normalize)频谱图；在 Display 窗口可以选择所要显示的项目，有 3 个选项：Chart（图表）、Graph（曲线）及 Chart and Graph（图表和曲线）；在 Vertical scale 窗口可以选择频谱的纵坐标刻度，其中包括 Decibel（分贝刻度）、Octave（八倍刻度）、Linear（线性刻度）及 Logarithmic（对数刻度）。

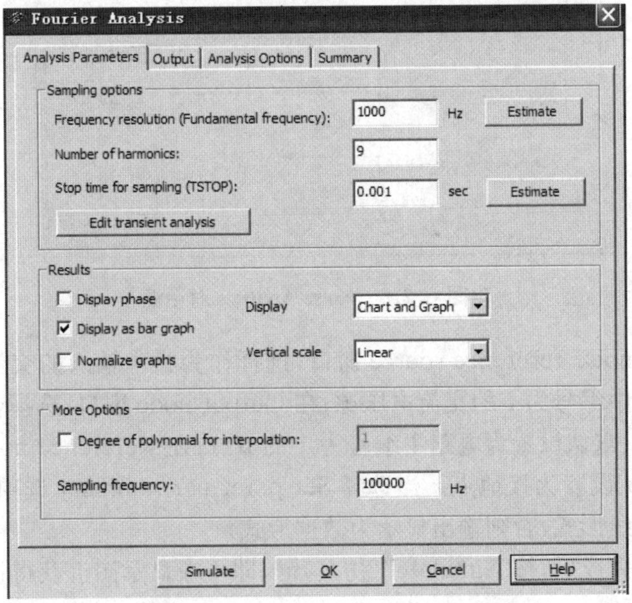

附图 C.2.7　Fourier Analysis 对话框

在 More Options 区中可以设置多项式的维数，选中 Degree of polynomial for interpolation 选项后，可在其右边栏中输入维数值。多项式的维数越高，仿真运算的精度也越高；Sampling frequency 窗口可以设置取样频率，默认为 100 000 Hz，也可点击 Stopping time for sampling 区中的 Estimate 按钮，由程序设置。

参数设置完成后，按“Simulate”（仿真）按钮，即可在显示图上获得被分析节点的离散傅里叶变换的波形。傅里叶分析可以显示被分析节点的电压幅频特性，也可以选择显示相频特性，显示的幅度可以是离散条形，也可以是连续曲线型。

（5）Noise Analysis（噪声分析）　噪声分析用于检测电子线路输出信号的噪声功率幅度，用于计算、分析电阻或晶体管的噪声对电路的影响。在分析时，假定电路中各噪声源是互不相关的，因此它们的数值可以分开各自计算，总的噪声是各噪声在该节点的和（用有效值表示）。

点击 Simulate/Analysis/Noise Analysis…，将弹出 Noise Analysis 对话框，进入噪声分析界面，Noise Analysis 对话框如附图 C.2.8 所示。Noise Analysis 对话框有 Analysis Parameters、Frequency Parameters、Output、Analysis Options 和 Summary 5 个选项，其中 Output、Analysis Options 和 Summary 3 个选项与直流工

作点分析的设置一样，Frequency Parameters 与交流分析类似，下面仅介绍 Analysis Parameters 选项。

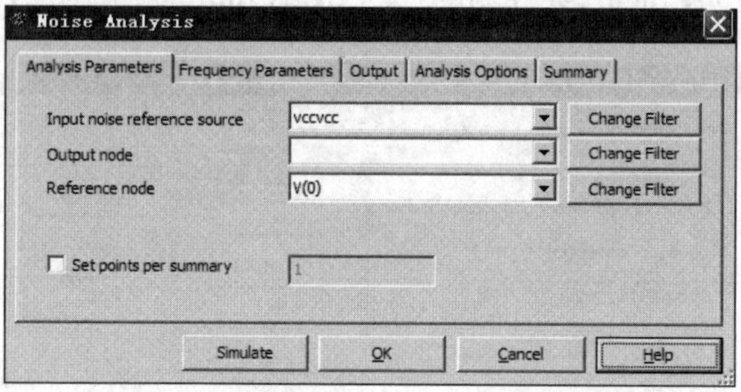

附图 C. 2. 8 Noise Analysis 对话框

在 Input noise reference source 窗口，选择作为噪声输入的交流电压源。默认设置为电路中编号为 1 的交流电压源；在 Output node 窗口，选择作测量输出噪声分析的节点，默认设置为电路中编号为 1 的节点；在 Reference node 窗口，选择参考节点，默认设置为接地点。当选择 Set point per summary 选项时，输出显示噪声分布为曲线形式，否则输出显示为数据形式。

参数设置完成后，按“Simulate”(仿真)键，即可在显示图上获得被分析节点的噪声分布曲线图。

(6) Noise Figure Analysis(噪声系数分析) 噪声系数分析主要用于研究元件模型中的噪声参数对电路的影响。在 Multisim 中噪声系数定义为 No 是输出噪声功率，Ns 是信号源电阻的热噪声，G 是电路的 AC 增益(即二端口网络的输出信号与输入信号的比)，噪声系数的单位是 dB，即 10log10(F)。

点击 Simulate/Analysis/Noise Figure Analysis…，将弹出 Noise Figure Analysis 对话框，进入噪声系数分析界面。Noise Figure Analysis 对话框有 Analysis Parameters、Analysis Options 和 Summary 3 个选项，其中 Analysis Options 和 Summary 2 个选项与直流工作点分析的设置一样，Analysis Parameters 与噪声分析类似，只是多了 Frequency(频率)和 Temperature(温度)两项，一般采用默认值。

(7) Distortion Analysis(失真分析) 失真分析用于分析电子电路中的谐波失真和内部调制失真(互调失真)，通常非线性失真会导致谐波失真，而相位偏移会导致互调失真。若电路中有一个交流信号源，该分析能确定电路中每一个节点的二次谐波和三次谐波的复值；若电路中有两个交流信号源，该分析能确定电路变量在三个不同频率处的复值：两个频率之和的值、两个频率之差的值以及二倍频与另一个频率的差值。该分析方法是对电路进行小信号的失真分析，采用多维的“Volterra”分析法和多维“泰勒”(Taylor)级数来描述工作点处的非线性，级数要用到三次方项。这种分析方法尤其适合观察在瞬态分析中无法看到的、比较小的失真。

点击 Simulate/Analysis/Distortion Analysis…，将弹出 Distortion Analysis 对话框，进入失真分析界面，Distortion Analysis 对话框如附图 C.2.9 所示。Distortion Analysis 对话框有 Analysis Parameters、Output、Analysis Options 和 Summary 4 个选项，其中 Output、Analysis Options 和 Summary 3 个选项与直流工作点分析的设置一样，下面仅介绍 Analysis Parameters 选项。

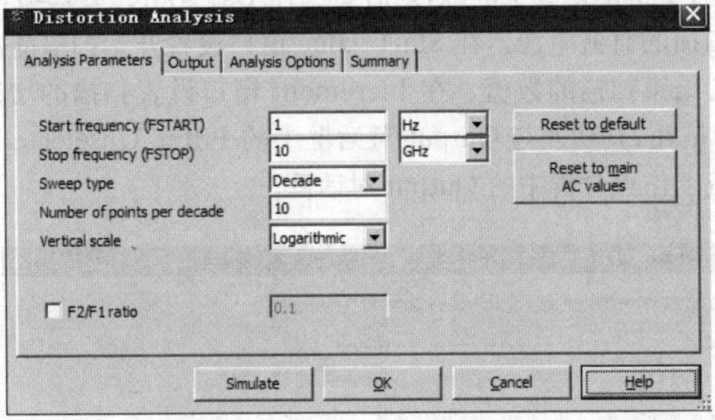

Distortion Analysis

Analysis Parameters | Output | Analysis Options | Summary

Start frequency (FSTART) 1 Hz Reset to default
Stop frequency (FSTOP) 10 GHz Reset to main AC values
Sweep type Decade
Number of points per decade 10
Vertical scale Logarithmic
F2/F1 ratio 0.1

Simulate OK Cancel Help

附图 C.2.9 Distortion Analysis 对话框

Start frequency(FSTART)窗口，设置分析的起始频率，默认设置为 1 Hz。Stop frequency(FSTOP)窗口，设置扫描终点频率，默认设置为 10 GHz。Sweep type 窗口，设置分析的扫描方式，包括 Decade(十倍程扫描)和 Octave(八倍程扫描)及 Linear(线性扫描)。默认设置为十倍程扫描(Decade 选项)，以对数方式展现。在 Number of points per decade 窗口中，设置每十倍频率的分析采样数，默认为 10。Vertical scale 窗口，选择纵坐标刻度形式，有 Decibel(分贝)、Octave(八倍)、Linear(线性)及 Logarithmic(对数)形式。默认设置为对数形式。选择 F2/F1 ratio 时，分析两个不同频率(F1 和 F2)的交流信号源，分析结果为(F1 + F2)，(F1 - F2)及(2F1 - F2)，相对于频率 F1 的互调失真，在右边的窗口内输入 F2/F1 的比值，该值必须在 0 到 1 之间。不选择 F2/F1 ratio 时，分析结果为 F1 作用时产生的二次谐波、三次谐波失真。Reset to main AC values 按钮将所有设置恢复为与交流分析相同的设置值。

参数设置完成后，按“Simulate”(仿真)按钮，即可获得被分析节点的失真曲线图。该分析方法主要用于小信号模拟电路的失真分析。

(8) DC Sweep(直流扫描分析) 直流扫描分析是利用一个或两个直流电源，分析电路中某一节点上直流工作点变化的情况，如果电路中有数字器件，则将其当做一个大的接地电阻处理。

点击 Simulate/Analysis/DC Sweep…,将弹出 DC Sweep Analysis 对话框,进入直流扫描分析界面,DC Sweep Analysis 对话框如附图 C. 2. 10 所示。DC Sweep Analysis 对话框有 Analysis Parameters、Output、Analysis Options 和 Summary 4 个选项,其中 Output、Analysis Options 和 Summary 3 个选项与直流工作点分析的设置一样,下面仅介绍 Analysis Parameters 选项。

在 Analysis Parameters 对话框中有 Source 1 与 Source 2 两个区,区中的各选项相同。如果需要指定第 2 个电源,则需要选择 Use source 2 选项。在 Source 窗口,选择所要扫描的直流电源。在 Start value 窗口设置开始扫描的数值。在 Stop value 窗口设置结束扫描的数值。在 Increment 窗口设置扫描的增量值。右边的 Change Filter 按钮,其功能与 Output 对话框中的 Filter Unselected Variables 钮相同,详见直流工作点分析中的 Output 对话框。

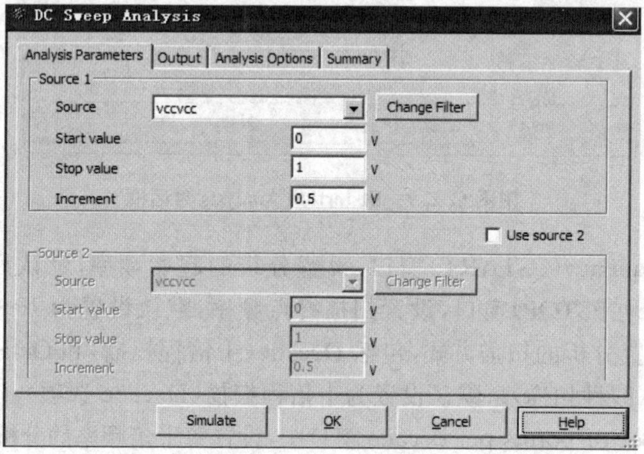

附图 C. 2. 10 DC Sweep Analysis 对话框

参数设置完成后,按下"Simulate"(仿真)按钮,即可得到直流扫描分析仿真结果。

(9) Parameter Sweep(参数扫描分析) 设计电路采用参数扫描方法分析,可以较快地获得某个元件参数在一定范围内变化时对电路的影响,相当于该元件每次取不同的值,进行多次仿真。对于数字器件,在进行参数扫描分析时将被视为高阻接地。

点击 Simulate/Analysis/Parameter Sweep…,将弹出 Parameter Sweep 对话框,进入参数扫描分析状态,如附图 C. 2. 11 所示。Parameter Sweep 对话框有 Analysis Parameters、Output、Analysis Options 和 Summary 4 个选项,其中 Output、Analysis Options 和 Summary 3 个选项与直流工作点分析的设置一样,下面仅介

绍 Analysis Parameters 选项。

在 Sweep Parameter 区选择扫描的元件及参数。其窗口可选择的扫描参数类型有元件参数(Device Parameter)或模型参数(Model Parameter)。选择不同的扫描参数类型之后,还有不同的项目供进一步选择。

① 选择元件参数类型。

Device Parameter 窗口选择元件参数类型,右边5个栏出现与器件参数有关的一些信息:在 Device Type 窗口选择所要扫描的元件种类,这里包括了电路图中所用到的元件种类,如 Capacitor(电容器类)、Diode(二极管类)、Resistor(电阻类)和 Vsource(电压源类)等。

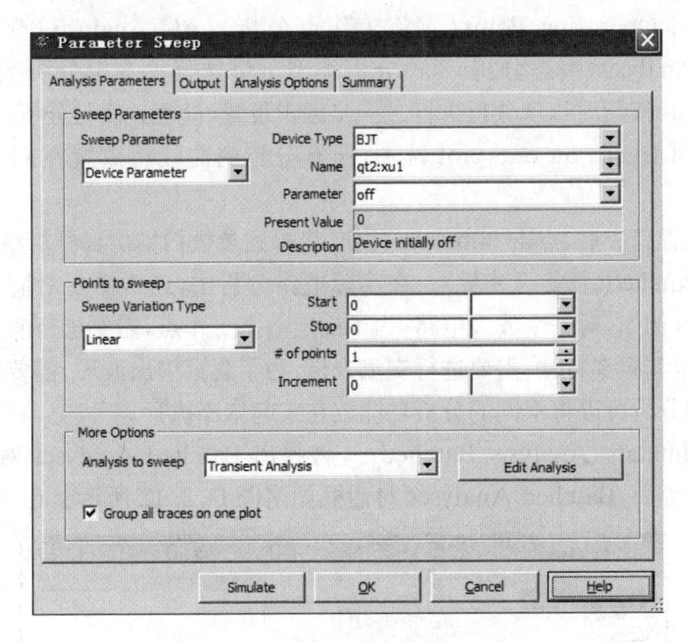

附图 C.2.11 Parameter Sweep 对话框

在 Name 窗口选择要扫描的元件序号,例如,若 Device Type 栏内选择 Capacitor,则此处可选择电容;在 Parameter 窗口选择要扫描元件的参数。当然,不同元件有不同的参数,其含义在 Description 栏内说明。而 Present Value 栏则为目前该参数的设置值。

② 选择元件模型参数类型。

Model Parameter 选择元件模型参数类型,右边同样出现需要进一步选择的5个栏。这些选项不仅与电路有关,而且与选择 Device Parameter 对应的选项有关,需要注意区别。

在 Point to sweep 区可以选择扫描方式。在 Sweep Variation Type 窗口中选

择扫描变量类型：Decade(十倍刻度扫描)、Octave(八倍刻度扫描)、Linear(线性刻度扫描)及 List(取列表值扫描)。如果选择 Decade、Octave 或 Linear 选项，则该区的左边将出现 Decade、Octave 或 Linear 选项的参数栏 4 个窗口。其中在 Start 输入开始扫描的值，在 Stop 输入结束扫描的值，在 # of points 输入扫描的点数，在 Increment 输入扫描的增量。在 # of points 与 Increment 之间只需指定其中之一，另一由程序自动设定。如果选择 List 选项，则右边将出现 Value 栏，此时在 Value 栏中输入所取的值。如果要输入多个不同的值，则在数字之间以空格、逗点或分号隔开。

在 More Options 区可以选择分析类型。在 Analysis to sweep 窗口选择分析类型，有 DC Operating Point(直流工作点分析)、AC Analysis(交流分析)和 Transient Analysis(瞬态分析)3 种分析类型可供选择。选定分析类型后，点击 Edit Analysis 按钮对该项分析进行进一步编辑设置，设置方法与分析(4)相同。选择 Group all traces on one plot 选项，所有分析的曲线将放置在同一个分析图中显示。

参数设置完成后，点击 Simulate 按钮，将得到参数扫描仿真分析结果。

(10) Batched(批处理分析) 在实际电路分析中，通常需要对同一个电路进行多种分析，例如，对一个放大电路，为了确定静态工作点，需要进行直流工作点分析；为了了解其频率特性，需要进行交流分析；为了观察输出波形，需要进行瞬态分析。批处理分析可以将不同的分析功能放在一起依序执行。

点击 Simulate/Analysis/Batched…，将弹出 Batched Analyses 对话框，进入批处理分析界面，Batched Analyses 对话框如附图 C.2.12 所示。在 Available 区

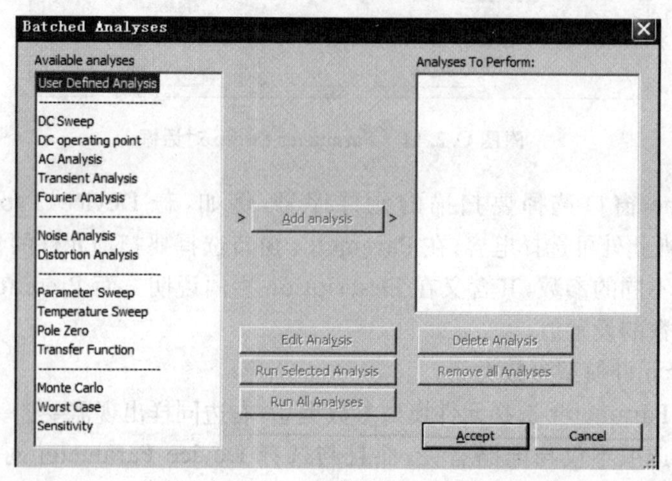

附图 C.2.12 Batched Analyses 对话框

中可以选择所要执行的分析，点击 Add analysis 按钮，则所选择的分析参数对话框出现。例如选择 Monte Carlo，点击 Add analysis 按钮，则弹出 Monte Carlo Analysis对话框。该对话框与蒙特卡罗分析的参数设置对话框基本相同，其操作也一样，所不同的是，Simulate 按钮变成了 Add to list 按钮。在设置对话框中各种参数之后，点击 Add to list 按钮，即回到 Batched Analyses 对话框，这时在此右边的 Analyses To 区中出现将要分析的选项 Monte Carlo，点击 Monte Carlo 分析左侧的十号，则显示出该分析的总信息。

如果需要继续添加所希望的分析，按照上述办法进行，全部选择完成后，在 Analyses To Perform 区中将出现全部选择分析项，点击 Run All Analyses 按钮即执行所选定在 Analyses To Perform 区中的全部分析仿真。仿真的结果将依次出现在 Analyses Graphs 中。

选择右边 Analyses To 区中的某个分析，点击 Edit Analysis，可以对其参数进行编辑处理；点击 Run Selected Analysis，可以对其运行仿真分析；点击 Delete Analysis，可以将其删除，点击 Remove all Analyses，将已选中在 Analysis To Perform区内的分析全部删除。点击 Accept，将保留 Batched Analyses 对话框中的所有选择设置。

C.3　Multisim 10 的仪器仪表使用

Multisim 10 中提供了多种在电子线路分析中常用的仪器。这些虚拟仪器仪表的参数设置、使用方法和外观设计与实验室中的真实仪器基本一致。单击 Simulate/Instruments 或从侧面的仪器仪表栏中选择使用，仪器仪表栏如附图 C.1.4 所示。虚拟仪器仪表以图标方式存在，每种类型有多台，使用时从中选择仪器图标，用鼠标将它“拖放”到电路工作区即可，类似元器件的拖放。拖放到合适位置后，将仪器图标上的连接端（接线柱）与相应电路的连接点相连，连线过程类似元器件的连线。仿真前需要设置仪器仪表的参数，双击仪器图标打开仪器面板，用鼠标操作仪器面板上相应按钮及参数设置对话窗口的设置数据。在测量或观察过程中，可以根据测量或观察结果来改变仪器仪表参数的设置。

1. Multimeter（数字万用表）

Multisim 提供的万用表外观和操作与实际的万用表相似，用来测量交流电压（电流）、直流电压（电流）、电阻以及电路中两节点的分贝损耗，其量程可以自动调整。万用表有正极和负极两个引线端连接被测电路如附图 C.3.1(a)所示，双击该图标得到数字万用表参数设置控制面板如附图 C.3.1(b)所示，单击 Set 按钮，可以设置数字万用表的各个参数如附图 C.3.1(c)所示的对话框。

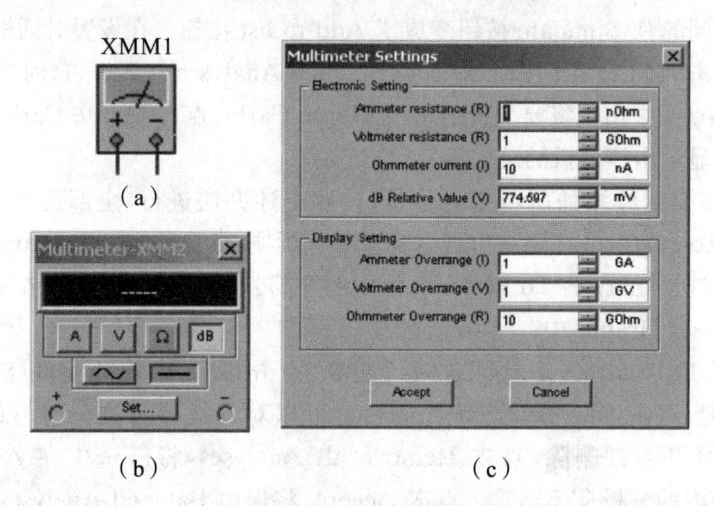

附图 C.3.1 数字万用表

2. Function Generator(函数信号发生器)

函数信号发生器用来提供正弦波、三角波和方波信号的电压源，信号频率可以在 1 Hz 到 999 MHz 范围内调整。信号的幅值以及占空比等参数可以根据需要进行调节。信号发生器有三个引线端口：负极、正极和公共端，如附图 C.3.2(a)所示。双击该图标，得到如附图 C.3.2(b)所示的函数信号发生器参数设置控制面板。

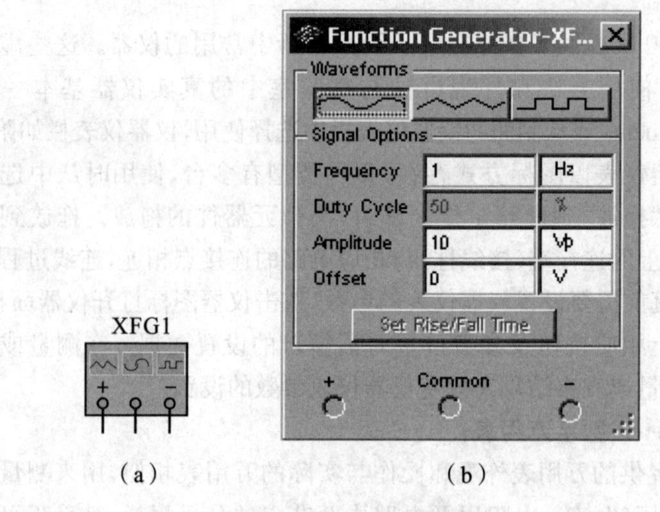

附图 C.3.2 函数信号发生器

3. Wattmeter(瓦特表)

瓦特表用来测量电路的交流或者直流功率,其有四个引线端口:电压正极和负极、电流正极和负极,如附图 C.3.3(a)所示。双击该图标,便得到如附图 C.3.3(b)所示的瓦特表参数设置控制面板,上方的黑色条形框用于显示所测量的功率,下方的黑色条形框显示所测量的功率因数。

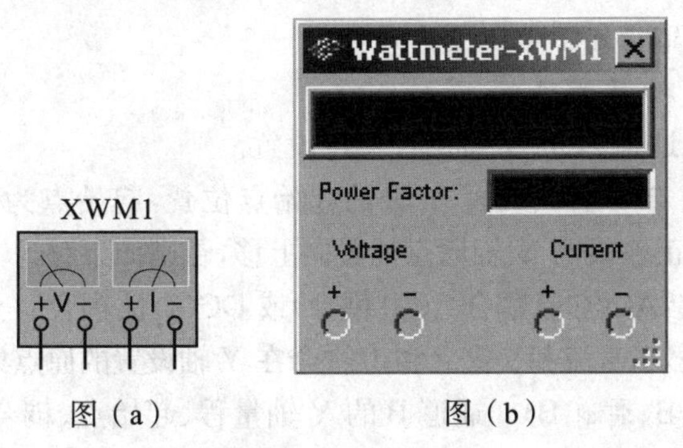

附图 C.3.3　瓦特表

4. Oscilloscope(双通道示波器)

Multisim 提供的双通道示波器与实际的示波器外观和操作基本相同,用来观察一路或两路信号波形的形状、分析被测周期信号的幅值和频率,时间基准可在秒直至纳秒范围内调节。示波器面板有 A 通道输入、B 通道输入和外触发端 T,如附图 C.3.4(a)所示。双击该图标,得到如附图 C.3.4(b)所示的双通道示波器参数设置控制面板。

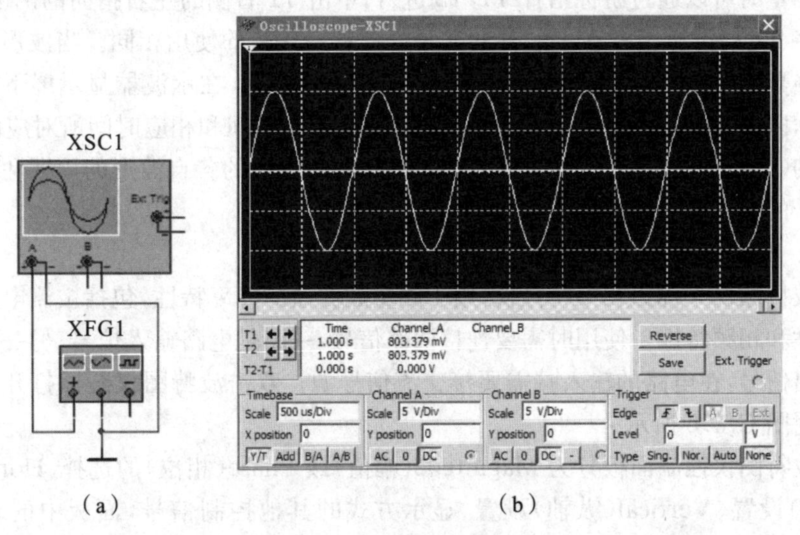

附图 C.3.4　双通道示波器

(1) Timebase(时间基准)

Scale(量程):设置显示波形时的X轴时间基准。

X position(X轴位置):设置X轴的起始位置。

显示方式设置有四种:Y/T方式指的是X轴显示时间,Y轴显示电压值;Add方式指的是X轴显示时间,Y轴显示A通道和B通道电压之和;A/B或B/A方式指的是X轴和Y轴都显示电压值。

(2) Channel A(通道A)

Scale(量程):通道A的Y轴电压刻度设置。

Y position(Y轴位置):设置Y轴的起始点位置,起始点为0表明Y轴和X轴重合,起始点为正值表明Y轴原点位置向上移,否则向下移。

触发耦合方式:AC(交流耦合)、0(0耦合)或DC(直流耦合),交流耦合只显示交流分量;直流耦合显示直流和交流之和;0耦合在Y轴设置的原点处显示一条直线。

(3) Channel B(通道B) 通道B的Y轴量程、起始点、耦合方式等项内容的设置与通道A相同。

(4) Trigger(触发) 触发方式主要用来设置X轴的触发信号、触发电平及边沿等。

Edge(边沿):设置被测信号开始的边沿,设置先显示上升沿或下降沿。

Level(电平):设置触发信号的电平,使触发信号在某一电平时启动扫描。

触发信号选择:Auto(自动)、通道A和通道B表明用相应的通道信号作为触发信号;Ext为外触发;Sing为单脉冲触发;Nor为一般脉冲触发。

测量时可以通过游标指针T1,T2进行,单击T1右侧的左右指向的两个箭头,可以将T1的游标指针在示波器的显示屏中移动,T2的使用相同。当波形在示波器的屏幕稳定后,通过左右移动T1和T2的游标指针,在示波器显示屏下方的条形显示区中,对应显示T1和T2游标指针使对应的时间和相应时间所对应的A/B波形的幅值。通过这个操作,可以测量A/B两个通道的各自波形的周期和某一通道信号的上升和下降时间。

5. Bode Plotter(波特图仪)

波特图仪又称为频率特性仪,用于测量滤波器的频率特性,包括被测电路的幅频特性和相频特性。使用时需要连接两路信号,一路是电路输入信号,另一路是电路输出信号,在电路的输入端需要接交流信号源。双击波特图仪图标打开控制面板如附图C.3.5所示。

波特图仪控制面板分为Magnitude(幅值)或Phase(相位)的选择、Horizontal(横轴)设置、Vertical(纵轴)设置、显示方式的其他控制信号,面板中的F指的是终值,I指的是初值。在波特图仪的面板上,可以直接设置横轴和纵轴的坐标及其参数。

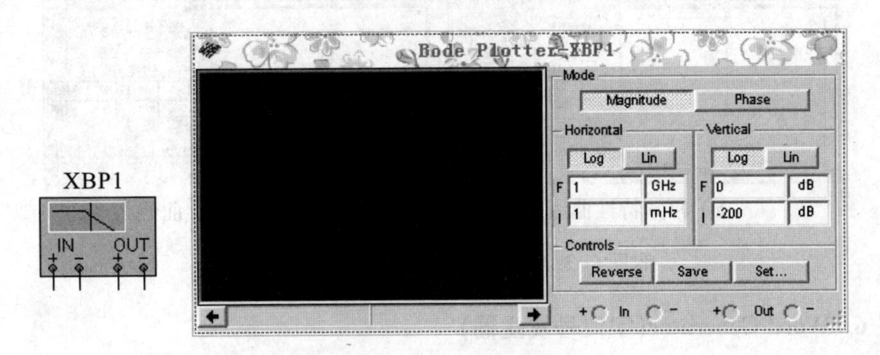

附图 C.3.5　波特图仪

例如，使用波特图仪测试一阶 *RC* 滤波电路的幅频和相频特性，测试电路如附图 C.3.6 所示。输入端加入正弦波信号源，电路输出端与示波器相连，目的是为了观察不同频率的输入信号经过 *RC* 滤波电路后输出信号的变化情况。

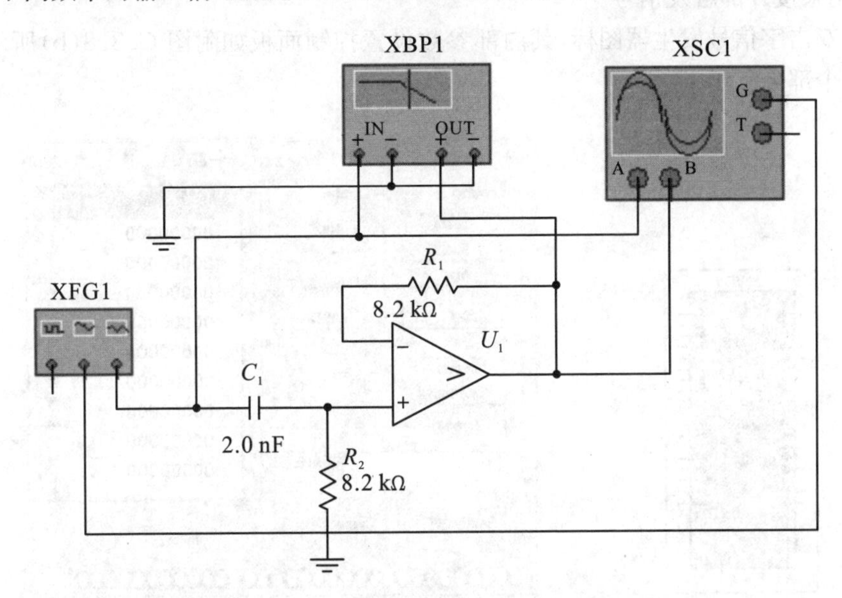

附图 C.3.6　波特图仪测试一阶 *RC* 滤波电路

分别调整纵轴幅值测试范围的初值 I 和终值 F，调整相频特性纵轴相位范围的初值 I 和终值 F，打开仿真开关。点击幅频特性，在波特图观察窗口可以看到幅频特性曲线；点击相频特性，可以在波特图观察窗口显示相频特性曲线，如附图 C.3.7所示。

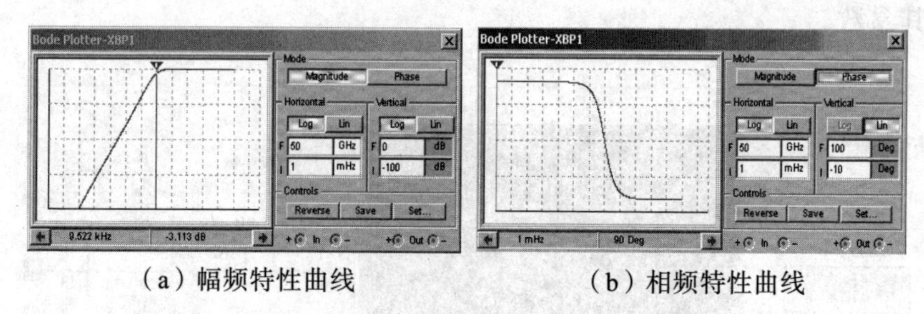

（a）幅频特性曲线　　（b）相频特性曲线

附图 C.3.7　波特图仪测试频率特性曲线

6. Word Generator(字信号发生器)

字信号发生器可以采用多种方式产生32位同步逻辑信号,用于对数字电路进行测试,是一个通用的数字输入编辑器。字信号发生器图标如附图 C.3.8(a)所示,在字信号发生器的左右两侧各有16个端口,分别为0～15和16～31的数字信号输出端,下面的R表示输出端,用以输出与字信号同步的时钟脉冲,T表示输入端,用来接外部触发信号。

双击字信号发生器图标,其内部参数设置控制面板如附图 C.3.8(b)所示,分为5个部分:

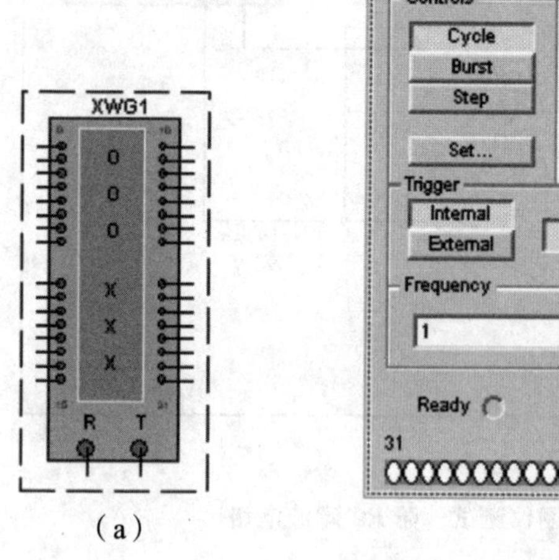

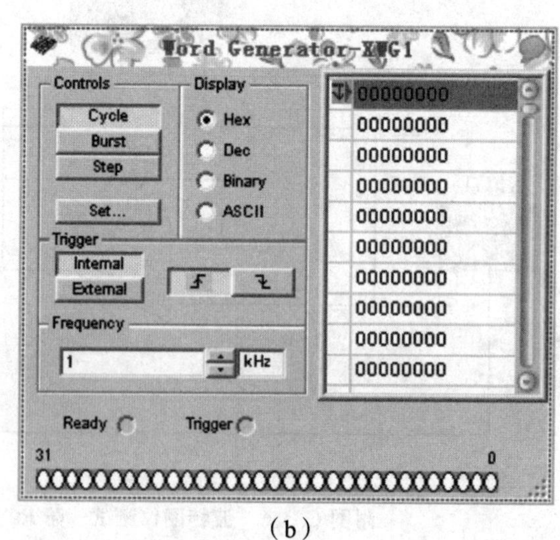

（a）　　（b）

附图 C.3.8　字信号发生器

(1) Controls 区:输出字符控制,用来设置字信号发生器的最右侧的字符编辑显示区字符信号的输出方式,有循环输出、单页输出和单步输出3种模式。

(2) Display 区:用于设置字信号发生器的最右侧的字符编辑显示区字符显示

格式，有 Hex、Dec、Binary、ASCII 等几种计数格式。

(3) Trigger 区：用于设置触发方式。

(4) Frequency 区：用于设置字符信号输出时钟频率。

(5) 字符编辑显示区：字信号发生器的最右侧的空白显示区，用来显示字符。

字信号发生器在数字信号电路的处理中有着极为广泛的应用，单击字信号发生器控制面板右侧的字信号预览窗口的顶部，以便设置循环输出的字信号的起始位置。以右键单击窗口的顶部，选择 Set Cursor 设置起点，将鼠标移动到其他的位置，单击右键，选择 Set Final Position 字信号循环的终点。设置完毕后，在字信号发生器的 Display 选项区选择输出信号的模式，如选择 Binary(二进制)。输出的字信号为 0～7，可以在窗口中单击数字所在的行后，直接输入即可，对应的外部引脚为字信号发生器的 0、1、2、3 号引脚，按照对应关系在电路窗口中建立如附图 C.3.9 所示的仿真电路，启动仿真开关进行仿真，并观测结果。

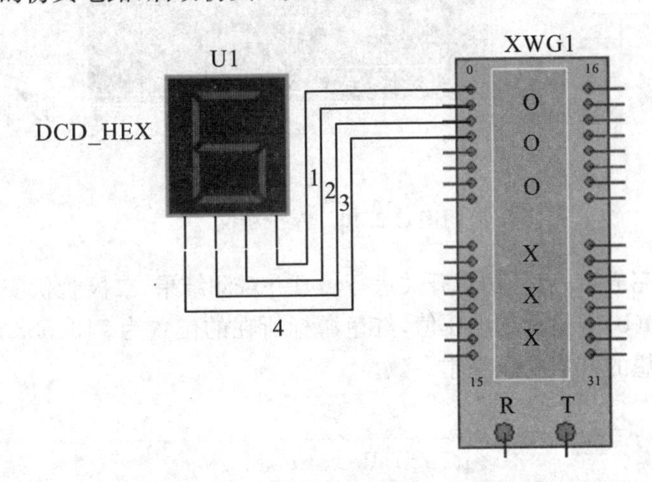

附图 C.3.9　字信号发生器输出代码的演示

图示电路中，用一个虚拟的七段数码管来显示字信号发生器所产生的循环代码，七段数码管循环显示 0～7 的数字，表明仿真结果和仿真操作是正确的。

7. IV Analyzer(IV 分析仪)

IV 分析仪在 Multisim 10 中专门用于测量二极管、晶体管和 MOS 管的伏安特性曲线。单击 Simulate/Instruments/IV Analyzer，得到如附图 C.3.10(a)所示的 IV 分析仪图标，面板上从左到右的 3 个接线端分别接三极管的 3 个电极。双击 IV 分析仪图标，打开内部参数设置控制面板如附图 C.3.10(b)所示，分三个区：Components 伏安特性测试对象选择区，有 Diode(二极管)、晶体管、MOS 管等选项；Current Range 电流范围设置区，有 Log(对数)和 Lin(线性)两种选择；Voltage Range 电压范围设置区，有 Log(对数)和 Lin(线性)两种选择。

下面应用IV分析仪来测量二极管PN结的伏案特性曲线。将附图C.3.10中的Components区参数设置为Diode，则IV分析仪的右下角的3个接线端(如附图C.3.10所示)依次为p、n。单击Sim_Param按钮，出现设置仿真参数对话框如附图C.3.11所示，图中为仿真二极管时，PN结两端电压起始值、终止值和步进增量的设置。

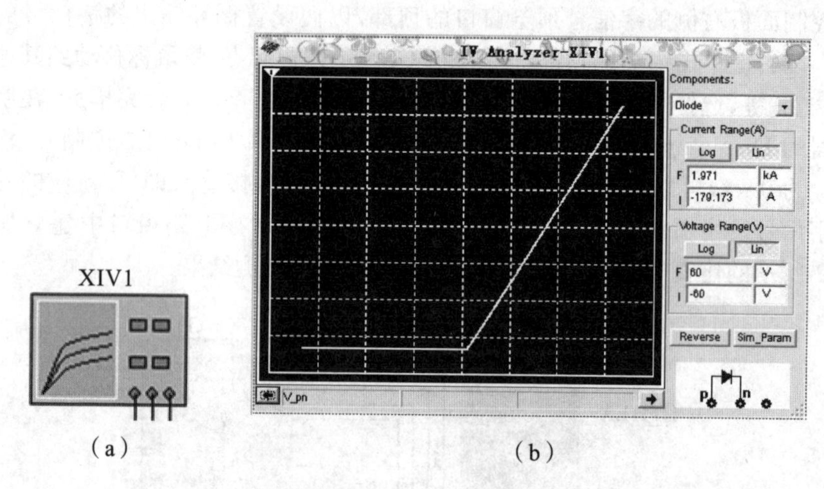

(a) (b)

附图C.3.10 IV分析仪

参数设置完成后，启动仿真开关进行仿真并观测结果，二极管伏安特性的结果如附图C.3.10(b)中显示的电压值，红色游标所在的位置为713.563 mV，与理论上的二极管理想的开启电压基本一致。

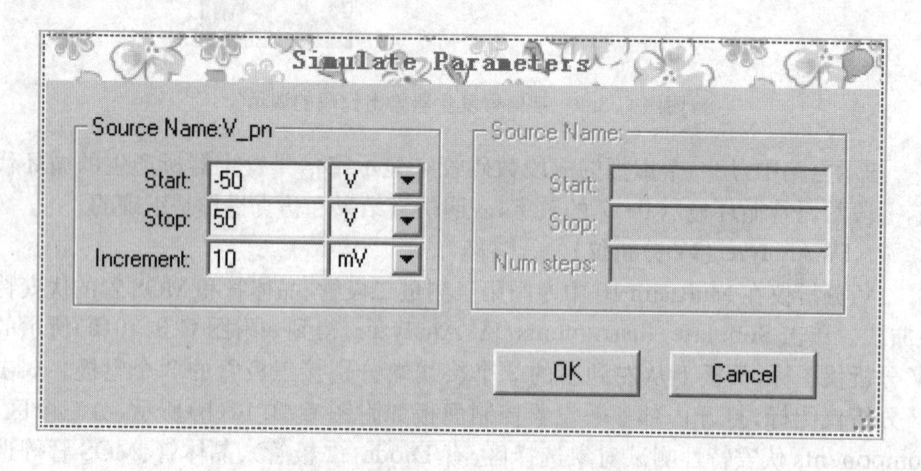

附图C.3.11 IV分析仪仿真参数设置

8. Spectrum Analyzer(频谱分析仪)

频谱分析仪用来分析信号在一系列频率下的功率谱,确定高频电路中各频率成分的存在性。单击 Simulate/Instruments/Spectrum Analyzer,得到如附图C.3.12(a)所示的频谱分析仪图标。其中,IN 为信号输入端,T 为外触发信号端,双击图标得到如 C.3.12(b)所示的频谱分析仪面板。

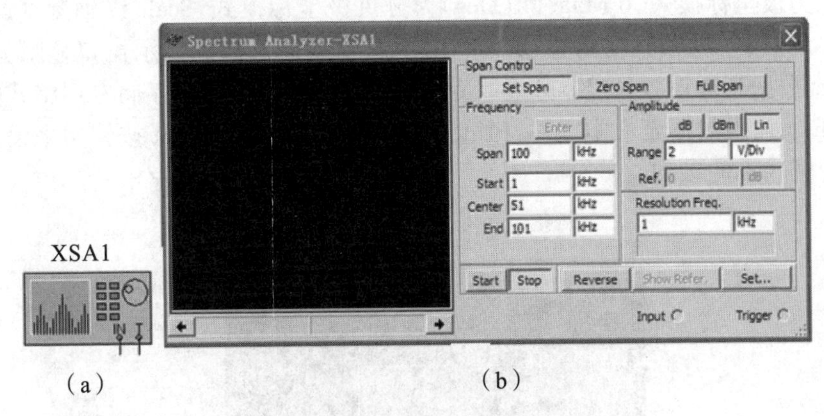

(a)　(b)

附图 C.3.12　频谱分析仪

Span Control 区用来控制频率范围,选择 Set Span 的频率范围由 Frequency 区域决定;选择 Zero Span 的频率范围由 Frequency 区域设定的中心频率决定;选择 Full Span 的频率范围为 1 kHz~4 GHz。Frequency 区用来设定频率:Span 设定频率范围、Start 设定起始频率、Center 设定中心频率、End 设定终止频率。Amplitude区用来设定幅值单位,有三种选择:dB、dBm、Lin。dB 设定幅值用波特图的形式显示,即纵坐标刻度的单位为 dB;dBm 当前刻度由 10lg(U/0.775)计算而得,显示形式主要应用于终端电阻为 600 Ω 的情况;Lin 设定幅值坐标为线性坐标。Resolution Freq 区用来设定频率分辨的最小谱线间隔,即频率分辨率,分辨率越高,计算时间也会相应延长。Start 启动分析按钮,Stop 停止分析按钮,Reverse显示区背景反色按钮,Show-Refer./Hide-Refer. 用来控制是否显示参考线按钮,Set 用于进行参数的设置按钮。

9. Network Analyzer(网络分析仪)

网络分析仪主要用来测试电路中的双端口网络,如混频器、衰减器、放大器、功率分配器等电路的 S、H、Y、Z 等参数。单击 Simulate/Instruments/Network Analyzer,得到如附图 C.3.13(a)所示的网络分析仪图标,面板上有两个接线端,用于连接被测端点和外部触发器。双击该图标得到如附图 C.3.13(b)所示的网络分析仪内部参数设置控制面板。

Mode 区提供三种分析模式:Measurement 测量模式、RF Characterizer 射频

特性分析和 Match Net. Designer 电路设计模式；Graph 区用来选择要分析的参数及模式，可选择的参数有 S 参数、H 参数、Y 参数、Z 参数等，模式选择有 Smith（史密斯模式）、Mag/Ph（增益/相位频率响应，波特图）、Polar（极化图）、Re/Im（实部/虚部）；Trace 区用来选择需要显示的参数；Functions 功能控制区：Marker 用来提供数据显示窗口的三种显示模式，Re/Im 为直角坐标模式、Mag/Ph(Degs)为极坐标模式、d Mag/Ph(Deg)为分贝极坐标模式，Scale 纵轴刻度调整，Auto Scale 自动纵轴刻度调整，Set up 用于设置频谱仪数据显示窗口显示方式；Settings 数据管理设置区：Load 读取专用格式数据文件，Save 存储专用格式数据文件，Exp 输出数据至文本文件，Print 打印数据；Simulation Set 按钮用来设置不同分析模式下的参数。

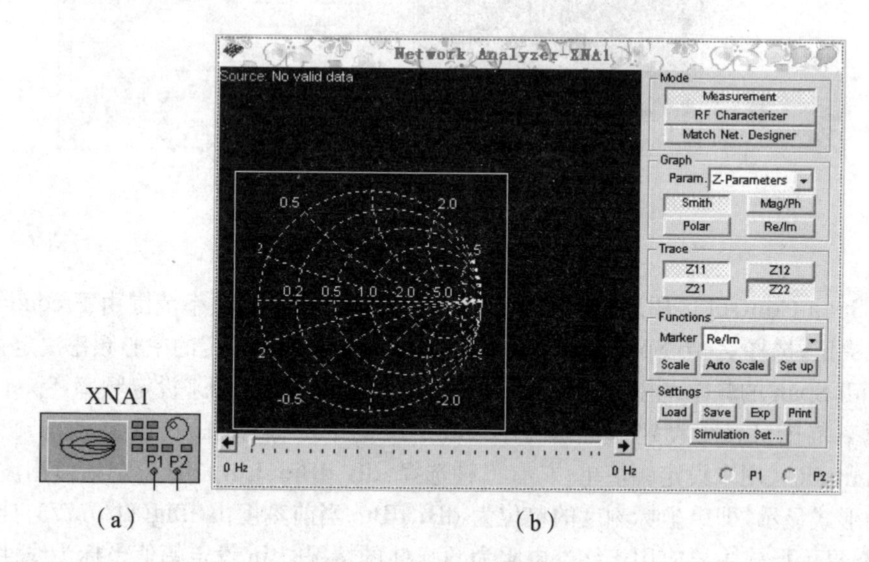

(a)　　　　(b)

附图 C.3.13　网络分析仪

10. 测量探针及电压、电流表

Multisim 10 提供操作简便的测量探针。在电路仿真时，需要测量电路中的电压、电流或频率，可以点击仪器库中的探针并连接到电路中的测量点，测量探针即可显示出该点的电压、频率或电流值。

在电路仿真时，需要测量电压、电流，可以从存放在指示元器件库中取出电压表、电流表，电表图标如附图 C.3.14 所示，在使用中没有数量限制。鼠标右键点击旋转按钮可以改变其引出线的方向，电压表用来测量电路中两点间的电压，电流表用来测量电路回路中的电流。测量时，将电压表与被测电路的两点并联，电流表串联在回路中，有交、直流工作模式及其他参数设置，双击电表的图标，在弹出的对话框中设置参数。电压表预置的内阻很高，在低电阻电路中使用极高内阻电压表，仿真时可能会产生错误。电表特性对话框具有多种选项可供设置，包括 Label（标识）、Models（模型）、Value（数值）、Fault（故障设置）、Display（显示）内容的设置，设置方法与元器件中标签、编号、数值、模型参数的设置方法相同。

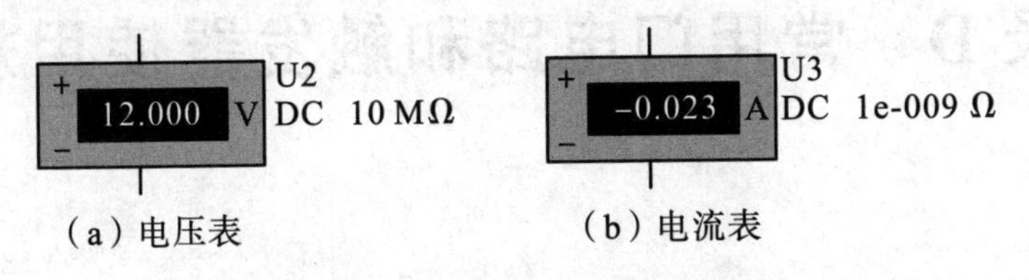

（a）电压表　（b）电流表

附图 C. 3. 14 器件库中的电表

附录 D　常用门电路和触发器使用规则

D.1　TTL门电路和CMOS门电路的使用规则

1. TTL门电路的使用规则

(1) 接插集成块时，要认清定位标记，不能插反。

(2) 对电源要求比较严格，只允许在 5 V ± 10% 的范围内工作，电源极性不可接错。

(3) 普通 TTL 与非门不能并联使用(集电极开路门与三态输出门电路除外)，否则不仅会使电路逻辑功能混乱，并会导致器件损坏。

(4) 须正确处理闲置输入端。闲置输入端处理方法如下：

① 悬空，相当于正逻辑“1”，对于一般小规模集成电路的数据输入端，实验时允许悬空处理。但易受外界干扰，导致电路的逻辑功能不正常。

② 对于接有长线的输入端，中规模以上的集成电路和使用集成电路较多的复杂电路，所有的控制输入端必须按逻辑要求接入电路，不允许悬空。

③ 直接接电源电压 V_{CC}(也可串入一只 1～10 kΩ 的固定电阻)或接至某一固定电压($+2.4\ V < V < 4.5\ V$)的电源上，或与输入端为接地的多余与非门的输出端相接。

④ 若前级驱动能力允许，可以与使用的输入端并联。

(5) 负载个数不能超过允许值。

(6) 输出端不允许直接接地或直接接 +5 V 电源，否则会损坏器件。有时为了使后极电路获得较高的输出电平，允许输出端通过电阻接至 V_{CC}，一般取电阻值为 3～5.1 kΩ。

2. CMOS门电路的使用规则

(1) V_{DD}接电源正极，V_{SS}接电源负极(通常接地)，不得接反。CC4000 系列的电源允许电压在 +3～+18 V 范围内选择，实验中一般选用 +5～+15 V。

(2) 所有输入端一律不准悬空，闲置输入端的处理方法如下：

① 按照逻辑要求，直接接 V_{DD}(与非门)或 V_{SS}(或非门)；

② 在工作频率不高的电路中，允许输入端并联使用。

(3) 输出端不准直接与 V_{DD} 或 V_{SS} 相连，否则将导致器件损坏。

(4) 在装接电路，改变电路连接或插、拔电路时，均应切断电源，严禁带电操作。

(5) 焊接、测试和存储时的注意事项：

① 电路应存放在导电的容器内，有良好的静电屏蔽。

② 焊接时必须切断电源，电烙铁外壳必须良好接地，或拔下烙铁，靠其余热焊接。

③ 所有的测试信号必须良好接地。

④ 若信号源与 CMOS 器件使用两组电源供电，应先开通 CMOS 电源，关机时，先关信号源最后再关 CMOS 电源。

D.2　触发器的使用规则

(1) 通常根据数字系统的时序配合关系正确选用触发器，除特殊功能外，一般在同一系统中选择相同触发方式的同类型触发器较好。

(2) 工作速度要求较高的情况下采用边沿触发方式的触发器较好。但速度越高，越易受外界干扰。上升沿触发还是下降沿触发，原则上没有优劣之分。如果是 TTL 电路的触发器，因为输出为“0”时的驱动能力远强于输出为“1”时的驱动能力，尤其是当集电极开路输出时上升边沿更差，为此选用下降沿触发更好些。

(3) 触发器在使用前必须经过全面测试才能保证可靠性。使用时必须注意置“1”和复“0”脉冲的最小宽度及恢复时间。

(4) 触发器翻转时的动态功耗远大于静态功耗，为此系统设计者应尽可能避免同一封装内的触发器同时翻转(尤其是甚高速电路)。

(5) CMOS 集成触发器与 TTL 集成触发器在逻辑功能、触发方式上基本相同。使用时不宜将这两种器件同时使用。因为 CMOS 内部电路结构以及对触发时钟脉冲的要求与 TTL 存在较大的差别。

附录E　部分集成电路型号及引脚图

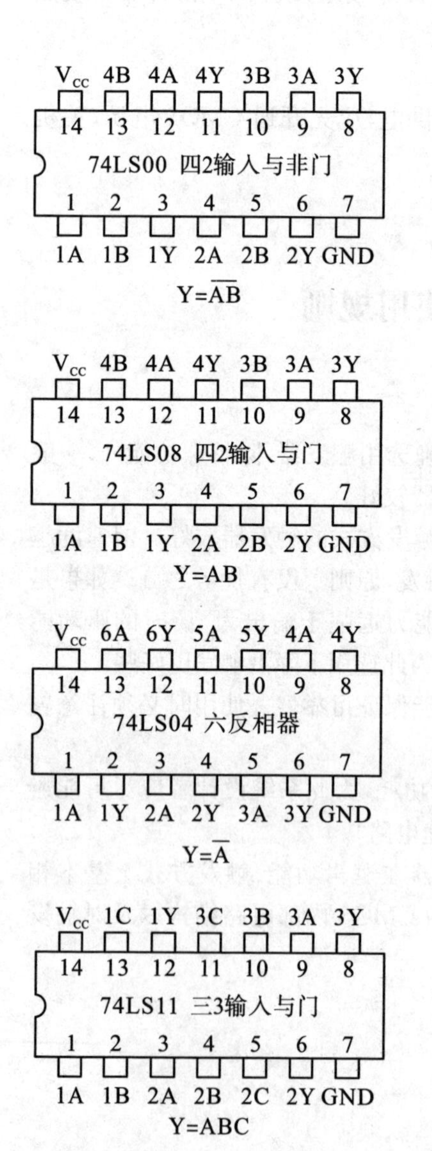

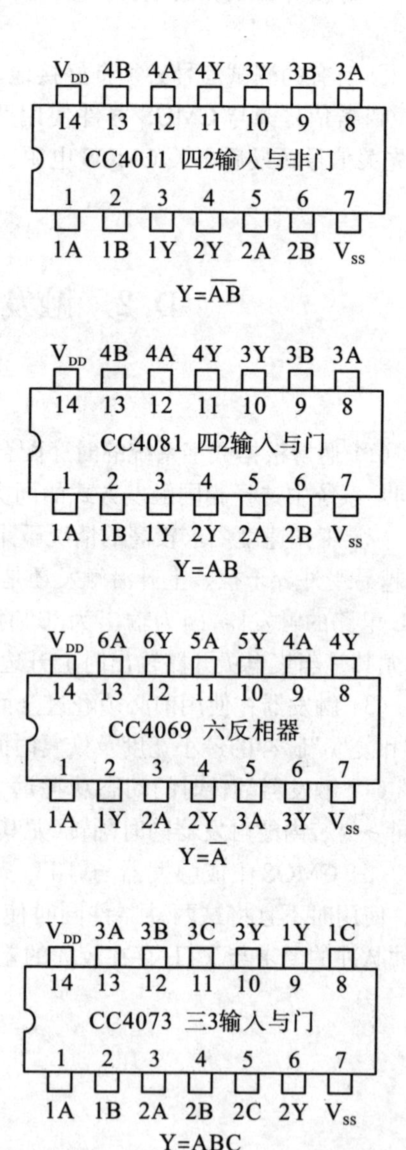

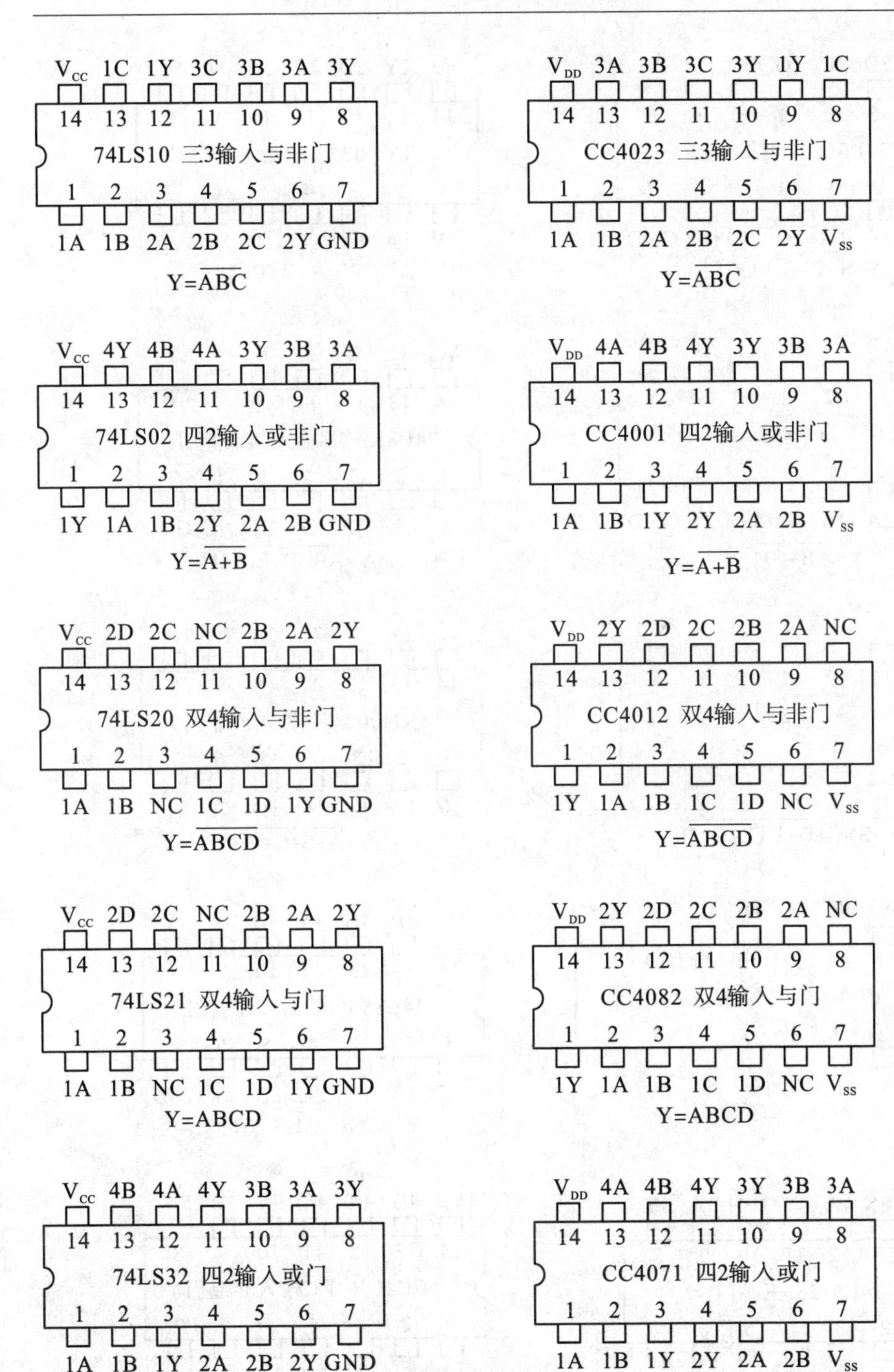

V_{CC} 1C 1Y 3C 3B 3A 3Y
14 13 12 11 10 9 8
74LS10 三3输入与非门
1 2 3 4 5 6 7
1A 1B 2A 2B 2C 2Y GND
$Y=\overline{ABC}$
V_{DD} 3A 3B 3C 3Y 1Y 1C
14 13 12 11 10 9 8
CC4023 三3输入与非门
1 2 3 4 5 6 7
1A 1B 2A 2B 2C 2Y V_{SS}
$Y=\overline{ABC}$
V_{CC} 4Y 4B 4A 3Y 3B 3A
14 13 12 11 10 9 8
74LS02 四2输入或非门
1 2 3 4 5 6 7
1Y 1A 1B 2Y 2A 2B GND
$Y=\overline{A+B}$
V_{DD} 4A 4B 4Y 3Y 3B 3A
14 13 12 11 10 9 8
CC4001 四2输入或非门
1 2 3 4 5 6 7
1A 1B 1Y 2Y 2A 2B V_{SS}
$Y=\overline{A+B}$
V_{CC} 2D 2C NC 2B 2A 2Y
14 13 12 11 10 9 8
74LS20 双4输入与非门
1 2 3 4 5 6 7
1A 1B NC 1C 1D 1Y GND
$Y=\overline{ABCD}$
V_{DD} 2Y 2D 2C 2B 2A NC
14 13 12 11 10 9 8
CC4012 双4输入与非门
1 2 3 4 5 6 7
1Y 1A 1B 1C 1D NC V_{SS}
$Y=\overline{ABCD}$
V_{CC} 2D 2C NC 2B 2A 2Y
14 13 12 11 10 9 8
74LS21 双4输入与门
1 2 3 4 5 6 7
1A 1B NC 1C 1D 1Y GND
Y=ABCD
V_{DD} 2Y 2D 2C 2B 2A NC
14 13 12 11 10 9 8
CC4082 双4输入与门
1 2 3 4 5 6 7
1Y 1A 1B 1C 1D NC V_{SS}
Y=ABCD
V_{CC} 4B 4A 4Y 3B 3A 3Y
14 13 12 11 10 9 8
74LS32 四2输入或门
1 2 3 4 5 6 7
1A 1B 1Y 2A 2B 2Y GND
Y=A+B
V_{DD} 4A 4B 4Y 3Y 3B 3A
14 13 12 11 10 9 8
CC4071 四2输入或门
1 2 3 4 5 6 7
1A 1B 1Y 2Y 2A 2B V_{SS}
Y=A+B

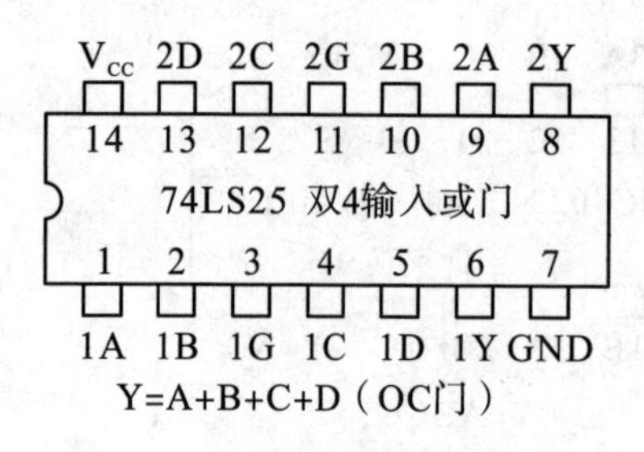

Y=A+B+C+D（OC门）

Vdd 2Y 2D 2C 2B 2A NC
14 13 12 11 10 9 8
CC4072 双4输入或门
1 2 3 4 5 6 7
1Y 1A 1B 1C 1D NC Vss

Y=A+B+C+D

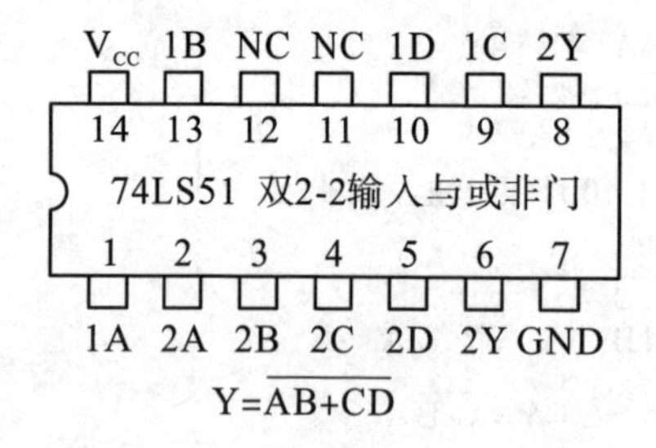

$Y=\overline{AB+CD}$

Vcc H G F E NC Y
14 13 12 11 10 9 8
74LS55 4-4输入与或非门
1 2 3 4 5 6 7
A B C D NC NC GND

$Y=\overline{ABCD+EFGH}$

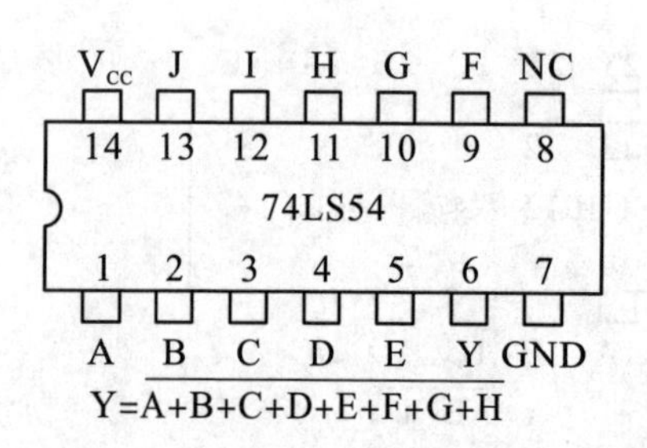

$Y=\overline{A+B+C+D+E+F+G+H}$

Vdd 2Y 2D 2C 2B 2A NC
14 13 12 11 10 9 8
CC4002 双4输入或非门
1 2 3 4 5 6 7
1Y 1A 1B 1C 1D NC Vss

$Y=\overline{A+B+C+D}$

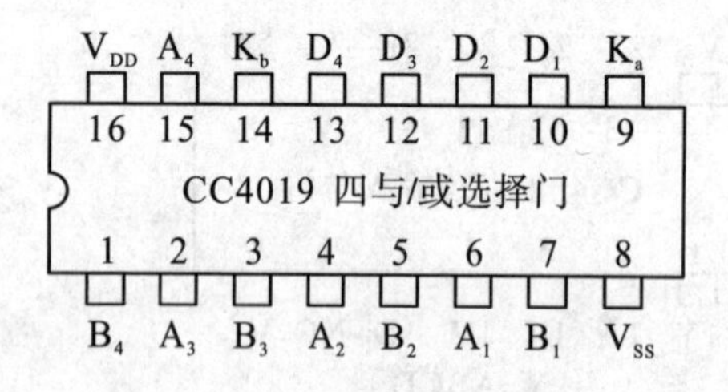

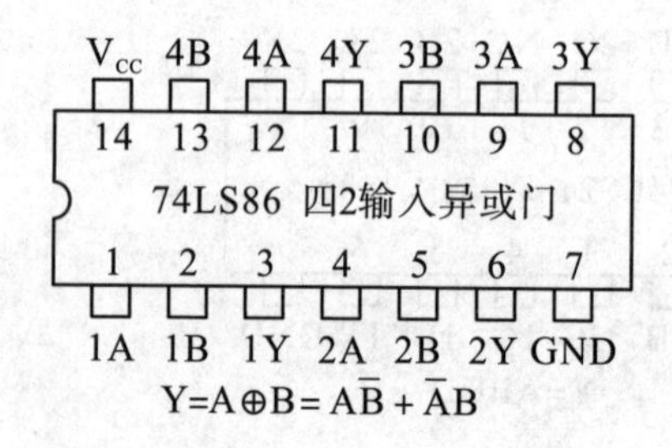

$Y=A\oplus B=A\bar{B}+\bar{A}B$

Vcc $4\overline{EN}$ 4A 4Y $3\overline{EN}$ 3A 3Y
14 13 12 11 10 9 8
74LS125 三态门
1 2 3 4 5 6 7
$1\overline{EN}$ 1A 1Y $2\overline{EN}$ 2A 2Y GND

Vdd 4B 4A 4Y 3Y 3B 3A
14 13 12 11 10 9 8
CC4070 四2输入异或门
1 2 3 4 5 6 7
1A 1B 1Y 2Y 2A 2B Vss

$Y=A\oplus B=A\bar{B}+\bar{A}B$

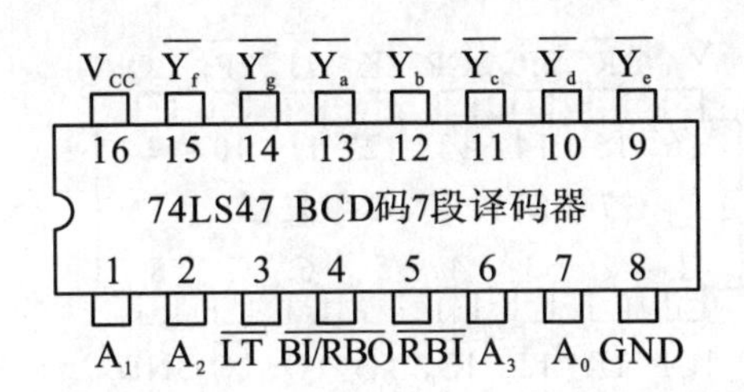

V_{CC} Y_f Y_g Y_a Y_b Y_c Y_d Y_e
16 15 14 13 12 11 10 9
74LS48 BCD码7段译码器
1 2 3 4 5 6 7 8
A_1 A_2 $\overline{LT}$ $\overline{BI}/\overline{RBO}$ $\overline{RBI}$ A_3 A_0 GND

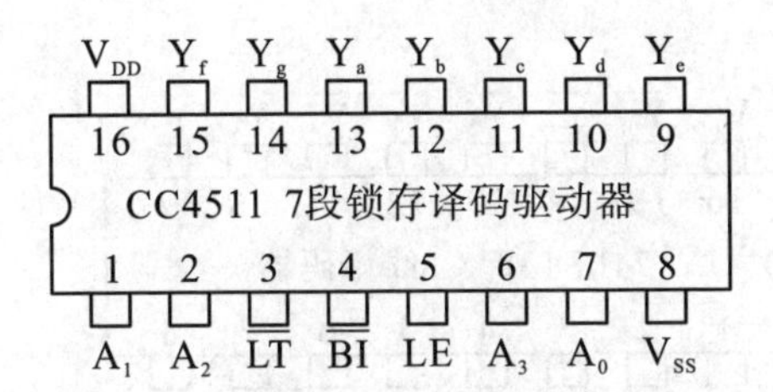

V_{DD} Y_f Y_g Y_e Y_d Y_c Y_b Y_a
16 15 14 13 12 11 10 9
CC4055 7段液晶显示驱动器
1 2 3 4 5 6 7 8
f_{D0} A_0 A_1 A_2 A_3 f_{D1} V_{EE} V_{SS}

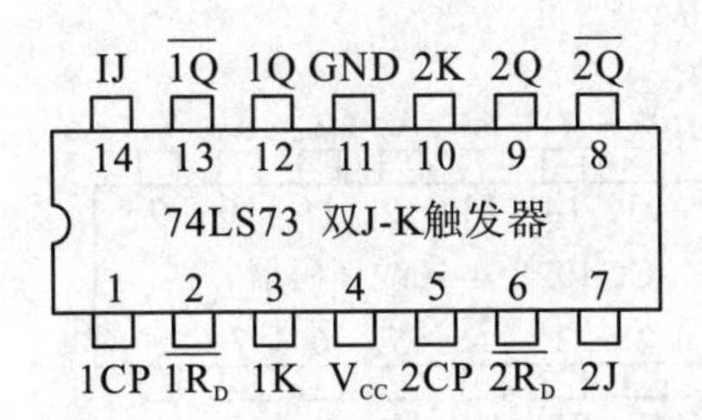

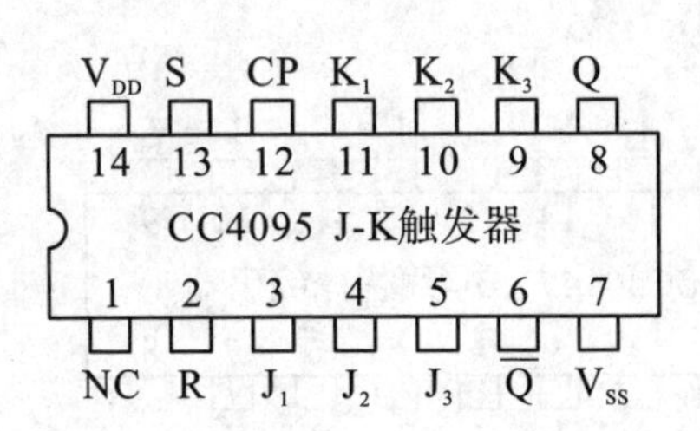

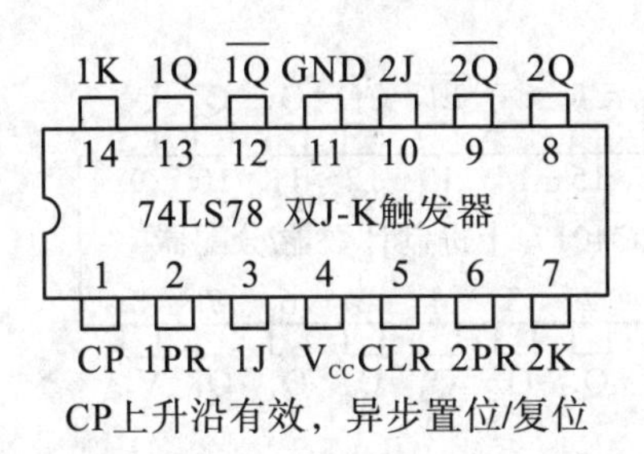

CP上升沿有效，异步置位/复位

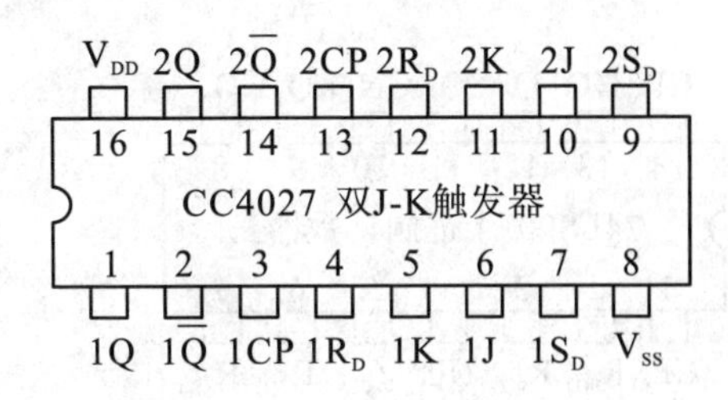

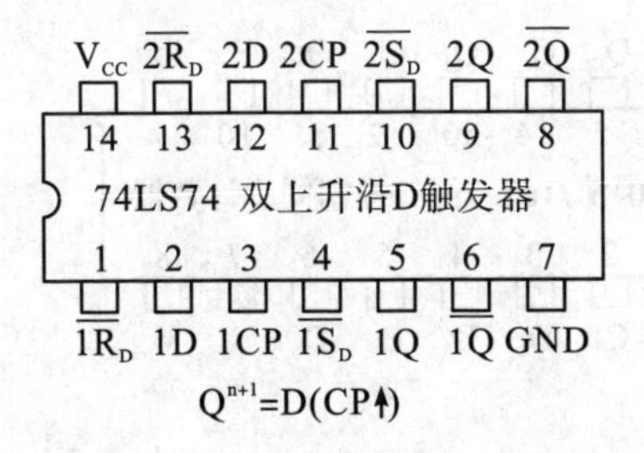

$Q^{n+1}=D(CP\uparrow)$

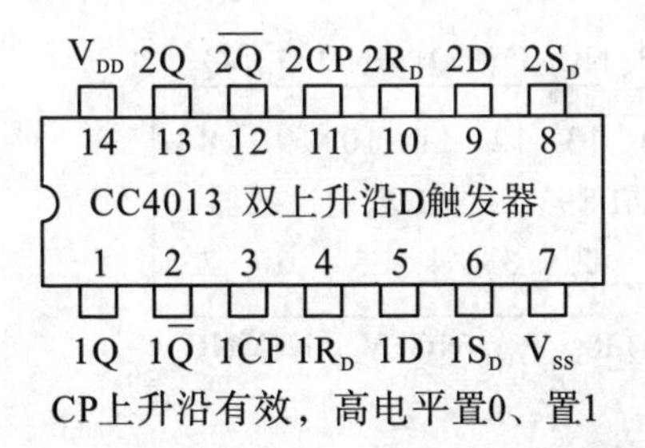

CP上升沿有效，高电平置0、置1

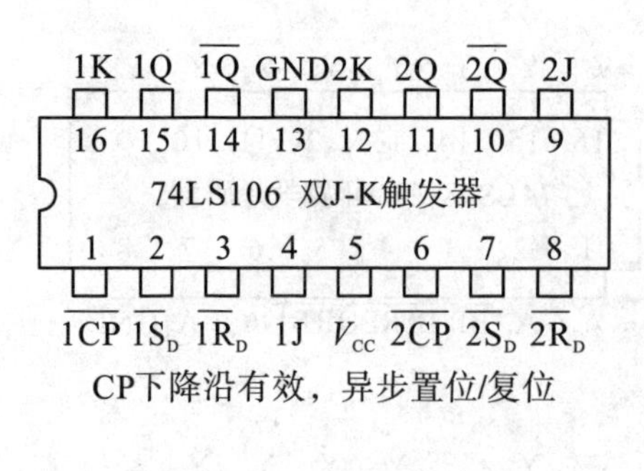

CP下降沿有效，异步置位/复位

V_{CC} $\overline{1R_D}$ $\overline{2R_D}$ 2CP 2K 2J $\overline{2R_D}$ 2Q

16 15 14 13 12 11 10 9

74LS112 双J-K触发器

1 2 3 4 5 6 7 8

1CP 1K 1J $\overline{1S_D}$ 1Q $\overline{1Q}$ $\overline{2Q}$ GND

CP下降沿有效，异步置位/复位

V_{DD} $\overline{2S}$ $2A_0$ $2A_1$ $2\overline{Y_0}$ $2\overline{Y_1}$ $2\overline{Y_2}$ $2\overline{Y_3}$

16 15 14 13 12 11 10 9

74LS139 双2-4线译码器

1 2 3 4 5 6 7 8

$\overline{1S}$ $1A_0$ $1A_1$ $1\overline{Y_0}$ $1\overline{Y_1}$ $1\overline{Y_2}$ $1\overline{Y_3}$ GND

V_{DD} $\overline{Y_0}$ $\overline{Y_1}$ $\overline{Y_2}$ $\overline{Y_3}$ $\overline{Y_4}$ $\overline{Y_5}$ $\overline{Y_6}$

16 15 14 13 12 11 10 9

74LS138 3-8线译码器

1 2 3 4 5 6 7 8

A_0 A_1 A_2 $\overline{S_2}$ $\overline{S_3}$ S_1 $\overline{Y_7}$ GND

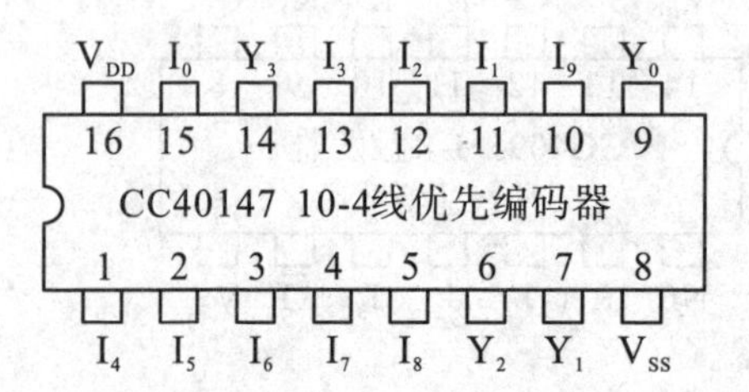

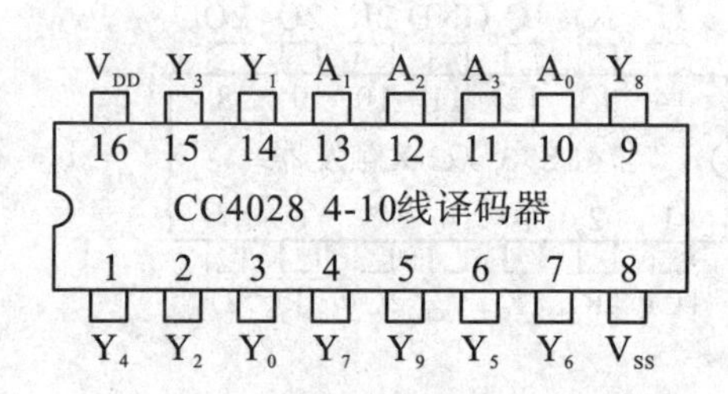

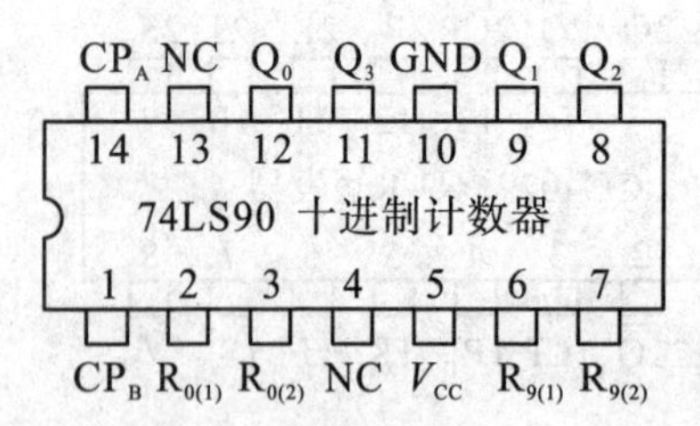

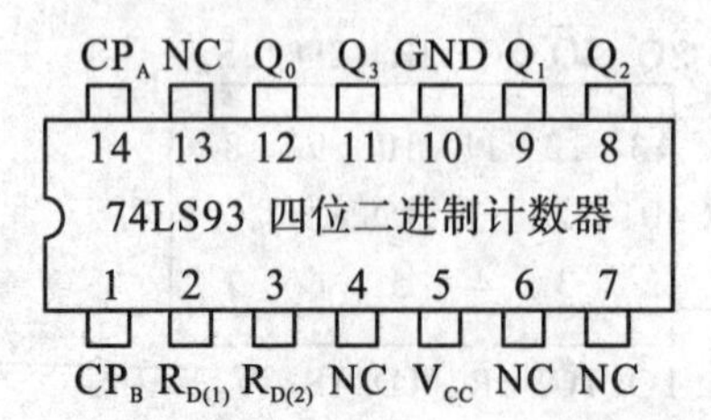

V_{DD} Q_{CC} Q_0 Q_1 Q_2 Q_3 E_T $\overline{LD}$

16 15 14 13 12 11 10 9

CC40161/163 4位二进制同步计数器

1 2 3 4 5 6 7 8

$\overline{CR}$ CP D_0 D_1 D_2 D_3 E_P V_{SS}

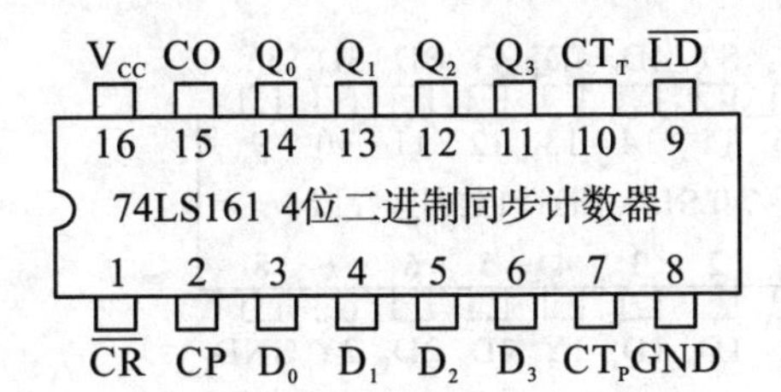

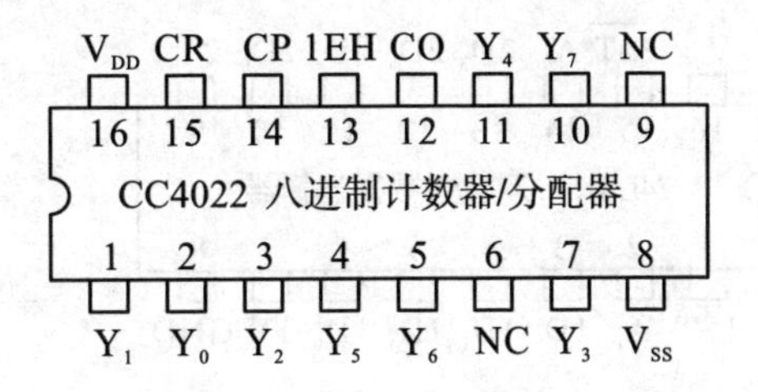

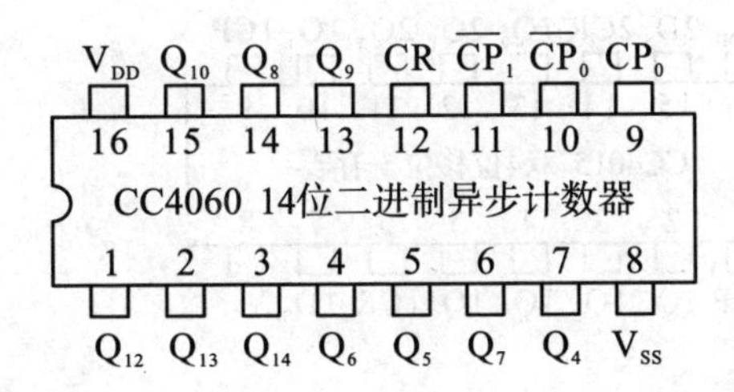

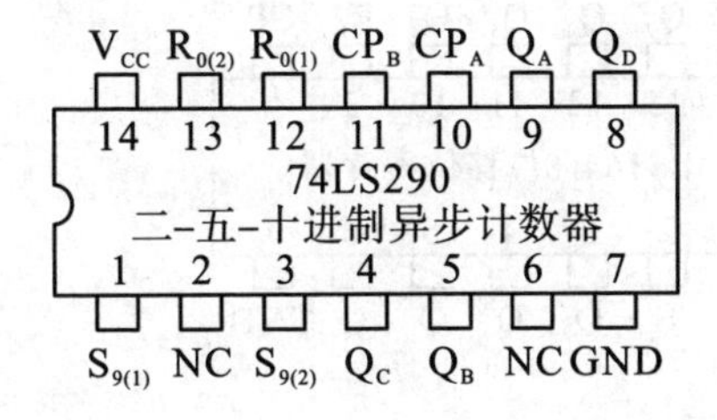

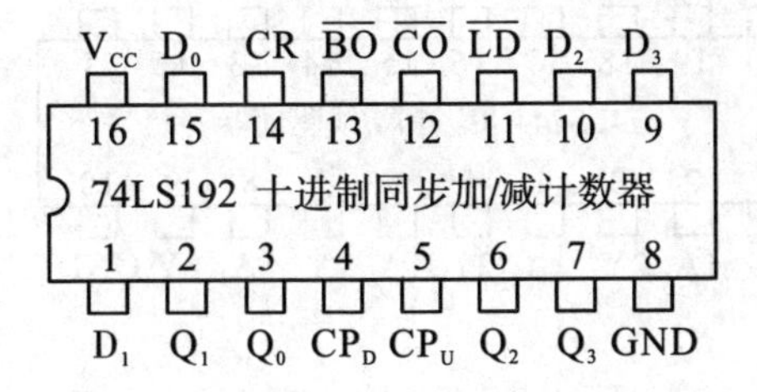

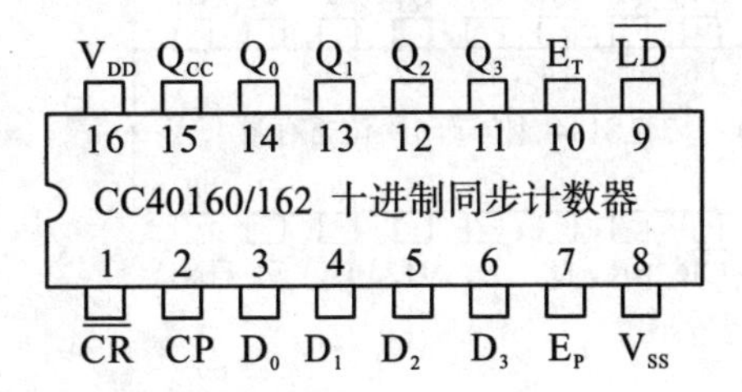

V_{CC} CO Q_0 Q_1 Q_2 Q_3 CT_T $\overline{LD}$
16 15 14 13 12 11 10 9
74LS160 十进制同步计数器
1 2 3 4 5 6 7 8
$\overline{CR}$ CP D_0 D_1 D_2 D_3 CT_P GND

V_{DD} D_0 CR $\overline{BO}$ $\overline{CO}$ $\overline{LD}$ D_2 D_3
16 15 14 13 12 11 10 9
CC40192 十进制同步加/减计数器
1 2 3 4 5 6 7 8
D_1 Q_1 Q_0 CP_D CPU Q_2 Q_3 V_{SS}

V_{CC} D_0 CR $\overline{BO}$ $\overline{CO}$ $\overline{LD}$ D_2 D_3
16 15 14 13 12 11 10 9
74LS193 4位二进制同步加/减计数器
1 2 3 4 5 6 7 8
D_1 Q_1 Q_0 CP_D CPU Q_2 Q_3 GND

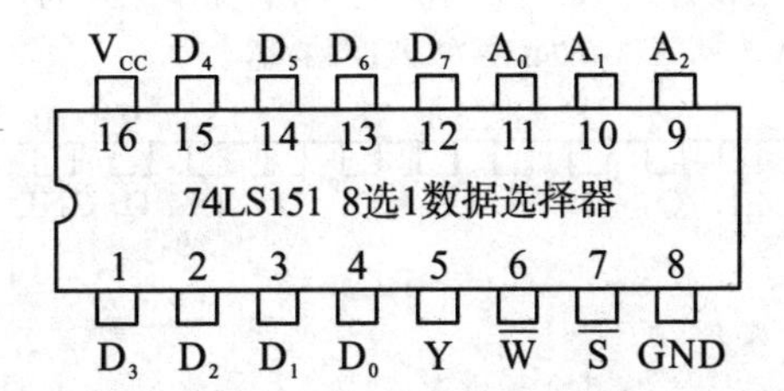

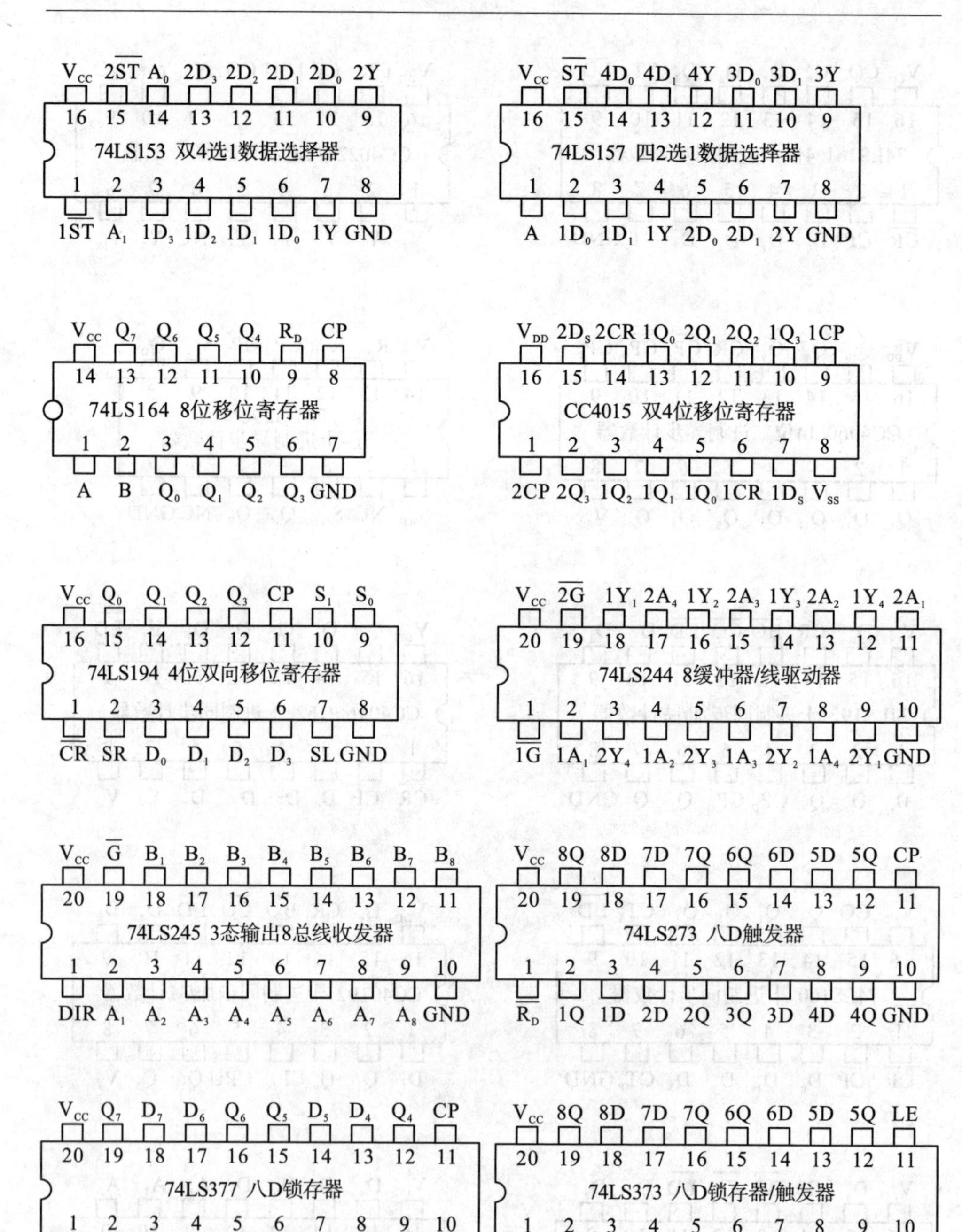
VCC 2ST A0 2D3 2D2 2D1 2D0 2Y
16 15 14 13 12 11 10 9
74LS153 双4选1数据选择器
1 2 3 4 5 6 7 8
1ST A1 1D3 1D2 1D1 1D0 1Y GND
VCC ST 4D0 4D1 4Y 3D0 3D1 3Y
16 15 14 13 12 11 10 9
74LS157 四2选1数据选择器
1 2 3 4 5 6 7 8
A 1D0 1D1 1Y 2D0 2D1 2Y GND
VCC Q7 Q6 Q5 Q4 RD CP
14 13 12 11 10 9 8
74LS164 8位移位寄存器
1 2 3 4 5 6 7
A B Q0 Q1 Q2 Q3 GND
VDD 2DS 2CR 1Q0 2Q1 2Q2 1Q3 1CP
16 15 14 13 12 11 10 9
CC4015 双4位移位寄存器
1 2 3 4 5 6 7 8
2CP 2Q3 1Q2 1Q1 1Q0 1CR 1DS VSS
VCC Q0 Q1 Q2 Q3 CP S1 S0
16 15 14 13 12 11 10 9
74LS194 4位双向移位寄存器
1 2 3 4 5 6 7 8
CR SR D0 D1 D2 D3 SL GND
VCC 2G 1Y1 2A4 1Y2 2A3 1Y3 2A2 1Y4 2A1
20 19 18 17 16 15 14 13 12 11
74LS244 8缓冲器/线驱动器
1 2 3 4 5 6 7 8 9 10
1G 1A1 2Y4 1A2 2Y3 1A3 2Y2 1A4 2Y1 GND
VCC G B1 B2 B3 B4 B5 B6 B7 B8
20 19 18 17 16 15 14 13 12 11
74LS245 3态输出8总线收发器
1 2 3 4 5 6 7 8 9 10
DIR A1 A2 A3 A4 A5 A6 A7 A8 GND
VCC 8Q 8D 7D 7Q 6Q 6D 5D 5Q CP
20 19 18 17 16 15 14 13 12 11
74LS273 八D触发器
1 2 3 4 5 6 7 8 9 10
RD 1Q 1D 2D 2Q 3Q 3D 4D 4Q GND
VCC Q7 D7 D6 Q6 Q5 D5 D4 Q4 CP
20 19 18 17 16 15 14 13 12 11
74LS377 八D锁存器
1 2 3 4 5 6 7 8 9 10
EN Q0 D0 D1 Q1 Q2 D2 D3 Q3 GND
VCC 8Q 8D 7D 7Q 6Q 6D 5D 5Q LE
20 19 18 17 16 15 14 13 12 11
74LS373 八D锁存器/触发器
1 2 3 4 5 6 7 8 9 10
EN 1Q 1D 2D 2Q 3Q 3D 4D 4Q GND

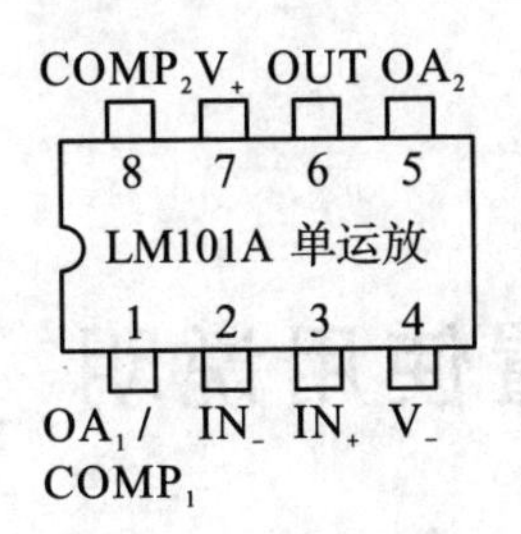

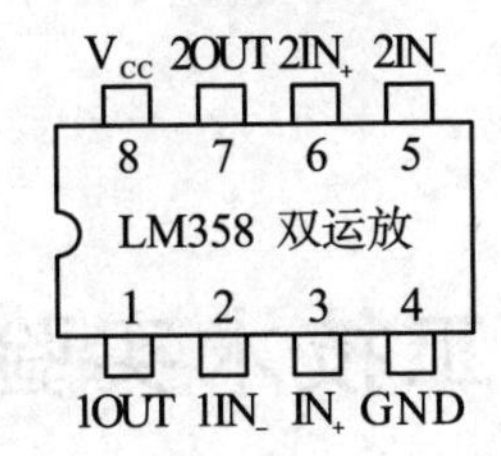

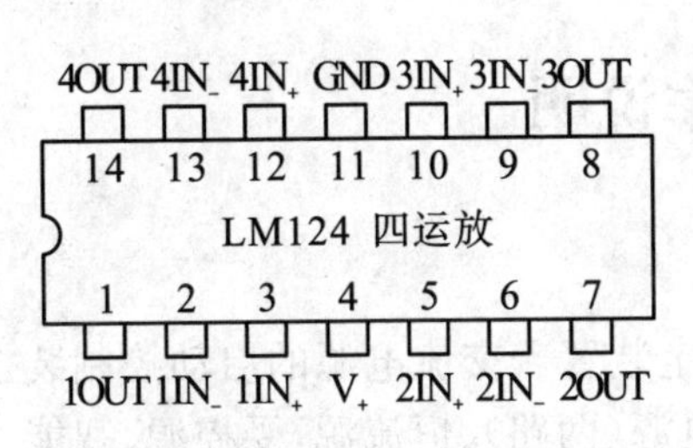

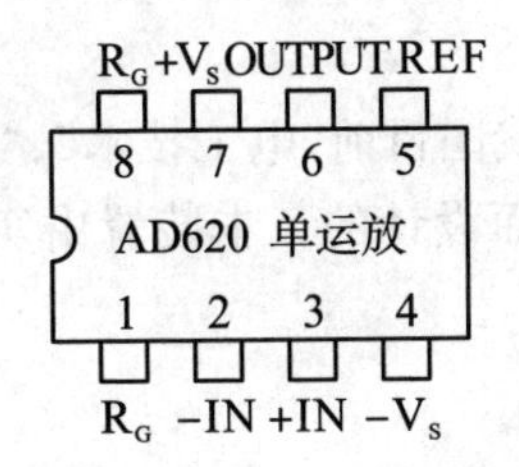

NC V+ OUT OA2
8 7 6 5
LM741 单运放
1 2 3 4
OA1 IN- IN+ V-

TRIM V+ OUT NC
8 7 6 5
OP07 单运放
1 2 3 4
TRIM IN- IN+ V-

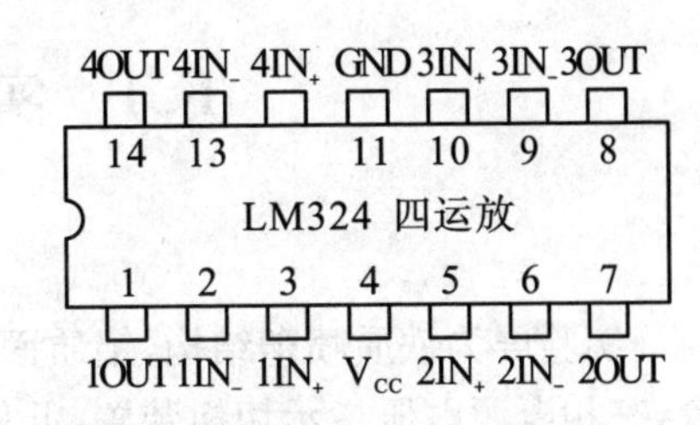

4OUT 4IN- 4IN+ GND 3IN+ 3IN- 3OUT
14 13 12 11 10 9 8
LM124 四运放
1 2 3 4 5 6 7
1OUT 1IN- 1IN+ V+ 2IN+ 2IN- 2OUT

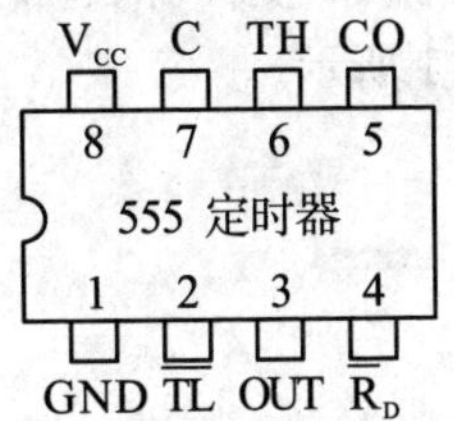

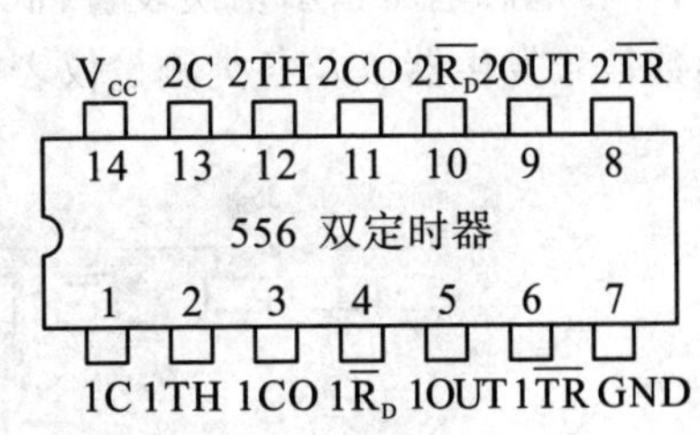

附录F 通用电工技术实验装置使用说明

电工技术实验装置是根据我国目前“电工技术”、“电工学”、“电路分析”等课程的教学大纲和实验大纲的要求而设计的。本装置由实验屏、实验桌和若干实验组件挂箱等组成。

F.1 实验屏操作说明

实验屏为铁质喷塑结构，铝质面板。屏上固定装置着交流电源的启动控制装置，三相电源电压指示切换装置，低压直流稳压电源（两路）、恒流源、受控源、智能函数信号发生器以及各类测量仪表等，操作台结构如附图 F.1.1 所示。

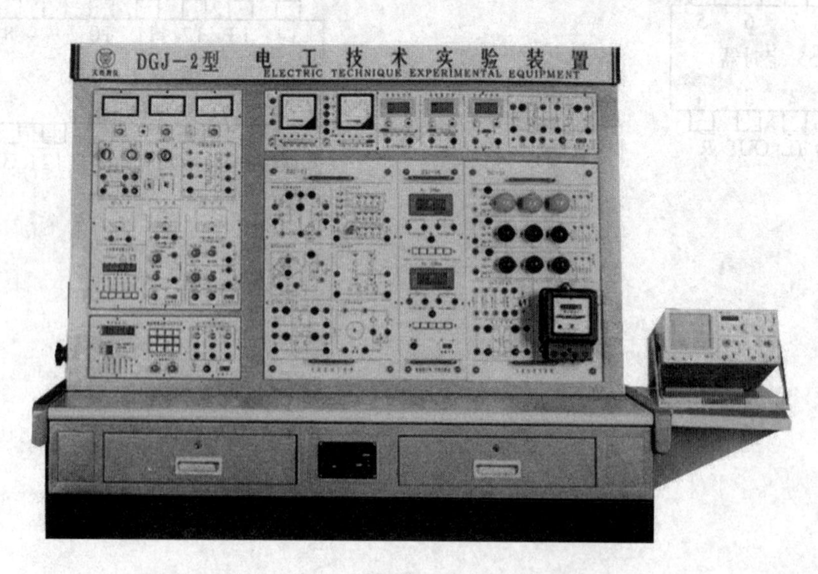

附图 F.1.1 通用电工技术实验操作台

1. 交流电源的启动

(1) 实验屏的左后侧有一根三相四芯电源线(并已接好三相四芯插头),将三相四芯插头接通三相 380 V 交流市电。

(2) 将置于左侧面的三相自耦调压器的旋转手柄,按逆时针方向旋至零位。

(3) 将三相电压表指示切换开关置于左侧(三相电源输入电压)。

(4) 开启钥匙式三相电源总开关,停止按钮灯亮(红色),三只电压表(0～450 V)指示出输入的三相电源线电压之值。

(5) 按下启动按钮(绿色),红色按钮灯灭,绿色按钮灯亮,同时可听到屏内交流接触器的瞬间吸合声,面板 U、V 和 W 上的黄、绿、红三个 LED 指示灯亮。至此,实验屏启动完毕,此时,实验屏左侧面单相两芯 220 V 电源插座和三相四芯 380 V 电源插座处以及右侧面的单相三芯 220 V 电源插座处均有相应的交流电压输出。

2. 三相可调交流电源输出电压的调节

(1) 将三相"电源指示切换"开关置于右侧(三相调压输出),三只电压表指针回到零位。

(2) 按顺时针方向缓缓旋转三相自耦调压器的旋转手柄,三只电压表将随之偏转,即指示出屏上三相可调电压输出端 U,V,W 两两之间的线电压之值,直至调节到某实验内容所需的电压值。实验完毕后,将旋柄调回零位,并将"电压指示切换"开关拨至左侧。

3. 用于照明和实验日光灯的使用

本实验屏上有两个 30 W 日光灯管,分别供照明和实验使用。照明用的日光灯管通过三刀手动开关进行切换,当开关拨至上方时,日光灯管亮,当开关拨至下方时,灯管灭。实验用的日光灯管一支,将灯管灯丝的四个头引出供实验用。

4. 低压直流稳压、恒流电源输出与调节

开启直流稳压电源带灯开关,两路输出插孔均有电压输出。

(1) 调节"输出调节"多圈电位器旋钮,可平滑地调节输出电压,调节范围为 0～30 V (分三挡量程自动切换),额定电流为 1.0 A。

(2) 两路输出均设有软截止保护功能。

(3) 恒流源的输出与调节。将负载接至"恒流输出"两端,开启恒流源开关,数显毫安表即指示输出恒电流之值,调节"输出粗调"波段开关和"输出细调"多圈电位器旋钮,可在三个量程段(满度为 2 mA、20 mA 和 200 mA)连续调节输出的恒流电流值。

本恒流源虽有开路保护功能,但不应长期处于输出开路状态。

5. 指针式交流电压表的使用与特点

开启电源总开关,本单元即可进入正常测量。测量电压范围为 0～450 V,分五个量程挡:10 V、30 V、100 V、300 V、450 V,用琴键开关切换。在与本装置配套使用过程中,所有量程挡均有超量程保护和告警,并使控制屏上接触器跳闸的功能,此时,本单元的红色告警灯点亮,实验屏上的蜂鸣器同时告警。在按过本单元的"复位"键后,蜂鸣告警停止,本单元的告警指示灯熄灭,电压表即可恢复测量功能,如要继续实验,则需再次启动控制屏。

6. 指针式交流电流表的使用与特点

电流测量范围为 0～5 A,分四个量程挡:0.3 A、1 A、3 A 和 5 A,用琴键开关切换。其他使用与特点均同指针式交流电压表。

7. 直流数显电压表的使用

电压测量范围为 0～200 V,分四个量程挡:200 mV、2 V、20 V 和 200 V,用琴键开关切换,三位半位数码管显示,输入阻抗 10 MΩ,测量精度为 0.5 级,有过电压保护功能。

8. 直流数显毫安表的使用

电流测量范围为 0～2 000 mA,分四个量程挡:2 mA、20 mA、200 mA 和 2 000 mA,用琴键开关切换,三位半数码管显示,测量精度为 0.5 级,有过电流保护功能。

9. 受控源 CCVS 和 VCCS 的使用

开启带灯电源开关,两个 CCVS、VCCS 受控源即可工作,通过适当的连接,可获得 VCVS 和 CCCS 受控源的功能。此外,还输出 ±12 V 两路直流稳定电压,并有发光二极管指示。

F.2 实 验 桌

实验桌上装置有实验控制屏,并有一个较宽畅的工作台面,在实验桌的正前方设有两个抽屉,在实验桌的右侧可附加一个用以搁置示波器的台面。

附加台面的装配过程如下:

(1) 先将两个铁质的三角面支架分别用一个 M4 自攻螺钉初步固定在实验桌的右侧,有缺口的三角面支架应装在实验桌的前方。

(2) 用三个 M6 内六角螺钉将附加台面固定在实验桌的右侧。

(3) 用 M4 自攻螺钉将两个三角面支架与附加台面初步固定。

(4) 调整各孔位后,紧固各个螺钉,至此装配完毕。

(5) 拆卸过程与上相反。

F.3 实验组件挂箱

实验屏的正面右下方设有一个 $74\times48.5\ cm^2$ 的大凹槽，一次性可容纳两个大的和两个小的实验挂箱，凹槽上、下边框各设有八个 M8×10 螺柱。凹槽内上方装有 3 个 220 V 电源插座，用于插接挂箱电源。左、右两边挂两个大挂箱，中间挂置小挂箱(一次性容纳的挂箱选择量应满足一个系统的实验内容，例如，要完成电路基础实验需挂置 DGJ - 03，- 04，- 05)，挂箱与实验屏采用螺母固定，很容易装卸。大挂箱为 $485\times296\ mm^2$，小挂箱为 $485\times148\ mm^2$。

1. DGJ - 03 电工基础实验挂箱(大)

提供叠加、戴维南、双口网络、谐振、选频及一、二阶电路实验。

各实验器件齐全，实验单元隔离分明，实验线路完整清晰，在需要测量电流的支路上均设有电流插座。

2. DGJ - 04 交流电路实验挂箱(大)

提供单相、三相、日光灯、变压器、互感器、电度表等实验所需的器件。

灯组负载为三个各自独立的白炽灯组，可连接成 Y 形或△形两种三相负载线路，每个灯组设有三个并联的白炽灯罗口灯座(每个灯组均设有三个开关，控制三个并联支路的通断)，可插 60 W 以下的白炽灯九只，各灯组均设有电流插座；日光灯实验器件有 30 W 镇流器、4.7 μF 电容器、启辉器插座等；铁芯变压器 1 只，50 VA、220 V/36 V，原、副边均设有电流插座；互感器，实验时临时挂上，两个空芯线圈 L_1，L_2装在滑动架上，可调节两个线圈间的距离，将小线圈放到大线圈内，并附有大、小铁棒各 1 根及非导磁铝棒 1 根；电度表 1 只，规格为 220 V、3/6 A，实验时临时挂上，其电源线、负载进线均已接在电度表接线架的空芯接线柱上，以便接线。

3. DGJ - 05 元件挂箱(小)

提供实验所需各种外接元件(如电阻器、二极管、发光管、稳压管、电容器、电位器及 12 V 灯泡等)，还提供十进制可变电阻箱，输出阻值为 0～99 999.9 Ω/1 W。

4. DGJ - 07 单相智能功率、功率因数表

(1) 按接线原理图，接好线路。

(2) 接通电源，或按“复位”键后，面板上 LED 数码管显示“00000”，表示测试系统已准备就绪，进入初始状态。

(3) 面板上有五个按键,在实际测试过程中只用到"复位"、"功能"、"确认"三个键。

① "功能"键:是仪表测试与显示功能的选择键。若连续按动该键七次,则五只LED数码管将显示七种不同的功能指示符号,七个功能符介绍如附表F.3.1:

附表 F.3.1 七种不同的功能指示符号

次数	1	2	3	4	5	6	7
显示	P.	COS.	FUC.	CCP.	□dA、CO	dSPLA.	PC.
含义	功率	功率因数及负载性质	被测信号频率	被测信号周期	数据记录	数据查询	升级后使用

② "确认"键:在选定上述前六个功能之一后,按一下"确认"键,该组显示器将切换显示该功能下的测试结果数据。

③ "复位"键:在任何状态下,只要按一下此键,系统便恢复到初始状态。

④ 具体操作过程如下:

a. 接好线路→开机(或按"复位"键)→选定功能(前四个功能之一)→按"确认"键→待显示的数据稳定后,读取数据(功率单位为W;频率单位为Hz;周期单位为ms)。

b. 选定dA、CO功能→按"确认"键→显示1(表示第一组数据已经贮存好)。如重复上述操作,显示器将顺序显示2、3…E、F,表示共记录并贮存了15组测量数据。

c. 选定dSPLA功能→按"确认"键→显示最后一组贮存的功率值→再按"确认"键,显示最后一组贮存的功率因数值及负载性质(闪动位表示贮存数据的组别;第二位显示负载性质,C表示容性,L表示感性;后三位为功率因数值)→再按"确认"键→显示倒数第二组的功率值……(显示顺序为从第F组到第一组)。可见,在需要查询结果数据时,每组数据需分别按动两次"确认"键,以分别显示功率和功率因数值及负载性质。

F.4 装置的安全保护系统

(1) 三相四线制电源输入,总电源由三相钥匙开关控制,设有三相带灯熔断器作为短路保护和断相指示。

(2) 控制屏电源由接触器通过起、停按钮进行控制。

(3) 屏上装有电压型漏电保护装置,控制屏内或强电输出若有漏电现象,即告警并切断总电源,确保实验进程安全。

(4) 各种电源及各种仪表均有一定的保护功能。

参考文献

[1] 卓郑安.电路与电子技术实验教程[M].上海:上海科学技术出版社,2008.

[2] 梁秀梅.模拟电子技术实验教程[M].西安:西北工业大学出版社,2008.

[3] 赵会军.电工与电子技术实验[M].北京:机械工业出版社,2002.

[4] 贾学堂.电工与电子技术实验实训[M].上海:上海交通大学出版社,2011.

[5] 贾更新.电子技术实验与课程设计[M].西安:西北工业大学出版社,2010.

[6] 刘红.电工与电子技术实验[M].北京:机械工业出版社,2010.

[7] 吴舒辞.电工与电子技术实验指导[M].长沙:中南大学出版社,2009.

[8] 孙淑艳.电子技术实践教学指导书[M].北京:中国电力出版社,2005.

[9] 姚有峰.电路与电工技术实验[M].合肥:中国科学技术大学出版社,2008.

[10] 吕承启.电子技术基础实验[M].合肥:中国科学技术大学出版社,2008.

[11] 毕满清.电子技术实验与课程设计[M].北京:机械工业出版社,2001.

[12] 李万臣.模拟电子技术基础实验与课程设计[M].哈尔滨:哈尔滨工程大学出版社,2001.

[13] 谢自美.电子线路设计·实验·测试[M].武汉:华中科技大学出版社,2002.

[14] 高吉祥.电子技术基础实验与课程设计[M].北京:电子工业出版社,2002.